U0103894

LUMINAIRE
光启

守望思想　逐光启航

动物与人

[美]伊恩·J.米勒 著　张涛 译

THE NATURE
OF THE
BEASTS

樱与兽

帝国中心的上野动物园

Empire and Exhibition
At The Tokyo Imperial Zoo

IAN J. MILLER

上海人民出版社

LUMINAIRE BOOKS
光启书局

"动物与人"丛书编委会

主　编：陈怀宇

编委会成员（按姓氏拼音排序）：

曹志红（中国科学院大学）

陈　恒（上海师范大学）

李鉴慧（成功大学）

陆伊骊（清华大学）

闵祥鹏（河南大学）

桑　海（澳门理工大学）

沈宇斌（清华大学）

张小贵（暨南大学）

张　幸（北京大学）

张亚婷（陕西师范大学）

"动物与人"总序

陈怀宇

　　"动物与人"丛书是中文学界专门探讨动物与人关系的第一套丛书，尽量体现这一领域多角度、多学科、多方法的特色。尽管以往也有不少中文出版物涉及"动物与人研究"的主题，但"动物与人研究"作为一个新领域在中文学界仍处在缓慢发展之中，尚未作为一个成熟的独立学术领域广泛取得学界共识和公众重视，这和国际学界自 21 世纪以来出现的"动物转向"（the Animal Turn）学术发展较为不同。在国际学界，以动物作为主要研究对象的相关研究有诸多不同的提法，如动物研究（Animal Studies）、历史动物研究（Historical Animal Studies）、人—动物研究（Human-Animal Studies）、批判动物研究（Critical Animal Studies）、动物史（Animal History）、动物与人研究（Animal and Human Studies）等。由于不同的学者训练背景不同，所关心的问题也不同，可能会出现很多不同的认识，然而关键的一点是大家都很关心动物作为研究对象所具有的主体性和能动性，并由此出发而重视动物在漫长的人类历史上所扮演的重要角色和发挥的重要意义，而不是像动物研究兴起以前一样将动物视为历史中的边缘角色。我们并不认为这套丛书的出版可以详尽地讨论不同学者使用的不同提法及其内涵并解决这些讨论所引发的争论，而是更希望在这套丛书中包容不同的学术思路以及方法，尽可能为读者展现国内外学界的新思考。为了便于中文读者阅读接受，我们称之为"动物与人"，侧重关注人类与动物在历史上的互动互存关系，动物如何改变人类历史进程，动物在历史上如何丰富了人类的政治、经济和文化生活等。这套丛书收入的研究虽然以近些年的新著为主，但不排除译介一些重要的旧著，也会不定期将一些颇有旨趣的研究论文结集出版。

在过去二十多年中，全球性的动物与人研究可谓方兴未艾，推动人文和社会科学朝着多学科合作方向发展，不仅在国际上出现了很多相关学术组织，不少丛书亦应运而生，学界同道也组织出版了相关刊物。比如，英国学者组织了全国性动物研究网络（British Animal Studies Network），每年轮流在各个大学组织年会。澳大利亚学者也成立了动物研究学会（Australian Animal Studies Association），出版刊物。美国的动物与社会研究所（Animals and Society Institute）成立时间较早，也最为知名，其旗舰刊物《社会与动物》（Society and Animals）在学界享有盛誉。除了这些专门的学术组织之外，传统学会以及大学内部也出现了一些以动物研究为主的小组或研究机构，如在美国宗教学会下面成立了动物与宗教组，而伊利诺伊大学、卫斯理安大学、纽约大学等都设立了动物研究或动物与人研究所或研究中心，哈佛法学院下面也有专门的动物法律与政策（Animal Law and Policy）研究项目。欧洲大陆的奥地利因斯布鲁克大学和维也纳大学、德国卡塞尔大学等都出现了专门的动物研究或动物与人研究组织。有一些学校还正式设立了动物研究的学位，如纽约大学即在环境研究系下面设立了专门的动物研究学士和硕士学位。一些出版社一直在出版动物研究或动物与人研究丛书，比较知名的丛书来自博睿、帕尔格雷夫·麦克米兰、约翰·霍普金斯大学出版社、明尼苏达大学出版社、哥伦比亚大学出版社等。专门探讨动物研究或动物与人研究的相关期刊则多达近二十种。与之相比，中文学界似乎还没有专门的研究机构，也没有专门的丛书和期刊，尽管在过去一些年里，不少重要的著作都被纳入一些丛书或以单部著作的形式被介绍到中文学界而广为人知。可喜的是，近两年一些期刊也组织了动物研究或动物史专号，如《成功大学历史学报》2020年第58期推出了"动物史学"专号，《世界历史评论》2021年秋季号推出了"欧亚历史上的动物与人类"专号。有鉴于此，我们希望这套丛书的出版，能推动中文学界对这一领域的重视。而且，系统性地围绕这个新领域出版中文新著新作也可以为愿意开设"动物史""动物研究""全球动物史""亚洲动物史""东亚动物史""动物科技史""动物与文学""动物与环境"等新课程的高校教师们提供一些可供选择的指定读物或参考书。而对动物研究感兴趣的学者学生乃至普通读者而言，也可以非常便捷地获得进一步阅读的文献。

正因为动物与人研究主要肇源于欧美学界，这一学术领域的发展也呈现出两个特点：一是偏重于欧美地区的动物与人研究，二是偏重于现当代研究。动物与人研究的兴起，因为受到后殖民主义、后现代主义的影响，带有浓厚的后人类主义趋向，这也使得一些学者开始反思其中的欧美中心主义，并批判启蒙运动兴起以来过度重视人文主义所带来的人类中心主义思想趋势。因此，我们这套丛书也希望体现自己的特色，在介绍一些有关欧美地区动物与人研究的新书之外，也特别鼓励有关欧美以外地区动物与人的研究，以及古代和中古时期的动物研究，以期对国际学界对于欧美和现当代的重视形成一种平衡力量，体现动物与人关系在社会和历史发展中的丰富性和多元性。我们特别欢迎中文学界有关动物与人研究的原创论述，跨越文学、历史、哲学、宗教、人类学、社会学、医疗人文、环境研究等学科藩篱，希望这些论述能在熟悉国际学界的主要成就基础之上，从动物与人研究的角度提出自己独特的议题，打通文理之间的区隔，尽可能利用不同学科的思想资源，作出跨领域跨学科的贡献，从而对更为广泛的读者有所启发。

动物从来就是我们生活中不可或缺的一部分，动物研究的意义从来就不只是局限于学术探讨。作为现代社会的公民，每个人都有责任了解动物在人类历史长河中的地位和意义。人类必须学会和动物一起共存，才能让周围环境变得更为适合生活。特别是今天生活在我们地球上的物种呈现出递减的趋势，了解动物在历史上的价值与发展历程也从未像今天一样迫切。无论读者来自何方，有着怎样的立场、地位和受教育水平，恐怕都不能接受人类离开动物孤独地生活在这个星球之上。这套丛书也希望提供给普通读者一个了解动物及其与人类互动的窗口，从而更为全面地理解不同物种的生存状况，带着一种理解的眼光看待和对待那些和我们不一样却不能轻视的物种。

献给 克拉特

目录

第一部分　文明的本质

1

第二部分　总体战争的文化

第三部分 帝国之后

序

哈丽雅特·里特沃

在某种意义上,以动物作为关注焦点的既有研究没有太多的新意可言。在流传于整个中世纪欧洲的诸多远古寓言故事中,已经有大量已知和未知动物的种类和名称。最迟从 17 世纪晚期开始,《牛津英语词典》里首次列出了"动物学"(zoology)这个词,动物才正式拥有了专属的科学分类 [动物持续吸引着科学家的注意力, 即使在近来的科学发展使得我们越发难以定义这类研究的学科特性的情况下也是如此。因而, 作为该研究领域的专业学术团体, 美国动物学家协会(the American Society of Zoologists)在成立将近一个世纪后的 1991 年被重新命名为综合和比较生物学学会(the Society for Integrative and Comparative Biology)]。动物历来就在文学分析和宗教象征研究中占有一席之地。它们的残骸为古生物学家和古人类学家的研究提供了重要证据。有关它们的报道, 无论是数字的还是文字的, 都成为历史学家进行科学研究和农业经济研究的重要材料。

但是, 换个角度来看, 这方面的研究确实又有些新的动向。最近几十年间, 学界对于动物的学术关注度正在呈指数级增长, 深入人文社会科学几乎所有的学科和分支学科。也正是在这同一个时间段，"动物研究"浮现了，作为一个跨多个学科的新领域，如今它正在学科共同体、学术会议和学术刊物中得到制度化发展。在这种高歌猛进的态势中，我们也注意到，动物研究的成功扩张已经导致了对它自身多学科性的削弱。也就是说，在越来越多的学者着迷于动物转向的同时，他们和那些置身于自己方法论舒适区之外的同行进行互动的需求就会越来越弱。尽管如此，对于其名下作品能被归入动物研究大标题下的绝大多数学者来说，他们分享着如何接近他们的非人类研究对象的新奇体验，并且试图把自己对动物以及人类的关切和视角引入叙述中。

即便有这种趋同和固化，或许就是因为这种趋同和固化，有关动物研究的一些基础性问题尚待解决。最重要也即最简单的问题是：究竟什么是动物？根据动物学分类体系，动物界包括海绵动物、水母、蠕虫、鱼类、鸟类，以及哺乳动物；一些动物研究作品将这些内容整合到"动物"这一延伸性的定义下。然而，至少对于历史学家来说，这个定义会有点太过宽泛。人类（至少是那些无脊椎动物学家之外的人）倾向于更多地和那些看似最强壮的动物进行互动，也倾向于对这类动物进行更卓有成效的思考。由此导致的结果就是，绝大多数被冠名为动物研究的历史学著作，更多关注的是和我们相近的脊椎动物。当然，我们也有很多理由表明，人们确实是倾向于厘清自身与软体动物和节肢动物，甚至是与马、鹰和蛇的关系。这些原因部分反映出了某种与学术或更广阔的世界相关的政治。举个例子，《黑骏马》（*Black Beauty*）就有可能激发一种相当不同的阅读感受，就好像它的主人公曾经是个傻子，即使是维多利亚时代傻子的命运也并不必然会优于维多利亚时代驮马的命运。要厘清这些定义性的或者边界性的问题，第二个问题便会接踵而来：厘清人类与其他动物的二元对立关系，或者坚持认为人类其实是和其他物种相关的一个连续统一体，是否至关重要？

即使就脊椎动物，甚至就哺乳动物的最严格意义来使用"动物"这个专用术语，它与人类的相关性也表现为多种多样的形式。而学术关注的焦点也因此呈现出多种样态。在陆续涌现的这类叙事中，动物园成为一个常见的主题，究其原因主要有以下几个方面：动物园是鲜明存在且相对独立的制度性机构，它们通常具有足够的保存原始记录的自觉意识；动物园往往支配和影响着大规模的受众群体，而且还与政治和外交有实际的和象征性的种种关联；它们既有古代存在的先例可循，同时又绝对是一种现代事物；它们常常沉迷于对动物进行分类但是又有着内在的局限性；它们将野生动物以一种接近监禁的、安全与危险并置的状态展示出来。除此之外，动物园还每每通过景观的布置来宣称它们在都市或郊区场景中保存下了，或说是浓缩胶囊式地呈现出了部分自然，这种宣称多少是有问题的，而这种潜在的问题其实已被反复刻写在了圈养动物的身体之上以及它们的活动场景之中。当这些动物被人们从原生的栖息环境和生活方式中分离出来，再耗费巨资运送到几千里之外，甚至是繁衍过好几代之后，这些动物，在多大程度上还能保有其天性？

绝大多数关于动物园历史的学术研究，就像绝大多数致力于人类与动物互动历史的学术研究一样，主要聚焦于欧洲和北美（偶尔也有一些研究涉及古埃及、波斯或印度统治者拥有的早期圈养动物）。然而，正如伊恩·J. 米勒在《樱与兽：帝国中心的上野动物园》一书中所表明的那样，在 19 世纪晚期，动物园并非大规模收集外来野生动物的唯一场所。现代动物园有可能诞生于伦敦、巴黎和维也纳，但是在它的时代真正到来之前，这种存在只是理念或制度层面的。

众多渴望着将自己对于诸多或帝国意义，或科学意义，或其他意义上的现代性追求巩固下来的国家和大都市，纷纷模仿前人创设动物园。然而，模仿并不必然意味着复制，即便是一个最接近的复制品，当它被移植到不同的文化场景中的时候，其意义也会发生游移。动物园的设计和意图必然会反映出打造它们的社会的整体态度和价值观，它们的历史也就不可避免地反映出它们所在社会的整体历史。当我们比较那些文化背景更为接近的国家时（比如比利时和德国，抑或英国和美国），其中的不同就会显示出来，而且文化方面的差异会愈发明显。也正因如此，当米勒揭示日本最具代表性的东京上野动物园令人着迷的历史时，其中与西方动物园潜在的比较为我们提供了观察更普遍的活体动物收藏的新颖视角，当然，也提供了对自然和环境的现代理解。

作者在第一部分里，将日本动物园的诞生与日本人对待自然世界态度的转变联系起来，这些细节丰满的生动叙事使得上野动物园成为一个意味深长的表征，它暗示着日本文化与欧洲或北美文化在最近两个多世纪以来具有的复杂联系。它们当然有很多相似之处，这部分是因为并置和趋同，部分是因为借用和交换。比如，日本展览圈养外来动物的实践活动，就与他们的西方同行惊人地相似。他们不仅仅在动物园这种带有明显现代色彩的机构中展示它们，而且也延伸到广受欢迎的路边秀和私人动物收藏。而这些私人动物收藏，不管人们承认与否，它们都是现代动物园的先行者。

尽管这种相似性非常重要，无论它来自彼此的影响、由来已久的历史传统，还是人们对待圈养野生动物的根深蒂固的某种内在逻辑，但它远非故事的全部。有关现代动物园一个最自相矛盾和最讽刺的特征在于它们的脆弱性。因为动物园要维持下去不仅花费巨大而且面临很多技术困难。动物园总是面临着运营不善的破产风险，也主要是由于这个原因，那些从不同栖息场景中好不容易存活下来的动物就不可避免地过着朝不保夕的悲惨生活。而动物园所标示的耀武扬威的胜利主义，无论对象是被征服的殖民地，还是整体的自然，也使得它们自身容易成为理想的政治标靶。如同对国家博物馆的劫掠一样，对动物园标志性动物的屠杀，通常紧随征服行为而来——如果它们存活得足够长久的话。在极端困难的饥荒年代，动物提供热量的食用价值会远远超过它们作为展示品的魅力价值，最众所周知的例子就是普法战争期间巴黎被围困时发生的事件。自 20 世纪空投炸弹出现以来，那些有可能在空袭期间从动物园逃脱、游荡在街头的危险动物成为本土防御的重点关注对象，导致战争期间欧洲的政府官员们要求必须把本土动物园里那些无法长途疏散的大型食肉动物杀掉。

第二部分"总体战争的文化"，关注 20 世纪中期的日本军事化阶段。它用两个章节充分展示了日本和西方类似的操作实践和认知理解，也充分展示了日本与西方全然不同的特质。"军用动物"这一章诠释了上野动物园的"居民"们——主要指动物，是如何被卷入 20 世纪 30 年代在亚洲大陆发生的战争中，继而又被卷入太平洋地区更广泛的全球战争中的。尽管在如何使用这些动物的细节上存在差异，但整体而言，这些动物还是很好地完成了它们的使命——无论是在象征的还是实际的层面，如同它们在巴黎或纽约的同道一样。然而，"动物园大屠杀"这一本书最具吸引力的章节还是提供了一个全然不同的视角。

日本统治者们决定杀掉那些深受人们喜爱的动物，无论是出于政治目的还是军事目的，这种做法并非独创。他们甚至也效仿国际同行通用的做法，为这些杀戮行为罩上一层隐秘的面纱，一方面避免伤害敏感公众的情感，另一方面也防止可能出现的抗议之声。尽管把其他所有动物视为披鳞带毛的人是一种普遍的人类认知，但是，像"动物慰灵祭仪式"这种郑重其事的安排，放眼世界，似乎没有太多类似的实践操作。这种仪式忽略了那些下达屠杀命令的政府官员的角色，忽略了动物通常极其痛苦的死亡方式。它将死去的动物受害者们——其中最广为人知的是大象，转换为日本民众共同的受难者。这些受难者为更高的国家利益自愿献出生命，同时，正如米勒强调的那样，更重要却更隐晦的是，它们也随时准备共同承受国家战败给国民造成的精神创伤。同样引人注目的是，屠杀的可怕情境在日本战后生活中广为传播。被屠杀的大象在儿童文学中被圣化，最终成为国家神话。被描绘为日本民众的形象代表的大象，因而也同样被简单地界定为战争的受害者，而非战争的参与者。

本书最后两章关注上野动物园更晚近的历史，如同关注动物园 19 世纪的起源一样，再度聚焦那些分布在世界各地的类似机构的共同实践。全球政治格局的调整、本土公众的感情变化，激发了外来动物收藏的具象效价发生变化（或者至少是它们引发了这种变化，在一定程度上这些圈养大型动物也传达着它们是难以驯顺的这一信息，这也是动物园这种机构成为批评焦点的原因）。曾经是绝大多数动物园明星动物来源地的地区如今已不太容易去开发，与此同时，数十年来大肆猎杀动物群落以及破坏它们栖息地所造成的恶劣影响也再难被人们忽略。动物园不得不自行繁殖展览动物（或向其他动物园购买或与其交换），以重塑自身品牌。无论如何，难以置信的是，如此一来动物园也就成为基因保存库。通过它们保存下来的基因，人们也许可以在一个预想的未来复活已经灭绝的野生动物，这些物种又可以重现于世。当动物园的动物变得越来越奇货可居的时候，不论从哪方面看，它们也都会变得越来越珍贵：拥有和保存它们的代价越高昂，动物园的观光客对它们的渴望就越强烈。零售货亭自 19 世纪以来就是动物园运营的重要组成部分，但在今天，21 世纪的动物园发烧友们可以购买到自己所喜爱动物的立体或二维复制品，他们可以"认领"这些动物（当然只是视觉意义上的），上网观赏它们，并通过电子邮件和它们交流互动，这在以前是匪夷所思的。

最后的结语指出，对于所有物种来说，动物园体验只是"人类世"面临的诸多压力的一个直截了当的缩影。大熊猫，因为其拥有招人喜爱的外貌而成为世界自然基金会［World Wide Fund for Nature，简称 WWF，最初名为世界野生生物基金会（World Wildlife Fund）］*

---

* 因本书涉及不同时期的该机构，而该机构前后有易名，为便于阅读，下文统一作"WWF"。——译者注

的专宠。它们毫无疑问是最聪明的肉食动物。尽管它们体型庞大，足以带来破坏，但是它们只以竹子为食，不会为了食物而杀食。它们是那些迫切希望保持稳定客流量的动物园管理者们渴望的对象。和过去不同，熊猫而今被保存在中国某处单一的栖息地。它们的国际旅行，连同它们的种源，都处在精心的安排下。在过去的 40 年时间里，上野动物园曾经展出过将近一打的熊猫，全球只有一两家动物园能与之相媲美。绝大多数的情形是，熊猫尽职尽责——靠它们的魅力引来那些愿意支付入场费和购买纪念品的社会公众。当然，它们也不得不忍受人类对于交配活动的或多或少的技术介入。但是，正如米勒指出的那样，我们很难将大熊猫在上野动物园的定居视为绝对的成功。一只园方耗费巨资，并在揪心等待中盼来的熊猫幼崽的夭折事件（即便这只幼崽活着也会被归还给中国），代表性地反映出上野动物园挥之不去的某种特殊历史反讽。像圈养熊猫这样发展到极端的漫长故事招致了更大的反讽，米勒将他从中捕捉到的特征称为"生态现代性"——生态现代性已经将当前时代的动物园、野生动物和人紧紧交织在一起。

致谢

如同动物园一样，书本，也同样由种种与事物和观念相关的习俗、传统形塑而成。这些事物和观念隐藏在看似一览无余的视野之下，不显山不露水，却传达着相当重要的意义。既然一本书按惯例是要把致谢内容放在开篇，我也要首先表达自己满满的谢意。没有诸多个人和机构的关心、支持和激励，就不会有大家眼前这本书。在这里我要很自豪地逐一致谢，因为他们的慷慨和影响始终充盈在随后开启的书页之间。关于这本书，所有的缺陷和不足全都归结于我。

这个项目开始于档案。最开始我并没有想要写一本关于动物园的书，但是，当我接触到东京动物园协会（Tokyo Zoological Park Society，简称 TZPS）的档案资料，并在上野动物园的档案边停驻不前的时候，我知道我必须用这些资料来做点什么。这家机构一直注意保存它自 19 世纪 80 年代成立以来的所有文书档案，这些收藏巨细无遗，从外交同意函和保护声明到种种琐碎的东西，如票据、地图、建筑蓝图，以及写给动物园园长的信。这些东西把动物园既往时光里的日常政治以文献的方式保存下来。战争期间的收藏尤其丰富，而在其他许多由国家运营的机构中，这类材料往往在 1945 年销毁殆尽。这项研究本身充满了太多争议，所以，特别感谢东京动物园协会的支持。尽管这本书难免会时不时出现对动物园的批评之词，但是，本书的重点在于强调，所有分析的目标都指向现代性问题本身，以及这种现代性与自然世界之间的矛盾联系，而不必然是某个机构本身。重点在于上野动物园提供了一个独一无二的引发问题意识的图景，值得我们加以详察。争议本身其实也得到很多人不同形式的关注，比如上野动物园、东京动物园协会、日本动物园和水族馆协会（Japanese Association of Zoos and Aquariums）的工作人员群体，没有他们的努力，这本书不太可能写出来。我特别感谢土居利光（Doi Toshimitsu）、石田修（Ishida Osamu）、小宫辉之（Komiya Teruyuki）、小森厚（Komori Atsushi）、持丸顺子（Mochimaru Yoriko）、中川木尾（Nakagawa Shigeo）、日桥一秋（Nippashi kazuaki）、大平浩（Ohira Hiroshi）、小田世一（Shōda Yōichi）、菅谷浩（Sugaya Hiroshi），以及斯塔滕岛动物园的前任园长川田健（Ken Kawata），他们都提供了宝贵的建议。

　　我逐渐摆脱了最初看到这些文献时的疑惑。如同许多日本学者，尤其是那些和我年龄相仿的日本学者一样，我以前也听说过有关本书第四章所描述的"动物园大屠杀"事件的种种传言。在这个事件中，上野动物园最有价值的动物被当作战争文化的献祭和牺牲品而被杀掉。但是过去我一直在猜想这会不会是虚构的事件。"这件事情真的发生过吗？"在我和我的研究生导师格雷戈里·M.普夫卢格菲尔德（Gregory M. Pflugfelder）和卡罗尔·格卢克（Carol Gluck）进行电话沟通的时候，我也不断地问我自己。这些对话，如同和他俩进行的其他太多沟通一样，带来了颠覆性的启发。想要在只言片语间向他们在哥伦比亚大学搭建起来的学术团队表达我的感激之情似乎是不太可能的，这个团队里还有亨利·D. 史密斯二世（Henry D. Smith II）、威廉·利奇（William Leach）、查尔斯·阿姆斯特朗（Charles Armstrong）等人。我还要说我分享到了我的学生们的学术智慧和学术激情。他们包括乔伊·金（Joy Kim）、蓝泽意（Fabio Lanza）、李·彭宁顿（Lee Pennington）以及渡边拓（Tak Watanabe）。他们所有人都阅读过这个写作计划的不同版本的草稿。杰萨米·埃布尔（Jessamyn Abel）、维多利亚·凯恩（Victorial Cain）、亚当·克卢洛（Adam Cluow）、丹尼斯·弗雷斯特（Dennis Frost）、费德里科·马尔孔（Federico Marcon）、劳拉·奈泽尔（Laural Neitzel）、苏珊娜·奥布莱恩（Suzanne O'Brien）、斯科特·奥布莱恩（Scott O'Bryan）、阿伦·斯卡贝伦德（Aaron Skabelund）、莎拉·塔尔（Sarah Thal）和华乐瑞（Lori Watt），他们所有人或提供材料或提供观点，贡献良多。凯瑟琳·基特（Kathleen Kete）慷慨地参与了我的博士论文答辩委员会。而来自美国国家教育部门富布莱特项目的资助，让我得以前往日本早稻田大学和大日方纯夫（Obinata Sumio）教授一起工作。

我对于整体大历史以及环境史的思考特别得益于一些学术社团。纽约大学的路易斯·杨（Louise Young）和哈利·哈努图尼安（Harry Harootunian），新泽西州立罗格斯大学的唐纳德·罗登（Donald Roden），以及从前在普林斯顿大学而现在则在哈佛大学和我愉快地共事的戴维·L. 豪厄尔（David L. Howell），他们每一个人都敦促我在界定了日本史家所称的"问题意识"的方法论和哲学方面考虑得更加深入。伊利诺伊大学的凯文·M.多克（Kevin M. Doak）、戴维·古德曼（David Goodman）、罗纳德·P.托比（Ronald P. Toby）激发了我对日本史的热情。杰克逊·H.贝利（Jakson H. Bailey）和查克耶茨（Chuck Yates）从伦理学维度启发了我对历史实践的思考。我在亚利桑那州立大学任职的经历虽然短暂，但是对我的环境史转向具有重要推动意义。感谢和罗杰·安德森（Roger Adelson）、安东尼·钱伯斯（Anthony Chambers）、詹姆斯·福尔德（James Foard）、布莱恩·格拉顿（Brian Graton）、莫妮卡·格林（Monica Green）、保罗·赫特（Paul Hirt）、彼得·艾弗森（Peter Iverson）、雷切尔·科普曼斯（Rachel Koopmans）、史蒂芬·麦金农（Stephen MacKinnon）、凯瑟琳·奥唐奈（Catherine O'Donnell）、詹姆斯·拉什（James Rush）以及田浩（Hoyt Tillman）共事的深厚情谊。其间我也参与了亚利桑那州立大学、布兰代斯大学、克莱蒙特麦肯纳学院、康奈尔大学、厄勒姆学院、印第安纳大学、密歇根大学、剑桥大学李约瑟研究所、北卡罗来纳大学、剑桥大学、宾夕法尼亚州立大学、上智大学、东京大学驹场校区、早稻田大学和耶鲁大学召集的众多学术会议，会上我发布了阶段性成果，并从会上得到的批评指正里受益良多。

在哈佛大学历史学系担任副教授期间，我完成了本书绝大部分的写作。特别感谢我在剑桥期间的学生和同事们，他们充满好奇和智慧的陪伴使我的思考更富于创造性。安德鲁·戈登（Andrew Gordon）是一位相当具有启发性的朋友和指导者，每一次和他的散步都会令我有新的收获。伊曼纽尔·K.阿克耶安彭（Emmanuel K. Akyeampong）、沈艾娣（Henrietta Harrison）、埃伦兹·马内那（Erez Manela）、艾福萨那·纳吉玛巴蒂（Afsaneh Najmabadi）以及谭可泰（Hue-Tam Ho Tai）和我写作团队的其他成员——如罗宾·伯恩斯坦（Robin Bernstein）、伊丽莎白·莱曼（Elizabeth Lyman）、辛多休曼斯（Sindhumathi Revuluri）、佛斯库尔（Adelheid Voskuhl），都阅读过手稿的部分内容。格林藤（Jennifer van der Grinten）和迈克尔·桑顿（Michael Thornton）提供了至为宝贵的研究协助。克莱尔·库珀（Claire Cooper）分享了她关于岩仓使团的研究。而参加我开设的有关"日本军国主义"和"历史的环境转向"研究班课程的同学们，镇定而且带有深刻洞见地承受住了他们的老师在章节间跳转的折磨。我也很幸运地加入了马亚·雅森诺夫（Maya Jasanoff）、安德鲁·朱伊特（Andrew Jewett）和凯利·奥尼尔（Kelly O'Neil）组成的团队。感谢赖肖尔日本研究所的特德·贝斯特（Ted Bestor）、特德·吉尔曼（Ted Gilman）和苏珊·法尔（Susan Pharr），以及历史与经济联合研究中心的埃玛·罗斯柴尔德（Emma Rothschild），让我找到了学术共同体并得到资助。栗山茂久（Shigehisa Kuriyama）持续地启发了我。麦克维（Kuniko McVey）和哈佛燕京图书馆的工作人员们给予我的帮助弥足珍贵。哈佛大学亚洲研究中心、艺术和科学学院终身教授出版基金、魏海德国际事务研究中心都为我提供了研究赞助。希拉·雅森诺夫（Sheila Jasanoff）和哈佛科学、技术、人文协会，以及哈佛人文研究中心都慷慨地举办了我部分章节的工作坊。我也特别感谢美国国家人文基金和哈佛大学艺术和科学学院提供的学术休假机会。

还有三位在我所归属的这些林林总总的机构之外的学者值得我的特别致谢。布雷特·L. 沃克（Brett L. Walker）、哈丽雅特·里特沃（Harriet Ritvo）以及沃尔特·赫伯特（T. Walter Herbert），他们每一个人都读过创作中的全部手稿，并给予评论。哈丽雅特富有开创性的作品精心描述了我的研究所致力的领域。布雷特驱使我持续地批判性思考自然世界的再现与真实的自然世界的关系，提醒我真实的动物会咬人而想象则会杀人。沃尔特的机智和辩才帮我很好地把散乱平淡的措辞优化成强有力的论证。戴维·安巴拉斯（David Ambaras）、芭芭拉·安布罗斯（Barbara Ambros）、安德鲁·伯恩斯坦（Andrew Bernstein）、托德·亨利（Todd Henry）、特伦特·马克西（Trent Maxey）、乔丹·桑德（Jordan Sand）、茱莉亚·阿德尼·托马斯（Julia Adeney Thomas）、富努斯塔克（Sabine Frustuck）和藤谷隆（Tak Fujitani），都友好地提供了对章节的评论意见。

与加利福尼亚大学出版社的利德·麦柯姆（Reed Malcolm）和艾森思塔克（Stacy Eisenstark）的合作愉快无比。我特别感激他们对这个项目的热情，以及利德对全书整体结构的极具洞察力的理解。魏海德东亚研究所的丹尼尔·里夫罗（Daniel Rivero）促成了这本书的出版。伊丽莎白·李（Elizabeth Lee）对这本书的早期版本的编辑着力甚多，当前版本中导论和第一章的部分内容曾经被收录到布雷特·L. 沃克和格雷戈里·M. 普夫卢格菲尔德主编的《日本动物：日本动物生活的历史与文化》（*JAPANimals: History and Culture in Japan's Animal Life*），该书是"密歇根日本研究专题系列丛书"（Michigan Monograph Series in Japanese Studies）之一。

我的父母，南恩（Nann）和比尔（Bill），在他们允许自己 16 岁大的孩子独自登上飞往中国和日本的航班时，就设定了我的成长轨迹。他们是勇敢无畏又充满爱心的一对父母，当我迷失在东京街头，向他们电话求救时，他们的反应是好奇胜过了恐慌。后来在研究中我一再发现，他们对于人类基本人格的信心和对社会正义的期待通过各种方式影响着我的思考。我的祖父母是我最早时期的旅行赞助金的来源，他们使我在还很年轻的时候就能够与一个更为广阔的世界相遇。我的岳父母，瓦尔特（Walter）和玛乔丽（Marjorie Herbert），更多是通过为我们看护孩子和长时间参与讨论这种方式为这个项目作出精神和物质层面的贡献。

我的儿子，利亚姆（Liam Herbert-Miller），出生在这本书出版前的学位论文撰写阶段。我之所以关注环境相关议题，是因为多多少少会期待它有助于我们去维护好一个充满生机与活力的自然世界，这个世界能够更好地丰富利亚姆对于日常生活的感官体验。我也要感谢利亚姆的母亲，我的妻子克拉特（Crate Herbert），她总是精力无穷地为我提供坚实支持。感谢你，克拉特，你对我们共同生活的付出是所有其他事物的前提和基础。你给我们的生活带来欢笑和宁静的能力，充斥在你对复杂的旅行日程、日常生活的照顾，甚至是多变的最后期限的安排中，这种能力是如此扣人心弦，就好像你能够直击事物的本质，无论是智识上的还是情感上的。你和我们家庭的其他成员是我的宇宙的轴心所依。谨以这本书献给你。

观察下来，每一座动物园都不外乎既是个游乐场又是座监狱。每一座动物园都建在特定的土地上，这些土地或是为文明所征服，或是以文明的名义远离文明。然而，于通常被指称为"动物"的野性本质犹存的特定实体而言，这些土地既是家园，也是囚笼。从某种角度看，典型的动物园意味着视觉的混乱。正是凭借动物园，人类才能暂时忘却城市生活的一成不变。然而，从另外的角度看，它也意味着一个真实的宇宙，拥有它自己的意识、自己的争端甚至是自己的社会归属——而这，正如我们很快就会看到的那样，是我们自身社会归属的间接表达。"人类"和"动物"相互作用和影响，由此产生的结果即是，动物园这种兽类、鸟类和爬行动物的组合展览机制，成为我们用以探究神秘深邃的人性的重要装置。

——E. E. 卡明斯（E. E. Cummings）:《动物园曝光的秘密》（*The Secret of the Zoo Exposed*）

在 19 世纪的历史进程中，日本人重新定义和塑造了他们在自然世界中的位置。一种对动物，因而也是对人的新理解对于这种转变来说至关重要。当美国舰队司令马休·佩里率领的舰队缓缓驶入江户湾（而今的东京湾）的时候，舰队前方是四艘以燃煤为动力的"黑船"，这些不无恐吓意味的机械如同打嗝一样把黑色烟雾吐向脆弱不堪的日本都城上空。佩里的到来所宣称的远远不止于日本国际地位的变化。它还预示着日本工业时代的开启，以及为了更好地适应"文明"的需求而重构对待自然世界的方式。这种转变既是智识层面上的，也是物质层面上的。日本的学者和官员很快就认识到紧跟佩里处心积虑的军事和技术展演而来的后果。无论是谁，只要他握有投射文明和人性影像的力量，并将这种影像推行开来，他就拥有一种无可置疑的决定性权力。在一个文明与野蛮的界限往往等同于殖民者与被殖民者的界限的时代，情况更是如此。[1]

在现代日本，对于这种权力的追求最蔚为大观的形式之一就是动物园这种机构。动物园重新定义了人与动物的联系，以适应一个曙光乍现的全球时代的要求。动物园也是一种新的宣教媒介，它们对动物世界进行象征性的分类整理，以服务于日本对西式"文明"的追求。在工业和帝国的时代，这种文明也被称为"现代性"。本书所要讨论的是日本第一家现代动物园——东京上野公园帝国动物园，通常被称为"上野动物园"——的创立以及它推动成形的工业和帝国文化。这是一种我宁可称之为"生态现代性"（ecological modernity）的文化，因为它是如此持久地关注日本在现代世界中的地位，关注植物、动物和其他自然产物在现代性中的位置。[2]关于这种文化的清晰反讽还在于，即使它通过工业化和市场扩张来强化了人类向自然世界拓展的能力，它仍然想象着真实的自然是无处不在的。在我看来，这是一种在今天依然大行其道的文化。[3]

再没有什么地方能比上野动物园的分类学偏好更鲜明地体现生态现代性的自相矛盾。动物园作为一种人造的生态系统，不惜成本地跨越千山万水，将人类和其他动物带到一处，其目的却又是将它们区别开来。动物园的代理商们将活生生的异国动物进口到日本现代化大都市的心脏地带，并将它们打造为"野生世界"的象征，而这个野生世界是从"外在"的某个自然世界放逐而来的，这个自然世界外在于动物园的人造世界，外在于大都市的人群喧嚣，外在于日本列岛日渐工业化的景观。我的首要论点在于，当上野动物园将圈养动物打造成为未受干扰的纯正"自然"的代表时，它同时也将人与自然世界的分野制度化起来，从而生成一种人性与兽性的断裂，这种断裂将日本人与西方人一并重塑为一个基于林奈命名法＊和进化论信条的新的自然历史的理性掌控者。而这种文化首要的消费者就是日本人本身。

我使用"生态现代性"的术语来指称这个在智识层面分离和在社会层面转换的双重过程。在动物园，生态现代性是一种呈现为活的动物与人类对立地并置的文化。这种二元对立模式起源于19世纪根深蒂固的二元论传统，人们惯于利用东方和西方、科学和社会、理性和超自然这些不同的范畴来讨论国家现代化过程中的日本特质。即使在今天，精英文化和大众文化都为这种压倒一切的摩尼教式的二元论逻辑所支配。[4]对于学者来说，将现代化——因而也是现代性——描述为一个将人从动物、将社会

3

＊ 又叫双名命名法，由瑞典博物学家卡尔·冯·林奈（1707—1778）发明，用拉丁文给生物种类命名，每个名字由属名和种加词构成。——译者注

从自然缓慢抽离出来的变异或祛魅过程，很长时间以来已是老生常谈。[5]从某种层面说，这样做的原因相当明显：城市化、人口增长、工业化和技术发展已经从根本上改变了我们与自然力量的关系。但是动物园的历史，也是更宽泛意义上的生态现代性的历史，告诉我们以现代为主题的故事不会总是沿着这种路线一路走到头。

生态动力学（ecological dynamics）并不只驻足于城市边缘地带或工厂大门，但是动物园的蓬勃发展却基于这样一种理念——诸如东京这类的城市本质上就是非自然的，事实也确乎如此。上野动物园，按照它的一个园长经常挂在嘴边的说法，其吸引力主要在于它居于工业化城市的中央地带，是让人精神为之一振的"自然绿洲"。[6]这种断言建立在视工业化和现代化为自然的对立面的理念基础之上。但是本书则从一种全然不同的视角展开，力图超越将自然和社会二元对立的简单思考，而动物园等代表生态现代性的机构就是这种二元对立的表现形式。在本书采纳的视角中，人类总是依存于自然世界且须臾不离，而现代化并不意味着自然与社会的物理分隔，而是二者之间愈演愈烈地快速互渗。如同关注霍乱杆菌和其他易致病微生物的东京公共卫生官员相当清楚的那样，19世纪依赖于燃煤的工厂——有学者称这些燃煤为"化石化的阳光"，以及诸多城市，都是富集的生态系统。城市、工厂、停车场和市场，这些人类文化和工业发展的中心被理解为城市生态学家所称的"混种生态"（hybrid ecologies）。在这些林林总总的场所中，自然因素和人为因素以无视任何物质领域和文化领域间的天壤之别的特定方式交织为一体。[7]

上野动物园就是这类混种生态极为大众化的形式。尽管它是一个人造环境，这点千真万确，但它的特性在于，在它的内部，许多和我们相关的文化动力在人与动物的实际互动中被消解掉了。在动物园把有关"自然"和"野性"的想象向外投射到日本列岛森林植被的边缘，或是向内投射，把这些圈养动物建构为外在自然的碎片化存在的同时，它也邀请参观者步入这个国家最富有生物多样性的景观之一中来。它的运作基于一种在19世纪70年代为国家所主导的努力，即通过改变人们看待动物世界的方式来改变人类看待自身的方式。这就是上野动物园野兽的本质，即努力建构一种有关动物和自然的单一的"现代"或"开化"的幻象，以区别于早期现代的宇宙观，同时又通过打造日本所拥有的体量最大和最丰富的外来动物收藏来赋予这种幻象令人信服的形式。[8]

如同19世纪现代文化的很多其他方面一样，生态现代性宣称自身是明治时期（1868—1912）的一个全新的外来事物，无视日本人很早以来就一直致力于把人与其他动物区分开的事实。[9]它通过新的词汇表达、新的社会角色、新的专业化知识形式以及诸多新机构的发明来标榜自身的存在。它极力提倡要将日本人的公共实践与西方——自觉意识层面的"现代"或"开化"——的规范分离开来。事实上，尽管日本人几个世纪以来一直在通过马戏杂耍等类似活动观看圈养动物，但是在19世纪中叶到欧洲旅行的日本人发现了动物园这种机构之后，动物园还是作为一种全新的东西得到引入。有关动物园的现代日语专用词汇源自福泽谕吉（1835—1901）广为流传的西方文化汇编《西洋事情》系列，这些作品于 19 世纪 60 年代陆续推出。也就是在这些书里，除了蒸汽机、瓦斯灯、共和制和胸衣这些内容，福泽还收入了一个有关 dōbutsuen（動物園，animal garden）的词条，指出动物园是一种公共机构，"拥有来自世界各地的大量珍异动物"。[10]

5 　　在那个只有极少数日本人才能够进行国际旅行的年代，正是通过这些书，而后是通过动物园和诸如小学校舍、博物馆这类相关机构，很多人首次知晓了这些西式风格的"文明开化"理念和机构设置。在面临外来帝国主义的威胁和应对本土社会的不稳定局面时，19 世纪的日本精英阶层力图通过实施这些文化项目来改良国家和国民。正是在这种焦虑不安的政治场景下，动物园吸引了福泽和他同时代人的注意，这些人包括许多日本工业化的缔造者，如大久保利通（1830—1878）。作为官方展览和博物馆的重要倡导者，大久保坚持政府有责任教导人民去控制自然力量以服务民族发展的理念。其结果就是一种国家主导的努力，以期改变人们看待自然世界的方式。明治时代的展览政策表明，在充满好奇心的观众面前适当地展示圈养动物，能够强烈传达出这样的信息，即在一个清晰的全球场景之下，生物学意义上的种族观念和"适者生存"观念已经开始被政治化为人与其他动物的区别。[11]

　　尽管发源于外在的西方，动物园及相关文化还是很快就在日本站稳了脚跟。在日本，自然历史展览以及参拜行为很长时间以来就是人们司空见惯的事，到了 19 世纪末，更发展为广为公众接受的社会景观。造成这种变迁的动力是多元的。纵观明治时代的几十年，官僚、科学家、教育者、导游以及出版界人士与动物景观的大众吸引力一道，合力将动物园的世界转换成为一个都市日常生活的"自然"陪衬物。动物园能够提供给它们的参观者一个方便的、娱乐的、颇具教育性质的逃逸机会，让他们得以逃避日常生活，进入一个宣扬异域动物和人类智巧的世界。对于管理者来说，动物园则提供了一个对自我抉择的客户施加影响的方式，这些客户选择（在绝大多数场合下）接受一种以教育和娱乐为名的诱导行为。

本书聚焦这种转换及转换的衍生物。它揭示了动物园的管理者和营销商如何打造出一个有关动物和自然的幻象，并让这种幻象运转起来，以至于连他们自身都倾向于相信这种新的幻象实际上是一种"自在自然"的简单描画，而非一个精心打造的将自然世界高度媒介化的假象。通过展览活的生物，这种幻象努力追求无所不包，努力宣称自身拥有象征"真正的"自然的权力，而这个"真正的"自然被假定外在于动物园而存在。它有意以一种舞台化的逃逸假象来赞美和强化现代的、"文明"的事物秩序。[12]

本书的基本前提之一在于，认为有关"动物"（animal，dōbutsu）和"自然"（nature，shizen 或 tennen）的分类是人为捏造的，这些分类强调并定义了何为活的生物，何为生活环境。无论是谁，只要他明确地宣称这些分类，他就是在宣称一种精妙有力的社会影响（我假定人也是动物，但是我选择保持"动物"与"人"的区别，因为这样能更清楚地反映我所研究主题的世界观）。作为一个庞大的组织机构，上野动物园每年的预算费用不菲，得益于它保留下来的丰富文献资料，我们可以对上野动物园来自财政和官方的资助展开更多的分析讨论。但是这类机构存在的意义更在于服务于一种文化故事的讲述，该故事关乎日本人看待世界中的

6

自己的方式的变化，也关乎这些变化所引发的后续影响。无论何时，只要有可能，我便努力让这种文化的参与主体们发出声音，但是即使这些可得的文献资料已经具有相当的深度，对于这些参与者内在世界的了解，我还是难免力有不逮。这些资料极为稀有，特别是对于我们在本书最开始的章节讨论上野动物园前几十年发挥的功用意义重大。很显然，我所讲述的文化故事既非纯粹内在的也非全然个体的，它在公共空间逐渐展开，在上野动物园为了宣示其在日本公众生活中扮演的重要角色而采取的一系列行动中，以及在它所追求的目标中，逐渐展开。我的研究重点正在于"动物"和"自然"分类这一人为捏造的公开实践。[13]

人们向来习惯于接受动物的重要性主要体现在所谓的原始社会这一说法，然而这是一种偏见，因时间向前推进的感觉而为人接受，并在 19 世纪的日本固定下来。但是，动物总会以各种各样的方式被编织到我们现代政治经济生活的整体结构中来，无论是作为劳力、家畜、标本还是人类的陪伴者。[14]动物意象在现代日本无处不在。如同 20 世纪的美国孩子如果理解不了 Z 代表 Zebra（斑马）就没法学习英语字母表一样，日本的孩子如果不明白 A 代表 ahiru（鸭子），抑或 TO 代表 tora（老虎），就不可能学会平假名五十音图。这些经由父母的推广而在孩子当中加深印象的平常事物，被以各种方式赋予了政治色彩。"老虎勇猛得如同（我们）在中国战场的士兵。"在 20 世纪 40 年代的一张儿童识字卡上有这样的一句话，将阳刚气概和帝国感知注入认读五十音图这样一个再简单不过的活动中。经由这些手段，远在日本年幼一代前往动物园参观之前，这种生态现代性的文化政治就已经被灌输下去了。

　　诸如迪士尼等公司的大量作品煞费苦心地往当今孩子们的　　　7
私人生活里灌输不满足感和欲望，从而制造出一种希望去迪士
尼乐园观看"真实"的热望。女孩和男孩们来到上野动物园，把
关在笼子里的动物投喂得饱饱的，同时盼望着再次发现那些他
们早已从课本、儿童杂志或是别人的讲述里了解到的动物。"在
我小的时候，那些图画书和杂志里的狮子、老虎和大象就召唤着
我，"1943 年，一个男孩在给动物园园长写的信里留下了这样的
文字，"然后，有一天我的母亲带我来到了动物园，在我眼前走
来走去的，难道不就是那些和书里一模一样的狮子、老虎和大象
吗？"大众文化和大众文学帮助将动物园编织到现代日本更宽阔
的社会场景中去。

　　动物园发展自 18 世纪和 19 世纪欧洲国家及其殖民地之间的
往来，并成为某种真正的全球化事物。最开始是在西方，而后
是在日本，动物园由自然史学家和收藏家所创建，他们来自大都
市、努力接受新开辟的殖民地生态系统中让人眼花缭乱的生物多
样性。在那些日渐增厚的卷册中，他们心思纯粹，全无杂念，全无杂念，一
心渴望去收集、分类、展示、记录那些外来动物，并且对于新奇
的和非常见的动物样本贪得无厌。动物园的经营者们也努力在参
观者、国际社会和自然环境之间建立起联系。在这个过程中，他
们帮助打造出了一套全新的有关人与动物联系的惯习和假设，以
及通常被表达为"科学的"，但又在社会、文化和政治领域得到
最有力推广的理念。在日本，这些惯习和假设并不是简单地被模
仿复制，它们被转换、本地化、实用化，甚至时不时还会作为观

念和物质实体（动物以及其他衍生品）在动物园的机构网络中移动，然后再返回国际流通中。[15]

当好几百万参观者凝视过动物园的笼子并且翻阅过相关的导览手册后，动物园这种机构就再没有多少吸引人的新意了。经营者们继续强调最新收藏动物的特色，庆祝园内动物幼崽的诞生，变着花样地或是新增或是更新动物园的吸引力。但是，如同更宽泛的生态现代性文化，动物园自身最终也被纳为日本大都市日常生活的组成部分。这种转换的结果之一，是一种有关我们所处的世界的常识性理解，直至今日依然生气勃勃的理解；是一种幻象，自然呈现为造物的另一种秩序的幻象；是一个世界，在那些被当作现代性和现代化的典型表征的文化和工业动力来源之外的世界。本书关注"常识"——获取自动物与人的分野之初——的清晰现代形式和发展的历史，以及它在动物园这种微缩世界内外的种种衍生物。[16]

"人类世"的动物

上野动物园是东亚第一座现代动物园，也是世界第一座在非西方帝国主义政权的势力范围内建成的动物园。[17]最早的现代动物园分别于1793年在巴黎、1828年在伦敦落成并对外开放。得益于19世纪充满竞争性的世界主义，以及经由不断扩展的全球交易网络而得以实现的体量庞大的动物移动浪潮，动物园这类机构很快就遍及欧洲众多国家的首都和一般城市。到19世纪70

年代，动物园在澳大利亚、印度和北美创立，这个潮流一举成为全球现象。到 20 世纪末，全世界有超过 1 000 多座官方认可的明星动物园，每年有近 6.75 亿人，或说将近全世界人口总量百分之十的人前往动物园参观。如果算上那些没有认证的动物主题公园、马戏杂耍团或类似机构，这个数字还会更大。保守估计，全世界这类机构的数量在 1 万家左右。到 20 世纪后半叶，日本拥有比除美国以外的任何国家都多的动物园和水族馆，而在美国，每年参观动物园的人数比观看职业足球赛、棒球赛和篮球赛的人数加起来还多。在 20 世纪 80 年代，每年有将近三分之二的日本人口（接近 5 500 万人）参观动物园或水族馆。[18]

正是在其全球扩展和广泛分布的过程中，动物园为现代时期的关键事件之一——将世界人口转化为具有全球意义的生态行动者——的内容赋予了展览的形式。人类一直在对外在的物理环境施加影响，其影响的规模随物质和经济现代化进程的加速一并得到扩展。正如诺贝尔奖获得者、大气化学家保罗·J. 克鲁岑（Paul J. Crutzen）提出的，而今我们生活在一个人类的影响如此无处不在，以至它远超地球物理学的影响，一跃成为地球气候和生态最主要的支配力量的时代。克鲁岑的研究表明，过去三个世纪以来，人类购买、建造、种植和繁衍的方式已将我们带出了全新世（Holocene）——形成于距今 1 万—1.2 万年的地质时代，它的相对稳定对人类文明的发展颇为关键，并将我们带入了一个全球生态在自身影像中既活跃又动荡的时代。克鲁岑将地质学的时序术语掺揉进来，把这个新的地质时代命名为"人的时代"或"人类世"。[19]

9 　　　"人类世"为日本的生态现代性提供了全球环境的语境。尽管全球变暖已成为大众想象中的环境危机的代名词，但这只是问题的一个维度而已。除了日渐上升的平均气温外，克鲁岑和同事们已经识别出了"人类世"生态变迁的三个最重要的领域：诸如氮、磷、硫这类对地球生命至关重要的元素的生物、地理、化学循环，因化肥等手段的使用而发生变动；由城市工程和密集型农业引发的地球水体循环变异；全球性的动物物种的大规模灭绝。所谓的第六次大灭绝事件，源于动物栖息地的破坏和密集的开发行为。[20]和前五次大灭绝事件都不同（最近的一次发生在将近6 500万年前），这一次明显主要由人类的行为引起，并且集中在现代这一时段。这三个领域都值得仔细的历史考察，但是动物园发挥的功用在最后一个领域——大灭绝领域最为明显。[21]

　　上野动物园于是成为日本"人类世"文化上演的剧场。在它短暂的历史发展过程里，这个机构已经从一个将圈养野生动物塑造为野性自然或是丰饶自然的、充满异国风情的映射之地，摇身一变，成为一个动物自身就呈现为失落、消亡和灭绝意象的地方。[22]这种具象性的转变是对国际和国内生物多样性变化的回应，它碰巧表明，如果我们的"现代性"概念希望表达这种在社会和环境方面兼而有之的全球演变，它们也必定更加倾向于生态的因素。

　　全球化和工业化成为造成数以百万计的动物消失的生态事件。2011年，国际自然及自然资源保护联盟（IUCN）判断，世界范围内被评估的59 507种物种中就有19 265种——占比约32%——濒临灭绝。对于作为绝大多数动物园核心收藏的哺乳动物而言，情况要稍微乐观些，因为对于哺乳动物而言，人类无论在情感上还是形态学上都更为接近。比起其他动物，哺乳动物的外形和行为更像我们，因而我们也更容易被它们吸引。在全世界5 494种已知的哺乳动物物种中，有78种已经灭绝或是在野外灭绝（这一认定因为动物园和类似机构的存在而变得有意义）。另外还有191种极危、447种濒危、496种易危。[23]这就意味着比全世界已知哺乳动物物种总数的20%还多的物种濒临灭绝或业已灭绝。从全球来看，物种灭绝的速度已经加快到每年每百万物种中就有100多种消失。据学者估计，这样的灭绝速度大致居于前工业时代的100倍到1 000倍之间。[24]

就日本国内而言，物种灭绝率在20世纪后半叶明显下降。这种下降一方面是直接因为物种耗竭的现实，另一方面也是因为服务于商品标准化生产而推行的工业化林业和农业所导致的环境急剧单一化（建造者们偏爱特定种类的树木，而消费者们更偏好特定品系的大米，诸如此类）。更乐观地，通过保护立法水平的改善而增强的环保警觉感，尤其是从20世纪70年代到今天，也确实产生了影响。尽管如此，明确的是，如2002年经济合作与发展组织（OECD）报告所称的，在日本，占比略高于20%的已知哺乳动物、两栖动物、鱼类、爬行动物和维管束植物物种濒临灭绝，这是一个和全球状况整体相当的综合数据。[25]这个数据还不包括更早时期的灭绝事件。新的灭绝事件也就发生在仅仅几代人的时间内。[26]无疑，只要人们在日本列岛生活，人类就会改变那里的生态，但是其过程会被社会与技术动力戏剧性地放大，正是这同样的动力推动了日本快速的物质进步。生态现代性仿佛成为工业化的侍从。

这些环境变化引发了历史问题，学者们开始认识到"人类世"的标尺威胁着推翻历史书写的传统框架和方法论。正如迪佩什·查卡拉巴提和茉莉亚·阿德尼·托马斯都曾令人信服地指出过的，形成于一个通常被认为有几百万年跨度的时期内的"人类世"概念，将人类群体的行动想象为一个单一的、被生物学所界定的全球力道，而非由个体组成的阶层甚或国家的行动。这种基础事实质疑着个别人类代理人的存在意义——他们在绝大多数历史时期都占据着舞台的中心位置，也质疑着个体人类的体验在过去、当下和未来都存在连续性（和重要性）的假设。当人类这个物种自身都已经成为和大陆漂移水平相当的生态驱动力，个体的能动性和体验又何足道哉？[27]

11   乍看起来，这是一个古怪的问题，但是一种对根本环境变迁的觉察如今和社会意识纠缠为一体，无论是在全球层面还是在地方层面，无论纠缠的结果是焦虑、拒绝还是故作冷漠。如果我们想让自身的历史向当今的政治和未来的希望发声，我们自身如历史学家般的"问题意识"就必须转而强调这些新的全球事实。在此意义上，"人类世"需要我们做得更多，而不是仅止于认识到在人类历史的主流讲述中需强调自然资源或生物多样性的损失。"人类世"表明那些来自环境科学但也同时进入公众讨论中的信息，已经开始动摇历史书写行动的认识论基础和社会基础。[28]

问题在于维度（scale）或者代理（agency）。"人类世"真正的全球维度要求历史学家发问：当那些诸如濒危动物的鲜活生命而今只能靠人类的宽容苟延残喘时，个体代理人——因而也包括在个体行动者层面上演的历史——会发挥怎样的作用？在这种场景下，查卡拉巴提主张："物种事实上就是紧急情况下的占位符的名称，在危险关头闪现而出的人类新的共通的历史就是气候变化。"在物种层面上，我们已经从生物学意义上的代理人转变成为地质学意义上的代理人——一个居于环境史核心地位的理论创新，正在挑起一场看似和恐龙消亡能量相当的新灭绝事件。这种情形之下，在大多历史中发挥作用的自然与社会的分野——也是居于以动物园为表现形式的生态现代性的核心，似乎全然失效了。人类已将自身变为远不只是类似生物行动者的聚合的某种东西。我们已然成为一种自然驱动力，新地质时代的有争议的自然驱动力。[29]

可是，人们的日常生活实践与这些全球变迁的联系又在哪里呢？经由这种方式产生的问题，成为诸如本书的文化史作品的专属主题。不像政治家和权威人士可能会提出的质疑，日本、美国和其他地方的生物学、化学与地球科学都基本认同以下事实：气候变化正在发生，生物多样性的消失正在加速，而这些变化毫无疑问是由人类的行为所驱动的。[30]所以，根本问题不在于这是一个科学问题（尽管这为时不长），而在于它是一个政治和文化问题。换种方式说，它是一个社会中的科学问题。形成有关气候变化的科学共识的技术进步，与本土社区以及个体的情感需要和社会需要之间存在矛盾，这些社区和个体必须要赋予技术进步以意义，同时更重要的是，技术进步得在社会意义上是可行的。[31]

希拉·雅森诺夫指出，这个问题出现在意义生产的实然和 12应然的分歧上。自然世界的再现之所以能够取得无处不在的权力，不是通过科学事实的客观性，而是源于人类发现这类概念在社会意义和文化意义上是如此好用。由此看来，"人类世"的麻烦不是本体论的（我们确实知道气候正在变化中），而是社会的和规范的：这种抽象知识推行的行为违背了根深蒂固的权力结构以及有关自然社会的假设。它抛开了人们熟知的（如果不总是让人自在的）自然、国家和社会甚至人的分类，代之以有关全球变革、氮循环、陆地水循环、灭绝事件等客观的科学知识。这让人感到惴惴不安。"要想如科学所期望的那样去了解气候变化，"雅森诺夫观察道，"科学家就必须舍弃那些熟悉的、舒适的和自然相处的生活模式。"关于这点，我会补充道，气候变化仅是"人类世"问题的冰山一角，或许也是"人类世"问题最清楚的一面，因为它表现得如此之剧烈。[32]

日本的生态现代性

本书展示了 19 世纪后期和 20 世纪期间，日本的生态现代性是如何在一个单一的机构内形成一种思考自然以及与自然共存的模式的。我将研究定位在上野动物园的离散空间内部，力图就"人类世"给出一种人类的尺度和历史性的尺度，指出它和现代性本身即便不是顺承的关系，也是相伴而生的。对一个单一机构的详细观察可以使我们明了生态动力学、社会实践以及政治意图在日本现代化发展过程中是怎样交织为一体的。在日本这样流行大众文化和大众消费的社会里，"人类世"的问题如同一个工业的或是科学政策的问题，也是一个事关文化、影响、选择和"常识"

的问题。正是这种习惯性的日常生活实践生成了"人的时代"，考虑到这种情形，我们可以在哪里找到政治和想象的资源来重新设定这种整体的实践？迈出的有意义的一步应该是从分析驱动这种环境选择的文化和政治机制开始，将环境议题归并到历史学科乍看起来与环境不相干的边缘问题的研究中去，而不是将其单独划出，作为独立的环境史或科学史问题来研究。正如林恩·K.奈哈特在德国案例研究中揭示的，动物园和展览在她称为"生物学视角"的发展中的作用颇为关键。同样地，圈养动物史中通常大书特书的生态动力学也占据着重要地位，与当前研究中涉及的更传统的资本主义、帝国主义、权力等问题不相上下。这些问题无疑是我研究的核心关怀之一，但非唯一。[33]

13

　　在日本，在让自然世界变得意义非凡这件事情上，再没有比上野动物园更具自觉意识的地方了。[34]用前任园长古贺忠道的话来说，这个机构追求"为参观者提供一个真实自然的生动图景"。正是这个使命让上野动物园成为一个珍贵的个案，可以通过它研究现代日本人对待自然世界的态度的文化维度。[35]但是古贺对上野动物园功用的情感充沛的总结还远未到位。上野动物园确实是作为一个缩微宇宙来建成的，但它并不是自然的真实映射。相反，它提供的是一种自然世界和社会世界的对比再现，如同经营者认为应该让参观者体验到的，一种与韦伯理论相呼应的，为铁笼子的栅栏所界定的关系。动物园就是一种教化机构，它的主要目标在于灌输规范，而不是描述这些事物真正为何；它是一个质询行为，其终极目标不是忠实地再现自然世界，而是将这些再现——动物和人类既并置对比又相互定义的形象——用作社会和政治的工具。这种居于参观者和动物的"实然"和管理层意图的"应然"之间的张力，好比是我的叙事机制的动力弹簧。

将历史定位在一个单一地点也有助于发明一种跨时间的变迁叙事。少有其他主体能够像动物一样如此引人入胜。动物的某些特征能够召唤起人类的情感，而不是引发那种通常为人类特征所激发的矛盾感受或绝对判断。乍看起来，动物既像我们又不像我们。在这种像与不像的摇摆中，它们提供了能够将读者引入虚构的故事世界的适宜形象。动物在儿童文学中的核心地位也许就是最明显的例子。在本书第四章的主要故事中，从伊索寓言到《野生动物在哪里》或《可怜的象》，动物居间串联着跨文化的儿童社会化过程。我曾经密切关注过动物园里的这类动物故事（无论针对孩子还是成年人），其中最为突出的就是本书第五章讨论的，在后帝国主义时代占领期的上野动物园，对大象的高度政治化的抗议。通过这类故事，本书讲述了在上野动物园内部自然和文化政治的诸多交集，以表明展览作为"自然"的标志物的动物，本身就是一个政治行为。

正如那些可得的文献资料所记载的，在我们讲述的故事中，尤其是在本书后面的章节，动物也会时不时地作为明显区别于能动者的历史行动者出现。就其标准使用意义而言，能动暗示着有意为之的行为。正如 R. G. 柯林伍德指出的："人类被当作唯一会思考的动物，或说能够思考得足够清楚，通过行动来表达出思想的动物。"[36] 自从 1946 年柯林伍德写下这句话以来，有关动物认知的研究有了长足进步——现在我们知道乌鸦、大猩猩和其他物种行动时也会有预见和"心理图谱"，但是我也不会追随近来的

14

一些学术潮流，将动物描述为有思考力的能动者。我并非不屑如此，而是因为这是一个方法论选择的问题。这类问题远超出文献所及的范围，于是本书也就没有任何尝试"让动物他者发声"的企图。这类腹语事实上会帮倒忙，因为无论有多用心良苦，它会以类似那些希望为庶民代言的帝国历史学家的意味深长的方式，成为一种一成不变的支配行为。[37]确实，正如我在第三章所揭示的那样，只要上野动物园的官员们试图为动物代言，动物园也就成为规训人类主体的最常用手段。

　　主张动物不是能者并不是要将它们降到一个缄默的被动体的地位。"行动者"这个词暗示着物理层面的存在和情感层面的影响。这类影响已被动物园明确意识到并大加利用。尽管有着大量的儿童故事和成人幻想，但是上野动物园并非充塞着虚构动物的一个抽象的"想象景观"。它是一个人工打造的生态系统，装满了各种鲜活的有知觉的动物，这些动物能够激发那些与之互动的人的想法和情绪。在文献资源足够的情况下，本书也涉及了所要讲述故事的方方面面。它让我们去重新考虑，谁（或是什么）值得被我们的历史记录以及它们应该怎样被记录。即使是在动物园这个被严密控制的世界里，动物也设法影响着它们周围的世界，它们并非惰性物体。人类也许已经成为现代全球意义上的生态行动者，但是，他们也和一大群从朊病毒和害虫到捕食动物和宠物的其他生物共享着这个舞台。在将我的分析定位在动物园这个特殊空间的过程中，我想揭示出在"人类世"宽泛的框架下，文化和环境的动力是怎样在日常生活的层面交织为一体的。[38]

　　叙事，或者说故事，是历史学家可用的最有力的工具。在　　15

日本，学者们也才刚刚开始讲述现代化与环境变迁间错综复杂的联系。这些研究大部分都聚焦于污染案例和其他的环境灾难，以及改变日本历史进程的毁灭性事件。大量的这些作品，无论是用日文还是用英文写成的，都相当优秀，没有它们，这本书也不大可能写成。但与此同时，通过"环境问题"的棱镜来考察整个日本环境史，也成为很多日本研究作品的标准写作路数，而这本身就是问题的一部分。它将故事简化处理，由此很容易就陷入威廉·克罗农所描述的历史写作的"衰败论模式"（declensionist mode）中，即人类和非人类的生活终将衰败而人们对此却麻木不仁。如同布雷特·L. 沃克雄辩地指出的那样，其实很容易找到这种路径的原因。因为日本人通过现代时期的国家建设和工业化进程，已彻底改变了他们置身其间的物质环境，因而也改变了他们的物质自我。这些改变很大程度上都是负面的。[39]

　　但是上野动物园的历史拒绝跌入这样一种工整的衰败论叙事。该机构无疑充满了残忍不公和疏于照顾的插曲，正如我们将在第四章谈到的动物园大屠杀，这类事件正因为发生在动物园才更让人不寒而栗。在这种动物完全受制于人类的环境中，虐待是有悖常理的，就像动物保护的提倡者平岩米吉（Hiraiwa Yonekichi）曾经提出的，这意味着"文明承诺的废止"。但是这类个案在上野属于例外而非常态。事实上，动物园的规范在绝大多数场合都被归入"文明"这个含糊且多变的概念之下。这是一个在日本与西方帝国主义的碰撞中诞生出来的术语。在佩里黑船事件从人们记忆中淡出很长时间之后，这个术语在动物园得到了延续。动物园这种机构的建设意图就是要成为一个文明举止的象征，正如古贺园长在佩里离开将近一个世纪后提出的，"一种制造文明的人和动物的机构"。类似上野动物园这样的机构成为一个国家有代表性的国际化场所，它根据一套日渐同质化的标准将参差多态的文化实践引入特定景观中，而这些特定景观正在以不同的样态被遍及全球的首都和一般城市广泛复制。[40]

动物园也不乏非凡的，有时甚至还是诗意的维护动物和自然环境权益的行为。例如，在《动物园大屠杀》这一恐怖的篇章中，也有饲养员冒着被严厉斥责或是遭遇更坏结果的风险维护他们照顾的动物。同样地，上野动物园的团队为使日本在 1980 年成为《濒危野生动植物种国际贸易公约》（CITES）的签约国而作出重要努力。毋庸置疑，对于那些希望干涉濒危物种和受威胁物种贸易的人来说，《濒危野生动植物种国际贸易公约》是当前最重要的政策手段。它在日本的实施也使得动物园的工作开展比以往更困难而不是更容易，但管理者们还是追求将之投入应用，因为他们相信这是要做的正确之事。动物园也对一系列动物虐待立法的诉讼案件，包括保护如丹顶鹤和朱鹮等受威胁的本地物种的案件作出重要贡献。古贺园长还通过自身在 WWF 和不计其数的其他组织中发挥作用，引导着国际保护努力的发展。[41]

我不想用对进步的天真肯定来反驳这种衰败论叙事。如果那样做就难免会陷入上野动物园自己的"神话"，即认为在一个宽泛的环境退化的场景中，动物园比以前更加不可或缺。日本的一些动物园提出，动物园必须成为一个"生物多样性的方舟"，以对抗动物栖息地的狂潮。[42]这些观点援引了一种对技术的国家信仰，其强度甚至和美国不相上下，过于高估了动物园在回应这

16

类全球问题上的能力。并且没能认识到动物园在制造和强化这种它们试图抵制的动力中扮演的历史角色。上野动物园在工业现代性文化中盛极一时，这使得它看上去似乎是一种不可或缺的，居于生态现代性核心的紧绷的动态张力。

相反，我想要表明日本的生态现代性在矛盾的对立两端其实有着自身的律动。追踪这些律动将有助于我们理解将人类日常行动与"人类世"紧紧绑在一起的文化动力。正如大卫·布莱克本（David Blackbourn）在他对德国相关动力的研究中指出的，对自然世界的现代征服是一个浮士德式的交易，它让人类得失各半。在现代，自然环境更广泛的转变对于许多日本人来说益处多多：更安全的食品供给，清洁的可饮用水，以及其他能够带来热量、冷气的新能源和现代性物质便利。战后的日本人有理由以此为傲，即他们是这个星球上最长寿的人类群体。但是，大量日渐增加并反复出现的环境退化——以及发生在 2011 年 3 月 11 日的大地震，已经让许多日本人像德国人和其他人一样开始追问：这种大规模生产和大规模消费的文化能否持续？如果持续的话，代价又会有多大？[43]

而今，在对应然和实然的追问和它们彼此的张力中，这种矛盾的磕磕巴巴的节律清楚可辨。对于日益浮现的全球生态危机的新的、急迫的、科学在行的理解，与已然编织到现代日本日常生活中来的人们对于动物和自然的熟知的、陈旧的、有丰富象征意义的视角格格不入。生态现代性的故事、神话和信仰在超过一个多世纪的时间段里汇集起来，与此同时，它们还援引了一个更古老的实践和象征的体系，因而不可能突然间改变或束手就擒。[44]

17

但是"人类世"问题的沉重却施诸包括自然和社会在内的广为人们接受的二元对立之上。在我们努力与气候变化、自然资源衰竭和其他物种快速灭绝的现实达成妥协之际，这一点日渐清晰，即危机最主要出现在人类竭力划清自然和社会的界限的前沿。现代日本无处不是横亘在自然与社会之间的边缘地带，远比上野动物园更让人叹为观止。

作为展览的自然世界

上野动物园利用动物来将自然世界设置为如其所是的图卷。在这个过程里，它引入了这样一个观点，即在动物园中，自然是被再现的，而非重塑的。然而，纵览动物园绝大多数的历史时期，饲养员和管理者们在动物园的笼舍和围栏里所看到的只有动物的身体，此外没有任何自然的东西。这种错位感主要来自动物园的结构。展览中的动物拥有无可置疑的真实性。和博物馆里的工艺品不同，它们是活物，因而就拥有将困住它们的障碍物推开的本能和动机，这一事实有助于彰显动物园这种机构能让大众感知到的人造非自然性。正是这种人造非自然性将动物牢牢圈定在其中，并推演开来，可以说是现代文化的人造特色最先发明了动物园。[45]

居于生态现代性核心深处的这种动力，其部分能量获取自德川时代一次静悄悄的分类学革命。正如我在第一章所展示的，从19世纪早期开始，本草学（honzōgaku）的践行者们就追求将生命

18

世界的多元生物整合到一种名为"动物"（dōbutsu）的新的且单
一的主导隐喻之下。此举为后林奈时期的西方分类学所激发，并
为日本国内对专业区分的追求所驱动。德川时代晚期的本草学践
行者们希望将自身同业余爱好者区分开来，以争取更好的收入和
地位。在这个过程中，他们努力将自然定义为一个分离的世界，
一个最好运用专业化知识来加以理解的领域，而这些专业化知识
又来自仔细地观察自然和运用新的西方理论。[46]这本书就起步
于这种努力。现代早期的宇宙论宣扬自然世界富于创造力的多元
性，或是人与其他生物之间的精神连接，其中如佛教讲轮回、神
道教提出万物有灵论、儒家有基本德性论，生态现代性的提倡者
们则致力于在人类与动物之间划出清楚界限，划分标准为是否有
理智的能力，而这种能力被认为是智人的专有。[47]人与动物之
间的上述精神连接或说精神的或业力的亲缘关系，由此成为从属
的，经常被描述为偶然的，并最终被视为一种不相干的"迷信"。

佩里的到来为这些晦涩难懂的讨论注入某种政治紧迫感，也
将"动物"问题和它的补充问题——"野蛮人"（yaban）一道，
放大成为一个国家关怀的问题，因而也就提高了新兴生物学科
的地位。[48]上野动物园就是在这种时候应运而生，并且从这种
新的自然历史的根本矛盾性里抽取发展动力。尽管如此，进化
论原则教导我们，人类始终还是动物园（dōbutsuen）里的动物
（dōbutsu），因此，这种被科学史学家布鲁诺·拉图尔称为"净
化"（purification）的区分工作，就永远不可能完成。[49]

即使那些骄傲地宣称存在一种对待自然或动物的特别的日本
态度（与西方相对），抑或那些认为在日本根本不存在这类区分

的人，他们提出这类论点的基础都肇基于明治时代。正是那时诞生了本书关注的动物园、植物园、展会和博物馆等机构。游客的留言和来信告诉西方读者，上野动物园所呈现的自然画卷是如此之熟悉——无论是它的设计还是框架，这对于来自从柏林到布朗克斯的男人、女人和孩子都概无例外。展览根据诸如"野生"和"荒野"、"游猎"和"标本"，甚至是"动物"和"人类"这类理念架构而成，这些理念让人感到既舒适又刺激，为世界各地动物园所通用。[50] 就在上野动物园的管理者们不遗余力地追求新的园区设计的同时，动物园笼舍和围栏的物质文化也注定带有跨国性质。理念、规划、规划者以及动物全都在以某种特定的方式来回跳转，正是这种跳转使日本人宣称的对待自然的态度（任何在日本生活过或研究过日本的人对此都不会感到陌生）变得可疑，至少在动物园上演的幻觉，被他们当作了一种在大众文化中无处不在的象征性存在，仅在上野动物园，这种幻觉就为开张 120 年来涌入的 3 亿多人所体验。那里具有特异性，人们都着迷于这些特异性的鲜明特征，但是这些特征也都在由跨国材料搭建的舞台上呈现。

19

　　这样的二分法有效而持久。动物园内在和外在的革新者们运用这种真实性和人为性的并置，来争取更高的预算和更严的立法监管，或是扩大繁殖项目的规模。京都帝国动物园园长川村多实二（Kawamura Tamiji, 1883—1964）在 1940 年提出，一旦野生世界的物种灭绝加速，"动物园里的动物饲育技术的进步"也就变得越来越重要。这位京都帝国大学前动物学教授继续说道，动物园必须被打造成为更真实地反映自然的镜子，从而再造出自然本身。[51] 川村的观点成为批评论和宣扬论的平衡点。这两种观点都援引由来已久的传统，即要提高作为文明标尺的动物园的人为因素。动物园和博物馆的管理者们通常会赞许在展览中被蒂莫西·米切尔称为"人造现实主义"（realism of artificial）的东西。[52] 在恰当得体的展览技巧本身就定义着文明的场景之下，一如在生态现代性的背景之下，管理者们不仅把展览本身的准确性，还把制造这种拟态的能力一并当作进步的标尺。

对这种"作为展览的自然世界"（natural-world-as-exhibition）的体验从一开始就既是全球的，也是地方的。无论是在多伦多还是在东京，去动物园都是一个既合理又无害的行为，和去购物中心溜达或是逛商业街类似，远非"动物园"这个词在孩子们，也是在许多成年人头脑中唤起的游猎、狩猎和探险这类行动。我们观察动物园中绝大多数的动物，视线要掠过栅栏，越过壕沟，穿过层层的聚碳酸酯合成物。这种审美体验被精心布置的灯光、色彩、玻璃、声音和味道所塑造。动物园（包括上野动物园在内）如今也常规性地使用管道来传送加工过的"自然声响"。动物的臭味被尽可能快地清除掉，因为它提醒着我们和栅栏那侧生物都有着粗俗的身体特性，又或许是它在直觉上提示我们，就纯粹的生物学意义言，我们也是我们正在观看的这些野兽的潜在猎物，抑或它们正在对着我们虎视眈眈。我们与玻璃后面的动物被分隔开来，那些动物孤独地坐着，为人造建筑所包围。

因而，生态现代性需要归咎的不仅是自然世界的消失，还有绝大多数人和动物以及人和自然世界相处方式的再组织。正如卜水田尧所指出的，作为抽象分类的动物和自然，永远不可能轻易消失。

然而，就像我们在日本和全世界都能看到的，与现代性相随而来的社会经济变迁已将日本狼等诸多物种驱赶到灭绝的境地，其他的动物或是被围困在动物园的高墙背后，或是被圈进野生动物保护区及国家公园。安德鲁·戈登曾经指出，随着日本现代化进程的推进，日本人的社会经验已经逐步被集中到大规模的科层制组织和商业机构，日本人和动物相处的方式也不例外。从动物园、实验室、幼犬繁育场到工厂式农场的种种机构支配着天然景观。这种人与动物间互动关系的日益非个体化和衰减，滋生出一种日渐强烈的与自然世界的疏离感，即使它们同时也放大了人类对于活生生的自然世界的影响。[53]

这是动物园的故事更为黑暗的一面，也是明治时代人们孜孜以求的"文明开化"始料不及的后果。动物园在一种疏离的文化中繁盛无比，而这种文化又是它帮着创造出来的。与从自然——这个自然又定义为"作为展览的自然世界"，海德格尔称之为"作为展览的世界"——分离开来的感觉相伴而来的，是自然本身就是真实人性的源泉的感受。为了恢复一个人的真实自我，人们必须去一个日益贫瘠和人造的景观中重新发现某种东西。[54]正如海德格尔和他的日本同行和辻哲郎（Watsuji Tetsurō, 1889—1960）在两次大战之间不约而同地写下的，社会官僚阶层意识到了动物园会在孕育着大众对他们的不满的威胁的社会场景中扮演特别重要的角色。第一次世界大战之后，随着工业资本主义在日本的巩固，那些活生生的，其真实性只能由困住它们的那些建筑来增强的动物园动物变得前所未有地迷人。用动物园园长黑川义太郎（Kurokawa Gitarō, 1867—1935）的话来说，这些稀有动物

21 的魅力将史无前例数量的人们带进动物园，在那里，景观运作机制引发了一种奇妙的状态，这种状态将游客开放向一种"无知无觉"的影响之中。黑川和同事们相信，人们来动物园是在一种前意识形态的层面体验和那些奇怪的珍稀动物的相遇。动物园成了一个"安抚设施"，帮助人们把社会秩序看作一种自然而然的东西。[55]

这种大众普及性和政治实用性的结合导致了建设动物园的狂潮。到 1942 年，日本帝国拥有 30 多所动物园，前往参观的人数在年均 1 500 多万。到了 1965 年，登记在案的动物园整体数量一度达到 50 所，到 2010 年更攀升至 90 所。这个数字还是 20 世纪 80 年代经济泡沫期间动物园数量超过 100 多所的巅峰纪录的回落。据动物园管理层所言，早在 1942 年就已经成为"世界最受欢迎的动物园"的上野动物园，因游览人数太多而不堪负载，于是，一个以德国自然公园为参照，致力于日本本土原生动物收藏的上野动物园分园，于 1934 年在郊区井之头恩赐公园开放。另一个更大的动物园则于 1958 年在更遥远的多摩落成开放。

随着动物园的大众迷恋得到放大，野生动物和饲养动物，而非害虫和宠物这些作为中产阶级家庭生活的困扰或恩赐之物的东西，则逐渐远离绝大多数日本人的日常体验。[56] 在 20 世纪或本书所涵盖的这一历史时期，以农业作为主要生计的日本人口的比例，从 19 世纪 80 年代的 75% 下降到了 1990 年的低于 5%。而同一时期，东京的人口从 100 万多一点上升到了将近 1 200 万（都市区如今承载的人口将近 3 000 万），日本城市人口占比从 1950 年的 38% 上升到现在的 75%。动物园的参观人数也呈直线上升，尽管在这些年里上升不是很平稳，而且往往会在特定政治事件发生和收入新动物时创出新高，这表明了大众对动物园以及在动物园展出的自然幻象高涨的兴趣和渴望。

这正是该机构取得的最了不起的成就。无论有没有在那里找到想要的东西，人们总是自觉自愿高高兴兴地来到动物园。东京市民去动物园不是为了"通过教育之眼发展某种技能"或"将自身定位在动物与人类的二元对峙中更为强大的一方"，他们只是为了休闲放松，为了从现代城市日益疏离的景观中逃脱出来。游客们将孩子从电视机前面拉开，来欣赏上野著名的樱花，来搞清楚一只霍加狓到底长什么样子，或许只是要满足一下对"熊猫小面点""熊猫冰淇淋"或"熊猫炒面"的渴望。一个流行的说法称，所有东京人一生中总会来上野动物园至少四次：一次是在孩提时代；然后是作为情窦初开的少年和心仪对象约会的时候；再就是有了自己的孩子的时候；最后是作为祖父母陪着孙子孙女来的时候。[57] 一度作为日本人憧憬西方文明的标杆的上野动物园，而今被平滑无痕地织入民族文化资本与民族自我意识中。我们想要了解这种转换是怎样发生的，它又意味着什么。

22

注释

[1] 我对生态现代性（ecological modernity）——这种出现于 19 世纪的新文化——问题的研究，在很大程度上和威廉·利奇对大致同时期的美国资本主义现代性的分析路径不谋而合。参见《欲望之地：商品、权力与新美国文化的兴起》（*Land of Desire: Merchants, Power, and the Rise of a New American Culture*），纽约：万神殿，1993 年。有关美国对待自然世界的态度的转换，参见琳达·纳什（Linda Nash）的《无可逃避的生态：环境、疾病和知识史》（*Inescapable Ecologies: A History of Environment, Disease, and Knowledge*），伯克利：加利福尼亚大学出版社，2006 年。对于相关动力学的类似分析，参见罗芙芸（Ruth

Rogaski）的《卫生现代性：中国通商口岸的健康与疾病的意义》（*Hygienic Modernity: Meanings of Health and Disease in Treaty-Port China*），伯克利：加利福尼亚大学出版社，2004 年。尽管表达得不太充分，值得注意的是罗芙芸的书可能被当作一部环境史，与纳什和布雷特·L. 沃克的书如出一辙。沃克：《毒岛：日本工业病史》（*Toxic Archipelago: A History of Industrial Disease in Japan*），西雅图：华盛顿大学出版社，2010 年。

[2]　就其重要意义来说，我主张现代性自始至终是"生态的"，但是这里我也使用"生态现代性"这个概念来指代一个更宽泛的现代文化的特定方面。我将"现代性"（modernity）和"现代化"（modernization）这两个词区别使用。关于现代性这个词，我的言下之意是官僚阶层的、经济的、科学技术的，尤其是至少从 19 世纪以来开启理性化生产的工业发展。在接下来的内容里我指出了现代性的含义，但必须注意的是，我从一开始就选择使用"生态现代性"这个词，目的在于将我的研究路径与别的社会科学家之间围绕"生态现代化"（ecological modernization）展开的论战区别开来。大量的这类著作相当有价值，但是一系列进步性假设充斥其间——它认为社会出于理性原因会倾向于选择从长期来看能逐步改善环境的政策。而这在我研究关注的核心事件中未有发生。正如我在导论的第三部分指出的，在动物园，"生态现代性"被赋予改良或理性化特征的同时，也被大量贴上了异议、矛盾和错位的标签。正如我在接下来的部分提出的，有关日本（以及其他任何地方）的气候变化、生物多样性和污染的大量经验数据表明，这些情况也同样在我的研究所重点关注的机构之外。参见布伦丹·F. D. 巴雷特（Brendan F. D. Barret）的《生态现代化与日本》（*Ecological Modernization and Japan*），纽约：劳特利奇，2005 年；阿瑟·P. J. 摩尔（Arthur P. J. Mol）的《全球经济的生态现代化》（*The Ecological Modernization of the Global Economy*），麻省剑桥：麻省理工学院出版社，2001 年；阿瑟·P. J. 摩尔、戴维·A. 索南菲尔德（David A. Sonnenfeld）以及格特·斯帕尔盖伦（Gert Spaargaren）合编的《生态现代化读本》（*The Ecological Modernization Reader*），伦敦：劳特利奇，2009 年。

[3]　正如雷蒙德·威廉斯（Raymond Williams）、威廉·克罗农（William Cronon）等清楚阐明的，很少有其他概念能像自然的概念那样复杂。正如茱莉亚·阿德尼·托马斯所揭示的，日本的情形也是如此。有关"自然"的观念，通常被表达为"shizen"或是"tennen"，其本身就是一个人类虚构的东西，深陷于文化的、政治的、社会的以及科学的动力之中。全书中，我努力在"自然"（nature）与"自然世界"（natural world）之间保持着区分，前者是一个复杂而充满争议的概念，后者被用来指称动物、植物以及环境因素。这种种事物和生命毫无疑问为人类所利用，受人类影响，被人类赋予意义。但是它们也影响着人类和文化。也正是基于这一行为之轴，我明确区分了"自然"与"自然世界"。"自然"是人类的观念，而"自然世界"是事物的分类，这些事物就在我们触手可及的范围内，可接触时它们或许还会咬上我们一口。参见雷蒙德·威廉斯的《关键词：文化与社会的词汇》（*Keywords: A Vocabulary of Culture and*

Society），纽约：牛津大学出版社，1976年；威廉·克罗农的《故事之地：自然、历史与叙事》（"A Place for Stories: Nature, History, and Narrative"），《美国历史月刊》78，no. 4（1992）：1347-1376；茱莉亚·阿德尼·托马斯的《重塑现代性：日本政治意识形态中的自然观》（*Reconfiguring Modernity: Concepts of Nature in Japanese Political Ideology*），伯克利：加利福尼亚大学出版社，2001年；有关动物和能动性，参见布雷特·L. 沃克的《消失的日本狼》（*The Lost Wolves of Japan*），西雅图：华盛顿大学出版社，2005年。相关时序的记录也秩序井然，尽管在剖析生态现代性的发展时，我对于这个词的使用和意义会有些轻微的调整，但是，注意到这些动力在近120年或说本书所覆盖的时间段里相对持续的特征很重要。当我们回望人类在日本诸岛出现的漫长历史深处时，现代性能够被解读为更早时期的资源开发和环境影响机制的快速扩张版本。为现代历史学家们所偏好的中观层面的编年史研究时序划分，在有助于揭示我们对于基于现代时期某种延续性之上的差别的核心关注的同时，也能够让某些东西模糊不清。我并非主张一种从现代早期到现代的激进的非连续性。正如我在第一章中所表明的，居于德川日本与明治日本之间的知识联系微妙，且充满了多面性。这些变迁的生态后果，尽管毫无疑问是复杂的，但是远称不上微妙。对于日本长时段的环境动力，参见康拉德·托特曼（Conrad Totman）的《绿色列岛：前工业时代的日本森林》（*Green Archipelago: Forestry in Pre-Industrial Japan*），伯克利：加利福尼亚大学出版社，1989年；湯本貴和（Yumoto Takakazu）『環境史とは何か』，東京：文一総合出版，2011。

[4] 这里我引用了卡罗尔·格卢克（Carol Gluck）的作品。正如格卢克指出的，这类文化因地因时而呈现出不同的表达方式，但是它们也都成为19世纪最为现代化的国家的重要特征。对于日本的情况，参见卡罗尔·格卢克的《我们时代的明治》（"Meiji for Our Time"），收入海伦·哈达克雷（Helen Hardacre）、亚当·L. 克恩（Adam L. Kern）合编的《明治日本研究的新方向》（*New Directions in the Study of Meiji Japan*），纽约：博睿，1997年，第13—16页。也可参见我的《教化自然》（"Didactic Nature"），收入格雷戈里·M. 普夫卢格菲尔德和布雷特·L. 沃克编《日本动物：日本动物生活的历史与文化》，安娜堡：密歇根大学日本研究中心，2005年。米歇尔·德赛尔蒂德（Michel Decerteau）在他的《书写历史》（*The Writing of History*，纽约：哥伦比亚大学出版社，1992年）一书中进行了类似讨论。对于美国的情形，可参见《荒野困扰；或回到不真实的自然》（"The Trouble with Wilderness; or, Getting Back to the Wrong Nature"），收入威廉·克罗农编《陌生之境：面向自然再造》（*Uncommon Ground: Toward Reinventing Nature*），纽约：诺顿出版，1995年。以及理查德·怀特（Richard White）的《你是环保人士或你为生存奋斗吗？》（"Are You an Environmentalist or Do You Work for a Living"），收入《陌生之境》。对于法国的情形，参见迈克尔·贝丝（Michael Bess）的《轻绿社会：法国生态学与技术现代性，1960—2000》（*The Light-Green Society: Ecology and Technological Modernity in France, 1960-2000*），芝加哥：芝加哥大学出版社，2003年。对

于美国案例中超越理想化"荒野"的有益努力，参见阿伦·萨克斯（Aaron Sachs）的《田园美国：环境传统的死与生》（*Arcadian America: The Death and Life of an Environmental Tradition*），纽黑文：耶鲁大学出版社，2013 年。日本也是生态现代性之外的传统的大本营，很多这些传统与诸如诗歌这类的审美实践或是与寺庙花园和墓地这类高度风格化环境的精心打理相联系。与之相反的是，生态现代性倾向于出现在与大众和研究科学以及工程相关的机构中，比如动物园、科学博物馆、实验室以及学校。我们也能够在屠宰场和超级市场、商品交易系统，以及有关"自然资源"（natural resources）的现代话语中看到相关的动力。关于作为一个现代概念的"自然资源"，参见佐藤仁（Satō Jin）『「持たざる国」の資源論：持続可能な国土をめぐるもう一つの知』，東京：東京大学出版会，2011。有关四季的日本话语，参见白根治夫（Haruo Shirane）《日本与四季文化：自然、文学与艺术》（*Japan and the Culture of the Four Seasons: Nature, Literature, and the Arts*，日文题目为『四季の創造：日本文化と自然観の系譜』），纽约：哥伦比亚大学出版社，2013 年。茱莉亚·阿德尼·托马斯在她的《极端民族主义的自然》（"Ultranational Nature"）一文中，揭示了这类审美理念是如何被输入日本极端民族主义的话语中去的，该文收入《重塑现代性》，第 179—208 页。

[5] 日本研究中这类最清楚也最有影响力的声明出自 1960 年举办的深具未来影响的箱根会议（Hakone Conference）。会上有着专业引领力的日本学者和美国学者齐聚一堂，就日本现代化的本质展开讨论。有关这点的关键讨论聚焦于现代化进程中无生命能源的角色以及世俗化在建设一个现代民族国家中的角色。关于会议进程的概述总结，参见约翰·W. 霍尔（John W. Hall）的《日本现代化的观念变革》（"Changing Conceptions of the Modernization of Japan"），收入马里乌斯·B. 詹森（Marius B. Jansen）编《变迁中的日本现代化态度》（*Changing Japanese Attutides toward Modernization*），普林斯顿：普林斯顿大学出版社，1965 年。这次会议的整体讨论，参见 J. 维克托·科希曼（J. Victor Koschmann）的《现代化与民主价值：20 世纪 60 年代的"日本模式"》（"Modernization and Democratic Values: The 'Japanese Model' in the 1960s"），收入戴维·恩格曼（David Engermann）、尼尔斯·吉尔曼（Nils Gilman）、马克·黑费尔（Mark Haefele）以及迈克尔·E. 莱瑟姆（Michael E. Latham）编《阶段性成长：现代化，发展与全球冷战》（*Staging Growth: Modernization, Development, and the Global Cold War*），阿姆赫斯特：马萨诸塞大学出版社，2003 年。

[6] 古贺忠道（Koga Tadamichi）：「動物の飼育考察」，『公園緑地』，no. 1，1939。

[7] 这个术语由艾尔弗雷德·W. 克罗斯比提出，参见他的《太阳之子：人类难以抑制的能源欲望史》（*Children of the Sun: A History of Humanity's Unappeasable Appetite for Energy*），纽约：诺顿出版，2006 年。也可参见奥利弗·莫顿（Oliver Morton）的《以太阳为食：植物是怎样统治星球的》（*Eating the Sun: How Plants Power the Planet*），纽约：哈珀柯林斯，2009 年。对于城市环境中的人类身体的开创性研究，参见格雷格·米特曼（Gregg Mitman）的《呼吸空

间：过敏何以形成我们的生命与景观》（*Breathing Space: How Allergies Shape Our Lives and Landscapes*），纽黑文：耶鲁大学出版社，2007 年。有关城市生态学的作品体量相当之大。与这类主题相关的国际研究梗概，可参见约翰·M. 马朱卢夫（John M. Marzuluff）、埃里克·舒伦伯格（Eric Shulenberger）、威利弗雷德·恩德里赫（Wilifried Endlicher）、马里纳·艾伯蒂（Marina Alberti）、戈登·布拉德尼（Gordon Bradley）、拉尔·瑞安（Lare Ryan）、尤特·西蒙（Ute Simon）以及克雷格·朱姆布鲁嫩（Craig ZumBrunnen）合编的《城市生态学：人与自然互动的国际视野》（*Urban Ecology: An International Perspective on Interaction between Humans and Nature*），纽约：施普林格，2008 年。也可参见埃玛·马里斯（Emma Marris）的《喧闹花园：在后野生世界中保存自然》（*Rambunctious Garden: Saving Nature in a Post-Wild World*），纽约：布鲁姆斯伯里，2011 年。

[8] 这里我径直引用布鲁诺·拉图尔（Bruno Latour）的《我们从未现代过》（*We Have Never Been Modern*），麻省剑桥：哈佛大学出版社，1993 年。也可参见蒂莫西·米切尔（Timothy Mitchell）的《专家法则：埃及、技术政治、现代性》（*Rule of Experts: Egypt, Techno-Politics, Modernity*），伯克利：加利福尼亚大学出版社，2002 年。以及唐纳·哈拉维（Donna Haraway）的《赛博格宣言：20 世纪晚期的科学、技术以及社会主义女权主义》（*A Cyborg Manifesto: Science, Technology, and Socialist-Feminism in the Late Twentieth Century*），纽约：劳特利齐，1992 年。正如泰莎·莫里斯-铃木（Tessa Morris-Suzuki）所表明的，这种将日本视为一个过分简单化的"西方"概念的一成不变的参照物的看法，由于缺乏"将人类作为主体和自然作为客体"的观念，既常见又深可怀疑。我进而跟随莫里斯-铃木，拒绝去辨识一种简单划一的"日本人的自然观"（Japanese view of nature）。我们对于环绕在动物园周围的诸多事件，而非对"日本性理论"（Nihonjinron）的详查，表明了在任何一点上都没有一种单一的传统能够覆盖这全部的文化。对于日本思想中存在的多样自然的处理，参见《自然》（"Nature"）一文，收入泰莎·莫里斯-铃木《再造日本：时间、空间、国家》（*Re-Inventing Japan: Time, Space, Nation*），纽约：M. E. 夏普，1998 年。生态现代性只是充满争议的意识形态和制度领域中的诸多文化之一。正如我所指出的，它是一种具有相当影响力和跨度的文化，但是我不对其普泛性做任何的断言，尽管我的许多行动者都沿着这些路线发出呼声。茱莉亚·阿德尼·托马斯也强调过一系列密切相关的议题，虽然我们时不时意见相左，但这绝大多数可以归结为我们关注点的不同（她关注精英阶层的知识分子话语，而我更关注一种旨在面向更大范围人口的文化机构），而且她的作品在我写作推进的每一阶段都助益良多。参见茱莉亚·阿德尼·托马斯《重塑现代性》；也可参见茱莉亚·阿德尼·托马斯《"向死而生"：现代日本的自然与政治主题》（"To Become as One Dead": Nature and the Po liti cal Subject in Modern Japan），收入洛兰·达斯顿（Lorraine Daston）、费尔南多·维达尔（Fernando Vidal）合编的《自然的道德权威》（*The Moral Authority of Nature*），芝加哥：芝加哥大学出版

社，2004 年，第 308—330 页。

[9] 例如，佛教教义提出了存在的六种状态，或说是六道轮回（Rokudō rinne）。其中，"兽道"（beastly realm, chikushōdō）被置于人道（nindo）之下。可能的话，我会有意地使用"野兽"（beast）这个词来指称这些比"动物"（animal）或 dōbutsu 更古老的话语。在 19 世纪早期，"dōbutsu"呈现出新的意义，正如我在第一章中阐明的那样。有关日本文化中佛教和动物世界的联系，参见芭芭拉·安布罗斯的《争议之骨：当代日本的动物与宗教》（*Bones of Contention: Animals and Religion in Contemporary Japan*），火奴鲁鲁：夏威夷大学出版社，2012 年。阿恩·卡兰（Arne Kalland）也强调过相关的议题，见《起底捕鲸：有关鲸和捕鲸的话语》（*Unveiling the Whale: Discourses on Whales and Whaling*），纽约：博尔根图书，2009 年。也可参阅约翰·奈特（John Knight）的《等待日本狼：一项人类—野生生命关联的人类学研究》（*Waiting for Wolves in Japan: An Anthropological Study of People-Wildlife Relations*），火奴鲁鲁：夏威夷大学出版社，2006 年。

[10] 可在日本庆应义塾大学图书馆网站上找到，查询于 2012 年 5 月 1 日，http://project.lib.keio.ac.jp/dg_kul/fukuzaw a_title.php?id=3。关于上野公园复合体的早期历史，参见艾丽斯·曾宇婷（Alice Yu-Ting Tseng）的《明治日本的帝国博物馆：建筑与民族艺术》（*The Imperial Museums of Meiji Japan: Architecture and the Art of the Nation*），西雅图：华盛顿大学出版社，2008 年；椎名仙卓（Shiina Noritaka）『明治博物館事始め』，京都：思文閣出版，1989。

[11] 阿尔伯特·克雷格（Albert M. Craig）：《文明与启蒙：福泽谕吉的早期思想》（*Civilization and Enlightenment: The Early Thought of Fukuzawa Yukichi*），麻省剑桥：哈佛大学出版社，2009 年。「大久保利通文書」，收入日本科学史学会编『日本科学技術史大系』，東京：第一法規出版，1964。泰莎·莫里斯－铃木：《日本的技术转型：从 17 世纪到 21 世纪》（*The Technological Transformation of Japan: From the Seventeenth to the Twenty-First Century*），剑桥：剑桥大学出版社，1994 年。

[12] 参见迈克尔·索金（Michael Sorkin）的《迪士尼见》（"See You in Disneyland"），收入苏珊·S. 芬斯坦（Susan S. Fainstein）和斯科特·坎佩尔（Scott Campbell）合编的《城市理论读本》（*Readings in Urban Theory*），莫尔登：布莱克威尔，2001 年，第 208 页。

[13] 那些对该组织更详细的机构史和金融史感兴趣的人应该首先查阅上野动物园的官方史——東京都恩賜上野動物園編『上野動物園百年史』，该书为本编和资料编两卷本，加起来超过 1400 页。有关这些问题的更多作品能够在川田健自传中列出的大量文章目录中找到，他是斯塔滕岛动物园的前任园长。

[14] 参见乔迪·埃姆尔（Jody Emel）和珍妮弗·R. 沃尔克（Jennifer R. Wolch）编《动物地理学：自然与文化交界处的地方、政治与认同》（*Animal Geographies: Place, Politics, and Identity in the Nature-Culture Borderlands*），纽约：沃索，1998 年。也可参见洛兰·达斯顿和格雷格·米特曼的《思考动物：拟人论的新视角》（*Thinking with Animals: New Perspectives on Anthropomorphism*），纽约：哥伦

比亚大学出版社，2005 年。特别是哈丽雅特·里特沃的《动物庄园：维多利亚时代的英国人与其他生物》（ *The Animal Estate: The English and Other Creatures in the Victorian Age* ），麻省剑桥：哈佛大学出版社，1989 年。

[15]　有关帝国时代对自然世界的重新分类，参见哈丽雅特·里特沃的《鸭嘴兽、美人鱼以及其他分类想象的虚拟事物》（ *The Platypus and the Mermaid, and Other Figments of the Classifying Imagination* ），麻省剑桥：哈佛大学出版社，1997 年，第 10 页。在日本的个案中，时间和空间以一种重要方式发挥着不同作用。19 世纪中叶，当这个国家的图书馆向西方自然—历史教材完全而非小部分地"打开"时，在一定意义上，众多物种顿时如潮水般涌入。也可参见理查德·德雷顿（Richard Drayton）的《自然政府：科学、大英帝国与世界"改良"》（ *Nature's Government: Science, Imperial Britain, and the "Improvement" of the World* ），纽黑文：耶鲁大学出版社，2000 年。

[16]　描述动物园的机构网络时，我援引拉图尔在《将事物拉作一处》（"Drawing Things Together"）一文中划出的路径，该文收入 M. 林奇（M. Lynch）和 S. 伍尔加（S. Woolgar）编《科学实践的再现》（ *Representations in Scientific Practice* ），麻省剑桥：麻省理工学院出版社，1990 年。也可参见理查德·H. 格罗夫（Richard H. Grove）的《绿色帝国主义：殖民扩张、热带岛屿伊甸园和环保主义的起源》（ *Green Imperialism: Colonial Expansion, Tropical Island Edens, and the Origins of Environmentalism* ），纽约：剑桥大学出版社，1995 年。

[17]　有关世界动物园的历史，参见弗农·N. 基斯林（Vernon N. Kisling）的《动物园和水族馆历史：古代动物收藏到动物园》（ *Zoo and Aquarium History: Ancient Animal Collections to Zoological Gardens* ），博卡拉顿：CRC，2001 年；奈杰尔·罗特费尔斯（Nigel Rothfels）的《野蛮人与野兽：现代动物园的诞生》（ *Savages and Beasts: The Birth of the Modern Zoo* ），巴尔的摩：约翰霍普金斯大学，2002 年；鲍勃·马伦（Bob Mullan）和加里·马文（Garry Marvin）编《动物园文化：观众观看动物之书》（ *Zoo Culture: The Book about Watching People Watch Animals* ），厄巴纳：伊利诺伊大学出版社，1999 年。根据基斯林的说法，加尔各答动物园于 1876 年开张。墨尔本动物园是欧洲以外地区建成的第一个动物园，于 1872 年开张。就在这同一年，山下动物厅也在东京市中心创立。

[18]　伊丽莎白·汉森（Elizabeth Hanson）：《动物魅惑：美国动物园的自然展示》（ *Animal Attractions: Nature on Display in American Zoos* ），普林斯顿：普林斯顿大学出版社，2002 年。今天，在日本有将近 90 家注册动物园和数十个猴园、野生动物园以及其他的动物娱乐景点。关于最新的名录，参见日本动物园与水族馆协会（Japanese Association of Zoos and Aquariums，JAZA）网站，2011 年，www.jaza.jp/z_map/z_seek00.html。关于世界范围内更可靠的信息，可以查询世界动物园与水族馆协会网站，www.wasa.org。

[19]　我之所以选择使用这个相对来说不那么熟悉的术语"人类世"（Anthropocene），是因为我相信它具有先验的正确性，同时，部分也是考虑要将有关日本书写中大量使用的"现代性"或"现代化"的观点陌生化起来。这里我的本意并非

要介入有关命名法的争论，而是要将我们的注意力集中到之前曾经被忽略掉的现代性的某些方面。对"人类世"这个概念的易于理解的总结，参见保罗·J.克鲁岑的《人类地理》（"Geology of Mankind"），收入《自然》（*Nature*），415，2002 年 1 月 3 日。有关全球化，参见阿尔君·阿帕杜莱（Arjun Appadurai）的《消散的现代性：全球化的文化维度》（*Modernity at Large: Cultural Dimensions of Globalization*），明尼阿波利斯：明尼苏达大学出版社，1996 年。对于日本全球化的研究，参见安德鲁·戈登的《织造消费者：现代日本的缝纫机》（*Fabricating Consumers: The Sewing Machine in Modern Japan*），伯克利：加利福尼亚大学出版社，2012 年。也可参阅迈克尔·哈尔特（Michael Hardt）和安东尼奥·内格里（Antonio Negri）的《帝国》（*Empire*），麻省剑桥：哈佛大学出版社，2000 年。有关"深时"历史的书写，参见丹尼尔·洛德·斯梅尔（Daniel Lord Smail）的《深度历史与大脑》（*Deep History and the Brain*），伯克利：加利福尼亚大学出版社，2008 年。有关更新世（Pleistocene）和全新世（Holocene），参见莉迪亚·V. 派恩（Lydia V. Pyne）以及史蒂芬·J. 派尔（Stephen J. Pyle）的《最后的失落世界：冰川时代、人类起源以及更新世的发明》（*The Last Lost World: Ice Ages, Human Origins, and the Invention of the Pleistocene*），纽约：维金，2012 年。作为一个非专业人士，受克鲁岑和其他人的启发，我曾作出一些有关气候变迁科学的基本猜想。追随诸如迪佩什·查卡拉巴提（Dipesh Chakrabarty）和娜奥米·奥雷斯克斯（Naomi Oreskes）这类历史学家的作品，以及来自联合国政府间气候变化专门委员会的报告，我选择采用有关这些问题的基本科学共识。迪佩什·查卡拉巴提：《历史气候：四个议题》（"The Climate of History: Four Theses"），《评判探索》（*Critical Inquiry*），35（2009）：197-222。娜奥米·奥雷斯克斯：《气候变迁的科学共识》（"The Scientific Consensus on Climate Change"），收入《科学》（*Science*），306（2002 年 12 月 3 日）。

[20] 这里我引用来自威尔·斯蒂芬（Will Steffen）、雅克·格林瓦尔德（Jacques Grinevald）、克鲁岑以及约翰·麦克尼尔（John McNeill）的共同成果《人类世：概念与历史的维度》（"The Anthropocene: Conceptual and Historical Perspectives"），收入《英国皇家学会哲学学报》（*Philosophical Transactions of the Royal Society*），369（2011）：842-867。也可参见斯图尔特·蔡平三世（Stuart Chapin III）、埃里克·S. 扎瓦尔塔（Erika S. Zavalta）等人的《生物多样性变迁的后果》（"The Scientific Consensus on Climate Change"），收入《自然》，405（2000 年 5 月 11 日）：234-242。

[21] 一些学者主张"人类世"的开端应该标在往前更早的时候，如农业时代开启之初。这种质疑不无道理。我之所以选择聚焦工业时代，是因为在工业时代人类活动的影响明显变大，但这并不意味着更早时代的人类活动没有对全球气候造成影响。在民族国家框架下推进的工业化，而非农业发展或长时段人口增长的缓慢节奏变化，成为我思考进路的关键所在。参见查卡拉巴提的《历史气候：四个议题》，第 209—210 页。也可参阅威廉·F. 拉迪曼（William F. Ruddiman）

的《犁、瘟疫和石油：人类是如何控制气候的》（*Plows, Plagues, and Petroleum: How Humans Took Control of Climate*），普林斯顿：普林斯顿大学出版社，2010 年。

[22] 参见卜水田尧（Akira Mizuta Lippet）的《电子动物》（*Electric Animal*），第 3 页。对卜水田尧观点的批评性探讨，参见妮科尔·舒肯（Nicole Shukin）的《动物资本：生命政治时代的日常呈现》（*Animal Capital: Rendering Life in Biopolitcal Times*），明尼阿波利斯：明尼苏达大学出版社，2009 年。有关现代日本迷失与渴望的相关但又不同的讨论，参见玛丽莲·艾薇（Marilyn Ivy）的《消失话语：现代性、幻觉、日本》（*Discourses of the Vanishing: Modernity, Phantasm, Japan*），芝加哥：芝加哥大学出版社，1995 年。

[23]《IUCN——何谓多样性危机？》，2011 年 7 月 8 日查询于 www.iucn.org/what/tpas/biodiversity/about/biodiversity_crisis/。

[24] 斯蒂芬等：《人类世：概念与历史的维度》；斯图尔特·蔡平三世等：《生物多样性变迁的后果》。

[25] OECD 环境项目，"日本的环保效能回顾"，OECD，2002 年 6 月 26 日查询于 www.oecd.org/env。

[26] 参见沃克的《消失的日本狼》；迈克·达纳赫（Mike Danaher）的《日本环境政治：野生动物保护地案例》（*Environmental Politics in Japan: The Case of Wildlife Preservation*），萨尔布吕肯：VDM，2006。

[27] 查卡拉巴提：《历史气候：四个议题》；茱莉亚·阿德尼·托马斯：《从日本思考全球：历史的自然主体及其期望》（"Using Japan to Think Globally: The Natural Subject of History and Its Hopes"），收入伊恩·J. 米勒、茱莉亚·阿德尼·托马斯、布雷特·L. 沃克编《自然边缘的日本：全球权力的环境场景》（*Japan at Nature's Edge: The Environmental Context of a Global Power*），火奴鲁鲁：夏威夷大学出版社，2013 年。

[28] 这里我引用希拉·雅森诺夫对相关动力持续的讨论，参见《社会新气候》（"A New Climate for Society"），收入《理论、文化与社会》（*Theory, Culture & Society*），27，no. 2-3（2010）：233-253。她在《检验时间的气候科学》（"Testing Time for Climate Science"）一文中也对相关议题进行了讨论，该文收入《科学》，328，no. 5979（2010）：695-696。

[29] 查卡拉巴提：《历史气候：四个议题》，第 221、207 页；西方科学传统中"自然"与"文化"的区别，参见布鲁诺·拉图尔的《我们从未现代过》。

[30] 娜奥米·奥雷斯克斯：《气候变迁的科学共识》，收入《科学》，306（2004 年 12 月 3 日）。

[31] 雅森诺夫：《社会新气候》，第 250 页。

[32] 同上；马克斯·霍克海默（Max Horkheimer）和西奥多·W. 阿多诺（Theodor W. Adorno）对气候变迁自觉意识的出现与欧洲启蒙本质的争论的对照研究结论令人震惊。视启蒙为"灾难性胜利"（disaster triumphan）的观点，参见二人合著的《启蒙辩证法》（*Dialectic of Enlightenment*），纽约：赫尔德与赫尔德，1972 年，第 3 页。

[33] 奈哈特有关"生物学视角"的精巧公式和我的研究路径有所不同，因为它更多地聚焦在科学的历史上。而我的历史则更多地聚焦于一个地点而非话语本身。我选择使用"生态现代性"这个术语，而非"生物现代性"或生物学视角。我这本书所描述的事件发生在人与动物之间活生生的互动之中，也发生在学术研讨的领域。然而，这种存在于林恩·K. 奈哈特的《现代自然：德国生物学视角的兴起》（*Modern Nature: The Rise of the Biological Perspective in Germany*）中的关键转换，也广泛存在于日本各种案例之中。这种从一个基于大学的、首要关注分类学的精英科学向博物馆、学校、动物园以及其他公众机构的市民领域的转换过程，能够在 20 世纪头 10 年的日本观察到，当时动物园的数量不断增加而科学共同体也进入一个多样化和专业化的新时期。正如我在第二章提出的，正是在这一时期，上野动物园开始和现代日本的精英科学研究主流分离开来。参见林恩·K. 奈哈特的《现代自然：德国生物学视角的兴起》，芝加哥：芝加哥大学出版社，2009 年，特别是"前言：生物学视角与一个现代自然的问题"（Introduction: The Biological Perspective and the Problem of a Modern Nature），第 1—34 页。关于环境史研究领域作为一种新的方法论研究进路的确立，参见斯韦克·索兰（Sverker Sorlin）和保罗·沃德（Paul Warde）的《环境史问题的问题：对研究领域的再读》（"The Problem of the Problem of Environmental History: A Re-Reading of the Field"），《环境史》（*Environmental History*），12，no. 1（2007）：107-130。茱莉亚·阿德尼·托马斯在《自然边缘的日本》一书的结语里提出了类似的转换。

[34] 当然，动物园并非唯一宣称自身为自然世界象征性代表的机构。公园、植物园甚至农场都在进行类似的努力，只不过上野动物园倾向于将其规模做得更大。

[35] 古贺忠道：「動物園の復興」，『文藝春秋』，27，no. 3，1949。

[36] R. G. 柯林伍德：《历史的观念》（*The Idea of History*），牛津：牛津大学出版社，1946 年，第 216 页。

[37] 这里我部分引用大卫·布莱克本的《前言：德国历史中的自然和风景》（"Introduction: Nature and Landscape in German History"），收入《征服自然：水、风景与现代德国的形成》（*The Conquest of Nature: Water, Landscape, and the Making of Modern Germany*），纽约：诺顿，2006 年。也可参见安德鲁·皮克林（Andrew Pickering）的《实践碾压：时间、能动性与科学》（*The Mangle of Practice: Time, Agency, and Science*），芝加哥：芝加哥大学出版社，1995 年，第 15 页。

[38] 对于真实风景与想象风景之间的联系的近似解读，参见布莱克本的《前言：德国历史中的自然和风景》，第 15 页。

[39] 参见蒂莫西·S. 乔治（Timothy S. George）的《水俣病：污染与战后日本的民主斗争》（*Minamata: Pollution and the Struggle for Democracy in Postwar Japan*），麻省剑桥：哈佛大学出版社，2001 年；宇井纯（Jun Ui）的《日本的工业污染》（*Industrial Pollution in Japan*），东京：联合国大学出版社，1992 年；诺里·赫德尔（Norie Huddle）、迈克尔·赖克（Michael Reich）和内厄姆·斯

蒂斯金（Nahum Stiskin）的《梦想之岛：日本的环境危机》（*Island of Dreams: Environmental Crisis in Japan*），纽约：秋天出版，1975 年；布雷特·L. 沃克的《毒岛：日本工业病史》。在日本，宫本宪一（Miyamoto Ken'ichi）多元的作品是批评社会科学研究和人文研究的浓厚传统的代表。来自"环境史"新兴研究领域的作品，参见本谷勋（Mototani Isao）『歴史としての環境問題』，東京：山川出版社，2004；松田裕之（Matsuda Hiroyuki）、矢原徹一（Yahara Tetsukazu）編『環境史とは何か』，東京：文一総合出版，2011。

[40] 平岩米吉（Hiraiwa Yonekichi）：「檻の獣」，『動物文学』，82（1941）：25；古賀忠道：「動物園の復興」，『文藝春秋』，27，no. 3，1949。

[41] 关于 CITES，参见罗莎琳德·里夫（Rosalind Reeve）的《濒危动物国际贸易监管：CITES 条款及遵守》（*Policing International Trade in Endangered Species: The Treaty and Compliance*），伦敦：英国皇家国际事务研究所，2002 年。诚然，参与到 CITES 中来与遵守条约规定不是一回事。动物园团队努力在保护规则与机构需求的张力间寻求妥协——尤其是追求有限预算下的参观人数的持续增长，整个日本有太曲折的历史。1989 年，在 CITES 规则允许的情况下，日本人备案的例外情形比其他任何国家都多。这些例外情形绝大多数都与鲸类动物和其他海洋哺乳动物相关。如想一瞥这些议题并对日本人对待自然世界的态度有个大致了解，参见斯蒂芬·R. 凯勒特（Stephen Kellert）的《野生动物的日本视角》（"Japanese Perceptions of Wildlife"），收入《保护生物学》（*Conservation Biology*），5（1991）：297–308。

[42] 川端裕人（Kawabuta Hiroto）：『動物園にできること：「種の方舟」のゆくえ』，東京：文藝春秋，1993。

[43] 布莱克本：《征服自然：水、景观与现代德国的形成》，第 8—19 页。

[44] 雅森诺夫在她对气候危机的分析里得出了同样的结论。雅森诺夫：《社会新气候》，第 233—253 页。

[45] 我在这里和其他地方引用蒂莫西·米切尔的《殖民埃及》（*Colonising Egypt*），纽约：剑桥大学出版社，1988 年（中文版书名为《再造国家：埃及在 19 世纪》，北京：生活·读书·新知三联书店，2022 年——译者注）。也可参见马丁·海德格尔（Martin Heidegger）的《世界图景的时代》（"The Age of the World Picture"），收入《技术和其他主题质疑》（*The Question Concerning Technology and Other Essays*），纽约：哈珀与罗，1977 年，第 115—154 页。

[46] 关于知识的新领域特别是视觉方面的，参见蒂蒙·斯克奇（Timon Screech）的《心之透镜：江户晚期的西方科学凝视与大众想象》（*The Lens within the Heart: The Western Scientific Gaze and Popular Imagery in Late Edo Japan*），火奴鲁鲁：夏威夷大学出版社，2002 年。关于日本科学共同体对于专业化的追求，参见広重徹（Hiroshige Tetsu）『科学の社会史：近代日本の科学体制』，東京：岩波書店，1973；広重徹『科学の社会史：経済成長と科学』，東京：岩波書店，1973。也参见村上陽一郎（Murakami Yōichirō）『日本人と近代科学』，東京：新曜社，1980；村上陽一郎『科学者とは何か』，東京：新潮社，1994。无论是

广重徹还是村上阳一郎都指出 19 世纪的专业化区分过程取得了成功。到 1912 年明治时代结束之际，科学家（kagakusha）和工程师（kogakusha）的形象被人们广泛接受，一并被接受的还有他们在研究自然世界和改造自然世界过程中拥有的独一无二的地位。事实上，横跨大半日本现代史的由科学家主导的专业化区分的追求，与对于自然世界知识的宣称无关，而是和一个多少有些理想化的"西方科学"以及科学家有关，他们通常被认为更先进。由此存在一个很有意思的现象，在日本，科学家和工程师的社会地位很少被批评或质疑，这与被许多日本人理想化的美国或其他西方社会的情况截然不同。部分地，将日本科学建构为"落后"的这种做法会有助于保全这个国家的科学共同体的地位。铃木淳（Suzuki Jun）：『日本の近代 15：新技術の社会誌』，东京：中央公论社，1999；水野弘道（Hiromi Mizuno）：《科学帝国：现代日本的科学民族主义》（*Science for the Empire: Scientific Nationalism in Modern Japan*），斯坦福：斯坦福大学出版社，2010 年。关于美国相关的学科专业化史的研究，参见马克·巴罗（Mark Barrow）的《对鸟类的激情：奥杜邦之后的美国鸟类学》（*A Passion for Birds: American Ornithology after Audubon*），普林斯顿：普林斯顿大学出版社，2000 年。关于科学与政治权威的宣称，参见安德鲁·朱伊特（Andrew Jewett）的《科学、民主与美国大学》（*Science, Democracy, and the American University*），剑桥：剑桥大学出版社，2012 年。

[47] "神道教"直到 19 世纪晚期才固定下来。参见海伦·哈戴克（Helen Hardacre）的《神道教与国家，1868—1988》（*Shinto and the State, 1868-1988*），普林斯顿：普林斯顿大学出版社，1991 年。研究西方文化中的科学专业化发展的历史学家们辨识出了专业区别与认识论变革相似的共同进化。参见希拉·雅森诺夫的《第五分支：作为政策制定者的科学建议人》（*The Fifth Branch: Science Advisers as Policymakers*），麻省剑桥：哈佛大学出版社，1998 年。也可参见皮埃尔·布尔迪厄（Pierre Bourdieu）的《科学领域的专业化以及理性进步的社会条件》（"The Specificity of the Scientific Field and the Social Conditions of the Progress of Reason"），收入马里奥·比亚吉奥尼（Mario Biagioli）编《科学研究读本》（*The Science Studies Reader*），纽约：劳特利奇，1999 年，第 12—30 页；希拉·雅森诺夫：《协同生产的习语》（"The Idiom of Coproduction"），收入希拉·雅森诺夫编《知识状态：科学与社会秩序的协同生产》（*States of Knowledge: The Coproduction of Science and the Social Order*），纽约：劳特利奇，2004 年。

[48] 关于日本现代史中的野蛮人问题，参见罗伯特·蒂尔尼（Robert Tierney）的《野蛮热带：比较框架下的日本帝国文化》（*Tropics of Savagery: The Culture of Japanese Empire in Comparative Frame*），伯克利：加利福尼亚大学出版社，2010 年。在整个 19 世纪和 20 世纪早期，各种各样的因素交织一体共同促成了技术人员、工程师和科学家社会地位的提升。对于这些动力用英语写就的最好分析，参见泰莎·莫里斯-铃木的《日本的技术转型：从 17 世纪到 21 世纪》（*The Technological Transformation of Japan: From the Seventeenth to the Twenty-First Century*），剑桥：剑桥大学出版社，1994 年。

［49］ 拉图尔：《我们从未现代过》。

［50］ 马伦和马文揭示了动物园这种机构是怎样在动物园文化中变得全球化的。对于动物园的批评性读本，参见兰迪·马拉默德（Randy Malamud）的《阅读动物园：动物的表征与圈养》（*Reading Zoos: Representations of Animals and Captivity*），纽约：纽约大学出版社，1998 年。正如我在第三章和第四章所表明的，那些聚焦于日本社会中盛行的供养和其他挽回祭仪式，并将其视为某种对待动物的或多或少的启蒙态度标志的研究，忽略了这些仪式在推进动物的利用、开发和屠杀过程中的作用。相关的讨论，参见阿恩·卡兰的《起底捕鲸：有关鲸和捕鲸的话语》。关于视日本为一个"后家户"社会的激进而最终又难以让人信服的反对观点，参见理查德·布利特（Richard Bulliet）的《猎人、牧人和汉堡包：人与动物联系的过去与未来》（*Hunters, Herders, and Hamburgers: The Past and Future of Human-Animal Relations*），纽约：哥伦比亚大学出版社，2007 年。布利特整体的观点无疑值得我们深思，但是他对日本的分析存在着先验的缺陷。日本人在现代性开启前的好几个世纪就与驯化动物一起劳作。最显而易见的是数以百万计的有蹄类动物被人们驯养用作劳力，远超布利特或是他引用的许多日本专家所认为的那样，动物仅仅被当作人类的热量补充。所谓的贱民（outcastes）或不洁者（polluted ones, *eta or hinin*）与这种驯养文化之间的联系明显在日语和英语的学者圈里未受重视。关于日本历史中的肉类消费以及食肉行为，参见汉斯·马丁·克尔默（Hans Martin Krämer）的《"别配不上我们神圣的国度"：从 17 世纪到当下日本自我与他人话语中的食肉》（" 'Not Befitting Our Divine Country' : Eating Meat in Japanese Discourses of Self and Other from the Seventeenth Century to the Present"），收入《饮食与饮食之道》（*Food and Foodways*），16, no. 1（2008）：33–62。

［51］ 川村多实二（Kawamura Tamiji）：「動物園の改善策」,『博物館研究』, 13, no. 1（January 1940）：3。

［52］ 参见蒂莫西·米切尔的《殖民埃及》，xiii；也可参见霍米·巴巴（Homi Bhabha）的《文化的定位》（*Location of Culture*），特别是 86 页。

［53］ 卜水田尧：《电子动物》，第 1 页。茱莉亚·阿德尼·托马斯在她的《重塑现代性》一书中对自然（nature, shizen）一词的使用进行了相关讨论。例如，到 2006 年，一个普通日本市民日常食谱中的绝大多数蛋白质来自牛肉、鸡肉和猪肉（很多来自海外进口），而非来自蔬菜和海鲜，这是历史上的首次突破。参见日本农林水产省（Ministry of Agriculture, Forestry, and Fisheries）的《视觉：日本的渔业》（*Visual: Japan's Fisheries*），东京：日本水产厅，2009 年，第 4 页；安德鲁·戈登的《现代日本史：从德川时代到 21 世纪》（*A Modern History of Japan: From Tokugawa Times to the Present*），纽约：牛津大学出版社，2003 年。

［54］ 马丁·海德格尔：《世界图景的时代》，收入《技术和其他主题质疑》。这里我也引用了蒂莫西·米切尔的《殖民埃及》。

［55］ 参见卡尔·马克思的《资本论》第一卷；瓦尔特·本雅明（Walter Benjamin）的《巴黎，19 世纪的首都》（"Paris, Capital of the Nineteenth Century"），收入

《沉思集》（*Reflections*），纽约：绍肯图书，1978 年，第 146—162 页；利奥·马克思（Leo Marx）的《园中机器》（*The Machine in the Garden*），纽约：牛津大学出版社，1964 年。

[56]　关于宠物的意义和用途，参见段义孚（Yi-fu Tuan）的《制造宠物：支配与感情》（*Dominance and Affection: The Making of Pets*），纽黑文：耶鲁大学出版社，1984 年。对于当代日本动物的讨论，参见菅豊（Suga Yutaka）编『人と動物の日本史』，東京：吉川弘文館，2009。

[57]　渡辺守雄（Morio Watanabe）:「メディアとしての動物園——動物園の象徴政治学」, 收入渡辺守雄編『動物園というメディア』, 東京：青弓社, 2000, 第 46 頁。

第一部分
文明的本质

第一章
日本的动物帝国：
生态现代性的起源和动物园的诞生

没有一座文明的丰碑不同时也是一份野蛮暴力的实录。 25

——瓦尔特·本雅明：《历史哲学论纲》（*On the Concept of History*）

将政治引入生活

1822年，宇田川榕庵（Udagawa Yōan，1798—1846）完成了他的《植学启原》（*Botanika kyō*）这一堪称革命性的社会科学成果的翻译，生态现代性开始在日本加速发展起来。正是在那本小册子中，宇田川榕庵，这位在24岁就业已成名的西方医学和科学文本的翻译家，提出了“animal”（动物）沿用至今的日语译名。他选择使用的词汇是dōbutsu（動物），这个词的含义为：一种会移动的或有生命的东西，这个词将所指与存活、呼吸和生命力相联系。这些观念和拉丁语的*anima*及佛教对人与动物的亲缘关系的认知拥有共同的基本要素。[1]这标志着这个年轻的学者小心地介入植物学和动物学的文本，无论是国外的还是本土的。这也暗示着他的雄图大志。从《植学启原》开始，他又推出了一系列原创或翻译作品，这位本草学——一门以"药物学"（*materia medica*）为基础的学科，但是最好翻译为"自然志"（natural history）——的从业者，致力于革新日本对自然世界的研究、分类和文化定义。[2]他声称，日本专业人士从德川时代早期即开始使用的中式命名法缺乏精确性。它早就被西方学者如康拉德·格斯纳（Conrad Gesner）、约翰·雷（John Ray）和卡尔·林奈的作品所取代。在以一种旧式百科全书式的风格列举完16种不同类别的生物之后，他写道，"人、狮子、狗、野鸡"以及所有其他"能移动的事物"，今后都可以命名为"动物"。宇田川指出，有必要将传统命名的令人困惑的丰富内容，统一归纳到林奈的两个分类领域中来：动物界（dōbutsu）和植物界（shokubutsu）。[3]

宇田川在他的使命中注入了一种宗教情感。《植学启原》以一种佛教箴言集的形式写就。许多段落以"如是我闻"（nyoze gamon）这个句子开始，这是宇田川在标题中提及佛经的典型模式。在19世纪的日本，这个句子通常被认为是对阿难讲述内容的肯定，阿难是随侍佛陀时间最长的弟子，据说拥有完美的记忆力。在本土寺庙和地方学校中，德川时代（1600—1868）的孩子们被教导说，在佛陀涅槃后，是阿难凭记忆逐字逐句背出了佛陀生前的布道内容，也正因为如此，这些内容才得以在寺院共同体中流传下来。[4]但是从《植学启原》这本书里，读者们接触到的不是佛陀的教诲，而是外国植物学家和动物学家的万神殿。这本经典始于被称为"大贤（者）"的西方学者的冗长罗列，而宇田川则扮演着阿难的角色，是正确教诲的忠实报道者。[5]

即使对日本的科学史学家来说，《植学启原》也是一个谜一样的存在。为什么一个如此野心勃勃、充满新想法的人，在命名法著述的遣词造句上居然采用了宗教文本的语言？宇田川是唯一用这种方式写作的人吗？历史学家西村三郎（Nishmura Saburō）指出，宇田川并不是孤例。另外一个翻译家兼兰学（对西方科学和医药学的研究）研究者吉雄南子（Yoshi Nankō, 1787—1843）也出过一本随笔集，一本介绍西方天文学的影响深远的著作，而且也就在差不多同一时间，以"经"的形式写成。西村侧重于从经济和专业化动机进行分析，推测宇田川和吉雄可能希望看到西方分类学的原则能够像儒家经典或佛教教义那样，为信徒广为传播，而这些信徒们又是通过与"圣人"建立联系来获取声望。[6] 在我看来，《植学启原》所要表达的，除了上述意义外还有更多内容。采用佛经形式的做法首要表明了一种社会学和宇宙学的意图。

　　如同所有的宗教文本一样，《植学启原》关注的是一个世界与另一个世界的联系。这本精炼的著述声称在它的读者与自然世界之间存在着一种新的区别。当它将林奈的"界"的存在当作一个独立于人类历史与文化的客观分类时，这部作品就赋予了种种更宽泛的态度转变词典编纂的形式（西村称之为"新的分类学"）。宇田川要颂扬的不是自然世界的创造力、疗愈力或道德自治——如同德川时代早期的佛学理论家等人颂扬的，而是他在其丰富形式下觉察到的理性秩序。这是个具有决定性意义的重大转变。宇田川提出有关自然的知识自有其价值，同时也在主张一个脱离（或是先于）人类关注而存在的自然的可能性。在如此行事的过程中，这位年轻的理论家也推动了一种转变的加速，在整个

27

德川时代，这种转变都在积蓄力量，以摆脱看待世界的生命和存在的传统方式。[7]宇田川往人与自然之间新出现的缺口里敲进了一个智识的楔子——动物的观念。从这种角度来看，这本小册子标志着一种与基础连续性和传统认识论的决裂。它表明，在微观世界的层面，这种对待动物（推而广之到人）的态度的复杂转变过程，在1853年佩里到来之前很久就开始了，只不过是通过介入现有的哲学和实践（包括更古老的欧洲理论的迭代）才得以显现出来。

即便这本书把人类（hito）放在了动物序列之首，它仍基于人具有理智的假设区分了人与其他动物。在其他分类模式中会削弱人与其他生物的区别的特质——比如活力和知觉，在这本书中便成为"特性"，这是一个为了理性地追求更好模式的描述。[8]宇田川援引了佛教对跨物种的相似性（而非同一性）的认识，以及视开发自然资源为一种道德责任的现代早期新儒学伦理，来勾勒人与其他生物间更为久远的联系。在这个领域后来出现的作品指出，尽管人类确实与动物有共同的生理特质，但是只有人类将这些特质转换成了理性沉思的对象。[9]

于是，人类的推理能力便成为生态现代性的双重运动的一个关键点。一方面，宇田川的理论推进了人与动物在分类学意义上的分离。因为各种各样的生物被同质化为"动物"而成为可能的客观化，在1853年后呈现出人们始料不及的政治重要性，当时日本正全力拥抱资本主义和帝国主义。在19世纪风行的二元世界观中，"野蛮"（savagery）成为"文明"（civilization）的反义词。
28 另一方面，宇田川的小册子也在人类当中内化了上述的二元论。

这是典型的自相矛盾。人类和其他动物都具有存活、呼吸和生命力这些存活的明确特征，但是这种一致性在日本对文明和自治的追求中不得不被否定掉。差异化具有重要的政治评判意义，但在生物学意义上又是不可能成立的，因而它也就成为一个永远没法完成的、始终保持着开放的循环，而非一个能够指向结论的线性过程。这种张力，和那些圈养珍稀动物所呈现的纯粹景观一样，为动物园的发展提供了动力。[10]

如同欧洲的情形一样，在日本，并非某个发现独自导出了这种认识自然的新方式。宇田川无疑是富于创新精神的，但是正如费德里科·马尔孔指出的，兰学和自然志的实践者都无一例外地卷入纵贯整个德川时代的专业化进程，他们在界定学科边界的同时也将自身和业余爱好者区别开来。与后来出自伊藤圭介（Itō Keisuke，1803—1901）、田中芳男（Tanaka Yoshio，1838—1916）以及一小群致力于西方书籍研究和翻译——表现为研究"野蛮人"的图书的亚学科（蕃书调所，由幕府于1856年创立）——的学者的作品一道，宇田川的小册子为这些变化提供了新的动力和连贯性，特别是在语言形式上。正如芭芭拉·安布罗斯所揭示的，在《植学启原》出现之前，这些被归类为"动物"的生物，要么是被单独命名（使用当今分类学者称之为"通用名"的名字），要么是被归置进一个变动范围很大的中观层面的分类，这些分类又往往与深植于佛教观念中的畜生道、有关存在与感知的宗教哲学（生物，ikimono、kigyō）以及神性或兽性的精神理念（化物，misaki、momo no ke、bakemono）相关。[11]宇田川的"动物"命名了一种深深渗透整个19世纪学术圈的大一统理念。它也使得在分类学意义上区别人与其他动物的想象成为可能，这种想象与作用于其他现代国家的想象类似。

1868 年明治维新之后，"动物"成为官方话语的组成部分。这一方面由国家政策所驱动，潮水般涌入这个国家的西方教材和思想观念提供了相应的条件，另一方面，这个术语更得益于宽泛的社会实用性，在 19 世纪 80 年代得到广泛运用。这是一个经典的"黏性概念"（sticky idea）：新奇、具体且好用，乍看起来既简单又深奥。读者们从杂志和报纸上看到它，学生们从学校课本上学到它，技术专家们出于以动物资源、人类和机械化作业为目标的"殖产兴业"的考虑也使用了它。到 19 世纪 80 年代晚期，"动物"通常被认为是居于一个涵盖广泛的"自然"（最常见的写法是 shizen 或 tennen）概念之下，这个概念的命名和其思想的巩固也遵循着许多同样的路径或动力。[12] 就其最基本的意义而言，"动物"和"自然"的概念关系直到今日仍然未变。到 1912 年的明治末期，这种由《植学启原》初步勾勒出轮廓的世界观已经被社会广泛接受为常识。就此而言，宇田川这本内容混杂的小册子——主要是一部科学经典——成为自然与文化（或说非人与人）的根本区分在日本发展过程中的一份重要文献。如布鲁诺·拉图尔这类科学史学家甚至视其为日本现代性的发端。[13]

东京上野动物园就建立在上述发端之时。它是一个为了将人类与其他动物分开而有意建构的机制，一种通过活的动物的教谕式展览，以帮助发明某种特定种类的人——好奇、驯服、有创造力和"文明"——为首要目标的人类学机器。作为上野公园内日

29

本新的国家博物馆复合体的组成部分，上野动物园于1882年正式开张。它将宇田川笔下的动物王国呈现为一个包含奇观和差异的对象。在这个过程中，动物园推动普及了这一观念，即日本民众与关在栅栏另一侧的动物不是一类，那些动物所代表的自然与他们是截然的客我关系。[14]

"动物园"（dōbutsuen 或 animal park）——这种新机构被如此命名，通过精心布置的展览，将宇田川抽象的"动物"理念运用到一种真实的、可观察的，同时也毫无疑问存在的事物身上：活的、呼吸的、会移动的动物。在这个过程中，动物园推动生成了一种更宽泛意义上的自然秩序，这种秩序外在于（或优先于）动物园再现自然的努力本身，因而也就与政治的、文化的和历史时间的（与进化的或地理学意义相对的）日常现实脱离开来。它由此推动了以意味着教化或吸引力的展览形式出现的自然世界观的形成，这种世界观能够有效服务于诸多政治和社会目标。本章关注的就是这种转换本身、转换的暗含之义，以及上野动物园的发明。它引导着我们从日本第一座由国家主导的博物馆和动物园开始，穿过上野帝国动物园，以及那些激发它出现的欧洲和美洲的动物园，再来到日本现代化进程中包含社会进化的政治化世界，其中动物的形象成为一种无可回避的提醒物，提醒日本将"文明"世界与自然世界分隔开来的努力是徒劳无益的。整体而言，它也显示了生态现代性是如何改变了人们的态度，以及相应地，这种转变是如何在一个"文明开化"的时代改变了人之所以为人的根本。

30　明治日本的动物分类

　　据一位游客所言，日本首家博物馆最受欢迎的展览既不是优雅的佛像展，也不是精美的瓷器展，相反，是一头会跳舞的北海道熊和它的两位阿伊努主人的展览。这两位来自北海道北方岛屿的大胡子原住民，和他们的动物伙伴一并来到东京，参与日本首度由国家主导的自然与文化遗产调查。该调查在明治维新三年后就全面铺开。这个三角组合在游览路线尽头的一座小建筑中表演（他们也可能就在那里生活）。该游览路线引导着参观者们在山下博物馆这个坐落在皇宫边缘地带，由展厅、仓库、办公区、动物围栏、花园和温室组成的大型复合体中穿行。这座博物馆里有日本第一所国营动物园（menagerie 或 dōbutsukan）——山下动物堂（Yamashita Animal Hall）。在这座木头搭建的大型建筑里，生活着从獾、熊、狗到睡鼠的 70 多种动物。博物馆所在的这块土地原本属于维新运动中坚之一的萨摩藩。1881 年博物馆关闭之后，人们在这块土地上建成了鹿鸣馆（Rokumeikan），也称"鹿鸣阁"（Deer-Cry Pavilion），一家由政府经营的宾馆和外交俱乐部。在那里，经常会有人们熟知的日本领导人随着西式外交礼仪用曲的旋律翩翩起舞。[15]

　　山下博物馆成为日本第一家被称为"博物馆"（hakubutsukan）的机构。这个称呼凸显了居于明治时代的科学和展览文化——表现为处在日本生态现代性核心地带的诸多机构——与宇田川所实践的自然志之间的强烈关联。学者们通常把兰学研究当作日本科学现代化的开始，因为它与西方存在着清楚的联系（在德川时代的绝大多数时间里，荷兰是唯一一个获准与日本进行贸易往来的国家），但是兰学研究的发展脱胎于本草学更宽泛的学科边界，后者又是在德川时代早期从中国的本草学研究那里得名。在德川时代的想象中，中国领先于西方，于是乎本草学也就在各方面领先于（和反映着）兰学。然而，到19世纪中叶，本草学在术语上受到它自身的学科开放性的困扰。本草学（自然志）的医学方面内容最先被整合到兰学研究中来，而后，随着明治维新后的医学向西医和"汉方"分道扬镳，本草学（自然志）开始被认为是"博物学"（hakubutsugaku），意即"对神秘事物的研究"（study of myriad history）。而"博物学"这个词隐含着一种对于物质世界的整体兴趣，而非对药物学的专一研究。"博物馆"（神秘事物之殿堂）一词就得名于这种博物学。[16]

　　博物馆远不止是一个展览橱窗。它是一个认识论的工作室，一个通过区分工艺品和动物来发明和验证种种分类的地方。山下的工作人员有意识地参与了服务国家的分类学革新进程。来自每一个新设立的县的特产被成对运到东京（刚从江户改名而来）。每一种物品的其中之一要准备送去维也纳的世界博览会（1873年5月到11月期间举办）参展，另一个则供国内展出。这些物品被运到之后由专业技术人员归类、贴标签，以备展览。而这些技术人员自己也刚刚被重新归类，被一纸政府命令从德川时代日本的身分制——这种制度将统治阶层的武士与基于出生和职业划分的农民、工匠、商人以及贱民区分开来——的成员摇身变为帝国国民。理论上，每一个国民在天皇面前都是平等的，但是解放终归会有代价。个体被置于帝国的法律之下，与此同时，基于身份的体制被根除，等级制借助过去的时态重新出现：武士成为"前武士"，贱民成为"前贱民"，诸如此类。[17] 对人和动物都同样如此，这种对人和动物进行系统的现代分类的革命更像是一种权力的操演——让人和事物都拥抱变化，仿佛它就是"文明"理念的变现。

维也纳博览会也标志着明治时期的国家官员在国际展览会和博览会的竞争世界中的首次亮相，而田中芳男高估了展会中自然历史的份额。田中的分类热情为宇田川所激发，他成为将"动物学"（dōbutsugaku，即 dōbutsu 的研究）这个现代术语用作出版物名称的第一人。基于对荷兰和德国文本的仔细研读，田中指出，动物学（就在博物馆开放时得到确认）一直内嵌在其他新词中，其中众所周知的莫过于 hachūrui，它一直被认为是"爬行动物"的公认术语。"在我们的语言中少有词语来指代这些事物，"田中在前言中写道，"于是我不得不为它们创造些新词出来。"但这并不是说日本人从来就没有听说过为 dōbutsugaku 这个词所描述的海龟、鳄鱼或绝大多数的其他生物。他以一种林奈式的逻辑思辨谈到新儒学的"正名"实践，指出这种实践从来就没有准确地命名过动物。只有正确的名字才能带来正确的知识，田中在后来为教育工作者而写的一系列文章中声称：只有正确的自然世界知识才会有助于捍卫日本作为"文明国家"的地位。[18]

山下博物馆是一个有开放限制的机构，会在举办现代国家新兴的官方博览会、以盈利为目的"见世物"或物产会时暂停开放。这些项目在德川时代曾非常普遍。如同后来相继成立的国家博物馆和动物园一样，山下博物馆也试图援引这些文化先例，再根据日渐浮现的现代性逻辑去校正和规范它们，在19世纪70年代，这种现代性逻辑本身就具有景观意义。[19] 出于对席卷全国的变化的好奇，以及在戊辰战争（1868—1869）之后对转移注意力的追求，人们乐于将江户时代无所事事的习惯投入新的用途。[20] 1873年4月，博物馆短暂开放了两个月，人们川流不息地涌向这里。当他们来到展览现场时，会看到由好几百种物品精心组成的大手笔收藏，每一种物品都为田中和他的同事分类并标注。人群络绎不绝地穿过花园，走进展览大厅，再来到最后的动物围栏，在那里，阿伊努人和他们的熊正在表演，官员们不得不延长了开放时间。在这一年，山下博物馆在日期尾数为"1"或"6"的日子开放（显然，这值得我们注意，因为这是根据新颁行的格里高利历来定的，而历法本身就是博物馆内一个小型展览的主题）。

从一开始，山下博物馆就成为一个博物馆和动物园杂糅的机构，一个横亘在人类世界与自然世界之间的中间地带，这两个领域之间的联系被人们提炼为既相互对立又相互定义，并通过展览表现出来。就在田中和他的同事们着手工作的时候，动物和自然被从人类与文明的含义中清除出去。在山下博物馆，分类既是一个理论操演的过程，又是一个实物处置的过程。当技术人员处理那些特殊对象——动物及其他——的时候，他们也完善了在人类手工制作的产品（jinkō，人工）与天然的事物（tenzō，天造）之间发挥作用的区分。山下博物馆体现了人与非人的根本分野。长远来看，这种从西方文本和现代早期自然历史理论中汲取权威

33　性的分野，发展成为一种规范性的分裂，一个形塑着整个日本展览复合体的主要隐喻。短期来看，这种分裂的最清楚证据在于田中所管理的"天产部"（Tensanbu）这个独立部门的出现。中期来看，它则影响着上野公园展览复合体的布局，在那里，博物馆的人造世界与动物园引进的自然被割裂。在这个机构的布局中，自然是为文化服务的。田中的同事町田久成（Machida Hisanari，1838—1897）指导着山下博物馆历史、艺术以及文化器物的处理。在1882年国家博物馆正式开放时，他成为该馆的首任馆长（也是田中的上司）。[21]

　　山下博物馆展览中的自然景观远非自然造就，而是人类劳动以及时不时出现的分类混淆的结果。"事物不会自行归类，"町田在1878年不无沮丧地写道，"很多事物就实际而言很难分类。""天产"尤其如此，他接着说，看起来类与类之间的区别"就取决于用途"。他的苦恼情有可原，毕竟一个人在处理蚕或纯种马这些事物的时候，怎么可能将自然与文化割裂开呢？正如田中和町田所认识到的，马这样的家畜已经为人类驯养了很长的时间，对于明治工业化来说不可或缺的蚕，其繁殖和喂养就完全依赖于人类。那这些事物应该算作人工还是天造？山下博物馆对这两个例子给出的答案都是"自然造就"，但是怎么放置又充满了争议和质疑。正是通过这类争议，自然理念的本身才在博物馆得到天然化。尽管单个物种和器物的分类和命名会持续引发人们的愕然和论战，但是越来越少的人会停下来质疑区分的事实本身。于是乎，认为人类和自然是分开的这种假设已在19世纪70年代的山下博物馆被规范化为标准，同时，如同斯蒂芬·田中（Stefan

Tanaka）所揭示的，这种假设在19世纪已遍及日本列岛。[22]

区别也暗示着等级划分，当参观者穿行在博物馆时，他们通过事物的正式展陈顺序就已然分辨出各种类别的高下。这里最大的建筑物就是古物馆（Kobutsukan），一个包含20多个展览区域的杂乱无章的木头建筑，每一个展览区域都致力于讲述人类历史或文化的某些方面。该建筑最早的导览手册以英语列出"艺术、历史、教育、宗教与军队（军事装备）"五个部分。[23]古物馆有将近1 000平方米的展览空间，比山下博物馆其他所有内部空间加起来都还要大。将人们引向大厅优雅入口的花园被分成11个独立的植物花坛，每一个花坛都种满了精选出来的植物样本，这些样本根据用途被定义为："食用""药用"以及"欣赏"。在山下博物馆，就连草坪也都在执行着分类任务。

当游客走出古物馆的时候，他们也就步出了日本先前文化成就的纪念碑，进入一个新的自然历史的建筑化呈现中。专注于生物研究的宇田川，在《植学启原》里设定了一个动物界和植物界的分支结构，山下博物馆里的陈设也回应着林奈1735年在公认的典范之作《自然系统》（*Systema Nature*）中提出的三分模式，这种模式影响了一大批西方和日本的分类学家，包括宇田川本人后来的作品也是如此。田中将山下博物馆的天产物划分为三个领域：动物、植物和矿物。植物根据其实用性再作进一步划分；动物则分为有生命的和无生命的、普通的和科学的。每一个展览都在积极宣扬分类的努力。山下博物馆没有刻意掩盖这种分类体系源自人类的性质（在后来的机构中，这些现代生活的分类规范得到了更全面的自然化），相反，它将分类行为本身呈现为一个展览关注的对象，一个新时代的象征。[24]

山下博物馆的第二个展厅展出无生命动物类，以强调动物世界的多样性，并展示这种新的命名法的效用。这里充斥着的大量物品让人回想起欧洲的珍奇柜或德川时代的展览，这里保存有一些剥制动物的标本，从孔雀到豪猪，从骨架到头盖骨，泡制着海洋生物的罐子，老虎的皮，各种各样的牙齿，以及由田中收集的蝴蝶等昆虫标本。田中把每一个标本都用大头针按序列订在玻璃下，旁边是标签，标签上有对应的拉丁双名、常用名以及分类说明。历史学家上野益三（Ueno Masuzō）评价该展览为日本第一个"真正现代"的自然历史展览。这些蝴蝶最后还被送到维也纳世博会，在那里引起了相当轰动的反应。[25]

动物类之后是植物类。参观者顺着游览路线，穿过动物标本展，之后就会来到两座专门展出植物的建筑。第一座放满药用植物和装饰植物的标本，这些植物中很多都是在对外贸易扩张期新进口到日本的。植物学文献也和从这个国家丰富的本草学印刷品中挑出来的精品一并展出。第二座建筑则用于农业和林业展示。这里的植物风格迥异，构成了一个出自德川时代的统计调查实践的具象世界。在这些统计调查成果的运用上，最有名的当属田中的老师伊藤圭介，他在德川时代后期致力于将本草学应用于发展本土经济的努力。而这预示着"自然资源"的现代话语。[26]人们将有关大米种植、造林术和外国农业生产方式的内容和有关肥料、种子储备的标记系统一并展出。该展览聚焦于物质财富和自然产品在工业发展中的地位。在此之后，就是山下博物馆前半部分建筑群中的最后一座——矿物厅，玻璃柜中放有铜、金、煤和银等矿石，并附有对它们品质和用途的说明。尽管来自这些展览的记录支离破碎，但是，值得注意的是，无论是在农业厅、林业厅，还是在矿物厅，富足和希望都是支配性的主题。困扰着 20世纪日本的资源稀缺的幽灵似乎在山下博物馆富饶的宇宙中不曾出现。

从规则式的前花园开始，篱笆墙隔开了活生生的自然，将博物馆的占地一分为二。当参观者们退出矿物厅，走进后花园的时候，他们也就步入一个截然不同的世界，这里必须依靠视觉和嗅觉去体验。动物厅占据着博物馆的后半部分。在这里，游览路线不是直接将参观者带进动物厅，而是先将他们引导进由三个狭长大厅组成的一组建筑，这里展出的是国内外的高新科学技术。这些展览延续了矿物厅铁、铜和煤等矿物展览的逻辑，当然，它们也高度彰显了动物饲养与 19 世纪政治经济的重要关联性。在日本早期现代和早期工业化时期的经济中，动物被视为活的机器，能够将储藏在植物中的太阳热量转化为对人有用的劳力或食物热量。田中在一系列有影响力的作品里谈到"有用的动物"，这些作品大多出版于 19 世纪七八十年代，其逻辑也反映在动物厅本身。这片土地最后面的部分是用来进行驯化实验的饲养围栏，这来自田中 1867 年访问巴黎世博会时受到的启发。

山下博物馆动物厅展出的动物品种记载含糊，而且不同时期的记载有不同说法。但是据历史学家佐佐木时雄估计，在 1875年，应该有多达 33 种动物分布在公园各处展出。其中既有从中国进口的一小群水牛，也有五英尺长的日本大蝾螈。这些在当时广受欧洲收藏家追捧的大蝾螈，和佐野常民（Sano Tsunetami,

36

1823—1902）从法国带回的兔子共享着一个展览空间。佐野是维新领导人大久保利通最亲密的同事，也是早期展览政策最主要的倡导者。佐野接受过绪方洪庵（Oguta Kōan，1810—1863）的兰学研究训练，自1867年参观巴黎世博会回来之后他就开始提倡创建国家动物园、植物园和博物馆。很大程度上如同都去过世博会的田中和町田一样，佐野回国后就坚信，恰当的展览能够吸引西方帝国主义的注意并促进国内的统一。他捐出的这只兔子（明治早期的日本有着对宠物兔的古怪狂热），与满满一板条箱的睡鼠、一只友好的纽芬兰犬，还有日本第一只活的帝国战利品——小型豹猫（*Prionailurus bengalensis*）共同展出。这只豹猫是帝国军队在1874年入侵中国台湾时得到的。[27]

即便是在这样一种展览奇观中，阿伊努人和他们的熊表现得也相当抢眼。这头好玩且肥硕的熊在受到游客的食品款待时会"跳舞"。阿依努人似乎也成为人们关注的对象。坐落在一个小池塘旁边的熊屋，成为孩子们在整个参观中特别喜欢的地方。在那个小池塘里很可能还有只会表演的海豹，它也来自北海道。尽管如此，这对町田和他那些博物局文化事务部门的下属没有什么吸引力可言。肩负着再造民族艺术传统的使命，町田的团队不客气地称这种表演为"见世物"，不过是唤起过气的德川时代旧时光的把戏而已。阶层和审美因而在这种评价中扭结为一体，被先前的武士阶层灌输给绝大多数的平民大众。武士的认同是通过与城市平民、乡村农民特别是贱民的区别建立起来的。而这些贱民承受着歧视，部分是因为他们的职业基本上是屠夫和处理动物尸体（这被视为污染的源头）的制革工人。在町田和他的团队看来，面向平民大众，并受世纪中期在日本巡回演出的西方马戏团的启发而出现的活体动物展，无疑是"文明"的具体呈现。这种偏见，将阶级的色彩引入人与动物、文明与野蛮的划分，也影响着山下博物馆之后的机构设计，我们今天在上野还可以参观到这些机构。事实上，山下博物馆一直就被视为向一个更持久也更壮观的结构体迈出的重要一步。

展览复合体中的动物

37

国家博物馆复合体于 1882 年 3 月 20 日在上野公园正式开张的时候，动物和艺术已经被明确分开。动物园——先前博物馆的第二展厅——位于上野公园的边缘，一处可以俯瞰不忍池的树木繁茂的山谷，选择这里是因为它最接近淡水资源。博物馆则与之相反，占据着公园的主要部分。它占有公园内人们能够找到的最长的观光线路的起点。博物馆的落成本身就是一个政治事件：明治政权挪用了一个纪念德川的场所来安置它的新展览复合体。幕府将军三大家庙之一的宽永寺就坐落在上野山上。这一带还有 15 位幕府将军中的 6 位的坟墓，以及供奉德川家康——江户幕府开府将军的东照宫神社。上野山也是 1868 年幕府拥护者（传说中的彰义队）与叛乱分子进行血腥革新战争的场所。这场战斗结束五年之后，这一大片充满政治意味的土地作为"公园"（kōen，或称"公众花园"，另一个新造词汇）向公众开放。至此，帝国的启蒙便以博物馆和新奇的动物园的形式，被绘制在早期现代的宗教传统和封建效忠景观的至高点上。[28]

作为一个号召全民为国服务的新空间，上野公园成为展现人们与政府、日本及世界的新联系的舞台。如同托马斯·R. H. 黑文斯（Thomas R. H. Havens）所揭示的，上野公园自1873年开放以来，就成为颂扬明治政权景观的最首要的场所之一。当熙熙攘攘的人群填满公园的中心大道，当人们在寺庙间溜达，享受着公园的文化设施时，他们实际上是被引导着将这种无所事事的愉悦和好奇心的满足归功于新政府的慷慨馈赠。国家批准的游行等官方活动填满了这个区域的正式日程，官方还设立了一个警察局来保证人们行为得体。官员们催促着大众去参观这一区域，不仅要去见证国家赞助的"文明"的累累硕果，也要领会这些人群本身的景观含义，即来自首都不同阶层的大量民众在一个被旧政权视为神圣不可侵犯的地区有序参与政府许可的活动。在某种程度上，正是通过感知这种共享体验，这些城市人口才慢慢转变成具有自我意识的国家"公众"。[29]

38 动物园和博物馆的建设都着眼于塑造大众的思想和行为。然而，这两个机构在一些关键方式上又有所区别。博物馆如同之前的山下古物馆，追求通过将列岛人类既往的多元文化呈现为一种国家叙事，捍卫这个国家的文化起源；与之相反，动物园则是征用动物和自然来服务于日本的民族国家以及这个民族国家对文明的宣示。在执行这些功能的时候，两个机构都强调国内和国际受众并重。向内，这个国家碎片化的政治风景被编织进一个单一民族国家，它们发挥着教谕景观的作用，沟通信息，呼吁社会文化权力的再分配。向外，它们则成为展示日本自诩与西方相匹敌的文化的场馆。[30]

上野公园展览复合体被规划为日本回应西方制度现代性之举的组成部分。佐野、田中和杰出的启蒙提倡者福泽谕吉等旅行家在 19 世纪六七十年代访问了欧洲和北美，也游览了风靡于 19 世纪西方都市的动物园、博物馆、植物园和展会等。这些欧洲文化的教谕景观有可能是西方商业创造力和国家力量的关键来源之一，这些日本观察者很快就清楚地知晓这一点。这些机构——其核心被托尼·贝内特（Tony Bennett）称为现代"展览复合体"，从一开始就被认为是一整套设置。如福泽就在他广受欢迎的书籍《西洋事情》系列中，将博物馆、动物园、植物园与展会、动物博物馆和医药博物馆这类相关机构相提并论。[31]

福泽最早发明了"动物园"（dōbutsuen）这个术语。他在《西洋事情》中如此介绍道：

> [在西方]有种地方被称为"动物园"。活的动物、鱼和昆虫被保存在动物园里。狮子、犀牛、大象、老虎、豹子、黑熊、棕熊、狐狸、獾、猴子、兔子、鸵鸟、老鹰、隼、鹅、燕子、麻雀、蛇、蟾蜍，所有这些稀有但又让人震撼的生物都被保存在那里。人们根据它们的不同特点提供食物，并将温度调整到一个能保持它们鲜活的范围。鱼被保存在玻璃柜里，有足够的淡水作为补给。[32]

福泽是在 19 世纪中叶周游世界的第一拨日本人之一。作为佩里事件后德川幕府派出的第一个外交使团的成员，他得以在

39 1860 年前往美国，在 1862 年前往欧洲，《西洋事情》就是基于他的旅行经历写成的。在 19 世纪 60 年代晚期，这套 10 卷本丛书得到出版并成为最热卖的书。也许把这些书称作旅行见闻和百科全书更合适，它们提供了有关西方和"文明"事物的梗概。从医院到贫民窟，从学校到收容所，福泽描述了反映西方现代性的许多关键机构，以及他为这些常见机构新发明的术语。就动物园这个例子而言，他没有简单效仿其他早期旅行家使用一个更熟悉的术语来命名动物的惯用做法，如 kinjū 这个词，这个词我们今天有可能会翻译成"生物"或"禽兽"。相反，他选择使用宇田川的外来词 dōbutsu 来识别这个机构。在《西洋事情》出版之前，这个词仍是一个只有福泽这样的专家才掌握的本草学术语，因为他赴美之前受过兰学的训练，而更广泛的读者大众则对这个术语一无所知。如同它所命名的机构一样，dōbutsuen 这个术语本身也传递出某种新奇的专业知识的意味。[33]

正如福泽注意到的，这种展览非常见动物或物体的理念对 19 世纪的日本人而言并不陌生，但是日本的旅行者们很快就意识到海外的展览复合体不同于他们熟悉的国内原有的各种展陈实践。首先，欧洲政府和上层阶级将资金投入这些公众机构，其目的就是要吸引受众游移的目光。这些展览的规模和细节把人们能够在东京看到的东西远远甩在后面。这一时期也见证了为服务日益增长的大众福祉，大量文化和科学财富从私人拥有的领域——以珍奇柜为典型，但也包括杂耍和类似事物——转向了由国家管理的公共机构。这些公共机构依赖于使用新的组织技巧和展览技巧，而这些技巧意在传达的并非一个完整的微缩世界，而是展览背后更宏大的真实的感受。在福泽和其他日本游客看来，这些机构因而成为一个抽象且独一无二的"文明"的索引。上野公园展览复合体的建设就是挪用这种文明的尝试。[34]

　　动物园在展览复合体中占据着一个奇怪的位置。正如贝内特注意到的，类似的机构整体上都有将躯体和物体移入一个日益公众化的剧场的特征，通过再现这些躯体和物体所从属的东西，这些机构成为向全社会传播权力信息的工具。而动物园的特殊动力学则对此进行了翻转：它在展览行为中实施了禁锢，而这又使得它与另外一种现代机构结盟：监狱。无论在日本还是在西方，动物园和监狱的发展基本都起步于同一时间段，都有着相似的展陈控制。这两种机构彼此相似，不是将对象转移进公众的视线，而是将它们包围起来。正如米歇尔·福柯雄辩地指出的，杰里米·边沁（Jeremy Bentham）笔下的全景敞视监狱（Panopticon）的规训视角逐渐被隐藏起来，藏在监狱固若金汤的围墙后面。在它的大门内，犯人们处于持续的监视之下，如同动物园里随时被游客观察的动物一样。[35]

　　如同其他所有的现代动物园一样，上野动物园既拥有展览复合体的要素，也拥有"监狱群岛"（carceral archipelago）的要素。它不安地处在二者之间，这种情境有助于解释那种经常会伴随着动物园参观行为而涌现出的古怪悲伤感。19世纪的动物园是围绕人与动物的简单区别而建造出来的一个运用规训技术的剧场，其间规训通常以游戏或教育的形式出现。正如渡边守雄指出的，现代监狱和动物园都受益于欧洲皇家动物园的技术进步。[36]在这些动物园中，美泉宫和凡尔赛宫最为典型，至高无

40

上的统治者的座位被放在自然世界再现的中心位置，为层层的动物围栏所环绕，这些围栏看上去就像是从皇室中心向外辐射开来。理论上，这些被关在围栏中的失去自由的动物对统治者来说随时可见。皇室用餐或娱乐的时候，他们在自然秩序中的核心地位便因为这种他们悠然享受的风景而得到象征性的确认。福柯注意到了与此类似的动力："全景敞视监狱就是一座皇家动物园，只不过动物被人类所替代，个体为特定的群组所替代，而国王则为这鬼鬼祟祟的权力机器所替代。"[37]

人们也会指出，动物园其实就是一座监狱，在这里，犯人被动物所替代。罪犯的分类变成了生物学的命名分类。而鬼鬼祟祟的权力机器进行的规训凝视则变成观光客渴望的眼神。在动物园中，观光客的凝视如同统治者的凝视，这些假冒的"君王"或孩子气的"皇帝"能够像他们扮演的专制主义统治者一样随意提出要求。日本乃至全世界的动物园管理者们都听惯了游客抱怨不能随时看到特定的动物，而也许这些动物天生就喜欢隐藏自己。但许多前往动物园的人都带着这样的想法，门票钱买的就是自己在闲暇时间看到每一种动物的权利。

41　　在 19 世纪的动物园内部，两种截然不同的权力围绕着动物和文明的定义之轴轮番操演。在栅栏的一边，这种机构成为前现代政权行使惩戒权的明证，君主（或幕府将军，或封建领主）拥有生杀予夺的权力，这种权力也被藤谷隆称为允许臣民活着的权力。福柯将其称为"统治权力"（sovereign power）。然而，在动物园，是动物而不是人类臣民，赤裸地向这种统治权力臣服，统治权力通常只在极少情况下被行使。如同处在专制主义之下的人类

66

臣民一样，在动物园里公开动用杀死动物的权力，无论在日本还是在西方都属于例外状态。为冗余动物执行幕后的安乐死是动物繁殖的常规操作，在第二次世界大战之前的几十年里，只有在诸如动物逃逸或攻击饲养员这类紧急情况下，人们才会公开杀死动物。人们总是把动物园与生命保护联系在一起，在绝大多数动物园，照护行为本身就是精心设计的表演（如公开喂食等），但是很显然，这类照护行为相当于赠送一个礼物或尽一种义务，二者在极端情况下都能够被撤回。[38]这个机构是，也始终是权力的如实演示。

在栅栏的"文明"这一边，生命得到更为精心的养育。19世纪的动物园让动物世界匍匐在参观者脚下，它们也操演着另一种形式的权力。动物园为游客提供了一个至少是暂时参与统治权游戏的机会。通过游戏行为本身，宇田川所称的 dōbutsu 的双重运动——最开始是外在于人的，而后又内化于心，拥有了一种新的政治意义。通过展出动物，动物园成为一个被福柯称为"生命权力"的表达机制，一种积极的规训形式而非消极的惩罚。在生命政治的领域里，权力是首要并且富有成效的，无论是在行为上、在规训上，还是在动物园的理念模式上。动物园将权力转化为某种内在于人类主体因而也定义着人类主体的东西。按福柯的思路，诞生于18世纪和19世纪的这种政治形式，对任一既定社会都标志着"现代性的开端"，但是，注意到这点也很重要，即"统治权力"和"生命权力"在现代社会里是共存并相互重叠的。[39]

动物园邀请参观者去观看兽性的发端，而无须涉足其中。在观看动物的过程中，参观者被引导着将生成于展览复合体内部，

42　并能有效地转化为自我认知和自我约束的态度内化于心。和博物馆高度类似，动物园也要求参观者认同权力，并视权力为他们所拥有的、政府和上层精英出于全民整体利益的考虑而管理和传导的力量。这就是动物园工作的不可思议之处：服从于展览的内在规训的不仅仅是动物。我们穿行在动物园的不同空间，我们也监控着自己和他人，我们被要求视展览所呈现的世界观为一种自然的表达，而非一种规范社会和形塑我们自我意识的努力。[40] 这也就是古贺忠道——上野动物园 1933 年至 1962 年间的园长，称动物园为"一种制造文明的人和动物的机制"时所想要表达的。[41]

　　19 世纪的日本人初次目睹圈养动物时，很难不感受到随之而来的巨大兴奋感。受政府赞助的岩仓使团的精英成员，在 1871 年到 1873 年间受命出访西欧和美国。他们沉迷于现代欧洲动物园精心打造的动物景观，很显然，他们很享受这种错觉引发的快感，即这些异国动物就是为了取悦他们才被囚禁在那里的。久米邦武（Kume Kunitake，1839—1931）是使团领队岩仓具视（Iwakura Tomomi，1825—1883）的特别助理，他在使团旅行的正式报道中，记录了不计其数的对动物园等展览复合体内容的造访之旅。[42] 其中，有关他们前往伦敦摄政公园的记述尤为生动。摄政公园于 1847 年向公众开放，并理所当然地成为上野动物园的参照模本之一：

　　　　在公园里，游览小径蜿蜒在小山、林木和湖泊间。树木和灌木丛的葱葱绿意和碎石小径的明亮洁净相得益彰。林木葱郁的小山看上去相当迷人。每一步风景都让人驻足；每一处转弯之后，风景都让人耳目为之一新。由于时间有限，我们无法看全所有的事物。在这些景观的中央，围栏被做成不同的建筑样式，保存着满世界找来的或是从自然中设法抓来的鸟儿等动物。那里有温和的野兽，如大象和骆驼，也有凶猛的野兽，如熊、狼和豺。树木不时因狮子、老虎和美洲豹的咆哮而瑟瑟发抖，而空气也因为鹰、隼的长啸而战栗。[43]

在久米对动物园的溢美之词后面，是一长串他们看到的异国动物的名单。这些文字流露了他难抑的兴奋以及力图提供一份在访问期间所观察生物的完整清单的愿望，也许是受到了动物园自诩百科全书式地再现了自然的激发。久米的情感喷薄而出，赞美之词像极了现代旅游业的广告语："还有这么多的东西要看，以至于我们都没有注意到天已经黑了。"[44]毫无疑问，他们都沉迷于景观之中。

久米的报道传递出的对摄政公园的印象是伊甸园似的。描述完那些温和地待在围栏中的蹦跳的袋鼠和嬉戏的孔雀之后，久米发现："在热带温室里，人们利用蒸汽的热量来保持春天般的湿润。鹦鹉在喋喋不休，猴子在欢乐打闹。空气中带有几丝花儿的芬芳。毛色鲜亮的小鸟儿在笼子里掠过，啾啁不停。"久米心目中的动物园就是这样一个地方，人们将技术号令凌驾于整体自然之上，即使四季也不例外。当久米报道动物园里收藏的大量热带鸟类的时候，他不仅仅为鸟类标本的美丽毛色所吸引，更是为那些用来保存它们的诸多技术所震惊。"如果这些鸟儿没有被安置在一

43

个适宜的环境中的话，即使不死，它们也会日渐衰弱，最终失去观赏价值。因此，单凭这一点也能看出，在这个国家，一门科学的动物养护技术进步到了什么样的程度。"[45]

很显然，这种体验不仅仅是一种简单无害的好奇，尽管好奇毫无疑问是动物园想要引出的主观性的最重要方面。久米将从动物园那里感受到的愉悦与更具体的关怀联系起来。在 19 世纪，动物园成为国家力量公认的尺度和标准。动物园能够体现一个国家的技术进步，体现一个国家对自然资源的控制，以及这个国家将普罗大众塑造为有创造性的、自主自立的市民的能力。动物园成为进步和声望的衡量标准。久米和他的西方同行一样，视这种联系为不证自明的。他对摄政公园和英国大加赞赏："我们在欧洲没有看到哪个动物园的丰富性足以和摄政公园动物园相匹敌。"同时，他也认为荷兰动物园多少有些不相上下。最终，荷兰动物园还是被评判为稍逊一筹，原因在于一来它缺乏风景，二来它的代表物种数量和伦敦收藏的没法相提并论。荷兰动物园提供的自然索引的权威性不足。而且，通常很少有哪个让人印象深刻的动物园会忽略掉自己国家的动物。由此，久米反复强调，要判断一个国家管理其自然资源的能力，完全可以基于它的动物园的状态。[46]

这些现代动物园和日本的杂耍以及自然历史展览有共通之处，久米和他的同伴们都相当清楚这一点。然而，动物园无论是在规模还是在效用上都远远优于日本现有的动物展览。有关动物园最早的讨论记录出现在使团抵达他们旅行的第一站旧金山时。相关记述通过聚焦于这种相遇的美好视觉体验，高度彰显

44

了动物园教谕式展览的新功能，以及能够被感知到的对于国家的好处：

> 在西方，每一座城市都有自己的植物园和动物园。在日本，尽管也有动物园和公园，人们在那里可以看看动物或鸟类，但是其规模根本没法和西方的相提并论。这些动物园也许看上去和西方的动物园多少有些相似之处，但是其设置初衷相去甚远。在西方，动物园意在吸引人们的眼睛和耳朵，让他们实际上是在为自身、为了区别而看，目的是推进工业化、推动知识和学问的传播。这类项目尽管花费巨大，但是人们无须为此担心，因为最终其利益相当可观。[47]

正如人们所认识的，动物园能够有效吸引观光客的凝视，磨锐他们的洞察力亦即他们作为产业工人的能力。植物园和动物园"推进物质科学的发展，并且鼓励农业、工业和商业新进步的发现"，因而"能作为服务国家财富增长的手段"。[48]这种对实际效用的追求并不像德川时代某些道学家认为的那样颓废或奢华。在一个帝国时代，这种追求无疑是国家成长的动力来源，也是民族独立的保证。

久米和其他官员都视展览为一种统治的工具。他声称，博物馆和博览会让欧洲在一个相对较短的历史时期内实现"彻头彻尾的变革"，这种理解预示着它们在日本的运用也会带来好兆头。"从1800年始，欧洲拥有了它当前的财富，"他写道，"但是，只是在最近40年，欧洲才达到了我们现在看到的了不起的繁荣程

图 1.1 上野动物园平面图及局部，1896 年

《风俗画报》上野公园特刊所载上野动物园平面图。可以看到：游客进入动物园后，首先看到的是象馆；一个巨大的圆形飞禽笼子俯瞰着中央花园；笼子或围栏上方分别标注着豹子、老虎、骆驼、猴子、熊和猪等名字。「新東京名所古跡図冊，上野古園部分」，『風俗画報』，第 131 期，1896。图片蒙东京动物园协会提供

度。"英国的工业发展尤其迅速，久米指出，这很大程度上源自
"女王的顾问阿尔伯特亲王的努力"，亲王赞助了"1851 年在海德
公园举行的伟大展览"。在久米看来，海德公园展览＊直接引发
了英国制造业的一场革命。"英国人第一次意识到了他们产品设
计的贫乏。经过深思熟虑后，他们将模仿法国的不可取的做法抛
到脑后，转而开始寻求自己国家的特色表达。体现这种思维的英
国产品，在 1855 年法国举办的第二次世界博览会上表现相当突
出，从那以后，英国从法国进口的工业产品的数量开始减少。这
种变化完全归功于那次展览的影响。"[49]他继而认为，世界博览
会的成功直接导致了公共博物馆和相关机构在全欧洲的成立。经
由展览所引发的国际竞争，更是直接催生了工业革命。"因而，　45
也就在仅仅十几年的时间内，全欧洲的工业制品就达到了一个美
学上的高度。"似乎展览只需简单地把公众的注意力集中在服务
国家上，就能够提高效率，让一个国家在进步的轨道上开足马力
前进。[50]

上野动物园

　　上野动物园的成立，始于明治时期国家试图将先行者们
在欧洲发现的新观看方式制度化的努力。用佐野常民——将
"dōbutsuen"这个词用在明治时期的政府文献中（1875 年的一份

＊ 即 1851 年万国工业博览会，是全世界第一次现代意义上的世界博览会。——译者注

指导文件）的第一人——的话来说，日本展览复合体的目标在于
"通过眼睛的教育来发展人们的知识和技能"。不过，在佐野和绝
大多数其他官员眼里，博物馆，而非展会或动物园，经由他所称
的"凝视之力"，能充当起"殖产兴业"努力的理想载体。动物
园并非与此全然无关，只是它更多扮演的是一种辅助的角色。佐
野还憧憬了一个"围绕着博物馆的巨大、质朴、美丽的公园"，
这类公园就包含植物园和动物园。这种想象的机构的向心性分布
影响着未来上野公园展览复合体的外形设计。佐野在预算资金申
请中声称，这些机构不仅能够为城市居民提供健康的娱乐，还能
够影响参观者的视野，通过培养他们的"辨别力"来帮助他们理
解一个全新的学问和知识领域。[51]

　　规划之初，动物园的建设被置于内务省博物局的管理之下。除了
负责山下博物馆的日常管理外，该局还负责上野公园展览复合体的
建造工作。1881年，就在展览复合体开放前一年，管理权出乎意料
地转移到新成立的农商务省，这个决定反映出一种信念，即展览实
践影响着这个国家的商业造诣以及管理自然资源的能力。动物园
的管理被归到该省的自然历史部门。这种安排一直持续到1886年，
在岩仓具视的催促下，整个展览复合体的管理都被转移到宫内省，
以此应对即将实施的宪政所带来的不确定性。

　　国家博物馆和上野动物园在1882年开放，明治天皇睦仁
（1852—1912）成为它们的第一个正式主顾。睦仁在那里的首次亮
相并非他在这些市政机构提供的大舞台上的唯一露面。公众在参
观动物园时会被暂时假定拥有这种至高无上的凝视权，但同时他
们也被督促着去相信这种游戏是为天皇所赞许的。1889年，上野

动物园被正式重新命名为上野帝国动物园，皇室和动物园便被绑定在了一起。也就在同一年，经宪法授权的新国家立法机关正式成立。这个复合体始终保持在天皇的直接控制之下，直到1924年上野动物园连同上野公园本身一道被移交给东京市的公园事务部门。该举动据说是为了纪念皇太子、未来的昭和天皇裕仁（1901—1989）的新婚。[52]

47

　　上野动物园的财政也是一桩复杂事务，尽管早些年间的记录已多有遗失，但是有一点很清楚，即动物园这个机构发展成了博物馆的摇钱树。尽管动物和艺术被分为两个独立的展览部门，但是动物园始终处在博物馆的管理之下，而且动物在吸引成千上万的付费游客这件事上比起历史和艺术更加有力。路边杂耍和其他私人娱乐（与诸如公开裸体和犯罪举止一道）受到注重形象的明治政府的审查和控制。明治政府在1876年推出它的第一个《违式诖违条例》（*Ishiki kaii jōrei*）。动物园有可能受益于这种新变化。无论如何，考虑到现代早期路边杂耍的受欢迎程度，动物园能够吸引成群结队的人是不足为奇的。博物馆门票和动物园门票是分开销售的。在1882年，动物园的门票被定为1日元（周二到周六）和2日元（周日）。博物馆的门票明显要贵些，工作日是3日元，周六是2日元，周日是5日元。这些机构向我们展示了新的太阳历对于工作周时间设定的影响，特别是对"休闲时间"的划定是如何被体现到日常生活概念中来的。[53]

　　两种票价的差别得到微调，这是因为管理者注意到了两个事实：首先，与一些官员的担心相反，看起来更穷困一些的参观者在造访博物馆时并没有出现失当行为。他们的行为可以说是和环境高度相称的。这些参观者举止得当，表现得并非在看路边杂耍或马戏表演，而是在这个国家最好的博物馆里游览。其次，游客们在观看这个国家的历史珍宝的同时也愿意付同样多的钱去看外来动物。到了1902年，也就是上野动物园首度向公众开放的20年后，门票价格调整为动物园4日元、博物馆5日元。从较早的时期开始，儿童票就比成人票便宜，学生票从1887年开始也有了折扣，士兵们从1905年开始可以免费入园，这是对他们在日俄战争中的付出的回报。[54] 这类政策在绝大多数现代社会（当然也包括日本）看上去再自然不过，但是它们也最好被解读为形式精妙的社会工程，它们本就是这么被规划的。

48
　　门票收入被视为维持博物馆财政稳定的关键要素。在保守的宫内省的管理之下，博物馆只能在保持资本再投入最小化的情况下努力提升动物园的人气。相对而言，博物馆缺乏对动物园的投入，整体又无力支撑自然历史展览，这种状况推动了19世纪80年代晚期人们为了将动物园独立出来而将自然历史部门转到文部省的努力。但是，这些提议在1889年被刚成为博物馆总负责人不久的九鬼隆一（Kuki Ryūichi, 1852—1931）平息下来。在九鬼心目中，机构优先级是相当清楚的。"博物馆绝大部分收入都来自动物园。来自博物馆所有部门的年度收入……差不多将近7 600日元，而动物园就超过4 000多日元，占博物馆整体收入的半数以上。动物园于我们的财政而言是一大助益。"[55] 九鬼提出，移走动物园会严重损害博物馆的利益，从而削弱宫内省管理之下的一系列机构。动物园只能待在它该在的地方。

　　从一开始，上野动物园就吸引了比博物馆更多的付费游客。

单就开放头一年看，二者的参观人数相差近 3 万人：博物馆吸引了 174 444 人，动物园则是 205 504 人。在第二年里，差距继续翻番：博物馆 123 672 人，动物园 184 992 人。到了 1885 年，差距再度翻番，当时动物园吹嘘它的游客比它更沉静的姊妹机构多出 10 万人（195 587 对 92 471）。在 1888 年，受动物园首次大象展出的刺激，动物园的参观人数突破了 35 万人。10 年之后，受动物园展览"活的动物战利品"（参见第二章）的新角色的驱使，动物园的参观人数首次突破了 100 万人。这些动物战利品获取自1894—1895 年中日甲午战争期间，其中包括骡子、大型猫科动物、马、狗和骆驼等。最终，以两头长颈鹿的到来为标志，动物园的参观人数在 1907 年达到峰值。这对长颈鹿被称为 Fanji 和 Grey，它们的到来是该物种在上野动物园的首次亮相。它们到来之后的几周甚至几个月时间内，大量人群涌进动物园。[56]

　　随着参观人数的急剧上升，官员们也认识到动物园会是一个有用的社会工具，一种与市民大众沟通交流并建立社会秩序的有效手段。正是市民大众在一年或更早之前在日比谷公园发起过反对政府的暴动。正如安德鲁·戈登所说，日比谷的大众暴动不是左派革命，而是为了抗议终结日俄战争的《朴茨茅斯条约》。在个体为国家的战争努力作出多年牺牲之后，日本成为第一个打败欧洲"强权"国家之一的非西方国家。人们涌向先前的山下博物馆附近的街头，不是抗议政府宣称在亚洲的军事优势的活动，而是敦促国际上更多地承认日本的国家实力，要求政府认可民众为民族所作的牺牲。动物园作为战利品橱窗的角色因而变得对官员特别有吸引力。[57]

49

石川千代松和展览的进化

生态现代性的政治主张在石川千代松（Ishikawa Chiyomatsu，1861—1935）的作品中以一种有影响力的新布局整合起来。石川是国家博物馆自然历史部 1900 年到 1907 年间的负责人，正是他将 Fanji 和 Grey 带到了上野动物园。1907 年，新建的长颈鹿馆加热系统因通风不良而产生烟雾，将这两头非洲反刍动物毒死，石川也就在这起非常规死亡事件引发的流言蜚语中引咎辞职。这位追随着田中芳男的脚步进入博物馆管理领域的顶尖科学家，也是最后一位受过完整本草学规程训练的动物园园长。石川在离开上野动物园时，还是国际公认的进化生物学家，并在东京帝国大学执掌教席。正是石川，而非别人，将上野动物园的动物征用到 19 世纪关于人类社会进化的讨论中来，从而将宇田川《植学启原》的逻辑放大为一个以孩子和成年人为目标的社会改良和大众动员项目。离职之前，他已在动物园断断续续工作长达 17 年之久。

石川是一位典型的大众科学家，他的时间主要用于实验室科学研究、动物园管理，以及撰写一系列涉猎广泛的科普书籍和文章，这些书籍和文章多以儿童和青少年为受众。石川于 1861 年出生于江户幕府将军的一个家臣家中，后来进入开成学校（东京帝国大学的前身）深造，加藤弘之（Katō Hiroyuki，1836—1916）是他的导师之一，加藤是东京帝国大学法理文学部的创始人，也是后来社会进化大论战的重要参与者。石川素来喜欢动物，在开成求学期间就致力于学习英语和本草学。内战期间他一度离开江户，之后重返这个已被重新命名为东京的城市，在新的大学（成立于 1877 年）和美国动物学家爱德华·S. 莫尔斯（Edward S. Morse，1838—1925）以及查尔斯·O. 惠特曼（Charles O. Whitman，1842—1910）一起做研究。他也和箕作佳吉（Mitsukuri Kakichi，1858—1909）一起工作。箕作佳吉是东京大学的第一位动物学教授，也是伊藤圭介和田中芳男的导师，后来成为植物学教授和东京大学小石川植物园的园长。[58]

石川所受的训练不限于日本。他也是深具影响力的进化生物学家奥古斯特·韦斯曼（August Weismann，1834—1914）的学生，在 1885—1889 年跟从韦斯曼学习。作为韦斯曼早熟的学生（据说也是韦斯曼最喜欢的一个），石川在弗莱堡注册入学时，就已经在日本声名鹊起。石川在翻阅他父亲收藏的本草学经典的过程中成长，1883 年，他出版了第一本用日语写成的自然选择法入门书《动物进化》（*Dōbutsu shinkaron*），该书基于莫尔斯 1877 年在大学的讲座内容写成，成为日本科学史重要的分水岭。该书体量不大，只有 9 个章节，包罗了这一领域所有的重大主题。但是，正如石川后来指出的，它改变了日本科学探究的进程，放大了宇田川几十年前的《植学启原》一书背后的思想并且巩固了伊藤对"生物学"（seibutsugaku）和"科学"（kagaku）新领域的先驱性贡献。[59]

直到近年，科学史学家们才倾向于将现代生物学在日本的出现视作一场革命，有点接近托马斯·库恩的"范式转移"（paradigm shift）概念，一种在两个没法相提并论的系统间的转换，但是生态现代性内在的延续性没法证明这一点。我们仔细阅读从宇田川到伊藤、田中再到石川的文本，会发现有一点很清

50

楚，即生态现代性尽管让人焦虑不安而且时不时被热议，但却是通过一系列改写或翻译作品浮现出来的。尽管这些文本的完成时间相差大半个世纪，诸如石川和宇田川这样的学者将其观点当作一种革命性的构建，但是这种构建本身最好被理解为一种捍卫职业区分的更宽泛努力。业余人士和专家之间从而划出了一道分界线，好将"文明"和现代科学与既往传统分离，很大程度上，就如同田中和石川努力在展览复合体中将人与动物分离开一样。这类专业化的传说之举，得到历史学家令人信服的回应。到 1935年石川的学生出版他的作品全集的时候，生物学家们转向《动物进化》或石川更有影响力的续作——1891 年出版的《进化新论》（*Shinka shinron*，1897 年修订），将其作为基础文献，而不是一头扎进那些晦涩难懂的本草学文献中去。[60]

由莫尔斯表述——在来到日本之前，莫尔斯曾在哈佛大学路易斯·阿加西的手下工作——再由石川撰写成形的《动物进化》一书提供了进化论在全球扩展的生动写照（显而易见，这本书不只是直接的翻译，里面很多观点无疑是石川本人的）。它揭示了现代生物学的基本理念如何传入日本，继而呈现出直接的政治重要性。莫尔斯在讲座中涉猎广泛，他演讲的话题从犬类繁殖技术的发展延伸到林奈命名法中纲和目的关系。但是在《动物进化》里表现得最强烈的不是对动物的新理解，而是对人在世界中的位置的新感知，这是一种不详的展望。莫尔斯天生有戏剧性的本事（至少石川的翻译表明）。莫尔斯后来回忆，1877 年 10 月 6日，他向好几百名学生和教职工完成他的第一场讲座之后，迎来的是"不安的掌声"。当时这场讲座以令人不快的高潮内容告终：

如果我锁紧这间演讲厅的大门，几天内在座那些身体更虚弱一些的听众就会出现在死亡名单里。而那些身体状况良好的人也许会在撑上一周或两周甚至三周后死去。现在，如果这个世界的门也如这间大厅的门一样被关上，那么，一旦不再有足够的食物供给［所有人］时，虚弱者就会被杀死，而强壮的则会留下来，因为他们有能力弄到吃的。如果这种情形持续好几年，在这些年里，人和动物彼此为食，那么将来的人类就会完全不同于我们当下的人类。一种恐怖的人类就此诞生了。[61]

莫尔斯的讲座指出了自然选择机制和人类无休止竞争资源之间的联系，而这导致人类的天性始终处于变化之中。"所有的事物都在变化，"他在第二场讲座结尾时强调，"认为人类自身由于某种不明原因不会变化这种看法是站不住脚的。"莫尔斯继续说，将矛头对准了听众中的西方传教士："人类被称为万物之灵。但是他们实际上只是占据了阶梯的最高位置而已。"在最后的总结中，他认为人"无非是一种能读书会推理的动物而已"。[62]作为对宇田川《植学启原》的回应，被当作文明基石的智识成为生物学意义上的人性的必要条件。而一个文明人类，也无非是"有智识的动物"而已，而且总是面临退化到兽性生物的威胁。这种退化甚至能够发生在一种相对的状态中，即一个民族或种族停滞不前而其他民族或种族在大踏步前进。

《动物进化》没有忽略政府和社会，它们是通过竞争筛选出来的令人向往的"特质"。莫尔斯将对达尔文《人类的由来》

（*Descent of Man*，1881 年译成日语）的讨论引入一种斯宾塞式的逻辑思辨中，从对个体的研究转向对整体社会的研究。他指出，战争也是发展的驱动力。"具备在战争中有用的特质的种族（shuzoku）更容易活下来。"在他看来，这些特质包括共享的宗教或政府。技术当然也扮演着重要角色。"很显然，拥有制作金属武器能力的族群会打败那些只能以弓箭来战斗的族群。因此在古代，当不同的种族在战场上狭路相逢的时候，往往是先进种族活下来，而落后的种族被摧毁。这就是物竞天择。"从种族的层面看来，战争就是物竞天择的发动机，对莫尔斯来说，这种战争在他自己所处的时代还发挥着其他的功能。尤为显著的例子就是中部非洲和太平洋群岛的"野蛮人种"。这些与世隔绝的族群第一次暴露在外来竞争之下，饱尝社会进化的过程之苦。莫尔斯也不是全然冷酷无情的。他注意到了这种遭遇的不幸意味，但是更重要，也更有说服力的是，他认为这是不可避免的自然进程。在莫尔斯的讲座里，社会进化俨然具有自然法则的地位。[63]

这本书因而成为有关种族、科学和公共政策，以及生命政治的日本式讨论的正式入门。它表明了日本人在那个看似由生物学左右着帝国未来的时代所特有的焦虑。在最后的讲座中，莫尔斯反复强调："生活在非洲的原始人皮肤黝黑、头颅狭长（'大猩猩'和'黑猩猩'），和现在生活在那里的黑人类似。而生活在亚洲的原始人（红色人种）有着棕色或黄色的皮肤，头颅短小如同马来人种。这就足以说明非洲人更接近大猩猩或黑猩猩，而马来人种更接近'红色人种'。"[64] 在这种世界观中，日本的位置何在呢？日本人无疑在莫尔斯的仿生学猜想中被漏掉了，但是，此前莫尔斯喜欢引用并着墨甚多的美国颅相学家塞缪尔·乔治·莫顿（Samuel George Morton，1799—1855），提出了"蒙古人种"（Mongolians）的概念，其中就包括日本人在内。这个概念首度出现在莫顿 1839 年的作品《美洲人的头盖骨》（*Crania Americana*）中：

> 这个人种最大的与众不同之处在于，以灰黄色或橄榄色的皮肤为明显特征，这些皮肤紧覆于面部骨头之上；他们有着长而直的黑色头发和瘦削的下巴。鼻子宽且短，眼睛小而黑，倾斜成一定的角度，上眼睑呈狭长的拱形，颧骨宽而平……在他们的智力特征方面，蒙古人种富于机巧，擅长模仿，拥有高度脆弱的农耕文化（即学问）……所以他们无论感知还是行动都非常多面全能，曾经被与猴子相提并论，因为这些猴子的注意力能够持续地从一个物体转移到另一个物体上。[65]

在这些表述中，文化与科学交织为一体，搅乱了自然和社会的分野，尽管它再三宣称自己使用的是客观的科学话语。

比戈的日本　　　　　　　　　　　　　　　53

《动物进化》的种族化逻辑有助于解释明治时代政治圈对展览的重视程度。佐野、田中、町田和其他领导人一样，相信展览有助于日本的低社会阶层学会看穿笼罩自身的"无知之雾"（fog of ignorance，久米的原话），而这种能力一旦被灌输下去后，就能够直接传递给下一代。这是一种有着声望卓著的科学依据作为强大支撑的理念。莫尔斯在一篇关于拉马克后天获得性性状遗传理论的神经学导读中（1801 年），指出"大脑"如同肌肉一样，"能够通过［智力的］劳动而得以改良"，由此这种变化就能够一代代传递下去。[66] 事实上，莫尔斯主张，正是作为一个实体器官的大脑的发展，才将文明人与野蛮人区分开来。这种个体的进步能够通过自然选择机制来改良下一代人的看法在明治日本大行其道。这种看法在进化进程（曾被萧伯纳描述为"创世进化"）中考虑到了更大的能动性，而且它还开放了这种可能，即一个国家可以通过非凡的共通的努力，有效地加速自然选择进程。只要人们接受拉马克主义或赫伯特·斯宾塞的观点（在这点上可视为拉马克主义的衍生物），教育和展览就能够通过影响社会进化机制来确保国家或种族的未来安全。[67]

这类情绪并不只局限于大学讲堂，它们充斥于林林总总的书籍页面并最终传达给消费者。它们渗透于明治时期的识字群体中，无论是在动物园外还是在动物园内。如果说有一张图像能概括这种日式推理背后科学与大众文化间交互反馈的文化现象的话，那一定是法国讽刺画家乔治·比戈（Georges Bigot，1860—1927）的一幅讽刺漫画。比戈在巴黎美术学院就读期间曾拜入东方主义代表画家杰罗姆门下学习，并于 1883—1899 年间在横滨生活。在横滨他出版了流行讽刺漫画杂志《鸟羽绘》（Toba-e）。我们所要讨论的这幅漫画发表于 1888 年，即《走向世界的先生和夫人》（Monsiuer et Madame vont dans le Monde）：先生和夫人正准

Monsieur et Madame vont dans le Monde.

图 1.2　模仿文明。《走向世界的先生和夫人》，乔治·比戈绘　　54

这幅漫画最初刊印在 1888 年出版的《鸟羽绘》上，描绘了鹿鸣馆时代日本上流社会的一对夫妇。鹿鸣馆是一所由政府经营的奢华宾馆和外交俱乐部。鹿鸣馆的男女，包括许多日本政治精英在内，成为当时国内外媒体讥讽的对象。比戈在此画中利用了达尔文和斯宾塞所处时代的文明与自然之间的紧张关系。图片由米里亚姆和艾拉·D. 沃勒克艺术部印刷品和照片收藏部提供，纽约公共图书馆，阿斯特、莱诺克斯和蒂尔登基金会（Miriam and Ira D. Wallach Division of Art, Prints and Photographs, The New York Public Library, Astor, Lenox and Tilden Foundations）

备外出参加晚会，或者更准确地说"步入社会"。他们在镜前精心打扮的一幕被精确捕捉到。图片左上角的日文"名磨行"（对于绝大多数外国读者来说想必不好辨认），给他们打上"笨拙"或"厚颜无耻"的标签。图中的女人脸型狭长，长长的羽毛头饰使她看起来比男性伙伴要高，穿着一条有繁复裙撑的西式风格裙子。男人双手叉腰胳膊向外，看上去相当自信而且对自己的形象沾沾自喜，他的眉毛上挑，也许正在微笑。[68]

55　　这幅漫画的寓意，如同莫尔斯的讲座一样，既露骨又复杂。乍看之下，镜子似乎只是简单地揭露了当时情境的"真实"。镜子里的镜像抹去了文明的夸饰，交叉线的阴影擦除了雨伞、外来剪裁风格的西服和束腰的紧身衣，将这对夫妇的形象展示为动物，从而将他们内在的粗野暴露无遗。[69]然而，当我们从看到镜像时最初的惊讶抽身出来，返回这对夫妇本身时，另一层意义便昭然若揭。在漫画所描述的野蛮与文明之间，根本就没有分岔点。作为莫尔斯理论的演绎，男人看上去仅仅是有打扮能力的动物。人与动物之间的界限因而被潜在地混淆了，由此制造出一种驱动这幅画面的紧张感。通过使用这个时代的专用术语，比戈将这对夫妇描绘为要么"野蛮"，要么"半开化"。他的读者们（日本人或其他人）也能明了这种种描绘笔触背后暗含的假设。如同阿尔伯特·克雷格（Albert Craig）指出的，许多日本杰出的知识分子（尤其是福泽谕吉）深信，日本衰败的危险来自这种还远远没有实现全然启蒙的"半开化"含糊状态。[70]

　　很显然，这幅讽刺漫画的简单逻辑与大学讲座的类似。比如图中的男人，确实拥有猿类的一些特征，他那上过蜡的小胡子凸显了他前突的牙齿和上颌骨，而他退缩的额骨难免让人回想起莫尔斯提及的非洲大猩猩。这一物种在 1847 年被美国传教士托马斯·S. 萨维奇（Thomas S. Savage，1804—1880）引入西方科学中并讽刺性地命名，成为相当具有吸引力的研究对象。退缩的额骨通常为 19 世纪诸如莫顿这样的颅相学家解读为具有犯罪倾向或缺乏创造力。

　　有人会认为，画面中的男人和女人都不可能像我们那样看到镜子中的猿猴形象，所以这是针对他们的笑话。不夸张地说，他们就是在模仿文明，汲汲于莫顿所引述的这种模仿行为之中。通过模仿，他们强调了自居真正文明的宣称，这种文明被想象为在别处某个地方，也许和观看者融为一体，也许在理想化的西方。比戈对镜子的运用也有助于他的读者一瞥这对夫妇的自我愚弄行为。对杂志的读者来说，这位先生和夫人被镜像"欺骗"，不仅仅标明了这对夫妇的自我认知和他们天然本性的不同，还标明了读者自己和这对滑稽夫妇之间更关键的区别。只有人类才能够看穿假象，[71] 这种信念在 19 世纪广为人们接受。通过观看这个动作，观察者被区分开来，有人也会认为，这种区分行为本身是以拥有智识为前提的。

　　只有我们更仔细地观看时，这幅讽刺漫画的复杂含义才体现出来——难道它就不能被终极解读为对科学种族主义的一种讽刺性抵制？毕竟，比戈的读者大多是日本人，有能力读懂"名磨行"，他们也和这个法国人一样，站到那里并且洞察镜中幻象。比戈不是一个简单的偏执狂，他对日本的态度，如同其他许多西方定居者一样，众所周知地摇摆不定。他与一个日本妇人有过短

56

暂的婚姻，作为父亲，很让他们的儿子们感到骄傲。他也和日本激进政治理论家如中江兆民（Nakae Chōmin，1847—1901）及其他知识分子交好。他抨击的目标多数情况下是日本精英阶层和政府官员——那些"拙于应酬"的社会贤达和夫人——而非整体的日本。事实上，同时代的日本讽刺杂志如《团团珍闻》（*Marumaru chinbun*）就利用灵长类动物来讽刺政治家们。正如大贯惠美子所指出的，几个世纪以来，猴子一直被用作日本人揽镜自照的文化对象。在明治时代，发生变化的是这种讽刺的意义本身，而非将动物用作隐喻这种形式。在动物园和一个更宽泛的文化中，一种有关动物和文明的新的并置涌现出来，其中诸如存活、呼吸和生命力等人与动物共有的生物需求都威胁着要把日本人划入野蛮人的范畴里去，屈从于西方帝国主义至高无上的统治权力。[72]

小结

在明治时期的日本，没有哪个理论家——达尔文、拉马克、斯宾塞或其他人——能够主导社会进化理论。明治时代的科学家及知识分子如石川和加藤弘之都是精通多国语言、如饥似渴的阅读者。正如莫尔斯后来回忆的，他们经常和波士顿、伦敦和柏林的同行一样，在同一个时间阅读着同样的文本。学生和教职工们一并潜心研读恩斯特·海克尔（Ernst Haeckel）、托马斯·赫胥黎（Thomas Huxley）、查尔斯·林奈（Charles Lyell）、赫伯特·斯宾塞、阿尔弗雷德·拉塞尔·华莱士（Alfred Russel Wallace）以及石川的老师韦斯曼的原著或翻译作品。1902 年，丸善株式会社对近 80 年来有影响力的学术著作和知识分子的调查显示，达尔文《物种起源》被认为是 19 世纪最重要的西方典籍，没有之一；歌德的《浮士德》位居第二；斯宾塞的《天人会通论》（*A System of Synthetic Philosophy*）位居第三；达尔文的《人类的由来》位居第十。[73]

　　尽管莫顿的主张有刻板化倾向，但是他的学术观点既没有被简单地效仿也没有被不假思索地搁置一边，相反，它们得到反复讨论，如石川和其他专业动物学家如丘浅次郎（Oka Asajirō, 1868—1944）之间的讨论那样。丘浅次郎曾经和韦斯曼共事，一起做过物理学实验来验证理论的有效性。专业化带来了职业的区分。兽医职业的出现是 19 世纪中叶的一种人为制造——最早的兽医训练，也是生物学家的训练，起步于 1876 年。作为日本第一个自然科学学会，东京生物学学会由莫尔斯于 1878 年发起成立。学会很快就成为拉马克主义和达尔文主义论战的舞台，当然还有斯宾塞广为人知的"适者生存"理念。这些论战也相应反映在加藤、石川、丘浅和其他人的专著里，还有部分集中在 1888 年开始出版的《动物学杂志》（*Dōbutsugaku zasshi*）这类专业杂志中。[74]

　　石川追随着韦斯曼，一度是一名激进的达尔文主义者，而与此同时，许多日本知识分子——最著名的是他的老朋友加藤弘之，则更倾向于斯宾塞或拉马克的温和选择论。在 1891 年出版的《进化新论》一书中，石川站在了更坚定的达尔文主义立场上，声称选择只能通过有益的先天特质的繁衍扩散来发生，而不是通过拉马克或斯宾塞的追随者所认为的后天获得性性状的遗传

57

来进行。对于石川这样的社会达尔文主义者来说，在一个既定的族群内部，进化无非就是生、死和人口再生产。在他看来，其他任何事情都是雄心勃勃的"迷信"。[75]

尽管如此，加藤、石川和其他知识分子还是就进化理论更宽泛的含义达成了一致。石川将他的《进化新论》献给了加藤，他有关细胞的描写——细胞被认为是在那个时代人们可以观察到的生命构成的最小单元——影响了比他年长的加藤，加藤又转而将这个概念运用于1912年出版的《自然和伦理》(*Shizen to rinri*)一书。对这两个人来说，也是对那个时代许多其他的政策制定者、知识分子和科学家来说，民族国家而非个体才是关键的进化单位。正如石川所写的，在这种情形之下，挑战在于以适当的进化知识"开启民智"，从而让人们更好地认识到他们在"自然进程"(natural process)中的角色。对石川而言，动物园，连同学校还有展览复合体的其他组成部分，都是努力开展进化教育的理想场所。[76]

正是这种大众教育的紧迫性将 Fanji 和 Grey 这对运气不佳的长颈鹿带到了东京。石川在《生物的历史》(*Seibutsu no rekishi*)前言里写道："拉马克理论最显而易见的例子就是长颈鹿的脖子，他认为长颈鹿是因为要去够金合欢树的树叶，脖颈才那么长。"尽管在学术话语中他是达尔文主义热烈的拥趸，然而，石川并不准备将 Fanji 和 Grey 征用到与拉马克主义的派别之争中。他视它们为社会进化的工具本身。"大众教育，"他在《生物的历史》的结语中写道，"将是驱动我们民族进化的动力之源。唯一能够将我们人类与其他动物区别开的正是教育。"这是一个"对日本人来说特别重要"的观点，因为他们不得不加速社会变化，如果他们希望追赶上更为先进的西方列强的话。

石川在生命政治学层面革新了宇田川的《植学启原》，他声称，人类文明就是一场依赖保持理性的生物能力来进行的或赢或输的生存竞争。然而，在这个"文明的时代"，求知的能力不得不通过民族国家的普罗大众来整体呈现，而不是简单地靠个体自发行动。[77]决定性因素不在于大规模灌输自然选择的诸多好处的细节性知识，而在于自然地假设个体在社会中的"适当位置"。通过使用工蜂或战蚁的类比来将专家、科学家和知识分子与其他的劳动大众区别开，石川强调，"普罗大众"必须"自我意识到"他们应该服从于自然的法则和国家的需要。也正是以此为发端，教育和展览变得非常重要，生态现代性开始从专家学者论战的领域侵入大众政策的领域。[78]

与石川的社会达尔文主义立场一致的动物园展览，努力为数以百万计的参观者重新定义文明的本质。生态现代性原初的脉动是智识性的和专业化的。宇田川和其他的自然历史专家们希望更深入地理解自然世界，好将他们自身与那些业余人士区别开来。佩里的到来将权力和地缘政治学投射到这种还未成气候的区别之上。日本向西方文化的"开放"给"动物"问题带来了一种民族紧促感。对许多人来说，这种西方文化主要是通过展览来得到定义。它也将那些论战——诸如伊藤、町田、田中和宇田川等主要是知识分子但多少也是政治边缘人物的论战，放大到有关国家政策的讨论中来。成为关键引爆点的，是这种生产出动物园的机制的放大，而不是《植学启原》代表的静悄悄的知识变革。知识分子和他们的宣言并没有改变这个国家，但是，正如茱莉亚·安德尼·托马斯所揭示的，当他们再认识和再梳理"自然"的观念时，他们确实重新定义了思想和行动可能的水平线。诸如町田、佐野和田中这样的机构创建者，以及像石川这样的公共知识分子，他们的努力使得动物（dōbutsu）的概念以及对自然（shizen）的包容性看法成为大众熟识的东西，远非晦涩艰深的专业术语。

宇田川的新术语没有被雪藏。这个概念得到了普及推广和提炼，被广泛运用于儿童读物、学校课程、报刊文章和大量的公共机构中。在这些地方，这个概念连同物质层面的进步有力地改变了人们对自然世界的态度。到 1907 年石川离开动物园管理岗位的时候，对绝大多数日本城市居民而言，用以描述自然的话题再也不是曾经的路边杂耍，不是自然历史手册，甚至不是日本内陆地带的山峦沼泽，而是动物园这种机构的"文明"空间。而这种机构在 40 年前乃至更早的时间里籍籍无名。但是，用斯蒂芬·田中恰如其分的话来说，到 1912 年明治时代结束之际，这种"具象化的自然"以及为社会进化所要求的内在疏离，变得如此无处不在，以至于动物和未被驯化的自然被再度想象为寻找一种失落的、更纯粹的人性的核心所在。相应地，由国家经营动物园的展览文化，使用这种逻辑去重新定义生态现代性的地理维度，将未被驯化的野外动物形象向外投射到日本日渐扩张的帝国，而不是像农业民族主义者和其他人倾向于做的那样，投射到日本国内的乡村。然而，动物园也表明，在帝国的边缘地带依然能够发现还不曾被文明征服的纯粹自然。

图 1.3　1930 年（上）和 1937 年（下）的上野动物园"案内图"

在限量发行的彩色地图上，可以看到上野动物园被改造成了一个卡通风格的游
乐场。一个个日本家庭开着汽车穿过动物园新的大门入口。园内的场地显得异
常空旷。每每有新的物种引入，动物园的参观人数就会显著上升。上野动物园
已然成为展示 20 世纪早期帝国文化的橱窗。图片蒙东京动物园协会提供

注释

[1] 正如芭芭拉·安布罗斯注意到的，"动物"这一角色出现在几个世纪之前的日本和上千年前的中国。它们出现在中国的《周礼》，以及公元 2 世纪日本平安时代的诗歌总集中，最有名的就是藤原仲实（Fujiwara no Nakazane，1056—1118）编的《绮语抄》和《伊吕：波字类抄》（12 世纪中期）。这里要强调的是，这个术语在 1822 年被赋予新的重要性。参见芭芭拉·安布罗斯的《争议之骨》。尽管我们有理由认为宇田川知道这些先例的存在，他清楚表明了他写《植学启原》的意图在于找到一个与西方"动物"概念相对应的日语表达。也可参见胡司德（Roel Sterckx）的《早期中国的动物与守护神》（*The Animal and the Daemon in Early China*），奥尔巴尼：纽约州立大学出版社，2002 年，特别是第 16—19 页。以及詹姆斯·巴塞罗缪（James Bartholomew）的《日本科学的形成：建构一种研究传统》（*The Formation of Science in Japan: Building a Research Tradition*），纽黑文：耶鲁大学出版社，1993 年。有关佛教与动物的联系，参见平林章仁（Hirabayashi Akihito）「仏教が教えた動物観」，收入中村生雄（Nakamura Ikuo）、三浦佑之（Miura Sukeyuki）編『人と動物の日本史：歴史のなかの動物たち』，東京：吉川弘文館，2009，第 102—125 页。

[2] 感谢费德里科·马尔孔向我推荐了宇田川榕庵的著作。宇田川在他 1835 年的《植学启原》和 1840 年的《舍密开宗》中扩展了经书的形式，而《舍密开宗》这本书则奠定了现代化学使用的绝大多数术语。对于这些议题的经典回顾，参见西村三郎『文明のなかの博物学：西欧と日本』上下，東京：紀伊國屋書店，1999。也可参见托戈家原（Togo Tsukahara）的《西方化学概念在日本的引入》（*Affinity and shinwa ryoku: Introduction of Western Chemical Concepts in Japan*），阿姆斯特丹：J. C. 希本（J. C. Gieben），1993 年。《植学启原》曾再版，见上野益三（Ueno Masuzō）、矢部一郎（Yabe Ichirō）編『植学啓原』，東京：恒和出版，1980。

[3] 西村三郎：『文明のなかの博物学』，第 483—486 页。宇田川榕庵最终还是将"真菌类"（fungi，*kin*）添加到他的分类目录中。宇田川全本的《植学启原》可以在网上查到：早稻田大学图书馆，2012 年 6 月 28 日查询，http://archive.wul.waseda.ac.jp/kosho/bunko08/bunko08_a0208/bunko08_a0208，html。也可参见上野益三「宇田川榕庵の植物学」，收入『博物学の時代』，東京：八坂書房，1990，第 102—109 页；上野益三「宇田川榕庵：近代日本动物学的草分」，收入『博物学者列伝』，第 130—134 页。

[4] "如是我闻"这个短语是佛教经典的标准表达。根据传统说法，佛教诸经典是在佛陀圆寂后佛弟子第一次集会期间编撰而成的。阿难曾经服侍佛陀长达 25 年之久，是持律第一的弟子，也是佛陀的表亲，被认为有着过人的记忆。阿难复述出佛陀所有的布道内容以方便人们记录下来。"因而我所听到如下"成为阿难将其行为引申为一个正确教诲的忠实传达之举。感谢芭芭拉·安布罗斯的洞见。

［5］冢原提供了一个有关宇田川和《植学启原》的相关文献概览，特别是《宇田川兴趣向化学研究的转移》，收入 Affinity and shinwa ryoku，第 117—146 页。

［6］西村三郎：『文明のなかの博物学』，第 483—486 页。在内在意图表达缺席的情况下，宇田川真实的目标仍然保持一个谜一样的存在，其最终答案难以捉摸。尽管《植学启原》以及后来作品的基调表明，宇田川也会打算将《植学启原》当作其他学者虔诚模仿的对象或是作为更广泛意义上的佛教批评之作。然而，看上去更可能的是，他跨领域引用了佛教关于死亡和重生的丰富的理论化成果。在佛教重生的六道轮回中，人道居于兽道之上。野兽之所以区别于人就在于它们屈服于不受约束的欲望。宇田川看上去是用推理和智力取代了佛教徒对于欲望与嗜好的关注，与此同时还保持着人与动物之间的等级关系。

［7］上野将这种转换的开端追溯到了小野兰山（Ono Razan，1729—1810）以及其他致力于学习《本草纲目》的人的作品。这本书是中国医药学家李时珍（1518—1593）深具影响的《本草纲目》的译本。也可参见遠藤正治（Endō Shōji）『本草学と洋学：小野蘭山学統の研究』，京京：思文閣出版，2003。关于宇田川同事伊藤圭介所进行的对西方系统分类学的介绍，参见上野益三『西洋博物学者列伝』，第 134—137 页；上野益三『西洋博物学者列伝：アリストテレスからダーウィンまで』，東京：悠書館，2009；土井康弘（Doi Yasuhiro）『伊藤圭介の研究：日本初の理学博士』，東京：皓星社，2005。

［8］如同帕梅拉·阿斯奎德（Pamela J. Asquith）和阿恩·卡兰注意到的，就"事物的固有品质和特征"的意义而言，"sei"能够翻译为"自然"。参见卡兰和阿斯奎思的《自然的日本感知：理念和幻觉》，收入阿斯奎思和卡兰编《自然的日本意象：文化视角》，纽约：冠松，1997 年，第 8 页。宇田川在《植学启原》中扩展了这种讨论。关于江户日本的动物再现，参见野村圭佑（Nomura Keisuke）『江戸の自然誌：「武江産物志」を読む』，東京：丸善出版，2002。

［9］莫里斯-铃木在新儒学与自然研究上提出类似的观点。参见泰莎·莫里斯-铃木的《日本前工业时代的自然与技术观》（"Concepts of Nature and Technology in Pre-industrial Japan"），收入《东亚历史》（East Asian History），1（1991）：81-96。也可参见阿斯奎思和卡兰的《自然的日本感知》，第 1—35 页；阿恩·卡兰的《日本自然中的文化》（"Culture in Japanese Nature"），收入 O. 布鲁恩（O. Bruun）和阿恩·卡兰《自然的亚洲感知：一种批评方法》（Asian Perceptions of Nature: A Critical Approach），伦敦：冠松，1995 年，第 243—257 页。斯蒂芬·田中和茱莉亚·阿德尼·托马斯都使用更宽泛的"自然"框架来把握这种动力所在，在社会理论家和哲学家们围绕这些问题纠缠不清的时候，他们都各自给出了令人信服的知识分子的话语分析。在两人的作品中，加藤弘之都被视为通过查尔斯·达尔文、恩斯特·海克尔以及赫伯特·斯宾塞的作品将时间在自然中更广泛投射的典型。参见茱莉亚·阿德尼·托马斯的《加藤弘之：将自然转向时间》（"Kato Hiroyuki: Turning Nature into Time"），收入《重塑现代性》，第 84—110 页；斯蒂芬·田中的《自然的自然化：纯粹时间》（"Naturalization of Nature: Essential Time"），收入《现代日本的新时代》（New

Times in Modern Japan），普林斯顿：普林斯顿大学出版社，2004 年，第 85—110 页。

[10] 这里我引用了吉奥乔·阿甘本（Georgio Agamben）对米歇尔·福柯的批评性回应。吉奥乔·阿甘本：《敞开：人与动物》（*The Open: Man and Animal*），斯坦福：斯坦福大学出版社，2003 年。也可参见妮科尔·舒肯的《动物资本：生命政治时代的日常呈现》，第 9 页。

[11] 安布罗斯：《争议之骨》，第 33—40 页。关于佛教思想漫画与"西方"对待动物和自然的态度的关联，参见阿恩·卡兰《起底捕鲸：有关鲸和捕鲸的话语》，特别是 166 页。

[12] 关于"shizen"一词的意识形态使用，参见托马斯《重塑现代性》；寺尾五郎（Terao Goro）『「自然」概念の形成史：中国・日本・ヨーロッパ』，東京：农文协，2002，尤其是第 233—246 页；柳父章（Yunabe Akira）『翻訳の思想「自然」と nature』，東京：筑摩書房，1995。

[13] 关于拉图尔对"自然"与"文化"或"科学"与"社会"的分野的说明，参见布鲁诺·拉图尔《我们从未现代过》。我也发现托马斯的《"向死而生"：现代日本的自然与政治主题》一文非常有用。参见洛兰·达斯顿和费尔南多·维达尔编《自然的道德权威》，芝加哥：芝加哥大学出版社，2004 年，第 308—330 页。

[14] 有关"人类学机器"（anthropological machine），参见阿甘本《敞开：人与动物》。

[15] 小森厚称鹿鸣馆的得名来自山下公园里养的真正的鹿（Cervus nippon）。当山下博物馆（也被称为山下大门之后的这片区域）投入使用时，鹿鸣馆还在规划中。小森厚：『もう一つの上野動物園史』，東京：丸善出版，1997。

[16] 参见迈克尔·迪伦·福斯特（Michael Dylan Foster）的《骚动与游行：日本怪物与妖怪文化》（*Pandemonium and Parade: Japanese Monsters and the Culture of Yokai*），伯克利：加利福尼亚大学出版社，2008 年，尤其是第 30—35 页。上野益三『序文：江戸博物学のロマンチシズム』，收入下中弘（Shomonaka Hiroshi）编『江戸博物学集成』，東京：平凡社，1994，第 12—15 页。现代兽医药（juigaku）的发展也很重要；它标志着人和动物分野的医药化。宇田川在这一转换中也扮演着关键角色。在他的《植学启原》中，他指出植物学只有同人们对医方本草的追求分离开来，才能够得到完整的理解。

[17] 关于社会地位及其翻转重建的历史，参见戴维·L.豪厄尔的《19 世纪日本的身份地理》（*Geographies of Identity in Nineteenth-Century Japan*），伯克利：加利福尼亚大学出版社，2005 年。

[18] 田中芳男：『動物学』，東京：博物館，1874；也可见田中芳男、中岛仰山（Nakajima Gyōzan）编『動物訓蒙』，東京：博物館，1875；以及『教育動物園』，東京：学齢館，1893。引用的田中相关作品见岛次三郎（Shima Jirō）『博物教授法』，東京：北尾禹三郎，1877。也可参见布雷特·L.沃克的《消失的日本狼》，尤其是第 24—56 页。

[19] 佐々木時雄（Sasaki Toshio）：『動物園の歴史：日本における動物園の成立』，

東京：講談社，1987，第 106—114 頁。参见彼得·科尼基（Peter Kornicki）的《19 世纪日本的公开展陈与价值变迁：明治时代早期的展览及其先驱》（"Public Display and Changing Values in Nineteenth-Century Japan: Exhibitions in the Early Meiji Period and Their Precursors"），收入《日本学志》（*Monumenta Nipponica*），49（1994）：167-196。

[20] 戊辰战争是现代日本的巩固之战。当时处于统治地位的德川幕府的支持者与来自西部强藩萨摩、长川、佐贺和土佐的以天皇名义而战的反叛势力相对峙。这场冲突从 1868 年延续到 1869 年，其后还有多次小规模冲突。最终重建帝国的势力大获全胜。年轻的睦仁，也就是明治天皇，在 1868 年登上王位。

[21] 東京国立博物館（Tokyo Kokuritsu Hakubutsukan）编：『東京国立博物館百年史』，東京：第一法規出版，1973，第 87—114 頁。

[22] 町田久成（Machida Hisanari）：「博物局第三年報」，收入『東京国立博物館百年史』，第 632 頁。斯蒂芬·田中：《自然的自然化：时间编年》（"Naturalization of Nature: Chronological Time"），收入《现代日本的新纪元》，第 111—142 頁。

[23] 博物局：「第一列品館」，收入『東京国立博物館百年史』，第 208 頁。

[24] 在山下博物館开放的那些年里，馆内整体布局和建筑数量都有调整。博物馆基本图参见『東京国立博物館百年史』，第 208 頁。

[25] 博覧会事務局：『目録』，第 184—193 頁。一个大型的蝴蝶收藏品也被带到维也纳世博会，在那里，该展览吸引了收藏家和专业人士相当大的关注，这些人对珍稀品种总是兴致盎然。参见田中芳男编『飯田市美術博物館』，饭田市美术博物館，1999，第 16—18 頁。

[26] 关于早期"唯发展主义"的有洞察力的解读，参见费德里科·马尔孔的《盘点自然：德川吉宗和 18 世纪日本本草学赞助制度》（"Inventorying Nature: Tokugawa Yoshimune and the Sponsorhip of Honzogaku in Eighteenth Century Japan"），收入《自然边缘的日本：全球权力的环境场景》，第 189—206 頁。

[27] 关于入侵台湾的行动，参见罗伯特·蒂尔尼的《野蛮热带：比较框架下的日本帝国文化》，尤其是第 33—77 頁。关于"兔子热"，参见彼得·S. 德加农（Pieter S. de Ganon）的《钻进兔子洞》（"Down the Rabbit Hole"），《过去 & 当下》（*Past & Present*），213（2011）：237-266；佐々木時雄『動物園の歴史：日本における動物園の成立』，第 108—110 頁。

[28] 关于公园和绿地，参见丸山宏（Maruyama Atsushi）『近代日本公園史の研究』，東京：思文閣，1994；以及托马斯·R. H. 黑文斯的《公园景观：现代日本的绿色空间》（*Parkscapes: Green Spaces in Modern Japan*），火奴鲁鲁：夏威夷大学出版社，2012 年。

[29]《帝国上野》，收入《公园景观：现代日本的绿色空间》。关于"公众"这个提法以及这个国家新的公共意识的政治衍生物的出现，参见卡罗尔·格卢克的《日本的现代神话：明治晚期的意识形态》（*Japan's Modern Myths: Ideology in the Late Meiji Period*），普林斯顿：普林斯顿大学出版社，1985；谢尔登·M. 加农（Sheldon M. Garon）的《现代日本的国家与劳动力》（*The State and Labor in*

Modern Japan），伯克利：加利福尼亚大学出版社，1990 年；安德鲁·戈登的《战前日本的劳动力与帝国民主制度》（*Labor and Imperial Democracy in Prewar Japan*），伯克利：加利福尼亚大学出版社，1992 年。关于日本现代警察的历史，参见大日方纯夫（Obinata Sumio）『近代日本の警察と地域社会』，東京：筑摩書房，2000。

[30] 关于明治日本的博物馆政策，参见田中的《明治日本的新纪元》。也可参见我的《说教自然》一文，收入格雷格里·M. 弗卢格菲尔和布雷特·L. 沃克编《日本动物：日本动物生活的历史与文化》，安娜堡：密歇根大学日本研究中心，2005 年。关于博物馆和时间，参见田中《明治日本的新纪元》。

[31] 庆应义塾大学：『西洋事情』，查询于 2012 年 5 月 1 日，http://project.lib.keio.ac.jp/。关于展览复合体，参见托尼·贝内特（Tony Bennett）的《博物馆的诞生：历史、理论、政治》（*The Birth of the Museum: History, Theory, Politics*），纽约，劳特利奇，1995 年。

[32] 同上。

[33] 关于"转译西方"（translating the West）的过程和政策，参见道格拉斯·豪兰（Douglas Howland）的《转译西方：十九世纪日本的语言和政治归因》（*Translating the West: Language and Political Reason in Nineteenth-Century Japan*），火奴鲁鲁：夏威夷大学出版社，2001 年。特别是"动物园"（dōbutsuen）一词的起源，参见佐々木時雄『動物園の歴史：日本における動物園の成立』，第 7—36 页。应该注意的是，佐佐木和其他绝大多数关注这个动力的学者都忽略了"动物"（dōbutsu）一词在 19 世纪场景之下的革新特质。大家感到惋惜的是，"动物园"（zoological garden 或 dōbutsuen），没有被冠以动物学问园（dōbutsugakuen）这个更强调该机构的科学本质的称呼。"gaku"这个后缀通常被理解为"研究"或者类似"动物学"（dōbutsugaku 或 zoology）这样的学科命名的标志。这里我要强调 dōbutsu 这个词本身在 19 世纪中期有着特殊的含义，但是它很快就自然化得同如同只是 19 世纪末人们广泛使用的"animals"一词的简单同义词而已。

[34] 托尼·贝内特：《展览复合体》（"The Exhibitionary Complex"），收入尼古拉斯·B. 德克斯（Nicholas B. Dirks）、杰夫·埃利（Geoff Eley）和谢里·B. 奥特纳（Sherry B. Ortner）编《文化／权力／历史：当代社会理论读本》（*Culture/Power/History: A Reader in Contemporary Social Theory*），普林斯顿：普林斯顿大学出版社，1994 年，第 137 页。也可参见贝内特的《博物馆的诞生》以及蒂莫西·米切尔的《殖民埃及》，尤其第 XII 页。

[35] 日本的第一座现代监狱于 1874 年在东京高山城下町设立，那里而今成为东京火车站。参见丹尼尔·博茨曼（Daniel Botsman）的《现代日本打造中的惩罚与权力》（*Punishment and Power in the Making of Modern Japan*），普林斯顿：普林斯顿大学出版社，2005 年，第 162 页；以及福柯的经典之作《规训与惩罚：监狱的诞生》（*Discipline and Punish: The Birth of the Prison*）第 2 版，艾伦·谢里登（Alan Sheridan）译，纽约：古典书局，1995 年。

［36］渡辺守雄：「メディアとしての動物園——動物園の象徴政治学」，収入渡辺守雄編『動物園というメディア』，第 89—115 頁。

［37］福柯：《规训与惩罚》，第 203 页。德川幕府没有永久性动物收藏。对于早期日本动物展览的讨论，参见我的《说教自然》一文，收入《日本动物：日本动物生活的历史与文化》。

［38］论及日本的生命权力及其帝国，参见藤谷隆的《帝国种族：二战期间作为日本人的朝鲜人和作为美国人的日本人》（*Race for Empire: Koreans as Japanese and Japanese as Americans during World War II*），伯克利：加利福尼亚大学出版社，2011 年，尤其第 35—40 页。也可参见马克·德里斯科尔（Mark Driscol）的《绝对欲望，绝对怪异：日本帝国主义的生生死死 1895—1945》（*Absolute Erotic, Absolute Grotesque: The Living, Dead, and Undead in Japan's Imperialism, 1895-1945*），达勒姆：杜克大学出版社，2010 年。

［39］米歇尔·福柯：《性史》，第 1 卷：前言，纽约：古典书局，1980 年，第 142—143 页。

［40］贝内特：《展览复合体》，第 130 页。这里和他处我引用了路易斯·阿尔都塞（Louis Althusser）的《意识形态与意识形态国家机器》（"Ideology and Ideological State Apparatuses"），收入《列宁和哲学及其他》（*Lenin and Philosophy and Other Essays*），纽约：每月评论（Monthly Review），1971 年。

［41］古贺忠道：「動物園の復興」，『文藝春秋』，27，no. 3，1949。

［42］久米后来成为东京大学的一名教授并跻身日本最负盛名的历史学家之列。他关于使团旅行的笔记记录直到 1878 年才得以出版。在正式出版之前，这些记录又经过多次的重写和编辑。正因为此，这些记录最好被读作政策文件而非一个简单的"日记"。非常感谢克莱尔·库珀为我指明了这种洞察以及她对这些文献的整理工作。参见『歴史学家久米邦武伝』，東京：久米美术馆，1991，第 43 页。

［43］久米邦武：《岩仓使团，1871—1873：特命全权大使米欧回览实记》（*Iwakura Embassy, 1871-1873: A True Account of the Ambassador Extraordinary and Plenipotentiary's Journey of Observation through the United States of America and Europe*），格雷厄姆·希利（Graham Healey）和都筑忠七（Chushichi Tsuzuki）编，5 卷，普林斯顿：普林斯顿大学出版社，2002 年，2: 67。除了极个别的例外情形，我通常都选择使用希利和都筑的版本，它非常优秀而且连贯性也很好。对于原始版本，参见久米邦武『特命全権大使米欧回覧実記』，東京：太政官記録掛，1878，再版为久米邦武『特命全権大使米欧回覧実記』，東京：慶應義塾大学出版会，2005，2: 77—78。非常重要的是，我们注意到久米并没有使用福泽的 dobutsuen（动物园）这个词，当提到它时，他称之为 jorochi katen（意为动物学园，zoology garden）。就这个命名他也没有保持前后一致，但是，绝大多数场合下他都选择使用 kinjūen（禽兽园，beast garden）。关于福泽之前命名该机构的努力，参见佐々木時雄『動物園の歴史』，第 7—36 页。

［44］佐々木時雄：『動物園の歴史』，2: 68。

［45］同上。

［46］同上。关于"改良"（improvement）的英国政策措施和对自然的控制，参见理查德·德雷顿的《自然政府：科学、大英帝国与世界"改良"》。

［47］久米：『岩仓使团，1871—1873』，1：69。也可参见久米『特命全權大使米歐回覧実記』，1：83—84。

［48］久米：『岩仓使团，1871—1873』，1：69。

［49］同上，3：57—58。久米：『特命全權大使米歐回覧実記』，3：262—263。

［50］久米：『岩仓使团，1871—1873』，3：57—58。

［51］佐野常民：『澳国博覧会報告書』，1875 年 5 月；再印于『上野動物園百年史·資料編』，第 9—10 页。关于展览及其在现代日本的作用请参见安格斯·洛克（Angus Lockyer）的《展览中的日本，1867—1970》（*Japan at the Exhibition, 1867-1970*），斯坦福大学博士论文，2000 年，尤其是第 79—123 页。

［52］土方久元（Hijikata Hisamoto）：「図書寮博物館から帝国博物館へ」，收入『灵告明治』，22，東京動物園協会文献，1889。

［53］比较看来，在当时的东京，10 公斤白米的平均价格为 82 日元。一碗荞麦面的价格也就在 1 日元以内。关于『遠式詿違条例』，参见小木新造（Ogi Shinzō）、熊倉功夫（Kumakura Isao）、上野千鶴子（Ueno Chizuko）編『風俗性』，日本近代思想史料 23，東京：岩波書店，1990，第 3 页。

［54］『上野動物園百年史·資料編』，第 73—79 页。

［55］九鬼隆一（Kuki Ryūichi）：「提案」，1889 年 3 月。重印于『上野動物園百年史·資料編』，第 19 页。

［56］『上野動物園百年史·資料編』，第 93—100 页。

［57］戈登：《战前日本的劳动力与帝国民主制度》，尤其是第 26—63 页。

［58］关于石川的自传，参见「老科學者の手記」，收入『石川千代松全集』卷 4，東京：兴社，1935，尤其是第 71—160 页。伊藤也是小石川植物园的园长，该园是德川幕府对本草植物的兴趣的遗留物，1877 年置于新建的东京帝国大学的管理之下。这个植物园的存在有助于解释在上野公园展览复合体中植物园的缺席。参见杉本勲（Sugimoto Isao）『伊藤圭介』，東京：吉川弘文館，1960。也可参见土井康弘『伊藤圭介の研究：日本初の理学博士』。

［59］伊藤是日本系统使用林奈分类法的第一人，参见他 1829 年的植物学导览《泰西本草名疏》（*Taisei honzo meiso*）。尽管宇田川榕庵的新词"界"（kai）今天仍在使用，诸如门（mon）、纲（kō）、目（moku）、科（ka）、属（zoku）和种（shu）这些现代术语都有着德川时代的先例可循，然而正是伊藤启动了翻译进程。上野益三：『日本動物学史』，東京：八坂書房，1987，第 362—420 页。

［60］关于完整文本，参见石川千代松「动物进化论」，收入『石川千代松全集』卷 1；爱德华·S. 莫尔斯的《日本一天天 1877，1878—1879》（*Japan Day by Day 1877, 1878-79*），卷 1，波士顿：霍顿米夫林，1912 年，第 339—340 页。

［61］『石川千代松全集』，卷 1，第 7—8 页；莫尔斯：《日本一天天 1877，1878—1879》，第 339—334 页。关于东京大学动物学学科的发展，参见上野益三『日

本動物学史』，第 495—502 頁。

[62]『石川千代松全集』，卷 1，第 17 頁。

[63] 同上，第 75 页。莫尔斯讲座是关注社会进化运用系列讲座的第一场。厄内斯特·弗诺罗沙（Ernest Fenollosa）继之以一系列有关社会进化和宗教的讲座。值得注意的是石川终其职业生涯都是一个社会达尔文主义论战的多产的参与者。其文章中特别犀利的一篇参见他的「人間の進化」，再印于『石川千代松全集』，卷 8，最早发表于 1917 年。在这篇文章里，石川以生物学的术语勾勒出一种带有民族优越感的自我牺牲理论。对于日本法西斯主义的发展来说，许多关于最重要的理论发端就出自专业科学家，该理论也是其中之一。这一在战后学术圈——无论是日语还是英语文化中——少有人提及的事实，有助于我们清楚理解被忽视的科学话语是如何存在于日本知识分子对政治文化的历史书写中的。

[64] 同上。关于生物学和进化理论在日本发展的最精彩的分析，参见克林顿·戈达特（Clinton Godart）的《达尔文在日本：进化论与日本现代性（1820—1970）》[*Darwin in Japan: Evolutionary Theory and Japan's Modernity（1820-1970）*]，芝加哥大学博士论文，2009 年，尤其是第 55—65 页。

[65] 塞缪尔·乔治·莫顿和乔治·库姆（George Combe）：《美洲人的头盖骨》，或《北美和南美土著民族头骨的比较研究，对于人类族群多样性文章的补充》（*A Comparative View of the Skulls of Various Aboriginal Nations of North and South America. To Which Is Prefixed an Essay on the Varieties of the Human Species*），费城：J. 多布森和马歇尔·辛普金，1839 年。对颅相学的讨论，参见《石川千代松全集》，卷 1，第 74 页。

[66] 有关拉马克对这些论战的参与，参见让-巴蒂斯特·拉马克（Jean-Baptiste Lamarck）的《脊椎动物系统》（*Système des animaux sans vertèbres*），巴黎：Chez Deterville，1801 年。也可参见理查德·伯克哈特（Richard W. Burkhardt）的《系统的精神：拉马克和进化生物学》（*The Spirit of System: Lamarck and Evolutionary Biology*），麻省剑桥：哈佛大学出版社，1995 年。

[67]『石川千代松全集』，卷 1，第 75 页。达尔文认为优势性状只通过先天性状的再生产来进行传递，和达尔文不同，拉马克则主张那些在有机体存活期间取得的特质有可能来自遗传。有关进化论在欧洲传播的历史，参见罗伯特·J. 理查德（Robert J. Richards）的《生命的罗曼蒂克观念：歌德时代的科学和哲学》（*The Romantic Conception of Life: Science and Philosophy in the Age of Goethe*），芝加哥：芝加哥大学出版社，2002 年；罗伯特·J. 理查德的《达尔文以及头脑和行为进化理论的浮现》（*Darwin and the Emergence of Evolutionary Theories of Mind and Behavior*），芝加哥：芝加哥大学出版社，1987 年。

[68] 关于乔治·比戈，参见清水勲（Isao Shimizu）编『ビゴー日本素描集』，東京：岩波书店，1986，第 226 页；清水勲编『続ビゴー日本素描集』，東京：岩波书店，1992，第 229 页。

[69] 清水勲编：『ビゴー日本素描集』，第 229 页。

[70] 注意到"进化"（evolution）或 *shinka* 这个词所包含的特质很重要，它暗示着某种向前推进的过程；参见横山利明（Yokoyama Toshiaki）『日本進化思想史：明治時代の進化思想』，東京：新水社，2005。

[71] 因而，部分地，艺术的重要性在于在 19 世纪实现了审美和理性的连接。这里我引用了 W. J. T. 米切尔的《幻觉：凝视于动物的凝视》（"Illusion: Looking at Animals Looking"）一文，收入《图像理论：有关文字和视觉再现诸议题》（*Picture Theory: Essays on Verbal and Visual Representation*），芝加哥：芝加哥大学出版社，1994 年。

[72] 大贯惠美子（Emiko Ohnuki-Tierney）：《作为镜子的猴子：日本历史和仪式中的象征转换》（*The Monkey as Mirror: Symbolic Transformations in Japanese History and Ritual*），普林斯顿：普林斯顿大学出版社，1987 年。

[73] 摘自有田裕规（Migita Hiroki）『天皇制と進化論』，東京：青弓社，2009，第 27—30 頁。

[74] 有关丘浅，参见横山利明『日本進化思想史：明治時代の進化思想』，東京：新水社，2005，第 61—129 頁。也可参见戈达特《达尔文在日本》。

[75] 有关加藤，参见田中《自然的纯化》（"The Essentialization of Nature"）一文，第 89—92 页；茱莉亚·阿德尼·托马斯《加藤弘之：将自然转向时间》（"Kato Hiroyuki: Turning Nature into Time"），收入《重塑现代性》，第 84—110 页；横山利明『日本進化思想史』，第 130—182 頁。

[76] 田中：《自然的纯化》，第 89—92 页。石川千代松：「将来の人間：結論」，收入『人間の進化』，第 374—380 頁，有关进步和"启蒙"，可重点关注第 354—357 页。

[77] 石川千代松：『生物の歴史』，東京：アルス，1929，第 244—246 頁。

[78] 这里我引用了哈丽雅特·里特沃有关维多利亚时代英国的作品，她系统采用了等级划分并放大了物竞天择和自然优势的概念。参见里特沃的《动物庄园：维多利亚时代的英国人和其他生物》，麻省剑桥：哈佛大学出版社，1987 年，第 29 页。类似的情况在日本也有发生，那些先前的武士阶层人士如石川、加藤和田中等都倾向于承担起新的明治秩序的领导者角色。

第二章
帝国迷梦：
商品、征服与生态现代性的自然化

在现代生产条件无处不在的社会里，生活本身呈现为庞大的　　61
景观聚集，直接存在的一切全部转化为一个表象。

——居伊·德波（Guy Debord）：《景观社会》（*Society of the Spectacle*）

帝国迷梦

19 世纪行将结束之际，就在日本列岛进入稳定的工业化阶段的同时，由宇田川榕庵在 1822 年发起的人与动物在分类学意义上的区别成为大众文化渴望和痛苦的源头。1897 年，宫内省同意为"活的动物战利品"筹建一次公开展览，该展览也促成了上野动物园自 1882 年对外开放以来的头一轮重要扩张，动物园的展览文化由此开始发生转变。到 1912 年明治末期，上野帝国动物园的不锈钢栅栏就再也不是由国家主导的将日本文明与野蛮动物的象征性威胁隔绝开的前沿标志。相反，对大多数人来说，动物园的展览转而标志着疏离自然世界的起点，这种疏离是如此深刻，以至于它看上去已经威胁到它所界定的人性本身。当日本开始断断续续地、粗暴地转向工业化和帝国权力控制之时，动物园也将"自然"和野生动物的形象向外投射到了殖民地前沿，这些殖民地远离拥有类似上野动物园等机构的城市，甚至远在日本乡野的寻常村落之外。也正是在殖民地，在帝国尚待"开化"的边缘地带，参观者们在努力从现代生活的混乱中寻求慰藉的同时，也被敦促着去观看和体验。

62　　　战利品展是上野动物园充当帝国文化传导者这一新角色的最露骨的表达。展览场地建在动物园中心花园上方一个树林覆盖的小山坡上。在那里，围栏里满是数十只在甲午战争期间被捕获或征用的动物。日本军队在这次冲突的主战场朝鲜"游猎"所获的野猪，被关在俘获自同一大陆的鹿的旁边。在展览现场，孩子们可以拿小树枝喂纯种军马，这些军马或是在战斗中充当日本军官的坐骑，或是供那些应征入伍人员的妻儿使用。骡子和驴则被应征人员用于运输补给。由于得到来自明治天皇个人财库的公开支持，战利品展也标志着上野动物园开启了自身缓慢的殖民扩张，上野公园西侧邻近的一些机构都被吞并进来了。一时间，在帝国主义与消费主义的结合地带，上野动物园风光无限。在1897—1937年间，上野动物园的占地面积翻了两番以上，年度参观人数翻了四番。[1]

　　　居于一个日渐壮大的殖民地动物园和收藏网络的核心位置，上野动物园的收藏也随着国家海外扩张的脚步不断增加，从而为参观者提供了有关日本帝国野心的日渐丰满的具体形象。就在管理者们在动物园的世界和帝国野心之间明示某种关联的同时，他们也在促成我们更愿意称之为"帝国迷梦"（dreamlife of imperialism）的东西。[2] 最开始是石川千代松，然后是他的继任者黑川义太郎和古贺忠道，上野动物园被再造为一个帝国的梦幻之地，一个将事实和虚构小心翼翼地混合起来以服务特定政治目标的地方。"动物战利品"和从殖民地收集来的物种，被放在与日本帝国实体没有丝毫关联的动物旁边一道展出，所有这些安排都是为了诱发出一种让人踏实的秩序感和受到教育的些许兴奋感。现代帝国要想成功的话，必须生产出一些类似天堂的观念，或者是给人们的日常生活带来一整套的理念、憧憬和象征，只有这些东西才能够覆盖不同的社会群体，唤起普遍的赞同、忠诚或奉献，动物园于是成为教育东京孩子及其家庭的急先锋。[3] 而这又使得帝国主义看起来充满了趣味。自 20 世纪 30 年代早期开始，参观者们漫步于动物园精心修剪的园子，透过新式的不带栅栏的围栏观看里面看似自由活动的动物，他们看到的并不是帝国的实然图景，而是管理者们心目中的应然图景：理性、仁爱、多趣、有益。

上野动物园描绘出一个世界，其中外来珍稀动物被国家和它的代理人挪用来服务都市观光客，这些代理人通常是身着标志性的实验室白大褂的科学家，或是穿着典型的卡其布裤子的游猎人，或是脸上带着长辈般一成不变的慈祥笑容的动物园管理者。它为公众提供了一个见证新近取得的殖民地斩获的机会，鼓励游客们将动物园这个被支配的世界与建构帝国的现实努力联系起来。在此过程中，某种意识日渐明确起来，即真实的自然早已被从绝大多数日本人的日常生活中抹除掉了。同样被抹掉的还有那些家养的纽芬兰犬、睡鼠以及山下博物馆活泼的法国兔子。取而代之的

63

是来自殖民地的战利品和域外的大型动物——狮子、老虎、熊和象。除了战利品展中的例外情形，家常驯养动物和许多本土物种也都被清除出了上野动物园的收藏，这里更欢迎来自海外的"珍兽""野生"和"外来兽"动物。这些来自异域、体型庞大到让人过目难忘的大型动物（"猛兽"）强化了一种感觉，即除了在这个国家乡村的边缘地带还保留着某种淳朴景观外，本土景观几乎都已被工业化力量驯服或破坏。极少数被保留下来的大型本土动物，比如来自日本东北部和北海道的熊，则被塑造为急需保护的正在消失的国家自然的象征。与此相反的是，珍稀的外来物种则代表着日本探险者对处女地的征服，或日本与其他帝国主义国家之间的声望交换。作为权力的展演，这些展览过度渲染了这些特殊动物的历史，将它们说成是被征服地或异国族群的图腾——在这种渲染中，一种都市的"自然历史"呼之欲出。[4]

这种为都市人所拥有的"自然历史"是单向度的而不是多向度的。它将多元的文化、不同的生态和各种动物重塑为一个统一的日本帝国的组成部分，或日本国家成就的象征标志。[5]这种有关统一的虚构叙事，对于诸如日本这样多族群、多成员"国"的帝国来说特别重要。如果我们想要弄清楚日本帝国如何在它的本土诸岛生成这种认同，我们既需要细究这种虚构叙事的吸引力，也需要细究它造成的损失。这种叙事很大程度上类似宇田川榕庵的动物（dōbutsu）观念，它将不同的生物收集、组装到一个动物界的分类王国中来。帝国动物园也引导它的参观者们去想象一种仁政秩序。这种秩序超越了对个别领域或个别动物的关注，尽管它也赋予动物的生命结构和意义。到 20 世纪 30 年代，日本帝国

64

已拥有 2 亿人口以及这个星球上最富饶的一些地区。它的控制范围包括从中国东北的干草原带到密克罗尼西亚的珊瑚礁，从库页岛的北方森林到台湾岛山峦起伏的雨林。朝鲜在 1905 年日俄战争后就沦为日本的保护国，1910 年更是正式成为日本的殖民地。就实际情形而言，这个构成复杂的帝国内部也经常充满了分歧，但是动物园和其他一系列政治、法律、军事及文化机构一道，努力掩饰这些分歧，并为这个暴动和抗议成为常态的国家提供一种大一统的感觉。[6]

黑川和后来的古贺努力弥合在动物园的乌托邦幻象与帝国的粗糙现实之间的鸿沟，以期打造一种受官方认可的在场感和获得感。在上野动物园这个石川不屈不挠、冷酷无情地提倡科学和理性以推动社会进化的地方，他的继任者们则拥抱了动物园的商品本质。在汲汲于此的过程中，他们主持着动物园日常生活的转换，比起帝国盛典的夸耀和排场来说，这种转换更精微也更持久：消费资本主义的技术和态度渗透进动物园的方方面面。到 20世纪 20 年代，上野动物园成为一个大众文化的朝圣地，一个有能力和银座的大百货商店或浅草区的娱乐场所争夺大众关注的地方。也就是在动物园，在清晰的政治与不清晰的经济的角力中，生态现代性茁壮成长。尽管在第二次世界大战行将结束之际，日本帝国在一种血祭的疯狂状态中坍塌不复，但直至今日，上野动物园——如同全球很多其他动物园一样，继续呈现出这种介于好奇心与殖民扩张之间的张力，而这种张力曾经是帝国迷梦的驱动源。

剧增的参观客流量带来了官方的赞赏。1924 年，在上野动物园从宫内省移交到东京市政厅后，数以万计的大笔资金便注入动物园的预算账户。政府资金有助于将圈养动物转化成为可市场估值的对象，即被马克思称为商品拜物教的东西。但是和普通商品不同，这些商品有能力从其活生生存在所带来的感官愉悦中引发一种更深层的力量，以服务国家的需要。[7]在动物园幕后的财务账簿上，每种动物各自的标价都被一一落于纸面（出于预算管理的考虑，动物的价码被标注为日元、美元或英镑），但是，这些生物在被公开展示时，则又体现为一种与价格无涉的纯净、取之不竭的价值，这种价值通常被与丰富的殖民地生态联系起来。动物是"野性自然"的化身，也是现代城市生活的机械复制文化的自然替代物的象征。这些既鲜活又真实的动物园动物，被当作对包含它们在内的资本主义文化的内在矛盾的精神慰藉，提供给普罗大众。

　　20世纪早期，在明治时代"文明开化"运动全盛期一度被标榜为启蒙对立面的动物世界——如今与帝国的海外殖民地明确联系起来——被打造成为一副应对文明及其不满的药方。就在日本列岛推进工业化的同时，动物们看似成为来自另一个时光的、一种与自然世界保持着更平衡联系的更古老经济模式的物理遗存。这种经济模式据说在日本帝国边缘地带的海外某些地方还有保存。对一些人来说，比如卓越的民族志学者柳田国男，上述变化捕捉到了新的现代秩序带来的精神失落问题。而对于另外一些人来说，比如那些在1924年掌管着动物园的社会官僚阶层，圈养动物则提供了一种新的社会媒介，一种外在于现代性生活的自然象征，可以用来应对大量威胁着帝国大都会稳定的"都市问题"。[8]

　　就在接受社会科学训练的政府官员们开始破天荒地想要控制

上野动物园的时候，专业的生物学家和动物学家则开始从动物园的公共空间中退出。为宇田川、伊藤、田中和其他现代早期自然历史的开创者们所追求的专业区分到 20 世纪早期已成为社会事实，但是实践生物学和动物学在动物园却又退回到科学万能主义的幕后（一种世俗信仰，提倡科学是解决社会问题的手段）。石川千代松是最后一位积极安排实验室研究日程的园长。他在 1907 年离开了动物园管理岗位，开启大学教学生涯。[9]

市政官员们为 20 世纪早期社会改良的幽灵所萦绕，他们也开始担心东京市民已经处于一种同自然世界疏离的危险境地。管理者们声称，通过打通帝国边缘地带的"野生世界"与"文明"城市的通道，动物园能够为这种工业化带来的隔阂问题提供一个具有殖民色彩的解决办法，而且动物园这种模式还可以没完没了地复制下去。台湾岛郁郁葱葱的雨林有可能被砍光，中国东北的山峦也会被开采殆尽，但是一个人怎么可能耗尽凝视的价值呢？[10] 每年都会有上百万的游客站在同一环境中的同一动物面前，被要求体验着同样的情感召唤。动物园里的观众规模变得如此之大，以至于这些观众本身就足以成为新闻话题。管理者们声称，展览中的动物能够做得更多，而不仅仅是将人们吸引到动物园中来。黑川在 1926 年的一份决策参考里认为，动物园能够利用动物在情绪和情感的层面来沟通。它在参观者自觉意识到意识形态之前就已介入。"当人们出于娱乐放松的目的来到动物园看动物的时候，"他指出，"他们会在'不知不识'的状态下有所收获。"动物园所做的当然不只是向游客们讲授殖民地或自然的历史，它还能够将意识形态再现为自然，将政策伪装为展演。[11]

66

帝国的自然

当古贺忠道于 1927 年进入上野动物园工作的时候，自然世界已远非 1882 年动物园刚刚成立时的那个样子。作为爱德华·S. 莫尔斯在 19 世纪 70 年代创办的东京（帝国）大学动物学专业最优秀的毕业生，古贺是一名曾在 1868 年参与推动帝国秩序"重建"的义军武士的孙子。到 1933 年这位充满人格魅力的年轻动物学家执掌动物园的时候，展出中的绝大多数动物对于他那位充满革新精神的祖父来说已经十分陌生。而今，城市里穿着衬衫短裤的青年一代的目光越过混凝土壕沟，凝视着各种各样的进口动物（整体来说超过上千种），这些动物代表着被建构为一个分离世界的自然。动物们不再像明治时代那样被用来缓解人们关于进化的焦虑，而是被用来呈现一个充满吸引力和异国情调的世界，这个世界迥异于蜂拥在动物园精心铺就的道路上的男女老幼的日常生活世界。富裕的家庭驾驶着燃油动力的汽车穿过动物园大门，其他游客则乘坐电力驱动的列车来到附近上野车站拥挤的站台，电力的由来很明显：现代城市景观已充斥着高耸入云的烟囱。每一组烟囱都标志着一个以燃煤为动力的车间或工厂，每一个烟囱都向日渐灰暗的天空喷吐着黑烟。这种对天空的侵蚀无疑始自佩里黑船所载的机械。[12]

第一次世界大战加固了工业现代性对日本列岛的控制。在日本成为交战国的主要供应商之后，日本商品在海外市场变得特别有竞争力，就在西方公司的影响式微之际，亚洲市场向日本制造商们打开。新的资本密集型工业——主要有石油化工业、造船业和机械制造业——开始在东京、川崎、横滨和大阪神户等急速发展的城市群集中发展起来。这些城市工业带动的就业，以及长期以来农业发展的困窘，合力加快了日本城市人口规模的扩张。在20世纪的头20年间，东京的人口增长了不止一倍，在1920年达到335万。即使是在三四十年代的侵华战争期间，东京的人口依然保持着增长势头。[13]

动物园的动物因变动的政治经济而变化，被美化为大都会渴望的对象。事实上，生态现代性并没有导致动物——或说多数情况下的动物产品，从绝大多数日本人日常生活的物质层面消失，即使对那些生活在城市中的人来说也不例外。正如柳田国男在1930年指出的，随着生产日益现代化，人们通过食用更多的鱼和肉、豢养宠物、户外远足及观光来从自然中寻求放松，与此同时，这个国家的相关出版机构也以前所未有的规模将更多的动物形象带到人们的生活中。[14]

动物也是诸如柳田这类知识分子大量讨论的主题。但是即便这些理念和影像抵达学校课堂和人们的生活起居空间，这种新的符号经济还是建构出一种强大的社会幻象，其中动物和自然被再度想象为外在于绝大多数日本人日常生活的东西。"自然成为一个分离的所在，"1939年，思想开明的社会批评家长谷川如是闲写道，"这种分离，对日本人来说是某种新的东西。"同时它也构成了某种威胁。长谷川提醒："我们需要重申我们与公园绿地和绿色空间的传统联系。"使用明确的现代术语来描述传统的自然，或许会有失去探究"我们到底是谁"的能力的风险，这就是生态现代性的核心反讽之一。即便自然的具象化进程在加速推进，但是其概念本身就是一种人类的杜撰，被视为纯粹人性的源泉，是在一个看起来日渐矫揉造作的人造世界里，为了重塑一个人的本真自我，不得不去重新发现的东西。[15]

古贺宣称，动物园对这种自我重塑行为具有举足轻重的作用。上野动物园在 20 世纪 20 年代被重新归类为一个"安抚设施"，一种被设计来弥合他称为城市"戏剧化发展"所引发的疏离的社会工具。有意识地镜鉴同时代德国和英国的流行思潮，古贺和他在东京公园管理部门的同行们致力于将上野动物园打造成为对城市现代性问题的清楚的现代回应。这是一条和文化返祖现象相冲突的路径，该现象在战争的间歇年代吸引了历史学家太多的注意。在柳田等人追求保留一种被描述为与城市相对应的理想化的乡村文化时，黑川、古贺和他们在公园管理部门的上级井下清（Inoshita Kiyoshi，1884—1973），则将现代城市生活的混乱向外投射到日渐扩张的帝国旷野。古贺宣称，正是帝国未被污染的边缘地带为对自然的现代"向往"（yokkyū）提供了最可靠的慰藉。[16]

时不时地，古贺也努力利用这种对情感慰藉的追求来达成帝国的物质追求。但是，比起帝国战利品的公开展演，他更在意那些走进上野动物园的人的精神健康。并非精准性，情感才是问题的关键。从帝国之外的地区收集来的动物，如狮子或大象，当然也能够被用来服务于日本帝国的需要。古贺声称，人们参观动物园固然是为了休息和放松，但是动物园的"再造"——该词取自英语，意味着"再度发明"——则是一种重要的社会工具。居于

1919 年的景观、历史和自然纪念物保护法——也是日本首部可持续保护法——保护下的，抑或人们在殖民地的荒野地带发现的乡村和天然"风景"，能够重新激活一个国家的精神，弥合工业化时期文明和自然的分野。但是，要想让数以百万计的人定期造访这类地方可不是件切实可行的事。由此看来，都市动物园大有用武之地。[17]

这是一种带有实用政治含义的浪漫视角。古贺致力于利用动物展览这种大众文化形式——动物是正在消失的自然的鲜活代表——来给这个国家的孩子和他们所在的家庭打预防针，以应对产生自同一现代文化的疏离感。他建议道，既然未被污染的自然已经被大面积从日本列岛抹掉，生活在大都市的日本人如果希望满足自身接触自然世界的生物"需要"的话，他们就不得不指望帝国"未开化地带"未被摧毁的野生世界。他写道："尊重自然是我们'人间之本色'。"但是"人间之本色"也面临着现代性的威胁。19 世纪为石川和其他"文明开化"的提倡者们所捍卫的理性，预设了人与"其他动物"在智识层面上截然有别。如同黑川一样，古贺也大力鼓吹"人也是动物"这一事实，并将之作为激发人们的好奇心和鼓动人们排队进入动物园的兴奋点，但是，这种认知也使他意识到了存在于每一个现代主体核心深处的自相矛盾。从生物学的角度说，"人间"也许是动物，但他们是有思考能力的动物，承受着失去与其天性的自我联系的风险。[18]生态现代性在理性和生物学之间撕裂的主体性，威胁动摇的对象不仅有个体的日常生活，还有国家整体的稳定。

解决这种矛盾的办法存在于一个殖民世界中，这个世界被古贺描绘为文明大都会的自然对照物。通过对比殖民者与被殖民者，古贺声称："文明未开化之地无意识地沉浸于自然之中，或许更确切地说，根本就谈不上喜欢或不喜欢。"换句话来说，这种分离的自觉意识在前现代社会根本不存在。"原始人"居住在一个疏离发生之前的世界，"他们与自然世界合为一体。与之相反，[我们]这样生活在文明城市、与自然疏离的人也开始有意识地渴望这种结合。很显然，这种渴望应该被视为意味着人之所以为人的东西的纯粹表达"——一种不得不被重视的自然生理需要。"动物园和植物园，"他总结道，"对于城市来说至关重要，因为它们能很好地满足城市人的这种热望。"它们所能做的远不止回应人们接触自然的需要；它们还能抚平城市现代性与生俱来的社会不满，给人们带来一种"真正平和的抚慰，迎合人心的抚慰"，而这是城市其他机构所不能提供的。[19]

在古贺看来，这种为动物园日渐开展的实践所养成的特质，与一个在治理上卓有成效的殖民地官员拥有的特质类似。那些与自然疏离的人，同时也与他们的真实自我疏离。由于缺乏一条坚实的道德底线，这些人被造就为乏善可陈的殖民地官员。在提及日本青年一代的帝国前景时，他写道："帝国径直向前发展，不管不顾数量日益庞大的日本民众将不得不继续在这片土地上谋生。在这种情形之下人们更需要一颗包容且忍耐的心，而不是自我欺骗的妄心。动物园和类似机构对我们国家的青年一代具有重要的影响，它教会他们去热爱自然而不是蔑视自然。"[20]在这种平衡方程式里，动物园在殖民者的精神需求与殖民地民众"未开化"的本质之间建立起一种健康有益的沟通渠道，殖民地"未开化"的本质需要人们去珍惜保护而不是简单地开发利用。来自真实自然的尚且完好之地的人们被呈现为某种外在于文明大都市的东西，其状况让人联想到动物园里的动物，他们也是需要照顾的生物学意义上的造物，但是他们自身又感觉不到这种需要。如同动物一样，他们也被赋予了某种与自然融为一体的前意识的、前理性的感觉。然而事实上，他们认为这类"自然"根本就不存在。

70

　　古贺并不主张退回到这种前理性、前现代的状态中去。他也不准备展示石川和其他社会达尔文主义者对生物学退化的忧虑。1939 年，他的笔下还充满了源自帝国胜利的乐观自信。这种视角尽管后来在 1943 年日本帝国出现灾难性崩塌之后发生了改变，但是在 20 世纪 30 年代和 40 年代早期，古贺仍然继续完善着他的假设。他认为只要管理者们得到适当的训练，帝国的存在就始终是经济上的必要和道德上的令人向往之处。正是在这个伦理与态度的领域里，动物园的商业世界与帝国治理的物质现实之间的联系不言自明。古贺强调，上野动物园当然是展示帝国收获物的最重要的空间，他也付出巨大努力去搭建动物园的殖民收藏体系，但是，动物园也是一个道德的舞台。这种机构在孩子们和动物之间种下"亲密接触"的种子，此外几乎没有哪家体面的机构或哪个文明的国家仅仅满足于通过动物世界来营造"苍白空洞的娱乐"。古贺以他最经久也最雄辩的逻辑辩称道，如果加以精心设计的话，在动物园与这些动物直面的经历有助于人们适应帝国治理的需求。批评家们或许会认为到动物园的旅行只是一场不值一提的简单游戏，但是，古贺接着推断，那些批评家过于忽视了游戏在现代社会里的重要性。正如这些展示中的动物可以被视为遥远自然的再现一样，一次前往现代大都会动物园的愉悦之旅也是对帝国戏剧性的现实所作的一次道德彩排。[21]

玻璃展柜后的自然

对古贺来说，动物园就是殖民者和殖民地之间的一个中转之地，一个有能力将两个世界最好的东西连接起来的潘格洛斯式的（盲目乐观者）转换通道。在这些辩称中，有种类似帝国亲生命性（biophilia）的东西在发挥作用。他声称人们在生物学意义上"对生命体的热爱"与生俱来，但是为现代城市的崛起所妨碍。在他看来，对自然的渴望，驱动着动物园建设实践向前推进，是一种特别现代、特别典型的城市症候，其本质就是人类的生物本性与现代政治经济之间的矛盾。因此，他转向追求使用新技术，好让游客和动物的相遇尽可能地亲密起来。他的目标就是要使用大众文化的技术去回应"人类这种动物"的心理需求。人和野兽之间的相遇越亲密，这种相遇就会越有影响力。在一次采访中，他提到："人们必须能够看到仿佛处在自然场景中的动物。"[22]尽管这种程式化的自然只被限定在殖民地世界或其他未开化的空间，但是动物却能够被用来制造出一种欺骗性假象，让人们感觉好像他们正在体验着真实的自然。游客们是否知道动物园本身就是人工堆砌的虚假之物无关紧要，古贺承认绝大多数的动物园游客都有能力看穿这种小伎俩，但与此同时，他们也会感受到这种

71

体验的益处。这种观点和罗兰·巴特的观点类似，即这是一种"现实效应"而非现实本身。这种效应在被假定存在于理性头脑和情感无意识之间的分裂地带发生作用。[23]

　　古贺的同行、著名的东京公园事务部门负责人井下清与古贺志同道合。作为绿色空间和城市公园的积极倡导者，井下曾在1923年关东大地震发生以后的数年间始终致力于改善城市和自然世界的联系。关东大地震破坏了东京将近一半的建筑，夺走了超过10万人的生命，并且引发了一系列主要针对朝鲜人的种族暴动，因为有谣言称，除了干其他坏事外，这些朝鲜人还往被地震弄得浑浊不堪的水井里投毒。在城市发生紧急情况之际，公园可以用作防火带或紧急避难场所，特别是在这次地震发生之后，负责首都重建工作的前任东京市长，曾经是殖民地管理者的后藤新平（Gotō Shimpei）强烈主张建设一个更强大的公园体系。最后，将近3%的震后重建基金被投入公园体系建设中。大片的私人土地通过购置和捐献两种方式被纳入市政统一管理之下。上野公园和上野动物园是这类转变中最广为人知的案例。1924年为了纪念裕仁亲王大婚，上野动物园被日本皇室当作礼物送给"东京市民"，在此之后，越来越多的资金和更激进的管理措施加快了动物园的转变进程。[24]

　　对于井下和其他社会官僚阶层来说，地震既是一场危机也是一个机会。在井下看来，在震后持续发生的破坏地区稳定的暴动事件不过是诸如贫困、失业或过度拥挤等潜在的"城市问题"的表象而已。他建议，如果东京希望避免更多的暴动事件，甚至是人们在圣彼得堡或其他地区看到的那类极端暴力事件，那么，这个国家就有必要重视工业时代城市生活的不健康特质。这种看法和后藤及其他保守改良派的看法如出一辙。在工业化时代，公园和动物园成为一种物超所值的社会管理手段。政府官员们深信，公园和动物园能够解决现代性引起的社会失范和不满问题，并将这些负面情绪转化为一种让人振奋的积极能量。

就在井下、黑川和古贺致力于为一个数量日渐增长的受众群体重新打造自然的同时，上野动物园的预算资金也翻了四番还多。[25] 在那些岁月里，建筑手段的运用和新社会术语的创造重新定义了观看者和动物之间的联系。关押动物的笼子一度被设计用来划清人与动物的界限，但如今，色彩、玻璃、空旷空间和光线被用来左右着游客的观看体验，从而将审视圈养动物的行为转化为类似于在现代大百货商场观看橱窗展示的体验。1924 年以来，游客与动物世界的相遇越来越和消费者与商品的相遇类似——这些体验都为一种新的审美渴望所塑造。

要选择出二者之间最明显的相似性的话，首当其冲的就是玻璃。玻璃越来越多地成为动物园游客和自然相遇的重要介质，就如同消费者和商品的相遇那样。玻璃展柜为观众提供了一种亲密度日渐提高的假象。当玻璃取代了曾经的栅栏，游客们便能够更好地沉浸到一步迈进动物世界的想象中。古贺深信，这种仪式性的情感交流，正是厌倦了现代城市的工业化景观的人们所渴求的。让人一览无余的玻璃看上去能够提供给观看者和动物直接接触的体验，但是这种体验实际上又是精心设置出来的。很大程度上，如同三越百货和其他现代百货商场的橱窗，动物园新的展陈风格加剧了它们宣称要回应的欲望和需求本身，但是它们又只能以资本家和经销商唯一能够想到的大规模复制生产的方式来进行。在动物园，在帝国亲生命的世界中，欲望是自然而然的。[26]

橱窗式的围栏设计既是重构语境之举，又是权力的精妙表达，而这反过来有助于它们变得更具吸引力。如 1938 年正式开放的小型禽鸟屋，就是这种新的观看体验的代表。它成为逼真地呈现展览动物的精致范例。鸟儿的每一品种都附有博物学家的素描以及它科学规范的英文名和日文名。展室四周的墙壁上通常描绘着自然的风景，衬着柔和的人造光线。橱窗式围栏将动物置于一个全然人造的环境中来加以展示，那些精心选择的自然仿制物陈设——如人造的树枝、池塘、塘边的植物——模拟着这些鸟儿天然的栖息地状态。人类的痕迹在展览的仿制本质中再明显（实际上是得到宣扬）不过，但是这样的技巧也暗示着承载着这些鸟儿的原生生态的真正自然尚存在于别处，既没有被改变也没有被破坏，即便是人类已经将其中某些部分置于险地（通常是日本帝国的扩张行为）。

玻璃同时也有隔绝声音和气味的作用，从而为动物园的抽象化进程增加了新的维度。除非这些动物品种特别喧闹抑或橱窗上留有一个通向展厅走廊的通气孔，否则动物们总是显得安安静静，这无疑会让喜欢聆听珍稀鸟儿啼鸣的观鸟爱好者们大失所望。但是这类抱怨因为人们对臭味投诉的相对减少而得到平衡。在战前的岁月，如同今天，动物园收到的最主要投诉之一就是动物的臭味。很多浑身裹满泥浆或沾满尘土的动物散发出浓烈的臭味，这些臭味刺激着大都会人敏感的神经。在 19 世纪 80 年代，当这种不悦的体验日渐明显的时候，管理者们通过增加清洁人手

73

图 2.1　小型禽鸟屋，1938 年建成

小型禽鸟屋能为参观者提供一种有别于银座百货商场的玻璃橱窗的体验。玻璃
为动物园游览活动增加了新的吸引力，提供了一种无障碍的视觉体验，与此同
时又避免了其他因素的介入。动物的臭味和声音都被有效掩盖，而视线却因为
人造光的布置和妨碍物的移除而得到增强

来清理动物园每天产生的堆积如山的动物粪便。他们也提高了清
洗产出粪便较多动物的笼舍的频率，并且把使用清洗剂纳入动物
园的正式操作规范。[27] 如同资生堂最新推出的肥皂产品的营销
广告，"洁净 99.5%"——对于普罗大众来说，这是动物园规范
化的脱臭处理的开始。

74

　　同样地，玻璃橱窗的出现也使得触摸展出动物成为一件不可
能的事。尽管动物园始终明令禁止触摸危险动物，但是，如同绝
大多数成立于 19 世纪晚期和 20 世纪早期的动物园一样，上野动
物园也允许游客和很多品种的动物互动接触。比如，在战利品展

览区域，人们可以购买小饼干去喂自己喜欢的战争吉祥物或动物英雄。[28]许多动物之所以被放在围栏而不是笼子里，就是为了方便人们尽可能近地抚摸它们，当然，这是在人们提供的食物有足够诱惑力的情况下。类似地，在这段时期里，上野动物园也允许人们把吃剩的或多余的食物投喂给特定动物，其中就包括大型食肉动物。这类投喂行为最好的对象就是熊类。因为熊通常会很快吃掉绝大多数投喂食物。投喂行为加强了观看者与动物共同在场的互动体验，这种体验吸引着动物园的参观者们，他们热切地盼着和这些生物建立起某种联系，当然，更重要的是看着这些不可思议的"动物标本"动来动去。北极熊拖着巨大的身躯笨拙地追逐着一个小孩丢弃的食物碎块，这一幕高度彰显了动物被严格管控的自由和对于哪怕是最小的人类施舍者的奉承。比起观察这些大型生物睡觉来说，这一幕更让人有视觉上的参与感。

好也罢坏也罢，玻璃消除了这种接触。正如威廉·利奇在他有关橱窗陈列的审美学分析里提到的那样，这种具有穿透性的隔绝所产生的结果就是一种欲拒还迎的矛盾感受，而这种矛盾感受又总是会增强人们的挫折感，这种挫折感与前往动物园的旅行如影随形。[29]玻璃清晰地将动物置于人们的目光焦点，似乎亲密无间，但是又显然无法触及，那些被放置在更传统的牢笼中，不太容易辨识的体型更小的动物尤其如此。这些展览除了让人观看和不停地敲击玻璃以吸引动物的注意力外，不提供任何与动物互动的模式。甚至，在这些玻璃橱窗投入使用时，到处都贴着提醒的标语，禁止人们拍打玻璃。即使是参观者能够透过玻璃的反射光看清楚里面，动物也很快就明白笼子外面晃动的身形（非饲养者，饲养者的身形标志着食物）不会带来任何影响，它们也就觉得无聊透顶。同样，游客们常常会发现自己的视线不是落在动物身上，而是落在玻璃橱窗自己的身影反射上。这成为一种有关动物园的本质和生态现代性的作用发挥的视觉隐喻。[30]

75　**动物园的后台**

随着 20 世纪二三十年代玻璃技术的进步，以及制作栅栏的金属材料的延展性的提高，人们拥有了足够的技术手段来发明各种制造亲密假象的新方式。高强度的不锈钢意味着更纤细的栅栏或强度更大的金属丝网格，可以用来容纳大型猫科动物或大型哺乳动物。1930 年对外开放的猛兽馆生动展现出这些高新技术使动物园建筑发生了新变化。展览的整个建筑空间由两个卵形单体结构组成，中间连接处是一个正方形的混凝土建筑。这个混凝土建筑既包含动物的睡眠区域，也有公众的穿行通道。从外表看上去，这些笼子和那些更早时期设计的笼子并没有什么不同，作为隔离物的栅栏将观光客与动物分开，在动物和动物之间也设置有隔离栅栏。然而，在内部，这些结构却将参观者们引入一种与动物和动物园的崭新联系中。当参观者穿行于这个大型动物馆的通道时，他们所体验到的是初次对动物园后台生活的戏剧性一瞥。

正如苏珊·G. 戴维斯（Susan G. Davis）在她有关海洋世界的研究里所写的那样，文化机构总会把它们功能发挥的特定方面小心地隐藏起来，不让顾客知道。[31] 如同其他绝大多数动物园一样，上野动物园的饲养员们也会小心翼翼地把生病的或将死的动物同动物园的其他动物群体隔离开，将其置于参观者的视线之外。正式落成于 1935 年的新动物医院得到了动物园大张旗鼓的宣传，但是它的"病人"始终处于秘而不宣的状态。让生病的动物出现在展览中不仅会影响游客的游览体验，进一步损害动物的健康，还会彰显出动物园在日常生活中令人反感的一面，从而毁掉动物园苦心经营的动物生命庇护者的形象。直至 20 世纪晚期，对于绝大多数动物来说，动物园都是一个致命之地。在这里了结动物的生命是常态而非例外。因此，对动物园前台和后台所作的区分对于维持动物园是一个健康的动物世界的假象来说非常必要，这种假象得到日本饲养员和兽医的精心维护，成为一种对帝国本质的转喻。[32]

大型哺乳动物馆为游客精心编排了一个有关动物园后台生活的视角。它令参观者们得以窥视动物的睡眠和进食区域，而这是传统的动物园场馆所不能胜任的。在这些新建筑里，动物以及建筑基础结构的特定部分被放到了"前台"的位置，但是依旧被标注为"后台"。上野动物园在 19 世纪晚期不断完善的定点公开喂食表演，就是参观者有特权靠近动物的假象的最鲜明例子。面向公众开放的"幕后"探索之旅将动物园日常操作中那些让人不快的内容（如动物死亡）置于一种新的不可见的后台中。[33] 如大型哺乳动物馆所显示的那样，上野动物园的建筑师们努力以特别的方式来引导参观者，随时左右着参观者的参观体验，不仅在他们驻足于特定的观赏视角或展览之前时，也在他们穿行在这些精心营建出来的空间时。

76

自由的假象

　　随着一些所谓的无栅栏笼舍的陆续推出，因日益精巧的隔离技术发展而生成的亲密无间感和无障碍接触的假象在 20 世纪 30 年代达到登峰造极的地步。作为今天动物园主流设施的新式围栏，由著名的德国动物交易商，也是马戏团老板的卡尔·哈根贝克（Carl Hagenbeck）所发明并首次使用在他自己的动物园，一个坐落在汉堡郊区的成功企业。和其他公共机构的管理者一样，井下也通过诸如《公园绿地》（*Koen ryokuchi*）和《博物馆研究》（*Hakubutsukan kenkyū*）这类专业杂志来及时跟进最新的技术进展。他对这类展览始终保持高度的关注。在 1925 年一次为期较长的西方国家动物园和博物馆的私人考察之旅中，他在纽约和柏林第一次亲眼看到这种设施。从那以后，他就立志要在东京复制它们。1926 年归国之后，他就把引进这些技术补充到之前已经起草完毕的动物园翻新的主体规划中来。[34]

　　哈根贝克的展览能够让前来动物园的人沉浸到一种和自然直接地、真实地相遇的幻觉中，即便展览本身实际上是将这些动物从参观者触手可及的地方移得更远。在哈根贝克的动物园于 1907 年正式开放之前，栅栏、篱笆和棚子是当时动物园布展最主要的技术手段。但是他放弃了使用这些常规手段，发展出一套由放水或不放水的壕沟组成的系统。这些壕沟把野生动物和参观者自然而然地隔离开来，让动物保持在户外的天然环境中。通过仔细观察不同动物品种的跳跃、攀爬和游泳能力，哈根贝克成功达成了自己的目标，修建出看似非常"自然"的障碍物，而这些障碍物能够像笼子一样有效地把动物圈起来。正对着高墙的"池塘"允许动物园的参观者们从高处俯视游泳的北极熊，同时也能防止它们向上攀爬越出围栏；坡面陡斜的混凝土沟壑也就几米高，交错纵横地安置着大象；一圈围墙环绕着抬升的"山景"，这些山景是阿尔卑斯山地形的复制品，猴子和岩羊可以垂直地上下。

　　这类展览的吸引力是多重的，而且紧紧围绕着动物尽管处在一种囚禁状态但是看上去又自由自在这种矛盾展开。[35] 这种自

图 2.2　北极熊格雷特，1927 年　　　　　　　　　　77

上野动物园在二战前耗资最巨的展览，该展区有一堵使用最先进技术的"冷冻墙"。尽管该举意在为北极熊提供炎夏里的清凉，但是由于机器噪声过大，北极熊对此并不感兴趣，它们宁愿在展区前方的壕沟里游泳。至今还可以在上野动物园看到这些设施的部分部件。图片蒙东京动物园协会提供

相矛盾的场景呼吁着一种对动物的新理解，这种新理解是在日本人的生活变得越来越城市化，而且城市空间也日益被工业化所改变的情况下发展起来的。尽管一直以来直至战后，在日本生活在农村的人事实上要比生活在新兴城市里的人多，但大众媒体置这一事实于不顾，将城市生活描绘为一种普遍模式，而农村生活则是与时代脱节的和边缘化的。在这种种情况下，逐渐为公园边界或殖民地疆域所定义（同时也是象征性地限定）的自然，便被人们理解为某种外在于日常生活的东西。但是，即使是人们寻求自然和体验自然的抽象愿望在不断强化（与此同时，肉食也变得更为普遍），现代大都会的观光客们仍旧越来越难以忍受动物园的动物就应该被关在笼子里这种做法。哈根贝克的新式动物围栏在减轻参观者的负疚感的同时又加强了一眼看到圈养动物的视觉体验，强化了生态现代性的自相矛盾，同时也宣扬了动物具有潜在约束的自由。回想起我们在先前章节中对福柯的讨论，这种展览揭示了对现实中动物园里主宰着动物生死的统治权力的一种与日俱增的厌恶感。然而，正如现在，在一个首要致力于提供儿童教育和娱乐服务的地方，人们发现很难自觉意识到这种权力的重要性。而这种厌恶感，正如我们将会在第四章里看到的那样，为管理者提供了一个有力的情感操纵杆。

哈根贝克的设计重组了空间，这样的话，这些动物就看不出来需要被控制。它们完全处于一种自律状态之中。这种模式让古贺和井下欣喜若狂。凹坑、池塘和山峰不仅把动物圈围起来，以亲密接触的假象，甚至更危险的接近方式来挑逗游客，而且规束性地调整了空间，力图以一种不呈现任何意识形态意图的"空"

的状态来影响圈养者和被圈养者。无论是人还是动物看上去都处于一种自由闲逛的状态，但实际上他们的活动轨迹已为这种新的设计所巧妙限定。在两次世界大战的间隔期，这种体验成为管理者孜孜以求的"慰藉"的体现。除了参加校园活动的孩子外，其他人从未被强制要求去参观动物园。他们自发选择去动物园，而且会认为他们正在观看的动物是心满意足、怡然自得的，至少和它们那些圈养的同类相比而言。《采集与饲育》(*Saishū to shiiku*)是在这个时期正式推出的一本关注日本正在发展壮大的动物园运动的专业出版物，以它为代表的这类杂志注意到新式围栏降低了动物的异常走动、自残和其他不安行为的发生率。在一篇接着一篇的论文中，动物的反应成为衡量技术进步的标尺，上述变化整体可被归结为有助于减少压力和倦怠，回归一个"更自然"的环境。就在社会失范看上去已经威胁着观看动物的人的同时，"压力"(stress)和"倦怠"(boredom)成为动物政策的关注点。[36]

上野动物园的北极熊格雷特展是日本第一个践行类似理念的展览。该展览在 1927 年正式向公众开放，它为动物园的游客提供了与如此强大的动物对视的可能性。除了空间以外，再无其他任何东西横亘在前来参观的父亲、母亲、孩子和这两头大型食肉动物之间。这两头熊，一公一母，于 1926 年购自哈根贝克动物园。尽管自 1902 年石川通过中介向卡尔·哈根贝克首度购买北极熊以来，北极熊在动物园就一直被照顾得很好，但是，井下和古贺仍然不约而同地想要为北极熊打造一个更好的环境，从而展现上野动物园与欧洲或北美地区相媲美的技术成就，表明上野动物园拥有更新一层的技术精度。他们从原计划用于动物园整体

79

翻新的预算资金中挪用了相当可观的部分，投入围栏后方技术尖端的"冷冻墙"建设。他们给这堵墙安装上最新的制冷技术设备，好为从它前面经过的动物带来清凉，哪怕是在东京众所周知让人极端不适的炎热潮湿的夏天。这是一个造价不菲的选择，它也暗示着动物园同时追求着创造更适宜的动物栖息环境以及机构声望。古贺和井下并非对动物无动于衷的人——尤其古贺在他的写作里呈现出很深的情感代入。他们只是希望通过革新来追求被人们认可。在这堵冷冻墙投入实际使用后，这两头熊经过一番好奇打探，最后还是放弃了这台昂贵的装置。在 1928 年的炎炎夏日里，它们几乎从不在这台噪声巨大的机器制造出来的冷气范围内走动，于是，这堵冷冻墙在第二年正式停用。[37]

上野动物园第二个哈根贝克风格的围栏是海豹池，在北极熊展开放的第二年落成并对外开放。由于这里的毛海豹数量较多，海豹池很快就发展成为动物园最受欢迎的景点之一。成群结队的观光客们期待着在投喂时间点观看海豹身形优雅地穿行在水中，追逐着穿着制服的饲养员扔下的鱼。如同北极熊格雷特展一样，这个池子也使用人造材料来再现标志性的自然风景。这类新型展览到 1931 年时共有 4 个，所有这类展览中使用的"石头"，和大型哺乳动物馆及新开的河马馆（1929 年开放）中"自然"风格的背景墙所使用的石头一样，由按特定比例精心配制、包覆在一个金属和木结构框架表面的混凝土和金属丝制作而成。井下在他的世界环游之旅中带回了这种混凝土的配方。接下来，他将这些展览场馆的建造任务交给了木匠相川求，后者又往配方里增加了些色彩和纹理，从而制造出被评论家称为比"真实的石头更真实"

的人造石头。[38]

　　相川广受赞誉的杰作是 1931 年落成并对公众开放的猴山。相川、古贺和井下在这个项目的设计上投入了比动物园其他类似项目更多的时间和精力。除了从哈根贝克引入的基础理念外，这个展览主要是由上野动物园自己的团队来推动完成。猴山的建造过程困难重重。最终完成的作品至今仍矗立在上野动物园，并且始终是园中最受称道的展览之一。坐落在猴山中心地带的犬牙交错的"山峰"成为对日本人和日本民族起源的纪念物。这座使

80

图 2.3　猴山，1931 年

这座仿照室町时代画家雪舟等杨的画作建造而成的猴山是一系列以日本猕猴为主题的展览的滥觞。日本猕猴与展览的关联是如此明显，以至于作家太宰治（Dazai Osamu）在其 1936 年的短篇小说《猴岛》（*Saru ga shima*）中对其进行了讽刺。图片蒙东京动物园协会提供

用造型夸张的人造岩石，以复杂方式搭建而成的建筑，成为一群可爱的日本猕猴（被称为 nihonzaru，或"日本猴子"）的栖息地。猴山的形状反映了国家起源地的文化遗产，因为它三维地再现了这个国家最负盛名的风景画画家之一雪舟等杨（Sesshū，1420—1506）风格独树一帜的作品。这个展览被广泛复制推向全日本，甚至推广到海外不计其数的场合。在 1931 年后的几十年间，将日本猕猴放在猴山和猴岛中展览成为日本举国上下所有动物园的标准做法，而这又主要以相川的发明为蓝本。即使是在我孩提时候去过的明尼苏达动物园，日本猕猴也被置于类似的"日式"风格展览中。[39] 在两次世界大战的间歇期首度成形的帝国迷梦，继续在美国中西部偏北的地方激发着动物园造访者的文化想象。

帝国战利品

并非所有与帝国的联系都如同古贺认为工业社会导致了精神空虚的推测那样不易察觉或微不足道。它们绝大多数都是有意为之的公开表达。随着日本海外扩张的发展，帝国的剧本也通过形式多样的具体再现而得到详细表达。新近征服的殖民地在动物园的讲解或文字说明中被标注为野生动物的栖息地、丛林或热带地区，而与此同时，东京这座大都市被投射为统治中心。曾经被用来确认日本的发展与西方同步的动物园，如今却宣扬着日本将秩序强加于殖民地财产、领土和动物之上的能力。如动物园的战利品展区，就将帝国战利品和军队吉祥物置于一个观众触手可及的位置。在这一区域，绝大多数的展陈动物都是相对平常的物种。然而，这个区域却吸引了大量的人流，与周围诸如象馆这样更具视觉冲击力的展览形成分庭抗礼之势。在绝大多数情况下，这些动物的吸引力更多来自它们被俘获的方式而非其外来起源。很多展览总是配有大幅的海报，经过精心编辑的文字说明讲解着展览动物所属品种、来源国家以及它们怎么成为动物园收藏的。例如，在野猪围栏前的文字内容，就讲述了勇猛无畏的日本士兵如何在异国他乡一心追逐猎物——就像追逐敌人一样。它使用和该物种一样的双关语来表达士兵的勇敢：在日语里，一个"猪武者"就是指一个士兵如同发狂的野猪一样，在敌军中横冲直撞，全无畏惧和退意。[40]

　　其他展览展示的是帝国在征服过程中使用的工具动物。最明显的例子就是军马展，这些军马据说是供率领日本军队冲锋陷阵的高级军官骑乘。这些得到精心喂养的动物会被定期从围栏牵出来，在周边小跑溜达。军马装备展就布置在附近，方便对军事装备感兴趣的游客进一步观看了解。当然，也不是所有的军用动物都有如此高贵的血统。在该区域最吸引观众的展览之一，还有被当作"战争英雄"的驴和骡子，相对于军官的马匹来说，这些驴和骡子更像是普通的步兵。据称它们在战争期间为支持人类步兵同伴承受了巨大的苦难。在 20 世纪三四十年代的战争文化中，类似的家常驯养动物展逐步被发挥到了极致。展览为参观者提供了给士兵的动物代言人提供食物，从而向这个国家的普通士兵表达感谢的机会。这是一种象征性的介入形式，最好被当作大众传媒的图腾主义来加以理解。[41]

82

就其珍稀度和异国来源的意义而言，战利品展真正具有外来血统的居民，也是最广为人知的"囚犯"，是三头野双峰骆驼。这三头野双峰骆驼并非俘获自野外，而是日本军队在1894年血腥的旅顺港袭击中从中国军队抢来的战利品，而后被洋洋得意的第一师指挥官当作献给明治天皇的礼物，用船运回日本。如同其他许多类似的帝国礼物一样，这三头反刍动物被送到上野动物园。尽管上野动物园的管理权被移交给了东京市，但它仍保持着作为帝国动物战利品的主要收纳所的角色。这个由统治者送给民众的礼物得到公开的宣传，当然还有对骆驼的耐力和力量的赞美。它们的到来——所有这类新来到动物园的动物都被称为"新客人"，就好像在旅馆里住下来一样——受到报纸和诸如《少年世界》（*Shōnen sekai*）、《孩子之国》（*Kodomo no kuni*）和《学生》（*Gakusei*）这类发行量大的儿童杂志的普遍欢迎。这些报刊深深影响着孩子和他们的父母对战争的看法。各种各样的文章鼓励读者前往动物园参观并亲手喂一喂这些骆驼。与骡子和驴的安置之所一样，骆驼展览区是由简单的木制栏杆和少有装饰感的植物搭成的粗糙空间，允许参观者们径直走进去触摸它们。

骆驼的外来特质使得它们不免遭受不够宽容的议论。1902年《少年世界》杂志出版了一期致敬上野动物园成立20周年的纪念特刊。在特刊文章中，这些倒霉的生物被认为代表着帝国的偏执。骡子、驴和马这些常见的驯养动物被媒体塑造为服务国家的日本士兵的代表，而与此同时，作为异质性动物的骆驼，则被用来表征日本的侵略对象。这本杂志使用一种具有种族色彩的动物修辞来提供一堂示范课，不加掩饰地把骆驼俘获品与战败的中国相联系。"乍一看，骆驼无非是一种笨拙、安静、多少有些愚蠢的动物而已，但是它的实际性情却相当糟糕，"作者写道，"外来文献称骆驼相当腐化堕落，这毫无疑问是真的。如果骆驼是人的话它们一定最像中国人。"[42]

从商业角度来讲，这些"新客人"很快就被驯化，影响着孩子们的想象力世界。这些孩子读着各种各样的杂志和故事书，如饥似渴地寻求对非常见动物的描述、关于英雄战士的传说，以及对世界最前沿的新技术奇观的形容。如同动物园里来源不同的动物一样，这些内容中有一部分无疑是帝国的原产，而其他则来自异国他乡，这些不同的动物源流和故事主题在杂志里混杂，最终在有关探险的虚构故事、对非虚构文化的好奇和帝国建造的事实之间制造出一种激动人心的联系。[43]这些充斥着"一手报道资料"和专业术语的故事，将帝国带入人们的日常生活，回应着主要是由生态现代性的自身审美所产生的欲望。帝国的地理想象和野生世界在大众亚文化的边界内连接为一体，共同激发孩子的好奇心。这种好奇心因而成为动物园和动物园管理者们努力动员的目标。

管理者们尽最大努力让上野动物园始终保持在聚光灯下。然后，正如现在一样，他们也更多地注意到了媒体的作用。在上野动物园的文献档案收藏里保存着出自帝国全盛期的好几千份报纸和杂志的剪报，这些剪报既是大众文化褪色的记录，也是管理者注意力所在的明证。黑川和古贺手写的便签和批注记录下很多这类事件。这些记录也展示了他们难以言表的兴奋和时不时出现的沮丧，这些沮丧往往来自工作失误或外界的尖锐批评；日

83

期被划掉，拉丁双名的拼写错误被矫正，其他更多相关文章的观点被一一标注出来。上野动物园的园长过去是，现在依旧是一个公众人物。古贺、黑川和井下成为一系列杂志的常规供稿人。黑川看上去是积极追求"动物园老伯"这个颇具长者风范的称号的第一人，他在照片里摆出的姿势要么是给河马刷牙，要么就是满面笑容地抱着一个新生的小熊崽。到20世纪20年代，据说孩子们在前往动物园观看各种动物的同时，也都渴望遇见动物园园长——一个主持着秩序井然的缩略版殖民地自然世界、和蔼可亲的长辈形象。

在很大程度上，如同被动物园赋予大众化形式的政治帝国一样，帝国的展览马上就成为一项兼具竞争和合作的事业。"动物园老伯"在各种交易之间充当捐客并且尽最大努力去维持新奇的或让人兴奋的动物的稳定供给。相互竞争的国家彼此间也会通过互赠动物战利品礼物，生产出一个相互认可的体系，即便它们都想争第一。动物园的管理者们和他们的上级都明白这种交换的重要性。这种交换象征性地确认了他们在帝国贸易和礼物赠予的全球交换圈中的经纪人地位。这一过程的最早启动无疑是从上野动物园开始的。在1883年，也就是上野动物园正式对公众开放后不到一年的时间里，一支战舰编队前往澳大利亚执行日本帝国首次正式的皇家动物交换任务。在盛大的排场下，一名日本海军上将接管了一大群袋鼠，与此同时，他拿出了一只日本棕熊作为回报。这些礼物都各自以他们备受尊敬的统治者的名义赠出。日出之地的天皇与日不落帝国的女王达成了一项有关承认、权力和声望的互惠性交易。[44] 这个过程承认了日本是文明国家共同体

84

的一员，一个接受交换规则的现代民族国家，而不是一个更适合游猎的待开化地区。这是一个重要的转变，和上文提及的田中芳男在 1873 年维也纳世博会的努力形成呼应。在当时的世博会上，欧洲人被要求承认的不仅仅是日本独特的动物和植物，还有武士打扮的阳光青年的科学才华。外国的收藏者们再也不能怀着简单的臆想去看待那些或有趣或珍贵的动物，以为日本的专家认识不到它们的重要性。

随着帝国的壮大，上野动物园获取新动物标本的手段也越来越多样。1941 年，随着日军向东南亚的挺进，日本一下子拥有了前往这个世界最丰饶的生态系统的诸多直达通道。帝国军队征服了生态系统和类似的社会系统，动物潮水一般涌进上野动物园。军事长官明确下令要求收集动物标本，这些标本通常被作为公开的礼物，由寺内寿一（Terauchi Hisaichi, 1879—1946）这样的司令官或战争期间的首相东条英机（Tōjō Hideki, 1884—1948）送出。寺内将送给天皇的动物交由上野动物园照管，其节奏是如此之快，以至于笼舍和围栏很快就塞满了动物。刺猬是在 1939 年从中国前线用邮政飞机送回来的，同一年晚些时候，不同品种的中国马也被送了过来，韩国鹿则是 1941 年的礼物。1942 年的"南方作战"送回了名副其实的兽群，其中最让人叹为观止的是一群出自先前的荷兰殖民地东印度群岛的科莫多巨蜥。这一时期上野动物园整体的尚武风格在 1942 年更得到高度彰显。战时上野动物园最具景观性质的繁育事件是一头雌性长颈鹿宝宝的出生。这只小长颈鹿被命名为"南"或"南方"，作为南方作战的纪念。这个名字是通过公开投票的方式选出的，特殊印制的选票被发给

85

那些参观动物园的孩子们。细察这些至今还收藏在动物园文献里的备选名字，可以看到当时只有 3 个孩子希望这只动物被命名为"和平"。[45]

就在来自精英阶层赞助人的礼物纷至沓来的同时，前线的士兵们也自觉承担起丰富动物园收藏的责任。他们送回了各种各样购买、偷窃或捕获于新的入侵地区的动物。在这些动物中最知名的就是一头被称为"八纮"（Hakkō）的幼豹。其得名截取自战争口号"八纮一宇"（Hakkō Icchu），意为"同一屋顶下的八个角

图 2.4　军队吉祥物"八纮"

这只幼豹以无处不在的战时口号"八纮一宇"——一个表现日本帝国野心的隐喻——来命名，由驻扎在中国东北的日本军队捐赠给动物园。展示在笼舍前方的标牌上写着："这只幼豹出生于 1941 年春天。她被日本驻华部队抓获并饲养，名叫'八纮'。她非常温顺，在 1942 年捐赠给动物园之前，一直被部队作为吉祥物饲养。"图片蒙东京动物园协会提供

落"，一种对日本天皇统治之下的"大东亚共荣圈"的"和谐"
想象的隐喻表达。"八纮"是一只害羞的动物，曾经被一支驻扎 86
在中国东北的日军小分队养作吉祥物。当它长大不便安全豢养的
时候，士兵们用船将它运回东京，随身还附上一份非常详细的由
来说明，以及对动物园工作人员的建议，提醒它的饮食偏好，并
且还特别提到它很喜欢有人抓挠耳朵后方的部位。动物园制作
了一份简要说明，强调它是捐给动物园和日本民众的战争"吉祥
物"。这份说明被印在一个大型标牌上，悬挂在这只安静的大猫
的笼舍前方。作为无处不在的士兵吉祥物，"八纮"很快就成为
东京最受欢迎的动物之一。[46] 在这种意义上，这头幼豹成为动
物园更宽泛的功能的标志。这只动物的特殊性以及它的故事如今
被用来诉说战争更广泛的现实情形。一只豹子可以代表一支军
队，一头骆驼能够象征一个被征服的国家，居于文明与自然的中
间地带的动物园，就这样通过实物的交换和公开的展览将后方家
园与战争前线连为一体。

帝国的本质

随着帝国和经济的同步扩张，接近动物园这类具有既定模
式的世界幻象的途径也变多起来。到 1939 年日本动物园和水族
馆协会成立的时候，在日本本土及其入侵地总共有 16 家大型动
物园，以及数十家研究站、收藏岗哨以及展出活体动物或剥制动
物标本的自然历史博物馆。特别是受英国在殖民地创设帝国机

构之举的启发，日本官方在从中国东北到新加坡的众多城市广泛地建设展览馆、博物馆、植物园和动物园，这些行动通常也得到本地精英的配合。台北的动物园（1908 年创建）和汉城的动物园（1909 年创建）特别受欢迎。在 1938 年有将近 37 万人参观了台北动物园；同一年，参观朝鲜皇家博物馆、植物园和动物园的人数超过了 70 万。朝鲜的类似机构被称为"昌庆苑"，成为和上野公园展览复合体不相上下的政治表达空间，后者是在德川政权专属土地之上建成的明治时代新发明。"昌庆苑"得名于朝鲜王室的私家住地景福宫（Shōtokukyū Palace, Ch'angdŏgung）。后来在日本统治期间，"昌庆苑"曾作为对帝国现代性追求的纪念之物，部分地向公众开放。[47]

87　　生态现代性因而经常被当作文化权力的表达，被清楚地传导给殖民地的受众。尽管如此，数以百万计的人——其中绝大多数都不是日本人，还是选择造访殖民地动物园，徜徉在他们自己国家为帝国进步所定义的鲜活生态场景中。在这些动物园里，本地的物种和来自其他殖民地、保护国以及附属国的动物一并展示。如来自台湾山地和雨林的动物，不仅被送往东京和台北，而且也进入从汉城到新加坡的动物园收藏之列。朝鲜的动物也出现在远如日本控制的上海、伪满洲国和柔佛这类地方的博物馆收藏中。在柔佛，德川义亲（Tokugawa Yoshinari，1886—1976）——德川幕府创始人的后代，与苏丹易卜拉欣二世（Sultan Ibrahim Ⅱ）等一起游猎，以期加强情感联系。在动物园这类机构中，帝国得到了自然术语的描述，呈现为动物栖息地和物种分布的拼图，而这类拼图似乎不太在意国家的边界问题，即使这些边界已经在日本人的科学处理下变得显而易见且意味深长。

作为帝国首屈一指的动物园的管理者，上野动物园的工作团队经常被要求参与殖民地文化机构建设和管理的咨询顾问工作，很多这类机构将来都由他们来主导。[48] 如 1940 年的一篇文章报道了古贺来到伪满洲国的事件，这篇文章主要讨论野心勃勃又资金雄厚的新京动植物园的创立，这座动植物园就建在城市中心地带。这个先前被称为长春的城市现在被日本官方重新命名为新京，意为"新的首都"。* 日本人在这里启动了现代城市设计的一个重大项目。公园和文化机构被当作一个新近诞生的国家文化成就的明显标志，成为这些规划的核心内容。古贺指导着这个新京展览复合体的建设进程。[49]

新京动植物园不曾全部完工，原因在于战争拖慢了建设节奏。但是在最初的设计构想中，它的规模足以和"世界上最大的动物园相媲美"，面积是上野动物园的好几倍大。它也是古贺大都会梦想中的殖民地神话的典范。植物园和动物园在这个"文化的丰碑"中被整合为一体，提供了"当前在其他动物园闻所未闻的自然奇观"。这个提法借用自该机构的首任园长中俣充志（Makamata Atsushi）。这里的一切都是大手笔，采用了最先进的技术。"通过将植物温室与热带动物环境连接起来，这些园子使得游客自然而然地步入动物的天然世界中。"中俣称。这样的话，动物和植物"看上去就像在自然场景中一样，无缝对接"。动植

88

物园除了使用动物围栏来开展大众教育外，还可以做很多事情。他强调，它可以击败这个世界上"最寒冷国家"之一的气候，为生活在中国东北的民众提供一个光线明亮的温室，从而在中国东北昏黑的冬日里找到"舒适和解脱"之所。一个水族馆和带暖气的爬行动物馆也在规划中。

与热带展区封闭的微缩世界相反，新京动植物园的外部则呈现为一个"没有栅栏的世界"，一个以哈根贝克最复杂的设计为模式的露天的"理想的'满洲'景观"。本地动物最先入住到这个"活的生态系统"中来。6只东北虎、4只麋鹿、2只羚羊、25头鹿、3头红鹿，以及各种各样的小动物和鸟类最早出现在展览中。除此之外，还有一头幼狮 Nero，它是上野动物园的一对非洲狮 Ali 和 Katarina 的后代。这对狮子是埃塞俄比亚皇帝海尔·塞拉西一世送给日本昭和天皇的礼物。中俣骄傲地注意到，这头小狮子拥有"适应寒冷的力量，而这种力量会被传递给'满洲'狮群的下一代"。[50]

无论是古贺还是中俣，都重视展出看似业已在野生世界消失的动物，这是他们强调动物园对于殖民地的特殊重要性的原动力。就在古贺于新京拜访中俣的同一年，古贺在一篇发表在阅读量甚大的东京文学杂志《文艺春秋》的文章里写道："入侵的军队通常会无视本地的法律规定并将动物赶尽杀绝。"两个人都下定决心不能让这样的情形在中国东北发生。"新京动植物园是我们的希望，"中俣在 1940 年有关古贺到访和新京动植物园的一篇文章里总结，"除了开展（动物资源）调查和进行技术研究外，这个机构还将保护那些正濒临灭绝的本地物种。"关于保护本地物种的努力，日本人的干预被描述为必要的，而非多余的。中俣暗示道，因为日本人能够理解怎样将"科学研究制度化"，而中国人不能。[51]

　　大陆动植物对日本帝国的经济重要性直接反映在日本人对本土物种的聚焦上。而这又因新京动植物园推动外来物种适应环境，以便为将来可能的驯养和使用服务的特殊努力而得到强化。这些未被实现的计划中最宏大的一个，被古贺用来回应人们对殖民扩张造成的生态损失问题的关切，以及被作为象征性地击败西方国家的手段。他写道，由人类冲突导致的动物灭绝事件中最著名的例子，就是美国边境线上的"野水牛（美洲野牛）灭绝事件"。[52]在 1933 年，当和美国的关系开始出现摩擦之后，威廉·鲁道夫·赫斯特（William Randolph Hearst）捐了一小群野水牛给上野动物园用于修复关系。这些经由赫斯特在保守的《读卖新闻》的出版同行牵线过来的礼物，被寄予了新的希望，即希望刚被日本征服的中国东北干草原带，能够成为陨落在天定命运论文化中的北美动物的新栖息地。野水牛将适应这方水土并繁殖下去，进而逐步将亚洲东北部的生态系统改造成为北美大草原的翻版。这是一个意在将干草原带改良成用来养殖军马和其他动物的更富饶家园的行动。到最后，这些野水牛始终没能离开上野，但是它们的历史却宣称了生态现代性宽泛的吸引力。尤其是当它与20 世纪 30 年代日本日渐军事化的自然视角相联系时——这是下一章的主题。为古贺所辨识出来的物种陨落以及自然的脆弱，正在以不同的方式，带着清楚的意义，在哪怕远如旧金山和新京这样的地方发生作用。[53]

89

小结

生态现代性文化的影响远远拓展到宣称体现着帝国优越性的机构网络之外。科学家、旅行者、大众作家、记者，以及详细记述了这种殖民生态系统征服全程的业余自然历史学家们，面向不同的受众，将荒野和未开化世界与殖民地之间的对应建构得仿佛东京就是亚洲现代性的中心一样自然。如德川义亲这类大型动物猎手的探险经历频频见诸面向成年人和孩子的新闻报纸和流行杂志。作为闻名遐迩的"猎虎公爵"，德川和其他不计其数的探险者、猎人及收藏家的旅行都为殖民征服的事实蒙上一层探险的面纱，而与此同时，日本的人类学家、植物学家和动物学家正在努力对新的占有地极其丰富的生物多样性进行分类。

1937 年侵华战争全面爆发以来的五六年间，对日本科学家和收藏家来说是一个特别激动人心的时间段。军事扩张将中国和东南亚多元丰富的生态系统置于日本的控制之下，这一时期也同时见证了自 19 世纪自然科学的命名原则根据林奈的标准进行调整以来，目录学和分类学前所未有的混乱状态。在迫切需要识别战略资源和自然资源的政府项目资助下，科学家们往往成为帝国征服的先遣队。他们有关"大东亚共荣圈"博爱的报告，被小心地发布在媒体，从而帮助把军事征服行动重塑为科学的进步之举，就好像日本人在地理空间上的向外扩张行动同时也是迈向文明的一小步似的。

这一时期还发生了迎合大众口味的作品激增的情况，这些

90

作品引导读者进行帝国的自然历史之旅，而这个帝国又被刻画为一个无论是物质上还是精神上都有待开发的资源宝库，正等待着日本人去发现。"我们对于知识的渴求，"地理学家藤泽桓夫（Fujisawa Takeo）在一份相关报告中写道，"只有当我们的科学之眼遍摄从地理学、动物学、植物学标本到包含本土特色和风俗在内的一切事物时，才会发展起来。"似乎带着科学之眼的日本人，是唯一有能力在混乱的环境中感知秩序的人。探险和发展在藤泽的报道里步调一致，以至于帝国的开拓、日本国内经济的发展，以及科学好奇心的满足似乎就是同一个东西。在"本土人"发现树木、动物和食物的本土环境中，藤泽和他的同事们却发现了"资源"。藤泽的"科学之眼"寻找的是原材料和战略物资。[54]

帝国的追求因而被转变为对好奇心的满足，藤泽也提醒道，这种满足也不是没有风险的。这些风险超出人们预料。野生动物不是藤泽关注的问题——他的科学考察团队配有军事护卫人员。他真正恐惧的是殖民地自然给人带来的感官愉悦。藤泽的报告几乎都充斥着来自南方的感官冲击。这就好像潮水般扑面而来的自然在欢迎日本人对东南亚的"介入"。他在报告的开篇里写道，"我们的身体完全置于当地气候中"，导致了"我们称为'南方懒散'的感受"。他的团队也感受到了对马来半岛、缅甸、爪哇和苏门答腊岛的"绿色丛林的极乐世界"的迷恋，深陷其中不能自拔。藤泽写道，"香蕉的味道"和"野生动物的声响"，饱浸于向来一本正经的科学家的感官世界，以至于他都担心他们会没法将发现如实地报道给后方的读者大众。理性和生物性又一次争执起来不相上下。[55]

91　　　　当日本和它的帝国一并现代化时，藤泽的报告成为特别到位的总结，指出了看似居于生态现代性核心的矛盾。在他的写作之中通篇充斥的接触"真实自然"的深沉愿望，被建构为一种理性沉思的对照物，就好像头脑和身体在背道而驰一样。这是古贺和井下关注的同一矛盾性的体现。现代的自觉意识看似需要与动物和自然世界的特定分离，但是，在将自然建构为一个分离事物的同时，生态现代性也产出了它自己的悲情文化。如同藤泽对自己的担心一样，一个人迷失了自己和殖民地丰饶世界的区分，也就是迷失了自我，正如理性和生物性的绝对脱离会危害古贺称为"人性本质"的东西一样。生态现代性因而便拥有了一种双重意愿的特征，一方面想要沉浸到中俣所称的"活生生的世界"中来，另一方面想要往后站并审视它。在古贺和井下的治下，上野动物园成为满足这类接触自然的需要的方式，而又无须冒着彻底屈服或承受物理伤害的风险。当大型食肉动物被转变为"吉祥物"时，动物世界也就变得无害起来。动物园这种新的机构允许人类潜伏在黑暗空间里，窥视着并且不被看见。

　　并非每个人都满足于只参观动物园或坐在家里看那些有关异国丛林和殖民地前沿的读物。动物园的参观人数在 20 世纪早期一度激增，而早在世纪之交，日本的旅游代理商就开始利用人们接触"荒野"——被向外投射到殖民地——的热望。在 20 世纪头 10 年，日本旅游局和其他代理商就已推出了前往台湾岛和朝鲜半岛的狩猎观鸟旅游产品。旅游目的地名单也随着帝国势力的扩张而不断变长。上野动物园的工作人员就大量参与到这类探险活动中来。如在 1939 年，游客可以加入有生物学家等人参与的第 12 次中国东北狩猎活动，此次狩猎之旅的目标是豹子和熊。[56] 专家们为通常会被海外遭遇到的"真实"自然的混乱弄得不知所措的参与者保驾护航。中国东北狩猎之旅的宣传手册称，一次前往新京动植物园的旅行，能够成为东京和殖民地的野生世界之间的受欢迎的过渡。[57]

值得注意的是，第 12 次中国东北狩猎之旅就发生在一个正与日本交战的国家境内。到 1939 年，这类明目张胆的探险活动就不常见了。战火自 1931 年从中国东北燃起，到 1937 年蔓延到全中国，再越过太平洋，于 1941 年扩展到东南亚。为上野动物园所支撑的帝国迷梦就此开始褪色。动物的饲料日渐变得稀缺，和帝国境外绝大多数动物园的交易终止，动物园的饲养员们还注意到，征兵行动改变了动物园的客户群构成，参观动物园的青年男子的数量明显下跌。上野动物园的部分工作人员也在 1937 年后应征入伍。在帝国战争的场景下，上野动物园再一次得到重新设计，转变成颂扬战争文化的舞台。到 20 世纪 30 年代后期，军事文化再度以"动物战利品展"的面目出现，并覆盖整个动物园。上野动物园的核心关怀不再是公众教育或帝国娱乐，而是对总体战争的追求。正如我们将在接下来的两章里所看到的那样，全面动员在动物园意味着动员自然和动员社会。

92

注释

[1] 小森厚，上野动物园官方一百周年纪念史的主要执笔人，同时也是一位多产的业余历史学家。他提出日本动物园在 20 世纪早期进入一个"萧条"阶段。尽管再没有其他学者比小森更了解动物园这种机构，但是小森作品中的大量内容却一再提示我，这种判断并不成立。甚而，我们把 20 世纪早期当作动物园的

一段正常化时光来看待更好，在这段时间里，随着上野动物园在东京这座超级大都市日常生活中的地位的提升，参观人数也在稳步增长。只有放在整个20世纪上野动物园令人咋舌的炫目发展背景下，20世纪早期才能够被看作是"萧条"的。小森厚：「上野動物園の発展」，收入『動物と動物園』，32，no. 5（1980）：18。类似地，佐佐木时雄也惋惜地提到，随着石川千代松的退隐，动物园不再有一个清晰的科学研究日程。毫无疑问，在日本，我们能看到职业科学家与动物园这些市政机构在这个时代渐行渐远，且职业科学家的功能也转由高校和科研实验室在发挥。宇田川、伊藤以及田中在19世纪启动的对专业区分的追求，成为20世纪早期社会景观的常规内容。参见佐々木時雄『動物園の歴史：日本における動物園の成立』。

[2] 这里我引用了哈丽雅特·里特沃讨论动物园与帝国的联系的开山之作，参见哈丽雅特·里特沃的《动物庄园：维多利亚时代的英国人和其他生物》，尤其是其中的"外来圈养动物"部分，第205—242页。也可参见兰迪·马拉默德《阅读动物园：动物的表征与圈养》。有关与帝国之间联系的再现——"帝国迷梦"，参见 W. J. T. 米切尔的《帝国的风景》（"Imperial Landscape"）一文，收入《风景与权力》（*Landscape and Power*），芝加哥：芝加哥大学出版社，1994年，第5—34页。

[3] 我发现威廉·利奇有关新美国消费者文化的出现的作品很有帮助。参见威廉·利奇的《欲望之地：商品、权力和新美国文化的兴起》，纽约，古典书局，1994年。有关现代日本的童年时光，参见马克·琼斯（Mark Jones）的《作为财产的孩童：20世纪早期日本的童年以及中产阶级》（*Children as Treasures: Childhood and the Middle Class in Early Twentieth Century Japan*），麻省剑桥：哈佛大学亚洲中心，2010年。我至为感谢谭可泰关于实体帝国与想象帝国之间重要关联的思考。

[4] 里特沃在提及作为上野动物园参照的伦敦动物园时，对这一点讲得很清楚。参见里特沃《动物庄园》。也可参见凯·安德森（Kay Anderson）的《动物、科学与城市景观》（"Animals, Science, and Spectacle in the City"），收入珍妮弗·R. 沃尔克和乔迪·埃姆尔编《动物地理：自然与文化交界处的地方、政治与认同》，第27—50页。

[5] 杜赞奇（Prasenjit Duara）也强调过"自然"以及"自然的"对于帝国话语和实践的重要性。参见杜赞奇《空间的本真性》（"The Authenticity of Spaces"），收入《主权性与本真性："满洲国"与东亚现代》（*Soverignty and Authenticity: Manchukuo and the East Asian Modern*），纽约：罗曼和利特尔菲尔德，2003年，第171—177页。正如杜赞奇明确指出的，日本帝国主义与帝国本身是理解东亚自然观念变迁以及整个东北亚环境史的关键所在。戴维·L. 豪厄尔和布雷特·L. 沃克关注北海道被正式并入日本民族国家之前的历史，他们的研究表明，在现代这个时间段之前，拓展疆界的动力对于日本民族形成有重要意义。参见布雷特·L. 沃克的《阿依努人的土地诉求：日本扩张中的生态与文化，1590—1800》（*The Conquest of Ainu Lands: Ecology and Culture in Japanese*

Expansion, 1590-1800），伯克利：加利福尼亚大学出版社，2006 年；戴维·L. 豪厄尔的《内生资本主义：一个日本渔场的经济、社会与国家》（*Capitalism from Within: Economy, Society, and the State in a Japanese Fishery*），伯克利：加利福尼亚大学出版社，1995 年。也可参见卡伦·威根（Kären Wigen）的《打造日本周边，1750—1920》（*The Making of a Japanese Periphery, 1750-1920*），伯克利：加利福尼亚大学出版社，1995 年。

［6］近来有大量研究关注日本帝国主义的对抗本质。其中代表性的著作如内田顺（Jun Uchida）的《帝国经纪人：朝鲜的日本殖民者与殖民主义，1876—1945》（*Brokers of Empire: Japanese Settler Colonialism in Korea, 1876-1945*），麻省剑桥：哈佛大学亚洲中心，2011 年；杨大庆的《帝国技术：通信与日本的亚洲扩张，1883—1945》（*Technology of Empire: Telecommunications and Japanese Expansion in Asia, 1883-1945*），麻省剑桥：哈佛大学亚洲中心，2011 年。内田和杨大庆提醒我们，帝国主义作为 20 世纪早期几十年间的一个文化现象，如果没有本土的大规模动员，扩张主义是不可能大行其道的。帝国通过营造展览和景观满足了人们尤其是来自后方家园的大众。沿着这些思路的开创性作品有珍妮弗·罗伯森（Jennifer Robertson）的《宝冢：现代日本的性别政治与大众文化》（*Takarazuka: Sexual Politics and Popular Culture in Modern Japan*），伯克利：加利福尼亚大学出版社，1998 年；路易斯·杨的《日本的总体帝国：中国东北以及战时帝国主义文化》（*Japan's Total Empire: Manchuria and the Culture of War time Imperialism*），伯克利：加利福尼亚大学出版社，1998 年。

［7］有关动物和商品拜物教，参见妮科尔·舒肯的《动物资本：生物政治时代的日常呈现》。

［8］日本历史中有关"社会问题"（social problems）的著述尤其丰富。其中有两部经典著述：谢尔登·加农的《模塑日本人头脑：日常生活中的国家》（*Molding Japanese Minds: The State in Everyday Life*），普林斯顿：普林斯顿大学出版社，1998 年；卡罗尔·格卢克的《社会基础》（"Social Foundations"），收入《日本现代神话：明治时代晚期的意识形态》（*Japan's Modern Myths: Ideology in the Late Meiji Period*），普林斯顿：普林斯顿大学出版社，1987 年，第 157—212 页。关于日本公众话语中对"城市问题"（urban problems）的新看法，参见新藤宗幸（Shindō Muneyuki）、松本克夫（Matsumoto Yosho）编『雑誌「都市問題」にみる都市問題，1925—1945』，東京：岩波書店，2010。

［9］卡尔·波普（Karl Popper）：《前自然主义信条批判》（"Criticism of the Pro-Naturalistic Doctrines"），尤其是《存在进化法则吗？法则和趋势》（"Is There a Law of Evolution? Laws and Trends"），收入《历史决定论的贫困》（*The Poverty of Historicism*）第二版，纽约：劳特利奇，2002 年，第 96—149 页。有关日本社会科学，参见安德鲁·E. 巴塞（Andrew E. Barshay）的《现代日本的社会科学：马克思主义与现代主义传统》（*The Social Sciences in Modern Japan: The Marxian and Modernist Traditions*），伯克利：加利福尼亚大学出版社，2007 年。

［10］W. J. T. 米切尔对风景画吸引力的研究也表达了同样的观点。参见米切尔《帝

国的风景》，尤其是第 13—16 页。

[11] 黑川义太郎：『動物園経営方針』，東京：上野動物園，1926。有关意识形态的自然化，尤其参考路易斯·阿尔都塞《意识形态与意识形态国家机器》，收入《列宁和哲学及其他》，纽约：Monthly Review，2001 年，第 85—126 页。

[12] 有关古贺的职业生涯和自传，参见佐々木時雄『動物園の歴史：日本における動物園の成立』，第 269—287 页。

[13] 这个解释要归功于哈里·D. 哈鲁图涅（Harry D. Harootunian）的《被现代性超克：战争期间日本的历史，文化与共同体》（Overcome by Modernity: History, Culture, and Community in Interwar Japan），普林斯顿：普林斯顿大学出版社，2000 年。也可参见 E. 悉尼·格劳库尔（E. Sydney Crawcour）的《工业化与技术变迁》（"Industrialization and Technological Change"），收入彼得·杜斯（Peter Duus）编《剑桥日本史》第 6 卷，纽约：剑桥大学出版社，1986 年，第 385—450 页；平良浩治（Koji Taira）的《经济发展，劳动力市场与劳资关系，1905—1955》（"Economic Development, Labor Markets and Industrial Relations, 1905-1955"），收入《剑桥日本史》，第 606—653 页。

[14] 柳田国男：「風光推移」，收入『柳田国男全集』，vol. 26，東京：筑摩書房，1990，第 122—152 頁。

[15] 長谷川如是閑（Hasegawa Nyozekan）：「綠地文化の日本的特徴」，收入『公園綠地』，3，no. 10（1939）：2-3。古賀忠道：「動物飼育講座」，『公園綠地』，3-4（1939）。

[16] 古賀忠道：「動物飼育講座」，『公園綠地』，3，no. 1（1939）：47。也正是在古贺和其他类似学者的文字里，我们发现了最接近美国人"荒原理想"（wilderness ideal）的东西。这是 20 世纪中期吸引许多日本知识分子和作家的一种视角。关于这种理念的最清楚的延续，可参见由日本公园与开放空间协会出版的杂志《公园绿地》。该协会成立于 1936 年，尽管它的许多成员都不赞成古贺和井下的主张，但该杂志仍发表了大量介绍美国人的理念化荒野的文章。毫无疑问，刊物的很多作者都在被我描述为"生态现代性"的框架下工作。托马斯·R. H. 黑文斯也曾触及诸多这类议题。参见托马斯·R. H. 黑文斯的《公园景观：现代日本的绿色空间》。

[17] 同上。相关的分析参见米切尔《帝国的风景》，第 15 页。类似的讨论，参见筒井（Tsutsui Akio）「我邦動物園之改善」，收入『動物及び植物』，9，no. 3（1935）：91-97。

[18] 古贺对"人间"（ningen）和"人类"（jinrui）两个术语的谨慎使用是有道理的。前者暗示着一种文化的理性的存在，而后者从字面上来说意味着"人的类型"（human type），和生物学意义纠缠一体。世界上存在着"甲壳类"（kairui）、"哺乳类"（honyurui）等不同品种。"rui"用来标注 19 世纪创造出来的林奈命名法中的"属"，它通常同生物学意义上的种族特征联系在一起。与之相反，"ningen"的历史可以追溯到儒家道德存在的概念，而这是德川时代甚至更早时期日本哲学的核心所在。"jinrui"暗示着一种对于人类存在的现代科学的理解。这些术语能够时

不时地帮助我们厘清道德考量的局限之处。被贴上"jinrui"而非"ningen"的标签，也就意味着我们更多是从生物学而非从个体生命的表达建构而成。这里与吉奥乔·阿甘本所描述的"赤裸生命"的共鸣让人震惊。古贺忠道：「動物飼育講座」，第48—49頁。吉奥乔·阿甘本：《敞开：人与动物》；吉奥乔·阿甘本：《神圣人：至高权力与赤裸生命》（*Homo Sacer: Sovereign Power and Bare Life*），斯坦福：斯坦福大学出版社，1998年。

[19] 古賀忠道：「動物飼育講座」，第47頁。

[20] 古賀忠道：「動物飼育講座」，第48頁。对于同一争论的颠覆性看法，也可视为对动物园和帝国主义本身的批评，可参见小森厚「動物園に関する疑問」，『動物文学』，47（1938）：16-19。小森的批评非常有力，他声称"动物园教给孩子们一种对待'天然'的傲慢态度"，而这又进而翻转了兽性化的过程，"通过野蛮行径以及对从野生世界移来的动物的去动物化，人类自身也变得动物化起来"。这类批评在战争前夕的出版物里极为罕见。

[21] 古賀忠道：「動物飼育講座」，第47—48頁。

[22] 古贺的语言揭示了动物园与一个"真实"自然间的关键区别，这种"真实"自然被想当然地认为是在别处的某个地方。人们必须有能力去感受恍若置身其中一样。古賀忠道：「動物飼育講座」，第46頁。

[23] 有关亲生命性（biophilia），参见爱德华·O. 威尔逊（Edward O. Wilson）的《亲生命性》（*Biophilia*），麻省剑桥：哈佛大学出版社，1984年。关于理解日本的相关途径，参见斯蒂芬·R. 凯勒（Stephen R. Kellert）的《人类自然价值的生物学基础》（"The Biological Basis for Human Values of Nature"），收入斯蒂芬·R. 凯勒和爱德华·O. 威尔逊编《亲生命性假设》（*The Biophilia Hypothesis*），纽约：岛屿出版社，1993年，第42—72页。有关"真实效果"（reality effects），参见罗兰·巴特《语言的窸窣》（*The Rustle of Language*），R. 霍华德（R. Howard）译，伯克利：加利福尼亚大学出版社，1989年。事实上，动物园展览的作用机制与巴特所关注的书面文本大致相仿。在巴特看来，这类效果的所指并非真实本身，而是一种真实主义。这种外在于文本的真实的概念，其自身就是文本的产物。动物园的展览可以说与此情形高度类似，这些展览召唤着一个孑然存在的自然，而这个自然从一开始就不曾存在。圈养状态下的动物园动物成为一个被想象为只在别处某个地方的自然世界的象征图符。有关自然世界殖民化过程中出现的"改良"观念，参见理查德·德雷顿的《自然政府：科学、大英帝国与世界"改良"》。

[24] 关于公园和绿地空间，参见托马斯·R. H. 黑文斯的《公园景观》。也可参见丸山宏（Maruyama Atsushi）『近代日本公園史の研究』，東京：思文閣，1994。

[25] 关于公园预算，参见『上野動物園百年史·資料編』，第259—268頁。

[26] 这里我引用威廉·利奇对美国百货商场中类似动力的分析，参见利奇的《欲望之地》。

[27] 石川千代松：『動物蓄養及び園丁心得』，東京：帝室博物館，1887。

[28]『上野動物園百年史·資料編』，第843頁。

［29］利奇：《欲望之地》，第 63 页。

［30］约翰·伯格（John Berger）：《为何凝视动物？》（"Why Look at Animals"），收入《看》（About Looking），纽约：帕特农图书（Pantheon Books），1980 年。

［31］苏珊·G. 戴维斯：《景观自然：企业文化与海洋世界体验》（Spectacular Nature: Corporate Culture and the Sea World Experience），伯克利：加利福尼亚大学出版社，1997 年，第 77—116 页。

［32］欧文·戈弗曼（Erving Goffman）：《日常生活中的自我呈现》（The Presentation of Self in Everyday Life），伍德斯托克：眺望出版社，1973 年。

［33］关于"海洋世界体验"建构中的类似动力的讨论，参见苏珊·G. 戴维斯的《景观自然：企业文化与海洋世界体验》，第 109—110 页。

［34］关于哈根贝克，参见奈杰尔·罗特费尔斯的《野蛮人与野兽：现代动物园的诞生》。也可参见埃里克·埃姆斯（Eric Ames）的《卡尔·哈根贝克的娱乐帝国》（Carl Hagenbeck's Empire of Entertainments），西雅图：华盛顿大学出版社，2009 年。

［35］关于这种动力的更详尽分析，参见罗特费尔斯的《野蛮人与野兽：现代动物园的诞生》，第 141—188 页。

［36］雨宫育作（Amemiya Ikusaku）：「饲养之本义」，『採集と飼育』，1, no. 5（1939）：223。琼·鲍德里纳德（Jean Baudrillard）对动物与人的一致性作出过类似的分析，参见《动物：领地和变形》（"The Animals: Territory and Metamorphosis"），收入《模拟物与模拟》（Simulacra and Simulation），安娜堡：密歇根大学出版社，1994 年，第 129—142 页。有关失范（anomie），参见埃米尔·涂尔干（Emile Durkheim）的《自杀论》（On Suicide），纽约：企鹅图书，2006 年。

［37］『上野動物園百年史・本編』，第 106—107 頁。

［38］佐々木時雄：『動物園の歴史：日本における動物園の成立』，第 242 頁。

［39］佐々木時雄：『動物園の歴史：日本における動物園の成立』，第 242—244 頁。

［40］『上野動物園百年史・本編』，第 53 頁。

［41］同上，第 65 頁。

［42］「上野動物園」，『少年世界』，8, no. 4（1902）：116-117。

［43］这里我引用威廉·利奇对美国消费者文化深具洞察力的读解，参见利奇的《欲望之地》。

［44］『上野動物園百年史・資料編』，第 567 頁。

［45］关于动物园战争期间所获动物的总结，参见『上野動物園百年史・資料編』，第 142—157 頁。无论在哪里，投票都有好几百人参与。由此看来，那些备选名字的目录相当之长。

［46］成冈正久（Masahisa Narioka）：『豹と兵隊：野性に勝った愛情の奇跡』，東京：芙蓉書房，1967。

［47］文部省社会教育局：『教育の観覧施設一覧』，東京：文部省，1938。1938 年，在占领期间的台湾，官方认可的 10 家文化机构的整体参观人数将近 194.9 万。

［48］同上。也可参见「公開実物教育機関一覧」，『博物館研究』，3, no. 8（1930 年

8 月): 1-4. 对于朝鲜殖民地文化机构的特殊议题，参见『博物館研究』, 8, no. 4（1935 年 4 月）。

[49] 关于新京展览场地的详细描述和整体规划，参见三宅健一（Mitaka Ken'ichi）「ある国立博物館建設に関する運動」,『博物館研究』, 13, no. 1（1940 年 2 月）: 10。

[50] 古賀忠道:「戦争と動物園」,『文藝春秋』, 17, no. 21（1939 年 11 月）: 21-26。中俣充志:「國都に築く大動植物園」,『新満洲』, 4, no. 9（1940 年 9 月）: 68-69。

[51] 中俣充志:「國都に築く大動植物園」。

[52] 古賀忠道:「戦争と動物園」,『文藝春秋』, 17, no. 21（1939 年 11 月）: 23。

[53] 中俣充志:「國都に築く大動植物園」; 肯尼思・怀特（Kenneth Whyte）:《无冕之王：威廉・鲁道夫・赫斯特耸人听闻的崛起》(*The Uncrowned King: The Sensational Rise of William Randolph Hearst*), 伯克利: 对位出版社, 2009 年。古賀:「戦争と動物園」。

[54] 藤澤桓夫（Fujisawa Takeo）:《南方科学考察——南方建设与科学技术》, 东京: 科学技术出版。另一个有说服力的例子，参见『大东亚の動物』, 大阪: 精華房出版, 1943。也可参见三吉朋十（Miyoshi Hōjū）『南洋動物誌』, 東京: 現代日本社, 1942。

[55] 同上。

[56] 東満猛獣狩いいんちょ（Tōman mōjūgari iinchō）:『東満猛獣狩案内』, 1939。

[57] 出版于 1939 年的《采集与饲育》通常充满了这类产品的广告和文章。就很多方面来说，这份杂志类似《国家地理》的日本版本。有关第一期主题，参见採集と飼育委員会（Saishū to Shiiku no Kai）、日本科学協会（Nihon Kagaku Kyōkai）『採集と飼育』, 1, no. 1（1939）。

第二部分
总体战争的文化

图 3.1　军事化动物展览中的一名马匹"老兵"　　94

展览前方红白相间的大型标牌上写着"战功军马"。从 19 世纪 90 年代开始，退役动物被放在动物园里展览。图中，一名曾经的帝国军人牵着一匹军马走出围栏。一张大广告牌讲解着马匹在亚洲大陆军事行动中的作用。广告牌之下一个更小的方框里放着这匹马的军功奖状。在"军犬"和"军鸽"等动物的展览中也可以发现类似奖状。图片蒙东京动物园协会提供

第三章
军用动物：
动物园和总体战争的文化

95　军用动物

在 1937 年到 1945 年间，自然和自然世界，作为一个概念同时也是一种具体资源，在日本战时文化的表达中扮演着关键角色。日本的军事和政治领导人将本国自然资源的有限作为将海外侵略合法化的首要借口。这个故事是这样讲的，日本是一个被一群更为强大的侵略国家环伺的"弱小岛国"，这些国家一心要通过限制商贸往来和垄断获取亚洲大陆尤其东南亚的丰富资源的通道来打压日本。那些狂热的理论家和战略家称，如果没有途径获得亚洲大陆的石油、木材以及矿石，日本就永远不可能体验到自由和民族自治。西方殖民政权正在虚弱的亚洲诸国推进的殖民扩张行动也为日本的宣传家们提供了一个有力的理由，为日本 1931年入侵中国东北、1937 年全面入侵中国、1941 年入侵东南亚的行为进行辩护。通过这些措辞，他们一再强调，日本的民族使命就是要将亚洲的自然资源和民众从腐朽的西方剥削那里解放出来，并以亚洲兄弟之情和未来繁荣的名义为他们提供"保护"。[1]

96　　　与侵略主义的粉饰相随而来的是日本人对待自然的方式的调整。对国内和殖民地自然资源的开发利用在 20 世纪 30 年代晚

156

期明显加速，当时日本正上紧发条准备推行总体战争。全面动员要求将所有的国家资源投入战备。短期的军事需求优先于其他的资源需求，无论后者是意识形态层面的还是物质层面的。正如威廉·筒井指出的，这种单向度的动员产生了持续的生态后果。[2]在从 1931 年入侵中国东北到 1945 年投降这 14 年的战争期间，帝国的自然资源，如同帝国的青年男女一样，在一种逐步升级的消耗狂热中被开发利用、被白白牺牲，这种消耗进而覆盖了帝国经济的方方面面，其中就包括处在日本支配下的各种动物资源。

日本战争行动的几乎所有方面都包括动员动物和动物产品。新的压力被转嫁到国内和国外殖民地的牲畜身上。耕作者和饲养者最开始是被催促，而后是被命令提高产量，并将国家需求置于他们自己的个人需求之前。即使在后方家园面临物资短缺压力的情况下，所有的东西，从用来制作步兵鞋子的牛马皮革，到用作飞行员夹克衬里的绵羊皮，都必须服从军事采购的需要。鉴于第二次世界大战是一场彻底的现代战争因而也是一场机械化战争，训练驯养动物居然也成为一项重要的军事技术，这简直让人惊讶不已。马匹尤其具有不可替代的战略意义。正如 1943 年的一篇文章指出的："认为马匹在现代战争中无足轻重是一个严重的错误。随着机械化水平的提高，武器也会变得越来越沉重，由此产生的后果就是马的力量越来越不可或缺。"这位作者接着写道，作为一种"活生生的兵器"，马匹对于战争来说是如此重要，以至于"就军事角度而言，繁殖更多数量的强壮马匹必须放在与制造坦克或飞机同等重要的地位考虑"。帝国军队按照优于每 3 个士兵 1 匹马的比例配置将马匹投入战场，这无疑是一种对人类和动物生物能量的令人震惊的动员。[3]

不止马匹，其他物种也被纳入征召清单中。战争动员在征用动物上不遗余力，包括但不限于大象、骆驼、牦牛、骡子、驴、鸽子、狗和马。尤其是最后三种，鸽子、狗和马在战场上使用得最多。那些外来特征更明显的"军用动物"品种，如大象、骆驼和牦牛，通常来自军队新征服的生态系统，并成为本土驯养动物的补充。这些日本人通常在动物园或马戏团中才能看到的动物，与它们的"土人管理者"一道投入运输物资补给的活动，它们在本土环境中通常比外来的马匹和驴子更能胜任这般任务。[4]

这种物质层面的动员也受益于一种有关动物性的新的宣传话语。政府官员试图削除各种有碍国家行动的制度和经济障碍，他们采取的措施包括从巩固农村地区的统一管理到发明合作社，那堵人们穷尽整个19世纪才精心树立起来的横亘在人类世界与动物世界之间的隔阂之墙，被当作胜利的妨碍物而受到攻击。在动物园，疏离不再是核心的政策关怀；新的主题一跃而为如何尽可能最大化地从日本控制之下的所有资源中——遑论人还是其他任何事物——抽取支持。就在领导者追求有效地将国内的工厂和遥远的战场联系起来的同时，大规模战争也主导着后方的所有生命。国内的家庭和个体最开始被描绘为这个国家保护的财富，保护他们一度成为日本发起海外暴力行动的理由。随着战争局势恶化，后方的家庭和个体也逐渐被要求视自身为"国家资源"——这是一个将血肉之躯缩略为冰冷机械的抽象概念，而他们的价值只能通过工作和卡路里来衡量。随着战争将大后方投入一种"紧急状态"，人类在某种意义上也成为"军用动物"。那些宣称对自

97

己的身体拥有隐私权和自决权的凡人，在这种标志着全然实现的总体战争文化的"例外状态"下成为牺牲品。[5]

上野动物园成为这种暗黑的生命政治背景下的一处色彩斑斓的绿洲。古贺和他战时的继任者、过渡时期执掌上野动物园到 1941 年 8 月的福田三郎（Fukuda Saburō，1894—1977），以及日本军部和农商务省的官员一起合作，努力把动物园重塑为一个军事化的操场。在这里，动物将公众的注意力从战争的残忍现实引开，引向拥有"骑士精神"的士兵和忠诚的动物朋友的神奇故事。即使是在前线的生命日渐无区别地大规模死亡的情形下，动物园也在刻意营造某种军事化的乡愁，鼓励人们将家里的种种工作努力和某种作战风格联系起来，而这种表现为个体能动性和军人勇武精神的作战风格，在现代战场上正处于被摧毁的进程中。一连串的公开庆典游行活动将这种战争观推向首都东京的街头巷尾，在那里，动物世界被粉饰得欢欣鼓舞，就好像是动物自愿选择了襄助日本的帝国大业。

当战争冲突从中国蔓延到东南亚再进一步扩展到太平洋地区后，上野动物园成为游乐屋里的哈哈镜，映照出日本在战争期间的乌托邦梦想。管理者们寻求将动物园的活动，与帝国战时疯狂的海外扩张和国内经济收缩协同起来，由此发起了一个双向运动。首先，动物园内部的再现世界开始掉头向内，试图为后方民众重新建构生命的意义。管理者鼓动游客从动物园的动物居民身上看到某种和自身相关联的东西，将这些圈养动物视作自家的亲戚朋友而非帝国种族主义意义上的他者。充满探险精神的男孩如同年轻的战马，勇敢但是需要纪律规训；优雅的长颈鹿如同

98

青春期少女，有着大大的眼睛，端庄高贵；家庭主妇被要求像母狮一样心照不宣地互相支持，甚至像河马那样按"定量"来喂养幼崽，因为肉和蔬菜都处于短缺状态；来到动物园的每一个人都被引导着认识到这些圈养动物的忠诚和纪律性，特别是那些和军事行动相关度更高的动物。动物园三头广受欢迎的体型庞大的亚洲象——Tonky、Wanri 和 John——被标榜为天然典范。它们在大象秀活动期间会挥舞太阳旗，也会一本正经地跪倒在动物慰灵碑前面。这座大型纪念碑竖立于 1931 年，是对在动物园或战场上死亡的动物灵魂的安抚之所。它是帝国这类纪念建筑的首创之作，到 1945 年，类似的纪念碑几乎遍布帝国所有的大型动物园。

与此同时，动物园的管理者们也试图将首都街头与战争前沿连接起来，他们利用"军用动物"和吉祥物来让参观者感受到海外士兵的艰辛。战争本身就导致了人们敏锐地注意到现代日常生活中的动物角色——无论是作为食物，还是作为劳动力和伙伴。而这又相应推动了人们以一种深刻的人性化方式来重构海外士兵的体验。公开的战争文化既没有体现《国体之本义》*一书表达的有关自然的超然视角，也没有体现茱莉亚·阿德尼·托马斯所称的"极端民族主义的自然"——这通常只反映在一些精英阶层知识分子和哲学家的作品中，而是以一种更卑微的方式来使用动物，通过讲述细节生动的个体受难故事或英雄故事，努力

---

* 二战期间日本文部省编写的教科书，吹捧天皇制度，全面否定民主主义和自由主义。——译者注

引导人们同情陷在战争中的人。从这种考虑来看，一旦这些具象化的象征能让人体验痛苦并感知喜悦，那么事实上早已参与战争的军用动物就变得相当有价值。这些"军功动物"，被当作还在战场上拼杀的人类士兵的替身而船运回国。围绕它们举办的纪念活动被用来创造一种普遍的情感绑定关系，将曾和它们一道生活的海外士兵，与虽然居于后方家园但是心系他们的人紧紧绑在一起。[6]

动员动物世界　　　　　　　　　　　　　　　　　　99

　　到 20 世纪 30 年代晚期，上野动物园的首要任务变成普及战争以及传达对国家胜利具有重要意义的信息。一直以来，这个机构把动物展览当作推动国家意识形态融入大都市日常生活的手段，这种种努力既加速了战争危机的到来，也和危机共同进退。在这个一度把多样性当作展览特色，努力向各色人等强化灌输一系列主题的地方，随着战争的深入推进，这些被灌输的主题变得日渐枯燥单一和同质化。

　　关于战时文化机构管理的一份政策声明，由井下清执掌的东京公园管理部拟定，并在 1943 年 5 月举办的第四届日本动物园和水族馆协会年会上审议通过。这份声明以法条的形式明确了上野动物园和帝国境内其他机构的使命。该政策纲要很有可能由古贺忠道和井下清共同拟就，要求动物园、水族馆和公园的管理者们把他们自己和他们的机构完全投入战争；它提出，这些机构应该致力于达成三个内在有机地关联的目标：首先，这些机构应该努力工作以加深在知识层面上对外界——敌国、同盟国和殖民地——的了解。其次，这些机构必须向受众提供教育性质的展览，以服务战时生产力提升的需要。这类展览的主要目标是通过推广现代动物养殖技术来提高农业生产力（战争期间，这类活动在城市的后院、空旷场所和农村地区频繁举办）。再次，动物园以及意在让城市孩子们感受自然世界的欢悦的儿童科学园，尤其要做好向国家下一代灌输"科学态度"的工作。儿童科学园是一种具有宣教意味的户外游乐场所，在1943年的东京有五个这样的场所。最后一个目标和一个为官方的、科学的、大众的媒体所广泛传达的信仰形成了共鸣，即国家的科学威力会成为战争最终成败的决定性因素。

古贺强调，在这些推动"动员奇观"的努力中，上野动物园扮演着相当重要的角色。[7]动物园能打开通向日本外部世界的窗口，而这是首都其他任何机构都望尘莫及的。这份报告也描述了上野动物园这种机构的活动："上野动物园将来自不同国家的丰富多元的动物收藏汇集在一起，为交流沟通有关国外领土状况的复杂信息提供了媒介。同时还辅以世界地图以及不同物种的分布信息的标示。这里特别注重清楚地识别来自'大东亚共荣圈'的动物。这些动物的栖息地和分布都被标注在地图上，反映出深化日本海外领地知识的努力。"[8]

上野动物园的角色就像一个殖民地知识的掮客。这些知识通过形形色色的庆典和展览活动得到传播推广。这些展览包括南方生态展和一个有关南亚和东南亚的南方动物分布展，两场展览在 1943 年春天业已举办完毕。接下来的北方动物展在是年秋天开展。所有这些活动都在上野动物园的备忘录中留下记录。[9] 日本军队和帝国势力所及在物理空间层面的扩张因而很快就会被有意识地反映在动物园的展览文化中。这种展览文化有两方面的追求：一是赋予战争以意义；二是展示如今在日本统治之下的"动物资源"的效用。

北方动物展主要展出从库页岛和日本控制下的阿留申群岛收集到的动物品种。就在日军在阿图岛上的据点受到盟军攻击时，来自这一地区的狐狸和兔子已经在运往上野动物园的路上了。盟军对阿图岛的攻击标志着更为血腥的战争新阶段的来临。阿图岛原本只是一个位置偏远且不具战略价值的前沿哨所，日本军官们在那里一度靠观测岛上栖息的鸟类群落来打发无聊时光。但是这里却发生了第一桩最广为人知的"玉碎"事件。玉碎，是对以天皇或国家的名义实施的强迫或半强迫集体自杀行为的古雅表达。就在这个规模不大又奇冷无比的岛上，人数将近 2 500 人的日军小分队在供给不足的情况下与人数五倍于己且供给充足的盟军展开了一场没有获胜可能的激战，他们宁死也不投降，几近全军覆没。这些殉国的士兵日渐被日本包装成为某种精神的典范代表，就如同摩尼教徒那样，与压倒一切的黑暗、野蛮和邪恶势力进行着殊死搏斗。[10]

截至 1943 年，上野动物园已经拥有一长串这类军事献祭文化的服务记录。从 1937 年开始，动物园就主办了一系列广为人知的庆典活动，以宣扬日本"高贵的"军用动物的英雄主义。这些为战争默默奉献的"沉默战士"被鼓吹为所有日本人的楷模。

101

这些庆典旨在"提升人们的尚武精神并且培养人们对军用动物的兴趣"。[11] 展览最后，参观者免费领取到一系列用来诠释这些动物在战争中的地位的军用动物导览图。正如这些导览图所表明的，一旦参观者踏进动物园，他们就进入了一个军事化的梦幻之地，一个让战争以一种类似睡前故事和童话故事的温良无害的方式进入日常生活的地方。作为全面动员的更大努力在微观政治层面的表达，这些导览图鼓励父母把动物园的军国主义信息带到孩子们的床头。"对于父亲和母亲们，我们有一个请求，"在每一

图 3.2　附有军用动物驴子的介绍的上野动物园导览图，1942 年

这张特殊版本的导览图属于"军用动物"系列之一，它告诉读者，并非只有"众所周知的军马"在日本得到繁殖并与士兵一道在前线战斗。那种耳朵长长的被称为"兔马"的驴也一样，它们在战场上也很有用。图片蒙东京动物园协会提供

张导览图左下角的小方框有这样的字眼，"请不要随意丢弃这张图。将它带回家去，在你和你的孩子们讨论动物园或军用动物的时候用上它。"原本平静宁和的睡前故事也被纳入总体战争的服务中。[12]

在上野动物园的围墙之内，无论是孩子还是成年人都被鼓励参与到这种象征性事业中去，去宣扬这个国家向新的地理环境的扩张、对异国文化的征服，以及自然世界向日本帝国大业的俯首称臣等。在纪念游行中，骑在盛装战马上的军人引导着游行队伍，身着统一制服的孩子们向忠诚的动物士兵欢呼致意，官方雇用的科学家们解释着"大东亚共荣圈"的自然奇观。

1943 年的备忘录显示，当时有一个全力以赴地让自然和动物都回应国家战时需要的庞大网络，动物园只是该网络的组成部分而已。[13] 大众媒体充分动用动物来服务意识形态宣传的需要：动物通过电台节目向这个国家的孩子们"发表演说"，从新闻报纸的标题到那些让人热血沸腾的动物电影，它们表现得就像对孩子们花言巧语的代理人。在面向公众的盛大表演中，它们更是煽起了好战的火苗。这些表演包括旨在清除新近规范的"日本犬"名录外的不良品种的良犬展，以及国家爱马日的盛大游行和竞赛活动。人们的注意力被从现代机械化战争带来的剥夺感和大规模死亡引开，转向马背上俨然具有骑士风范的士兵，转向热带的狩猎冒险，转向超然于时间之外的一种国家化的自然节律。这种种战争描述通过珍稀的自然资源、新发现的让人欣喜若狂的动植物，以及如繁樱般盛极一时的军事化自然审美，唤起了人们对自然世界的强烈意识。[14]

102

老虎的眼睛

　　根据中国传统的十二生肖的划分，1938 年是虎年，这种历法的吉祥含义对上野动物园仅有的孟加拉虎来说预示着新变化。这只特地于上一年 5 月购置的大型雄性猫科动物，成为上野动物园新年庆典的核心角色。庆典当天，它在额外得到一份鲜肉的同时，也获得了一大拨公众的关注。这只大猫的形象在明信片、家庭合影、报纸中频频出现。在旧岁新年交替之际，所有带老虎形象要素的事物都不出意料地成为人们热捧的对象。想要引导大众兴趣走向的人没有忽略掉这一事实。营销商为老虎形象的资本化做了相当充裕的准备，他们将其添加到各种各样的产品特质中，而这些产品和这只家园远在东京市区好几千英里之外、独来独往的大型食肉动物八竿子打不着。政府宣传部门所做的事情也与此类似，它们将老虎与各种动机和不同群体联系起来，希望这只猫科动物的魅力多少能够让渡给他们票选出来的受益人。

103　　在这些自诩为老虎的人群中，一个群体尤其引人注目。该群体与众不同但又令人信服地宣称拥有这头野兽的强大体力和强悍的意志特质：即所谓具有传奇般的胆识、坚强的毅力和充沛精力的军人。1938 年处在全面侵华战争（1937—1945）之初，士兵们和老虎在纪念活动中一时间风光无限。广告商和理论家们把注意力放在士兵身上，动员他们的家庭购买各种各样的产品，或家用，或船运给远在海外的父亲、儿子或兄弟。动物园和它面向公众的老虎庆典活动于是成为政治和资本合流的连接点。森永糖果公司成为上野动物园 1938 年新年庆典的赞助商。该公司吹嘘自己赞助过一系列动物园活动，而且经常会散发广告单和产品包装纸来招揽人气。新年庆典活动内容丰富无比，有一场关于老虎、老虎栖息地和老虎行为模式的展览，以及一系列的商业运作。人们在动物园的人行步道上方挂满了横幅，还为这次庆典事件专门设计了明信片，明信片由拥有很高知名度的画家、帝国美术学院成员和田三造（Wada Sanzō, 1883—1967）绘制，在明信片的显要位置有森永的名字。

　　明信片由红白两色的国家代表色印制而成，精心设计的封套旨在激发消费者们用这些明信片来表达爱国热情，"让我们把'慰问绘叶书'送给我们的士兵"这段文字被排列在精心描绘的竹子和常绿的"门松"的上方，[15] 两旁是日本国旗和日本海军带放射状光芒的旭日旗。如果封套的正面印有"请支持我们的军队"这样传递着明确政治信息的字眼，那么在背面一定会有对这种字眼的商业性表达，比如"谢谢你，大兵先生！请让我们给士兵们送上森永牛奶糖"这样的信息。这张明信片被放在森永牛奶糖的包装盒上。通常这样一盒糖果的价格大概是 5 分或 10 分，这取决于一个人有多强的意愿去消费，以满足一个心爱的士兵对甜蜜的热爱。作为森永公司商标形象的小天使盘旋在这幅图片左上方的角落里。封套正面底部注明这张明信片购自上野动物园。在森永公司出现在我们的视野之前，上野动物园很早就开始鼓励和助长这种商业主义、政治和异国动物的别样杂糅。

　　和田的水墨作品和它相关的文字说明将士兵与老虎关联在一起。以黄色和黑色印制而成的老虎形象，由一笔笔自信的笔触绘

104

图 3.3　和田三造笔下的老虎，1938 年

这是一套三张纪念明信片里的一张，用以发给游客纪念虎年新年

就。这只老虎有力地凝视前方，瞳孔收紧如针，以一种不容辩驳的力量迎上注视它的人。让人望而生畏的虎牙被隐在一层淡淡的微笑后面，就好像这只大猫的猎物就在附近。帝国的纪年法、儒家的经典和军国主义的花言巧语，混合在明信片背面的文本里。"老虎：日本皇纪 2558 年（1938 年）是虎年。这只勇敢无畏的老虎横扫上千种动物，一往无前。据称它打败了所有的敌人。感谢我们举世无双的勇猛军队，气势如虎，为亚洲带来永久的和平。祝愿这个春天应征入伍的士兵们能够取得军事胜利，地久天长。"如同这只掌控一切的老虎一样，日本军队在蹂躏中国绝大部分领土的同时，也"正义"地掌控了时间和秩序。

　　这段话援引了东亚文化和民间传说中老虎具有的正面品质。[16] 在现代早期和前现代，这种强大的动物成为大量文学写作和政治反思的主体。作家和学者们将它们打造成为关于狮子的话语表达的隐喻式提醒，而狮子（*Panthera leo*）在西方传统里可是百兽之王。军事领导人们有意将老虎的特质注入他们自己的名字中，甚至达到"老虎的牙"成为"将军"的同义词的程度。然而，自佩里 1853 年叩关以来，老虎在亚洲俨然"百兽之王"的统治地位在推崇狮子的西方话语中受到质疑。正如哈丽雅特·里特沃所指出的，对于英国人来说，老虎"成为人们对源自动物王国或人类自身难以驾驭的某种天性的恐惧的缩影"，[17] 而在西方帝国主义那里，象征着高贵和正义的狮子，在与英国王室关联起来后，其形象得到进一步提升，而被视为噬人者的老虎，则代表着对政治和社会阶层现状的煽动性的扰乱和颠覆。东方的"百兽之王"在西方成为"野蛮和残忍的象征"。[18]

105

七万套专门为新年庆典印制的明信片，在庆典现场几乎人手一份分发干净。为了鼓励参与者们马上寄出卡片，现场甚至还设有一个移动邮局。[19] 诸如此类的操作将抽象的政治话语和宣传口号转化成具体的行动。一个满是庆典装饰的邮局，一群身着制服、微笑着的邮政员工，就在人们眼前。在那样的场景之下，游客手里被塞进一张设计精美的明信片，上面还印有"请将我送往部队"这样的问候信息，由此造成一种强烈的压迫感。诸如此类的行为——即便是这种微观政治学层面上的，把游客变成一场牵涉广泛且经费充足的政府劝说运动的目标，在这种时候要想保留这些不太寻常而又有收藏价值的礼物会是一件比较自私的事情。[20] 这些友善的邮政工作人员和其他参与者鼓励着每一个拿着明信片的人发自内心地寄出去，因而也就延续了一个礼物交换的循环，这种循环意在将士兵与国民、战争前线与后方家园连接起来。

动物士兵

在服务总体战争的努力上，再没有比重新定位后的上野动物园展览文化更清楚的表达了，其影响远远越过动物园的围墙。在这里常年举办的大量庆典活动都以纪念日本的"动物士兵"为中心。这些"动物士兵"是军队在机动调遣和军事演习中使用的动物，最开始用在亚洲东部大陆，然后用在东南亚的绿色丛林和稻田区，其中最有名的是军马、军犬和军鸽。在1937年到1945年间，上野动物园主办了八场相当有影响的公开庆典活动来纪念这些"军用动物"和"军功动物"对战争的贡献。明治时期的动物展览通常以帝国军事行动用到的动物或殖民地捕获动物为主。和那些展览相比，如今的庆典活动更为盛大，以各种各样的节目演出、展览、纪念仪式、阅兵和精心编排的游行活动为特色。参与者通过这些活动见证了"沉默战士"执行纪律的效率。动物园的游客们可以从每天的新闻报纸上查询到具体的活动安排日程，以确保他们去动物园参观时能赶上哪怕最后一场活动。

这些庆典活动的影响早已超出上野动物园本身的范围，渗透到东京的大街小巷。1939年早春三月举办的庆典活动就持续了10天，其中也包括在东京中心区日比谷公园举办的各种活动。日比谷公园邻近先前的鹿鸣馆和山下博物馆。人们在直接通向上野公园中央的国家博物馆的宽阔大道上举办各种展览和演出活动。与此同时，上野动物园内的活动也多得数不胜数。东京市政府、陆军省和农林省都赞助了免费的"军马和动物士兵感谢周"活动。其他的赞助单位还包括日本帝国马术协会、日本赛马协会、东京马匹育种协会以及日本胜利唱片公司。

东京市长小桥一太（Kobashi Ichita，1870—1939）亲自启动了在日比谷公园举办的庆典开幕式，向公众隆重推介这个夜晚的特别演讲嘉宾——福富半藏（Fukutomi Hanzō），一名从帝国前线回来的陆军中尉。在福富的讲座之后还有一系列的演讲、一场充满活力的音乐演出和一场电影。尽管我们不太确定那天晚上放映的影片片名，但是在珍珠港事件爆发之前，在类似的庆典活动中放映美国西部片还是很常见的。美国那衣着褴褛、粗犷坚毅的标志性牛仔形象，和日本的军国主义神话产生共鸣，为骑在忠诚坐骑之上，号称能为野蛮之地带来正义的自命不凡的日本士兵形象提供了一个来自美国的对应物。电影放映结束之后，还开展了一场关于动物在前线日常生活中的地位的讨论，一场有关军马和士兵之间的情感联系的讲座，以及一系列由胜利唱片公司旗下签约艺人进行的演出。

上野动物园举办的一系列活动更是兼收并蓄，这些活动或是在上野动物园内部，或是在大门前方的区域举办。在动物园内部，有一场专为来自中国战场的"动物英雄"举办的授奖仪式，伴之以一场军用动物专用装备展、一场专门讲解军用动物的食物和草料的展览和一场可以动手操作的兽医器械和马蹄铁锻造展。活动分发了小册子《军马的一生》（Gunba no isshō）给参加者，还发给孩子们一种专门为这种场合设计的特殊纪念邮票，好让他们铭记这些独一无二的展览事件。[21]

《军马的一生》扼要地表达了战争期间针对孩子打造的动物形象的最主要功能：孩子们，尤其是男孩子们与展览中出现的动物士兵的联系。这本意在让驯顺的父母读给孩子们听的小书，用大量插画、照片和小段文字讲述了一匹战马的故事。故事书的前三页展示了一匹小马驹成长的过程，它离开了母亲的怀抱，遇到了一个和蔼可亲的穿制服的人类训练者——这个形象难免让人想起学校校长，然后它和同龄的小伙伴们自由奔跑在空旷的田野上。最后几页展示了这匹马登上了前往大陆的运输船，在士兵们挥舞的旭日旗下，拖着沉重的大炮飞速跑过滚滚烟尘。这个简单的故事以敦促读者向这些甘愿献身于日本事业的军马战士表达谢意而告终。"这就是军马战士如何在前线帮助人类士兵的故事。我们必须发自内心地感谢这些沉默的军马战士们。"[22] 当然，也不是所有的事件都像这样充满不加掩饰的军国主义色彩。颁奖仪式之后是一场特别的日本雀训练表演，这是一种传统的街头娱乐，被当作这一天活动的轻松收尾。

在动物园正门外的开阔地带上，迎风招展的红白两色的横幅，以及挂得满满的成行的国旗军旗，将这里变成一个展示军马战士及其军犬或军鸽同伴的模拟战场。孩子们在诸如《东京学生新闻报》（*Tōkyō Shōgakusei Shinbun*）这类大受欢迎的报纸的鼓动下，穿上军装来到这个"动物英雄"群集的场合，他们可以骑在马背上，获得独一无二的和动物士兵玩耍的机会。[23] 就在这些年幼的"骑兵"骑在马背上兜圈子游行的时候，一组组军马拖曳着大炮行进，令人印象深刻。军犬被训练运送信件，它们穿过敌方的火力扫射区，越过一些障碍物，最后把虚拟的军事情报送到

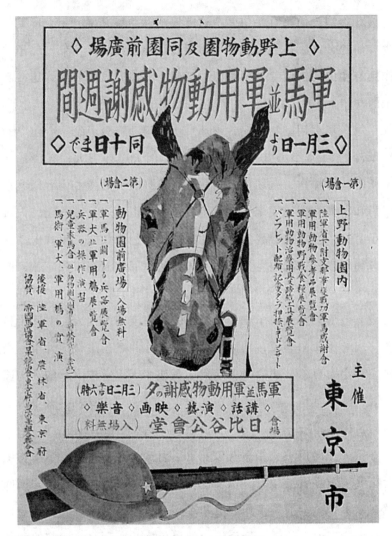

图 3.4 "军马并军用动物感谢周"海报

感谢周活动由东京市政厅赞助，并得到陆军省和农林省的支持。活动分别在上野动物园和上野公园的林荫大道上举行。马匹是这次活动当之无愧的主角，但是游客们也可以看到训练中的军犬和军鸽。在第二天晚上，公众们被邀请到日比谷公园，在那里他们可以听到演讲、听到生气勃勃的音乐、观看免费的电影。图片蒙东京动物园协会提供

一群穿着制服的军官手中。在这一天活动结束之际，一大群信鸽腾空而起，据说是要将孩子们的留言送给前线的士兵们。鸽子的作用与和田的明信片效果类似，都属于将后方家园与前线连接起来的同一种努力。

第一场军用动物庆典"支那事变军用动物慰灵祭"，* 在 1937 年寒冷的 11 月举办并持续了一周的时间。正如它大而无当的名字所暗示的那样，这场庆典和后续的系列庆典的核心内容既不是军马和军犬的训练展示，也不是像日本雀训练表演那样无伤大雅的小节目，而是致敬战争殉难动物的庄严纪念仪式。仪式上的葬礼有助于当局作出决定，将这些庆典的时间放到东京樱花盛开的早春季节——所谓的"花见"时节。[24] 樱花盛开的传统象征意义被有效地整合到战争中，即樱花的凋谢唤起的是人们对武士昙花一现的生命的感慨，从而把为国家战斗并献出生命这件事情当作应和宇宙自然节律之举。然后，正如今天，赏樱季节的动物园参观人数比其他任何时候都多，因为上野公园本身就是日本最著名的赏樱胜地之一。从 1939 年到 1943 年，其他活动被暂时中止，而一系列战时庆典则被优先安排在 3 月或 4 月，并且军用动物纪念庆典被放在首要位置，以确保庆典规模足够大，确保仪式期间就在孩子们、动物园工作人员和军官等各色人等在纪念碑前心怀敬意地鞠躬时，能够被轻云一般的白色樱花所环绕。樱花的芬芳加深了军事献祭的神圣感和武士生命浪漫的无常感。

---

* 日方一直以"事变"的暧昧字眼回避对华侵略战争之实。国民政府直到 1941 年太平洋战争爆发才正式对日宣战。——译者注

　　这类事件别无深意，就是图腾化的仪式而已。死亡的军马、军犬和军鸽代表着在战争中逝去的生命，为孩子和他们的家庭提供了一个缅怀阵亡的父亲、儿子或兄弟的机会。更进一步而言，作为战争受难者和阵亡人员共通的象征，军用动物殉难者成为默哀的抽象对象，这便从情感的层面上深深吸引了那些没有卷入战争具体事务中的更广泛群体。这些超然的象征提供了情感表达的寄托，而这种表达可以根据那些故事讲述者的需要随意塑造。于是，这些颇具人格魅力的"沉默战士"成为无声的偶像，它们既没有也不可能解释它们提供的军事服务，无论是象征性的还是其他性质的。这种沉默的品质使得它们对于官方宣传家或战争鼓吹者尤其具有价值。

　　如同大众媒体一样，动物园也将军用动物塑造得如同理想化的士兵：安静、强壮、勇敢、服从，且忠诚至死。这些死去的动物被说成是为了保护他们的人类主人而无畏地放弃了自己的生命，就像为天皇和国家而战的人类士兵英雄不惜为国献身一样。在这些纪念仪式期间，由新闻媒体讲述，并得到孩子们或军官们传诵的动物英雄的故事，强调了它们的生命是被敌人夺去的这一点。而对于它们的主人来说，这些动物殉难者被断言是主动投身战争的。在话术上，这种区分是重要的。杀死如同展览中的牧羊犬和纯种马那般具有纯正血统的无辜动物，往往无异于杀死妇女儿童。敌人是凶残野蛮的，因为他们杀死了无辜的动物。相反地，这些致力于为殉难动物同胞默哀的繁琐仪式，则把日本人投射成为与自然共担哀戚的好心肠的主人，哪怕让这些生物受到伤害的罪魁祸首就是日本军国主义分子。[25]

110

马的力量

在所有被动员起来为帝国战争提供服务的动物里，再没有比马这种动物效用更大也更通人性的了。当我们的注意力转向天皇时，不难发现，无论是在动物园内，还是在动物园外，军马都被用来投射一个浪漫的帝国形象。在昭和天皇的公开形象中，天皇无论是在宣传照片里还是在阅兵式上，都骑着白雪（Shirayuki）——他最出色的一匹阿拉伯纯种马。和天皇其他两匹钟爱的马初绽（Hanahatsu）和吹雪（Fubuki）一样，白雪也购自匈牙利著名的巴博拉地区的一个育种家。那一地区是一些最让人梦寐以求的纯种马的起源地。归功于不计其数的媒体报道，白雪的名声在帝国境内如雷贯耳。它体现了与纯种马的纯正血统及其高贵主人相联系的诸多正面品质。在每年一月份举行的新年阅兵式上，帝国元首都会骑着它小步走过东京代代木阅兵场上成行的士兵队列。裕仁首当其冲是日本现代军队的最高统帅，同时也是一直以来未被打破的高贵帝王血统的延续。[26] 现代性和古老的传统就这样在画面中融为一体。

和人与狗这种最顺从的家养动物代表之间的关系不同，这个体型瘦小的戴眼镜的男人凌驾于充满原始力量的白雪身上——它白色的皮毛不仅昭示着纯正的贵族血统，同样也展示着让人印象深刻的强健肌肉。这意味着在人与自然之间、统治者与被统治者之间达成了某种调和。白雪符合预期的顺从提供了一个浪漫的社会联系的典范，这种社会联系无比契合这个时代的极权主义需要。评论家们经常会注意到裕仁和他的坐骑之间的情感联系。不计其数的照片捕捉到天皇亲自给他的坐骑喂食的场景，无论是在外出视察还是在其他类似活动中。照片反过来更加深了这种印象。[27]

兼具人性化和神性化的天皇形象，在无数有关日本帝国军队的报道中得到一再模仿和重演。有关前线生活的描述，无论是虚构的还是非虚构的，都通常以马为特色。多得不成比例的图片和报道在描述军人时，都着力展示他们骑在马背上的形象，而不是在泥泞中匍匐前进或在散兵坑中躲避火力攻击的形象。[28] 有关这类端坐在马背上的骄傲士兵的刻画，唤起了人们对既往岁月的想象，那是在大规模动员和机械化摧毁力问世之前的岁月，在那样的岁月里，占主导地位的是个体的能动性而不是技术的优越性。出现在这类想象中的男人被视为日本引以为傲的武士道和剑道好战传统（经常和神话传说搅在一起）的继承者。这种叙事通常将死亡描绘为人格特质的组成部分。这样一种幻象拒绝且否认被当时的评论家称为"科学战争"的非人格性的匿名死亡，为唤起人们对战争的志愿支持而有意混淆了人和动物之间的区别。

这类在大众文化和国家宣传话语中无处不在的想象之表达，在战争的真实情形和人们对战争的接受和支持之间发挥着调停作用。1939 年，一首直击人心的抒情歌曲《爱马进行曲》，在战争年代的歌曲中脱颖而出，很好地表达了这些想象的特质和吸引力所在。这首歌曲由中学教师新城正一（Arashiro Masaichi）作曲，由四国地区的居民久保井信夫（Kuboi Nobuo）填词，是农林省马政局大力宣传在现代战争中使用马匹的直接成果。通过一次全国范

111

围内的海选之后，新城的曲调和久保井的词被传播到东京，引起了士兵和市民的共鸣，很快就成为几十首赞美军马及其主人的大众流行歌曲中最受欢迎、回报最丰厚的一首。[29]

各类期刊为这首歌的唱片发行大做广告。农林省作为最大推手，不遗余力地在各种庆典活动中大量散发并且还将拷贝送到各个学校。这首歌也被收入专辑，并得到广泛发行。它在人群中引发的情感共鸣的程度之深，仅从数量巨大的唱片和抒情诗购买记录就可见一斑。特别是由于 NHK 电台广播的推广，在最初发行几周内，就有超过 3 000 套活页曲谱被预售一空。久保井的抒情诗更受欢迎，在同一时间内其最高销售纪录达 4 万份。这首歌曲想象了一种基于生命有限性的共同情感联系，在死亡如雨点般纷纷落下的场景中，无常但又持久：

离家已然经月，
唯爱马生死不离，
相随踏过万水千山，
温柔握紧手中缰绳。

掩体中的鼾声犹在昨日，
今日只能打个小盹，
你可得安憩，我的马儿，
明日战斗又将凶险。

谢谢你的无语陪伴，

河流浑浊弹雨纷飞，

泪水从我脸庞滑落，

在给你喂食的黄昏。

来自家乡的护身符，

战时捂紧我的胸膛，

我如何能表达爱意，

这泥泞糊满了口鼻。

马嘶高亢召唤胜利，

衬出敌人脆弱无比，

向前方勇猛冲锋吧，

仗着手中孤剑一把。

我终将难以忘却，

你士兵般无畏的勇敢，

作别背后初升的太阳，

让我们直捣敌人要塞。[30]

　　这首歌不是简单地描绘了一个勇敢无畏的战士的单维度形象，而是强调了在人类士兵和军马之间更深层的伙伴情谊，描绘了两个不完美角色之间的情感，因而变得更为可信。与此同时，这首歌也直击孤独士兵的思乡之情——甚至在文本上，诗节的第一段同时提到马儿与离别家乡。马儿由此替代了士兵的家人。

　　再没有什么比一个忠诚伙伴的死亡更能有力地唤起人们心底的悲怆之情。战争期间往往会有大量的动物死亡事件演变成为流行的传说故事。今川勋和阿伦·斯卡伯伦德（Aaron Skabelund）揭示了战争期间媒体如何利用"军犬"——德国牧羊犬、多伯曼短毛犬和艾尔谷犬——的故事来让人们接受死亡，无论是人的死亡还是动物的死亡。[31] 学校教科书和青少年杂志通常会采用宣扬勇气、忠诚和自我牺牲的传说故事来让孩子们柔情地面对死亡。它们闭口不言生命的有限性和失去生命的后果，而是直接赋予死亡以意义。

　　与战马有关的故事在直接面向士兵的出版物中尤其流行。有关马儿的报道主题广泛，从赞美这些忠诚的军队坐骑直面死亡的勇敢到如何让自己的坐骑得到最好照顾的建议。"爱马"（aiba）这个形容词得到广泛的使用，以至它成为这类描述的流行用语。战马不仅仅是"军马"（gunba）、"爱马"（aiba），它们更是"生死不离的爱马"（tomo ni shinu ki no aiba）。《爱马进行曲》的第一节无疑是这种表述的重要发端。

　　遭遇动物的死亡是一种让人印象深刻的情感体验。"我泪如雨下几近不能提笔。"白崎岩秀（Shirasaki Iwahide），一个随军的佛教净土宗法师回忆起他在中国前线目睹的场景，写下这样一段文字。那是在太阳落山后，白崎散步时经过一群围在一匹将要死亡的马儿周围的士兵。士兵们都在抹泪，"一只拥有日本马天生神力的动物"在那里垂死挣扎。这匹马太过虚弱，没法走到几英里之外的兽医那里去。它的主人，一个特勤军官，坐在地上，双手抱着马颈号啕大哭。"先生，"白崎力劝此人，"照顾好这头动物，让它好好离开吧，相信它在死后一定会重生为马头观音（Hayagriva），并照顾着我们军队的爱马的。"军官向他表示了感谢，说道："它肯定会重生为菩萨的，它会一直勇猛战斗下去！"就在两人的对话即将结束之际，一个职级更高的军官碰巧经过，他斥责他们："嗨，这是什么？哭泣吗？我们从来不哭！"马的主人回复："先生，这马要死了。"这句回复将高级军官的视线引向了这匹马的眼神，就在这时，可怜的马儿身躯松弛、呼吸减弱。在马儿死后，这名高级军官也开始抽泣起来。[32] 这种因为动物战友的死亡而共同流泪的事迹，在经历过更为凶险的战斗的士兵之间不断流传，最后成为战争故事的标准版本。它为士兵悲伤的情感体验提供了一个宣泄口，而这种虚弱和清楚的情感表达向来不容于他们充满阳刚之气的行为规范。这些故事也使得后方的读者间接地与前线士兵共情。

白崎法师从这催人泪下的插曲中提炼出的信息，显示了这类 114 故事是怎样成为日本道德例外论的生动体现的。"这一幕所拥有的'人情'是多么的饱满啊，"他写道，"我自己思量着，'正是它'，成为日本军队横扫世界上所有其他民族的原因所在。难道这种对一匹马的悲悯，不正同他们对这整个世界的悲悯如出一辙吗？给亚洲带来和平这种情感已付诸中国如此之长的时间，这不正是我所看到的付诸一匹马的思维状态的清晰呈现吗？这两件事情其实是同一件事，源于同一种精神关怀。"[33]

随军法师按照既定仪轨为军马、军犬和军鸽主持超度仪式。这些军鸽被广泛用于缺乏可靠通信手段，而使用军事电台相对成本更高的地方。这些超度仪式满足了士兵接受他们心爱动物的死亡的情感需要。正如一位记者指出的："并肩作战的'人马一体'，就像很多士兵为了亚洲的和平献出生命一样，那些命丧异国他乡的马儿的悲惨故事也不胜枚举。为人和马的鲜血所浸透的战场将两种精神紧紧连在一起。这类报道往往会让士兵们泪眼模糊。"[34] 不同物种之间的隔阂之墙看似在狂热的战斗中消解了，被重新锻造成为用来召集军队和大都会人群的情感联系。

正如 1937 年在上野动物园举行的军用动物慰灵祭仪式，此类仪式过程被再造为后方家园的盛大景观，为几千人甚至上万人提供共享民族共同体的谢意和悲悼的机会。1939 年 4 月 7 日举办的国家"爱马日"活动，也许是战争期间操弄马的力量的意识形态最让人印象深刻的展演。纪念仪式遍及帝国境内。国家佛教联盟动员了日本全部 56 家主要佛教宗派，在数千座寺庙举办"支那事变"军马纪念仪式，不管这些寺庙的规模大小，也不管它们是在日本本土还是在海外占领地。和上野动物园的纪念庆典一样，这些仪式的核心内容无一例外都是为战争期间的殉难动物默哀。但是，在这个事例里，在遍布帝国各地寺庙，甚至包括在汉城和台北的寺庙中举办的仪式，都得到统一的精心策划和实施。

115　　佛教联盟的负责人在与陆军省和农林省的官员协商后，拟定了仪式的基本议程。除了按照各宗派既定的标准仪轨举办人和动物殉难者的超度仪式外，每家参与活动的寺庙还举办了"支那事变军马慰灵祭仪式，这些仪式一方面安抚那些无处可栖的马儿的灵魂，另一方面也纪念那些英雄骑手"。[35] 佛教联盟敦促所有人都全身心投入进来，声称这些活动能够为公开表达"佛教徒爱国精神"提供一个再理想不过的机会。[36]

日本境内每一家主要寺庙都收到了一份事无巨细的详尽议程。特别受到邀请的对象除了当地不同级别的政府官员和士兵外，还有最尊贵的客人——入伍马匹的饲养者或训练者，这是一个由上千人（也许是上万人）组成的群体。这些人的名单被整理出来。正式的邀请函也通过邮政发了出去。在仪式举行这一天，每一家寺庙的钟都在正午时分准时撞响 18 下。当天的活动包括集体朗诵献给马儿的诗，一首由明治天皇指定并和议程一并分发下去的最著名的诗，其他还有士兵的讲座、各种各样的游戏，以及吟唱有关战马的鼓舞人心的歌曲，其中就包括《爱马进行曲》。7 日那天，大量在寺庙接受教育的学龄前儿童也加入活动。如同今天一样，日本的佛教寺庙也是提供学龄前教育的最重要场所之一。[37]

爱马日的庆祝活动不限于佛教寺庙。仅仅在东京，就有上万名旁观者参与纪念活动。在 7 日早晨，一队由 1 500 匹马——其中很多都是全副武装——组成的大型骑兵队，与人数更多的帝国部队和其他各种各样的骑行团队一起，游行穿过城市。这是一种弘扬马的原始力量的景观，自封建领主们从各自的封地迁到幕府首都江户以来，这种景观还不曾在江户出现过。各种活动、阅兵、竞赛和展览在东京街头竞相举行，其中就包括日比谷公园的代代木阅兵场，以及上野公园。[38]类似的活动也在其他的主要城市中心举办。

东京的游行队伍 7 日凌晨就在代代木阅兵场集结，随着来自关东平原城乡的军马训练协会各分支机构的到来，游行队伍规模逐渐扩大。很多青年骑乘团体的成员也很快加入队伍。他们打着

116

各式各样的横幅和旗帜，或标明自己所属团体的名称，或表白对战争努力的效忠，或向英勇战马的牺牲表示致敬。陆军上校栗林忠道（Kuribayashi Tadamichi，1891—1945）其时担任陆军省军务局马政课课长，他带着部队在上午 10 点左右到达。[39]

作为这些随行队伍的领头，栗林引导着这支由"无敌鬼军"组成的游行队伍走出代代木阅兵场，在大约 11 点进入首都街头。他们的到来受到礼炮齐鸣的热烈欢迎。路边从东京各学校拉来的男女生合唱团唱起了激情昂扬的《爱马进行曲》。当这支移动缓慢的游行队伍伴随着马刺撞击的叮当作响声穿行在温暖的春日时，沿路迎上的都是热情洋溢的进行曲表演。游行队伍蛇形般穿过城市中心，经过霞关的政务大楼，绕过皇宫的外围，穿过商业中心银座，最后越过日本桥。在内幸町半个小时的休息时间里，队伍允许成群结队的孩子和成人给马儿提供饮水和新鲜的胡萝卜，以表达对这些"勇敢"马儿的感激之情。随后队伍接着继续前行，最后来到游行的终点九段北，这里是日本战死者祭奠文化的中心所在——靖国神社。游行队伍向战争中的亡灵，无论是人还是动物进行祈祷并发表演讲。[40] 在靖国神社，这类祭拜仪式会经常举办，尽管规模可能会小很多。在神社内一个显眼的位置上，至今仍放着一座纪念殉难的军马、军犬和军鸽的雕像。

7 日的庆典活动并没有在九段北结束。是日下午 3 点左右，代代木阅兵场上的人群在围观军事战术展时发出一阵阵欢呼声。这些展览按照严格的军事演练标准，展示着力量和速度，甚至还有模仿大炮开火的内容，这些事件在更早时期的庆典中曾在上野动物园上演。代代木的活动结束后，继之以在帝国皇宫另一侧的日比谷公园举办的大规模"马之夜"。陆军省和农林省的长官都作为特邀嘉宾出席，在那里，他们和好几千人在听完一系列正式致辞之后，一起观看了舞蹈剧团、说书人、喜剧演员、儿童剧团和歌手们的节目表演。[41]

　　这些在战争岁月里一再以不同形式重复发生的事件，尽管起到了拨旺民族主义火苗的作用，但其设计意图主要是迎合特定的政治和军事需要。除了投射浪漫的影像来掩盖现代战争的野蛮现实之外，马儿对于日本军事战略的具体执行来说尤其关键。国家政策的制定者们关心如何提高这个国家的马匹拥有总量，憧憬着类似景观能够为国家大规模的马匹繁殖计划提供支持。因为大量的战争冲突都发生在对机械运输来说过于潮湿、过于崎岖不平或有太多山地的地方，马儿这种运输资源能够很好地适应这种种困难场景。正如一位官员指出的，这个国家对母马实施"多养多育"的鼓励政策，就如同对人类母亲实施的政策一样。[42]

117

小结

　　战争带来了死亡。1931 年 11 月，就在这个国家滑向总体战争深渊的紧要关头，死亡在上野动物园被赋予了一个正式的位置。就在两个月前，九一八事变发生，日本由此入侵中国东北。中国东北这一区域通常被称为"满洲"，从 1932 年起成为日本扶持的伪满洲国。正是在这种情绪高涨的背景下，新闻报纸上开始充斥着海外士兵骑在马背上的照片，而与此同时，日本第一座动物慰灵碑也在上野动物园落成并揭幕。揭幕式由长野善光寺的僧众主持，数十名政府官员和游客参与。这座慰灵碑也标志着各地动物园公开承认生命中的一个简单事实：死亡。致力于保护和宣传鲜活动物的动物园，向来的做法是把死亡动物封存起来，将它们藏在动物医院的围墙后面，或通过措辞谨慎的新闻发布来加以处理，至于那些不太知名的动物索性就静默处理。即使是在今天，也只有最具魅力的动物才足以引导公众认识到需要出于法律规定、官方认证或保护的原因而收集动物死亡的信息。在一个以圈养行为——也就是说几乎所有的动物都从属于人类代理人——为特点的场景中，公开承认死亡会承受招致同行批评、观众人数下滑以及对展览背后的世界不受欢迎的好奇心的风险。

直至二战后相当长一段时间，绝大多数动物园对动物来说都是一个致命的地方。"过剩的"动物是要被定期淘汰的，驯养动物和外来动物的兽医药都是临时提供的。也只有战争才能给日本的外来动物带来一些持续的医药投入（显然并非出于科学考虑）。前任动物园园长黑川义太郎就受过兽医学的训练。尽管几乎所有的动物园都会有一个兽医，或单独聘用，或直接由员工充任，但是外来动物的治疗始终不成体系，直到 20 世纪 30 年代，当这些动物的战略潜力开始变得明显起来时，帝国军队才对此产生了兴趣。大象、骡子、骆驼和其他物种，都在陆军兽医学院得到深入的探讨和研究。动物园园长古贺忠道从东京帝国大学毕业以后就在兽医学院受训，到 1941 年被征召时，他带着上校的军衔重新回到那里。[43]

对于死亡的公开承认——它作为仪式和景观的可动员性，是

186

某种整体设定上野动物园，但是又让上野动物园区别于其他动物园的做法之一。广岛安佐动物园的大丸秀士（Daimaru Hideshi）于 2002 年对日本 69 家动物园进行的一项调查表明，69.6% 的动物园建有死亡动物纪念碑。绝大多数这类纪念碑，如同它们所在的动物园一样，多半建于战后 60 年代到 90 年代高速发展的几十年间。但是纪念碑也在日本动物园和水族馆协会的战前网络内部扩展。建造军事文化意义上的纪念碑，成为从汉城和台北到东京和仙台的动物园的常规操作。到 1945 年，超过半数的帝国动物园拥有永久性公共纪念碑。其他未立碑的动物园则会按照一个规范的仪式日程举办死亡动物慰灵祭。绝大多数这些仪式都在秋天的国家动物园感谢周期间举办，也偶尔会和上野动物园春天的军用动物慰灵祭同步。该慰灵祭仪式意在强化樱花盛开与死亡士兵之间为人熟知的联系。[44]

　　这类纪念碑的吸引力是多重的。它越过军事议题扩展到生态现代性更宽泛的文化领域。纪念碑和纪念活动为一个日渐工业化的社会提供了仪式化的确定感。这就是现代日常生活的核心反讽之所在，一种与动物和自然世界疏离的感觉在一个经济体系内部得到发展，而这种经济体系又为开发自然资源、动物资源和其他资源带来人们始料未及的高效率。食肉和饲养宠物在列岛工业化的同时变得更加流行，上野的动物纪念碑被用来强化这两种行为造成的动物死亡，同时也是在安抚那些死亡的动物园动物和军用动物的灵魂。即使是在今天，上野动物园在很大程度上依旧为死亡所定义，一如它为生命所定义。毫无疑问，所有的生物终究难免一死。但是自 1945 年以来的几十年间，死亡就成为动物园这 119

种机构的神话的核心内容。广岛和长崎的原子弹爆炸以最炫目的形式展示了"灭绝"的威胁，而灭绝——既包括人的也包括动物的，缓慢呈现为上野动物园在一个变化的战后世界宣称自身意义的最可靠理由。

灭绝的威胁试图以一种最积极的方式投射纪念仪式和纪念碑，而这些纪念仪式和纪念碑的发明生动地反映了日本人在仪式实践中认识动物的意愿，尤其是从一种比较的视角来看。不管他们是否军国主义分子，上野动物园的工作人员选择承认处在他们照顾下的动物的逝去。文字记载和常识告诉我们，饲养员通常会和他们照顾的动物发展出深深的情感联系。即使是今天，通常在下班之后或游客稀少的时候，人们会看到动物园的工作人员如安静的祈祷者那样在纪念碑前放上鲜花。但是仪式和纪念碑的作用不仅仅在于承认生命的失落，正如芭芭拉·安布罗斯指出的，它们也能提供一种利用动物的正当性。就像中牧弘允观察到的，挽回祭仪式既能起到提供利用动物的正当性理由的作用，也能起到对这种利用提出警告的作用。[45]事实上，通过缓和应然与实然之间的、在动物的实际境遇与多少人相信事实就该如此之间的张力，这类仪式在特定场合中会使谋杀动物变得容易起来。它们有助于把屠杀建构为牺牲。

注释

[1] 关于战争酝酿这一时期的总结，参见迈克尔·A. 巴恩哈特（Michael A. Barnhart）的《日本的总体战准备：寻求经济安全，1919—1941》（*Japan Prepares for Total War: The Search for Economic Security, 1919-1941*），伊萨卡：康奈尔大学出版社，1987 年，第 290 页。也可参见彼得·杜斯（Peter Duus）、拉蒙·H. 迈尔斯

（Ramon H. Myers）以及马克·R. 皮蒂（Mark R. Peattie）的《日本战时帝国，1931—1945》（*The Japanese Wartime Empire, 1931-1945*），普林斯顿：普林斯顿大学出版社，1996 年。

［2］威廉·筒井：《黑暗山谷的风景：战时日本的环境史》，收入《环境史》，8，no. 2（2003 年春）：第 294—311 页。也可参见仓泽爱子（Kurasawa Aiko）『資源の戦争：「大東亜共栄圏」の人流・物流』，東京：岩波書店，2012。有关战争和自然世界，参见埃德蒙·拉塞尔（Edmund Russell）的《战争与自然：从第一次世界大战到寂静之春人类与昆虫和化学物质之间的斗争》（*War and Nature: Fighting Humans and Insects with Chemicals from World War I to Silent Spring*），纽约：剑桥大学出版社，2001 年。

［3］農林省馬政局（Nōrinsho Baseikyoku）：「前線と銃後の馬——愛馬の日に際して」，收入『週報』，no. 337（1943 年 3 月）：21。

［4］这份名单只考虑了那些大批量用于前线的动物。如果我们退后一步并考虑到动物在军事研究、工业生产和其他军备部分的用途的话，被使用动物的种类数量还将增加不少。

［5］这里我引用吉奥乔·阿甘本对于卡尔·施密特（Carl Schmitt）的"例外状态"（state of exception）的理论回应，在这种状态里，统治被描述为在一种"紧急状态"（state of emergency）下可以选择终止法律规则的能力。施密特是纳粹法律体系最主要的理论家。阿甘本指出，为施密特所描述的这种接近于通常被人们称为"紧急状态"的"例外状态"，在 20 世纪这一时间段内变得正常起来。尽管作为一个条款经常被否定或驳回，但它事实上潜伏在绝大多数现代法律体系之中，随时准备被行使。因而这种"例外状态"必须被理解为常规政治秩序的基本构成。这种动力也的的确确呈现在战时日本。参见阿甘本《例外状态》（*State of Exception*），芝加哥：芝加哥大学出版社，2005 年。

［6］茱莉亚·阿德尼·托马斯：《重塑现代性》，第 179—208 页。也可参见阿伦·斯卡伯伦德（Aaron Skabelund）的《战争之犬：动员所有大小生物》（"Dogs of War: Mobilizing All Creatures Great and Small"），收入《犬帝国：犬，日本以及现代帝国世界的打造》（*Empire of Dogs: Canines, Japan, and the Making of the Modern Imperial World*），伊萨卡：康奈尔大学出版社，2011 年。

［7］关于作为修辞和实践的"科学"在日本帝国中作用角色的分析，参见水野弘美（Hiromi Mizuno）的《服务帝国的科学：现代日本的科学国家主义》（*Science for the Empire: Scientific Nationalism in Modern Japan*），斯坦福：斯坦福大学出版社，2010 年。

［8］日本動物園水族館協会：『動物園水族館施設の戦時下における有効なる経営方針』，東京：東京市政府，1943。

［9］『上野動物園催し物』，1937-1943，vols. 15-22，misc.pages.

［10］李·肯尼迪·彭宁顿（Lee Kennedy Pennington）：《撕裂日本：残疾老兵与社会，1931—1952》（"Wartorn Japan: Disabled Veterans and Society, 1931-1952"），剑桥大学博士论文，2005 年，第 62—68 页。

［11］日本動物園水族館協会:『動物園水族館施設の戦時下における有効なる経営方針』。

［12］『上野動物園百年史·本編』，第 184 頁。

［13］关于战时日本将"自然"用作一种意识形态工具的两种冗长的调和方案，参见大贯惠美子的《神风特攻队、樱花与民族主义：日本历史上美学的军国主义化》(*Kamikaze, Cherry Blossoms, and Nationalisms: The Militarization of Aesthetics in Japanese History*)，芝加哥：芝加哥大学出版社，2002 年，以及茱莉亚·阿德尼·托马斯《重塑现代性》。

［14］大贯惠美子：《神风特攻队、樱花与民族主义》(感谢蒂尔尼指出此处引用)。关于生育和洁净的文化，参见今川勳（Imagawa Isao）『犬の現代史』，東京：現代書館，1996。阿伦·斯卡伯伦德的《犬帝国》一书就以此为基础。也可参见埃尔默·维尔德坎普（Elmer Veldkamp）的「英雄となった犬たち一軍用犬慰霊と動物供養の変容」，收入菅豊（Suga Yutaka）編『人と動物の日本史：動物と現代社会』，東京：吉川弘文館，2009，第 44—68 頁。

［15］"门松"是一种仪式用品，通常在新年之际用作日本人的家庭摆设。

［16］物上敬：「日本に於ける「虎」」，『動物文学』，46（1938 年 10 月）：2-15。

［17］哈丽雅特·里特沃：《动物庄园：维多利亚时代的英国人和其他生物》，第 28 页。

［18］威廉·斯温森（William Swainson）：《圈养时代的动物》(*Animals in Menageries*)，伦敦：朗曼、奥姆、布朗、格林和朗曼斯，1830 年，第 104 页。转引同上。

［19］这种最具戏剧性的意识形态传输采取了一种飞鸽传书的形式。战争期间在一些特定的时间点上，孩子们被鼓励给前线的士兵写信，这些信件据称是由在动物园庆典结束之际释放的大批军鸽送过去的。事实上，这些信件最有可能是由常规的军事邮局来收集并递送。『上野動物園百年史·資料編』，第 666 頁。

［20］关于现代日本国家—社会关系的更具说服力的深度探讨，参见谢尔登·M. 加农的《模塑日本人头脑：日常生活中的国家》(*Molding Japanese Minds: The State in Everyday Life*)，普林斯顿：普林斯顿大学出版社，1997 年。

［21］这类邮票为参与者提供了一个小纪念品。这些邮票不仅仅起到纪念品的作用，而且也是意在引发受既定事件的意识形态浸染的往事回忆的东西。这些简单的小图标也用来激发欲望，激发某种返回既定之地的乡愁。这本宣传小册子由日本农林省下属的马政局印制，能够在东京动物园协会档案室所藏的"催し物"第 16 卷中找到。这些卷宗基本上是按年来编排的。卷宗中有成千上万的文件，其中大部分没有清楚的出版信息，只是根据最初的编目顺序简单地归集到一起。这些资料包括手写的备忘录、蓝图以及此处提到的这种小册子。馬政局：『軍馬の一生』，東京：馬政局，1938。

［22］同上。

［23］「はるさめ煙る動物園で物静かな慰霊祭」，『東京小学生新聞』，1940 年 3 月 10 日。

［24］有关这类樱花盛开意象的力量，参见大贯惠美子《神风特攻队、樱花与民族主义》。将植物用作军事意识形态的面纱，这也许会让不了解日本人对樱花的痴迷的人大吃一惊，但也很难说这就为日本所独有。正如乔治·莫斯（George

Mosse）指出的，英国也有其"多佛尔之花"（flowers of Dover），而纳粹对幽深密闭的森林空间的迷恋众所周知。乔治·莫斯：《阵亡将士：重塑世界大战的记忆》（*Fallen Soldiers: Reshaping the Memory of the World Wars*），纽约：哈佛大学出版社，1990 年。也可参见西蒙·沙玛（Simon Schama）的《风景与记忆》（*Landscape and Memory*），纽约：古典图书，1996 年。

[25] 这类仪式化的哀悼表演并不限于在动物园举办。整个日本群岛后方家园以及帝国境内的其他地区也都在举行这类活动。参见「支那事变与動物」，收入『動物文学』，41（1938）：50-53。

[26] 武市銀治郎（Ginjirō Takeichi）：『富国強馬：ウマからみた近代日本』，東京：講談社，1999，第 196—198 頁。白雪在 1942 年被送去配种。

[27] 裕仁被认为与整体的自然世界共享着一种深沉而本真的亲密关系。国立科学博物馆（Kokuritsu Kagaku Hakubutsukan）：『天皇陛下の生物学ご研究』，東京：国立科学博物馆，1988。也可参见藤樫準二（Junzō Fujikashi）『皇室写真大観』，東京：東光協會，1950；小野昇（Noboru Ono）『天皇の素顔』，東京：雙英書房，1949。

[28] 绝大多数的马都被部队用于运输。即使是军官也很少在交战地带骑行。

[29] 武市：『富国強馬』，第 211—212 頁。至于其他歌曲的例子，参见"軍馬"和"馬"，二者都是根据明治天皇创作的赞颂高贵战马的诗谱曲而成。两首歌的作曲都出自本居长世。如同其他许多歌曲一样，这些歌曲得到文部省的批准用于学校指导和音乐课。

[30] 这首歌红遍整个战争期间，无处不在。歌词译自以 Aiba shingun ka 为封面的内容，收入『軍人援護』，4，no. 1（1942 年 1 月）：1。

[31] 今川勳：『犬の現代史』，第 7—78 頁。也可参见阿伦·斯卡伯伦德的《忠诚与文明：日本犬的历史，1850—2000》（"Loyalty and Civilization: A Canine History of Japan, 1850-2000"），哥伦比亚大学博士论文。也可见『戦中・戦後をともにした動物たち』，東京：昭和館，2008。

[32] 白崎岩秀：「東洋平和の為ならば」，『浄土』，4，no. 3（1938 年 3 月）：8-9。

[33] 同上，第 9 页。

[34] 吉村（Yoshimura）：「ともに死ぬ樹の愛馬だった」，收入『支那事変従軍記蒐録』，vol. 3，東京：兴亚协会，1943。

[35] 佛教联合（Bukkyō Rengō）：『联合国たち』，東京：佛教联合，1939。

[36] 同上。

[37] 同上。

[38] 武市：『富国強馬』，第 209—211 頁。相关议题还在伊东真弓（Mayumi Itoh）的作品中有简短涉及，参见伊东真弓的《日本战时动物园政策：第二次世界大战的默言受害者》（*Japanese War time Zoo Policy: The Silent Victims of World War II*），纽约：帕尔格雷夫·麦克米伦，2010 年，第 28—30 页。

[39] 同上。

[40] 同上。也可参见帝国馬匹协会（Teikoku Bahitsu Kyōkai）：『爱馬之日施设』，東

京：帝国馬匹協会，1939。一座国家军用动物纪念塑像至今还保留在靖国神社里。

[41] 武市：『富国強馬』，第209—211頁。

[42] 农林省馬政局：「前線と救護の馬」，『週報』，no. 337（1943年3月31日）：23。

[43] 1928年，古贺从东京帝国大学毕业时取得兽医学学位。毕业之后他进入帝国军队，在那里作为一名少尉加入了第一骑兵团。战前绝大多数的兽医学毕业生都是沿着这样一条路径参与军事服务。从军仅仅九个月后，古贺就离开部队去上野动物园工作。他在1941年7月重返军队担任正式军事职务。

[44] 关于这类仪式的深度讨论，参见芭芭拉·安布罗斯的《争论之骨》。关于大丸的调查，参见大丸秀士（Daimaru Hideshi）『動物慰霊や動物愛護のモニュメントアについてのンケート調査』，广岛，2002。也可参见小島瓔禮（Kojima Yoshiyuki）「神仏と动物」，收入中村生雄、三浦佑之编『人と動物の日本史』，第74—101頁。还可参见藤井弘章（Fujii Hiroaki）「動物食と動物供養」，收入『人と動物の日本史』，第223—240頁。

[45] 芭芭拉·安布罗斯：《商品化的美化与消费主义的圣化：动物纪念仪式的浮现》（"Masking Commodification and Sacrilising Consumption: The Emergence of Animal Memorial Rites"），收入《争议之骨》，第51—89页。中牧弘允（Nakamaki Hirochika）：《现代日本被打断的生活记忆：从事后治疗到强化设施》（"Memorials of Interrupted Lives in Modern Japan: From Ex Post Facto Treatment to Intensification Devices"），收入 Tsu Yun Hui、简·范·布雷门（Jan van Bremen）和埃亚勒·本阿里（Eyal Ben-Ari）编《日本社会记忆观察》（*Perspectives on Social Memory in Japan*），第55—56页。

第四章
动物园大屠杀

如我看来，潜在受害者与实际受害者之间的联系不能简单以无罪或有罪来定义。根本就不存在"赎罪"这回事，甚而，社会追求转向一个相对来说更与众不同的受害者，一个能够被"祭品化"的受害者。否则暴力就会倾泻在社会自身的成员头上。

——勒内·基拉尔（René Girard）：《暴力与神圣》（*Violence and the Sacred*）

献祭巩固了种种社会边界——亲属与非亲属之间、动物与人类之间、人和上帝之间，并以舞台化的方式生动展示了边界坍塌的危险。

——苏珊·L. 米兹鲁奇（Susan L. Mizruchi）：《有关献祭的科学》（*The Science of Sacrifice*）

全面献祭的文化

上野动物园曾发生的最让人困扰的事，是 1943 年夏天对园内最知名也最珍贵的动物进行的系统性屠杀。在第二次世界大战的高潮阶段，就在日本帝国蹒跚行走在崩溃边缘的时候，上野动物园从一个充满帝国娱乐和异国奇珍的仙境转变成一个被小心进行仪式化处理的屠宰场，一个超度为总体战争与效忠天皇和国家而牺牲的生灵的公共祭坛。这种军事殉道的文化，通常被认为是日本法西斯文化的核心支撑，但是在动物园发生的系列事件又增加了一种令人不寒而栗的新分析维度。[1] 它们显示了全面动员的追求是如何扩展到先前未被人关注的领域，讲述了总体战争的文化如何在 1943 年后转变为全面献祭的文化。通过动物园象征体系的崩塌——即生态现代性的象征性瓦解的舞台化展示，日本领导人利用动物园动物令人叹为观止的景观魅力和动物挽回祭的仪式机制，将一种殉道崇拜的文化推向后方家园和战争前线，这种文化意在将人类和相关的动物世界都卷入进来。

121

　　谋杀在上野动物园秘密推进，直到将近三分之一的笼舍空了出来。先前寓居在这些笼舍的动物的尸体被放在有罩布的独轮车上，在拂晓前的至暗时刻，通过动物园的服务通道拉出处理。到 9 月上旬，有 14 个物种 27 只动物被杀，其中绝大多数是用毒药毒死，一些是饿死，还有一些是绞死、用血淋淋的锤子锤死或用尖锐的竹矛刺死。而实施这些谋杀行为的人与先前日复一日精心照看这些动物的人是同一批人。这些被杀害的动物包括那些全国知名的动物，比如埃塞俄比亚国王送给明治天皇的狮子 Ali 和 Katarina，日本军队在入侵中国东北期间捕获的著名豹子吉祥物"八纮"，以及最让人难忘也最悲惨的，全日本小孩都熟知的三头大象表演明星 John、Tonky 和 Wanri，它们的形象在学校教科书、儿童故事和杂志特约文章中曾反复出现。[2]

整个屠杀过程残忍无比，又因为每个环节都充斥着背叛的意味而让人反感。当饲养员们带着在战时匮乏岁月不常见的，却下过毒的成堆鲜肉和蔬菜过来时，大多数动物都是高高兴兴地一头扎了进去，熊科动物在吃着被添加了大剂量马钱子碱的马肉时发出感激的呼噜声，花豹一类的动物满足地哼哼着大口咬向致命的肉块。只有对人类情绪波动至为敏感的聪明大象，也许是感应到了它们的训练者的内疚，也许是排斥用来诱惑它们的新鲜土豆和胡萝卜底下的马钱子碱渗出的气味，完全拒绝食用。当动物们吞食完这些毒饵之后，饥饿的慰藉顿时变成满目的混乱，饲养员们在惊恐中目睹眼前的一切。很多人在强烈的厌恶中背转身去，放任这些化学物质直接作用于动物的肌肉，导致肌肉痉挛不断升级，直至发作到极点后引发心脏骤停。马钱子碱作用发挥缓慢，既无麻醉成分也无镇痛作用。正如一位饲养者指出的："这是一种恐怖的、痛苦的死亡方式。"[3]

来自东京官僚体系最高层的命令称，给动物园工作人员手边配备的来复枪，只能在动物逃逸的情况下使用。因为公共秩序是首当其冲的考虑，秘密执行的要求优先于减轻动物痛苦的考虑。使用马钱子碱虽然野蛮残酷但是动静不大。而考虑到上野动物园邻近人口密集的街区地带，来复枪射击的声音不太可能被掩盖掉。

那些受命执行屠杀任务的人感觉到他们背叛了自己。动物园专家团队的绝大多数成员都不同意这些口头传达的强制屠杀命令。在官方的战时信条和社会实践的匹配中，动物园工作人员有某种掩饰轻率断言的动力，他们在抵制伤害这些动物时展示出让

122

人印象深刻的创造力。工作人员在过渡时期的园长福田三郎的带领下，通过援引（有时候是编造）计划来为动物争取替代食物、安排疏散方案以及执行紧急状态下的安乐死。他们敦促着寻求在战争期间解决动物园动物保管问题的合理途径，而不是狂热追求所谓的"圣战"。如果有限的食物供给成问题的话，指导原则是呼吁人们在为那些无可替代的动物执行安乐死之前先去搜寻可替代的食物。如果空袭期间的动物逃逸成为焦点问题的话，则可采取将动物疏散到乡村的临时围栏或外地动物园的安置措施。其他地方的动物园一直渴望有机会能够展出这些只有在东京才能看到的知名动物。甚至到最后一刻，如果轰炸迫在眉睫，抑或动物围栏在空袭中被毁坏，动物园的工作人员也都被训练过使用温彻斯特连发步枪。福田宣称，疏散演习表明，即使最危险的动物也能够在从空袭警报响起到轰炸机出现在头顶之上这段时间得到及时的疏散。由这个角度看，动物园大屠杀事件提供了一份战时法西斯主义式的应急处理的微观历史材料，显示了为国家牺牲的话语——作为某种特定的死亡类型——是如何走向动物园和更宽泛的文化领域的舞台中央的。

在福田和其他人留下的大量往来信件及备忘录中，他们都一再强调，没有必要实施如命令所要求的绝大多数措施，动物园团队在每一步骤都有意拖延、抵制或叫停这些杀戮行为。这种种行为遭到东京都长官 * 或公园事务部门负责人井下清的驳回。事实上，对整个动物屠杀这一离奇插曲，我更愿意追随罗伯特·达

---

* 东京都成立于 1943 年，由原东京市和东京府合并而成。最初的行政首脑称东京都长官，后改为东京都知事。——译者注

恩顿（Robert Darnton）对 18 世纪巴黎"圣塞弗伦大屠猫"事件的详细分析，称其为"动物园大屠杀"，其策划者是一个对动物园的日常管理一窍不通的人——大达茂雄（Ōdachi Shigeo，1892—1955），帝国任命的东京都长官。大达在秘密杀戮行为结束后，以盛大的公众庆典来将这些死亡事件建构为服务国家需要的牺牲举动。作为日本帝国最有权势和最有影响力的人之一，大达在下达屠杀令一年多后就被提拔为内务大臣。[4]

考虑到食物出现短缺，或盟军空袭有可能会造成动物逃逸，人们都有可能杀死动物，这并不出人意料。类似事件近来也在伦敦和柏林发生过，上野动物园的工作人员对此了然于胸。[5]就如同欧洲的情形一样，由于食品供给不足，空袭事件发生时动物有可能失去控制。福田及其团队通过与古贺忠道和井下清商量，制定了详尽的方案以应对种种情形和相关问题。这些方案和日益恶化的战争局势表明动物园大屠杀事件发生在特定时间段，到 1943年战争已进入一个"关键阶段"——套用当时的流行表达就是"时局"，不太可能再像过去那样保管动物。然而，这些计划在解释大屠杀的特定细节时于事无补。某些如大达这样的要人——日本帝国最重要的技术官僚中的一员，这个对管理帝国首都负有最直接责任的人，扮演起把大屠杀变成谜一样的公众展演行为的激进角色。他大权在握，只要笔尖轻轻划过就可以下达屠杀命令。[6]

动物园的动物或是捕自野外，或是圈养繁殖，根据其不同的生态、科学、文化或政治价值被选择来用作展览。乍看起来，杀害这些动物似乎与动物园的使命背道而驰，大达的干预只能说加剧了人们的迷惑。为什么一个如大达这般地位显赫的人，而

123

且就在他刚刚擢升为东京都长官后不久，会卷入这类问题中来？东京都长官是一个由内务省设置的，以求在危急时刻理性地控制好帝国首都的新职位。当日本帝国面临瓦解的威胁时，大达，这个曾经担任过日据新加坡特别市市长的人，也是国内职位最高的行政长官，他比其他所有人都更清楚帝国边缘地带的战争状态。为什么他会关注动物园动物处理这样一个明显很边缘化的问题？[7]

这种情形和激发达恩顿探索法国旧制度时期手工业文化的情形非常类似。达恩顿的调查从一个令人费解且不好笑的玩笑开始，巴黎一个商店老板的猫被工人们以某种带狂欢色彩的方式杀死，对这一事件的模仿、恶搞在讽刺双关语和舞台表演中一再出现。"幽默何在？"达恩顿追问道，"当半大不小的一群小子一再仪式性地谋杀毫无防御能力的动物时，一堆男人只能如山羊般咩咩抱怨着猛敲手边的家伙？我们不能明白这个笑话的笑点所在，是因为那段横亘在我们和前工业时代的欧洲手工业者之间的历史距离。"这种对于距离的认知能够给我们提供一个导向丰富成果的考察起点。"当你意识到你没法从一个笑话、一句格言或一个仪式中有所知时"，而这些东西对生活在那个时代的人又特别意味深长，"你就能明白该去哪里捕捉这些意义的非典型体系以揭示它们。通过理解大屠猫笑话的笑点所在，也就有可能'明了'一些旧制度时期手工匠人文化的基本要素"。[8]类似地，通过解码另一件谜团重重的仪式性屠杀事件——1943年上野动物园对大量众所周知的珍贵动物的屠杀，我们也许能捕捉到帝国坍塌背景下日本后方家园日常生活的些许核心动力。

图 4.1 "殉难猛兽慰灵祭"仪式现场

1943 年 9 月 4 日,东京都长官大达茂雄以及佛教青年会的成员引导着队伍前往慰灵祭仪式现场。来自周边社区的孩子们尾随着队伍。象馆就在这张图片的背景中,被红白相间的幕布所包裹,这些幕布有时被用作仪式空间的点缀。图片蒙东京动物园协会提供

对于那个时代生活在东京的许多人来说,大达在 1943 年的介入就让人疑惑不解,一如今日。这也使得它在所有事件中最能激发出历史学家的兴趣。即使是发生在总体战争如火如荼之际,它也标志着帝国的日常生活被骇人听闻地强行中断。血腥的战争以及为战争所作的非理性献祭行为,突然就闯进了一个意味着休闲、好奇和征服的景观,一个为数不多的、看上去与真实世界的复杂现实和帝国生命的损失绝缘的地方,一个人们依然想象着可以带孩子放松和消遣一整天的隐遁之所。这种中断和转变看上去

125

就是大达介入的意图所在。在 1943 年后，战争进入一个新的特别致命的关键阶段。从此以后，既不存在任何可以躲开战争召唤的天堂，也没有任何抽离于国家需要的私人生活，更没有任何摆脱全面动员的可能，无论国家的战时需求是如何的昙花一现或不合逻辑。[9]

奇怪的仪式

只有当所有的杀害行为都完成后，这些行为才被以一种精心设计的宗教庆典的形式公之于众。东京都长官参加的重点活动是一场细节完备的纪念仪式，于 1943 年 9 月 4 日在上野动物园举行。就在那天，当午后气温上升到将近华氏 85 度，媒体还在庆祝日本对盟军取得的军事胜利时，数百名政府官员以及围观群众跟随在大达茂雄以及一队着装正式的佛教僧人后面——这支僧人队伍打头的是浅草寺住持大森正，走出上野公园两旁绿树掩映的主干道，穿过大门，进入动物园。这支神情肃穆的队伍蜿蜒行进在四处是空空笼舍的诡异寂静的路上。就在行进过程中，官员们发现在他们的身后有了另外一支缺乏组织的游行队伍。来自动物园周边地区的数十个孩子们已经听说过有些不寻常的事情在动物园发生。明显是渴望了解他们心爱动物的最新动态，或是对动物园正在发生的奇怪事情感到好奇，这些孩子们偷偷从各种各样的隐秘通道钻了进来，这些通道只有自小在根津地区长大的孩子才知道。根津就在上野动物园的西围墙外，有狭窄的街道和高度密

集的房子。不一会儿，队伍就到达了他们的目的地，一座巨大的
白色帐篷，帐篷上悬挂的横幅写着"殉难猛兽慰灵祭"。[10]

　　大森正和僧侣们最先进入帐篷，他们缓慢走过一行行排列整
齐的椅子，最后停留在这个大型围栏正中的高台前，鞠躬致意。
他们之后是大达。再然后，短暂但意味深长的停顿之后，鹰司信
辅亲王（Takatsukasa Nobusuke，1889—1959）出现了，他是日本动
物园和水族馆协会主席，也是昭和天皇的岳父。如同昭和天皇本
人一样，鹰司信辅也很好地延续了身为博物学家和户外爱好者的
贵族传统。在战前，他因为所从事的鸟类学调查而广为人知，甚
至还因此获得了"小鸟侯爵"（Kotori no kōshaku）的诨号。[11]在
1944 年进入东京明治神宫充任主祭一职之前，他主要为贵族院服
务。明治神宫这处漂亮的建筑群，主要用来祭奉日本的首位现代
天皇。

　　仪式的许多具体细节都遗失掉了，毁于战争年代的混乱之中。
但是我们的确知道，这场仪式的正式参加者有将近 500 人，其中
包括数十名市政官员、政治人物和精英官僚，以及一大群帝国军
官和宪兵队、军事警察的代表。在这些人之后，是精心挑选出来
的东京市民群体，还有也许被认为是仪式目标受众的代表：来自
后方家园的妇女和儿童。自 1937 年全面侵华战争爆发以来，他们
便成为动物园的主要光顾者。在这个群体中，包括新近成立的大
日本妇女联合会（Dai Nihon Fujinkai）的代表、东京女子高校的年
轻女性，以及从中小学中精挑细选出的男孩女孩。[12]

　　这些人进入帐篷后，大森正迎上他们并指挥他们安静落座，
一旁的僧侣开始颂唱经文以纪念动物园动物"为严酷战争情形

126

127

图 4.2　大森正主持上野动物园动物慰灵祭仪式

大部分动物最终被埋在大森的脚下，他的前方正是安抚殉难动物亡灵的纪念碑。这是值得我们掩卷深思的一幕。在这般每天都有成千上万士兵和国民在海外战争中死去的时候，成百上千的官员和精心选择的公众代表却被要求中断日常工作，前往动物园参加一场由首都最具权势的平民管理者赞助的动物慰灵祭。图片蒙东京动物园协会提供

所作的牺牲"。就在僧侣们虔诚诵经，几十名新闻记者奋笔疾书记录着现场细节的同时，人们一个接一个地向前移动，来到祭台前上香并鞠躬致敬。祭台上刻有"殉难猛兽"的字样。这个冗长的称号通常被用来神圣化人类的牺牲，服务于战争目的。殉难或烈士这个词，响亮又备受尊崇，在日本战时的话语体系中无处不在。这种话语体系以为国家、天皇和家庭捐躯的狂热崇拜为核心。同样也是这个词，被许多日本基督徒用来描述耶稣在十字架上的受难。然而，在战争疯狂的最后阶段到来之前，这样的"殉

难"字眼通常专属于在战争前线牺牲的战士。

大达和鹰司最先走过祭台。接着是以副都长官为首的一队政府官员，队伍的最后是来自全东京的中小学校长。接下来，则是青山裕子（Aoyama Hiroko）和花泽美弥子（Hanasawa Miyako）两位少女，她们是和男子中学对应的竹田女子的高一学生。当这对少女在祭台前完成敬献并鞠躬后，一对年龄更小的孩子，里定信（Satō Sadanobu）与和木贵子（Waki Takako）走上前来。他们是东京国立忍刚小学六年级的学生。两人快速地背诵了一遍哀悼祭词，再鞠躬表示敬意。官员确认着信息，确保每位新闻记者都能得到每位参与者的正确信息：姓名、学校和年龄。

第二天一早，一篇刊载在这个国家发行量最大的日报上的文章报道如下：

> 一个小男孩和一个小女孩站在一张小型祭台前双手合十，向前方鞠躬致敬。祭台上还来不及打磨的木头上刻着"殉难猛兽"字样。一场为殉国的动物园动物举办的纪念仪式于9月4日午后2时许在上野动物园举办。这场仪式在坐落于象馆和印度大羚羊围栏中间的殉难动物纪念碑前进行。入口处上方用墨水写着"殉难猛兽慰灵祭"的字样。在一座崭新的佛塔前方，人们焚香的味道在空气中萦绕不去，祭台上烛火闪烁，摆满一堆堆动物爱吃的鲜肉和沙丁鱼、胡萝卜和水果。东京都长官大达和日本动物园和水族馆协会主席鹰司信辅亲王亲手将一束束鲜花放在祭台前方。[13]

128

文章接着说，公园事务部门负责人井下主持了仪式闭幕式环节。他在最后的致辞中表达了如下关切："我们希望民众们慎重关注当前需要采取这种非正常措施的极其严峻的形势。"这篇文章以一段忧郁的话语告终。正式的仪式或许已经结束了，"但是新供的香燃起的袅袅青烟仍然持续了好几个小时。这些香出自居住在邻近社区的孩子之手。他们听说了有关葬礼的各种传言，然后一个接一个地到这里聚集，希望能与他们深爱同时也是再熟悉不过的狮子和老虎朋友们说声再见"。[14]

杀戮行动之所以秘密进行，一方面是为了保持该事件的公众冲击力，另一方面也是为了防止有人自发表达任何的不同意见。相比死亡本身，大达最在乎的是对于死亡的呈现。这种精心编排的景观明显针对两类受众：首当其冲的是好几百万东京市民，以及其他关注动物园新闻，每年都要前往动物园参观，清楚了解动物园明星动物的人。第二类则包括精英官僚阶层、政治家、军队领导和内务省的技术官员们。无论受众为何，正是井下发出的人们要"慎重关注当前需要采取这种非正常措施的极其严峻的形势"的呼吁，最有效地表达了都长官大人的潜在意图。[15]如此声明暗示着（当然是小心的措辞，以免显得太过直截了当）战争进程的变化，并且要求人们认真对待这种变化有可能意味着的后果。

大达把上野动物园的谋杀行为，以及动物自身的媒介作用，当作一种手段，强化在那个年代的官方发声中最忌讳的用语之一：战败。当大达和他的下属如井上等人提及"时局"时，他们事实上是在请求人们正视有可能发生的战败情形甚而相应需要的更大的个人牺牲。这些男人、女人和孩子们列队进入动物园，为因战争形势恶化而不得不被牺牲的"殉难猛兽"默哀的公开一幕，开启了这位都长官发起的运动。这场运动旨在转变公共话语的措辞，同时让东京市民适应一个走向颓势的帝国的需要。这也许可以视为通向悲剧性的大规模自杀以及无望的解除武装行为的小小的但又重要的一步，正是上述行为在 1945 年将战争带入血腥的高潮阶段。

在 1943 年被安排到东京都长官的职位之前，大达曾负责被占领的新加坡的管理工作，在那个位置上他观察到了日本帝国的扩张，以及一旦美国的工业化力量在公开战事背后发挥举足轻重的作用，这种扩张便会以惊人的速度开始收缩的前景。1942 年在珊瑚海和中途岛，日本海军已经承受了它的第一次失败。而大达，作为动员首都居民加入战争的最终责任人，正在寻求一种剪掉官方宣传话语中的白色杂音的方式。他坚信，发生在前线的籍籍无名之辈的大规模死亡事件以及战争前沿的野蛮残忍行径，很快就会降临到东京市民头上。而诉诸报端和政府官方声明中的日本必胜主义的调子又使得人们处于一种无法了解真实战争情形的可悲境地。[16] 类似地，对大达这样的技术型官员来说，也许更重要的事情是在首都这个地方，特定的政治决策都必须基于持续征服的官方叙事。在 1942 年春天战略上无足轻重但是在象征意义上是羞辱的杜立特空袭事件发生后，帝国军队承诺"不会再有哪怕一架敌机"遮蔽东京的天空。类似的宣称一直持续到 1943 年，即使帝国已经开始每况愈下。让人们为轰炸做准备就等于宣称上述军事承诺是谎言，大达启动这一过程时相当小心。

这位都长官在下达杀戮命令时周旋于各种强大的政治力量之

129

间。即便是拥有他这般身份的人，都没法在公开言论中轻易触及战败问题。到 1943 年时，人们私下自由讨论这类问题已经有些年头了。但是公开言论的红线仍在小心翼翼地维持着。大达成为一名处理军事问题的行政管理者。[17] 如同往往在军事失利的时候会产生战争神话那样，在真实的战争情形与国家主导下大众媒体对战争正统形象的公开认知之间，一条巨大的裂缝在 1943 年产生了。大达显然是看到牺牲动物园动物这种方式能够有效弥合这条裂缝，又不至于引发掌握主导话语权的人的指责。[18]

通过使用动物园动物来强调这一议题，大达在赢得了一大批听众的同时，也避免了来自日本军方或其他政府部门的干涉，动物园大屠杀因此被建构为一个权宜之计而非重大的政治决定。同时，实际杀害行为又能让那些有可能质疑大达动机的人轻易作出价值判断。正如福田在 8 月底接待来访的忧心忡忡的警官和军事警察时提出的，当人类自身都没法获取足够的卡路里来维持生命的时候，对动物园保存大型食肉动物的举动进行是非判断就愈发困难。更进一步说，实施这些杀害行为能够被认为是为了维护公共秩序。大达表示，援引动物园的应急方案，考虑到万一动物园笼舍被毁而出现的混乱场面，杀死这些动物无疑是明智之举。"单单一个炸弹就会夺走好几十甚至是上百人的性命，"他的说法被引述，"但是人类本能上对于老虎的恐惧远远胜过对任何炸弹的恐惧。"[19] 而大达的特别发挥在于，他要确保的是这场公开慰灵祭仪式被大众媒体所记录并传播开。这场活动被描绘为旨在针对孩童的安抚行为。毕竟，谁会愿意拒绝东京的孩子们为那些可怜的动物默哀的权利呢？那些动物为他们"所深爱并熟悉"。[20]

　　这场公开仪式反映出日渐衰弱的战时官方文化在早期的撕裂。这种文化在短短两年时间内成形，号召所有的帝国成员，在与占据绝对优势的美国军事力量你死我活的对抗中，随时准备献出他们自己和家庭成员的生命。在 1943 年，这种全面牺牲的道德要求刚好移向舞台中央。正是这种道德要求导致成百上千的年轻人驾驶简化的飞机冲向美国人的军舰，激发妇女儿童开始训练使用竹制长矛，以便有朝一日能够重击装备精良的盟军士兵。[21]这种绝对臣服于天皇和国家的理念——即战后日本学者所称"天皇体系"的邪恶核心，很长时间以来就存在于日本人的话语体系中。但是这种日本战时殉难文化的范围和主体在 1943 年发生着深刻改变。到 1945 年夏天，官方文化大肆宣扬母亲们为国家奉献出自己和孩子的生命的坚定信念，这是对屠杀动物行为的冷酷无情的回响。在战争的早期阶段，类似的情形整体而言仅限于前线士兵。然而，动物园大屠杀成为潜在的提醒，提醒人们有必要将战争视为一个持续演化同时又充满偶然性的过程，远非一个逻辑连贯的单一事件。

　　大达的政策选择意味着他首先关心的是首都地区的公共秩序问题，其次关心的似乎是如何动员东京市民，以便在战事降临时进行可能的暴力反抗，而不是提醒他们生命可贵。他负责将整个城市组织起来以防空袭，这并非小事一桩——尽管这也许是这种种准备中最有效的一面。殉难崇拜再也不仅仅限于前线的士兵。一旦帝国崩溃，生态现代性的人性逻辑也就随之崩溃。那些处在后方家园的家庭们而今被号召起来，为肉身英雄主义和军事牺牲的举动做好准备。在 1943 年，对帝国士兵而言，无论他们身处

131

何处，他们所在意的问题是自己高尚的牺牲行为能否得到家乡的哀悼和纪念。然而现在这个问题却逐渐成为后方家园的男人、女人甚至是孩子的共同议题。整个国家——当然天皇本身排除在外，如今都被号召去扮演殉难者的角色。[22]事实上，这种逻辑完全展开来就是，整个国家理论上都可以为了保持天皇的例外状态而被牺牲掉。

正如先前章节所展示的那样，歌颂士兵们的艰辛生活和无畏牺牲，一直就是激发后方家园的生产力和民众自律的战时意识形态的核心关注。但是将这种英雄式的自我毁灭实践（而非理念）带回帝国首都的家庭生活则完全是件新鲜事。1943 年，随着日占阿留申群岛中的阿图岛的陷落，"玉碎"这个词开始频繁见诸日本报端。在这场战役中，2 500 名日军先遣队战士拒绝投降，选择以"玉碎"的方式献出他们的生命。玉碎的字面意思为"珠玉粉碎"，一种被美国大兵称为"万岁冲锋"的自杀行为。到 1943 年夏天，这类行为是否应该被引入发动市民社会作出类似牺牲的战争努力中来，而不是只限于军队，还保持着悬而未决的状态。在进入战争最后的殊死搏斗阶段前好几个月的时间里，并不存在一个预期的恶化阶段。献祭发生的时候，尽管大达对这一问题还没有采取任何清晰的公开措施，但是他清楚表达出了这层意思，即后方家园的民众不得不为战争的下一阶段做准备。动物园大屠杀也就是这场运动最初的公开步骤之一。[23]

有关动物园大屠杀的戏剧性报道以某种特殊的方式将这样的信息传达给大都市的受众，其效果是人们在遥远战场进行殊死搏斗的故事所不能实现的。古贺园长曾在 1941 年 7 月离开动物园，应召加入军队兽医学院担任教职。他在战后回忆起自己当初是如何知道屠杀一事，以及大达使用这种手段的意图：

> 我接到公园事务部门负责人井下清的电话，于是便和福田三郎园长，战争期间我的替任者，匆忙赶了过去。当到达那里时我们被告知都长官已经作出了处置动物园大型动物的决定。我对自己说："哦，这一刻终于来了。"似乎东京都政府的最高决策层对于此事争论得颇为激烈，但是我们也无能为力，只好服从这个决定。我听说作出这个决定是因为当时很多人还在盲目相信我们始终在赢得战争的胜利。但是都长官大达在履职东京之前，曾经担任过被占领的新加坡，或说我们称之为湘南市的市长，他清楚时势的真实情况。他非常不赞同后方家园人们的行事之道。当他成为都长官后，他下定决心要唤醒民众正视这一事实，即战争并不总是件轻松的事。于是大达选择用动物园的动物而非简单的话语作为警醒大家的方式。一些人提出诸如大象这类大型动物可以被疏散到郊区，在那里大象可以因草木的掩护而得以保全。但是大达断然拒绝了这种提议，因为他真正在乎的根本就不是动物。[24]

132

大达当然是在乎这些动物的，只不过不是古贺所期待的方式而已。大达看上去完全清楚，杀害这些拥有绝高知名度和广受欢迎的动物园动物，能够提供一种有别于官方奉承式的宣传附和的手段。它能够引发一种深沉的情感震动，而这是再多的人类故事都不能实现的，特别是在经历过多年的大规模人类伤亡之后。这点至为关键：大达更在意的并非杀戮本身，而是杀戮的公开纪念仪式。

媒体中介的献祭

也许思考那个夏天动物园所发生事件的最具启发性的方式，就是把这些事件直接当作一个现代的动物献祭模式。"献祭"是一个古怪的概念，日语词汇里和这个词相对应的 kugi 或 kyōgi，一般不用来描述战争期间的大屠杀。kugi 这个词更像是指同类相食，一种远在日本帝国境外的，与更古老年代相关的，或潜伏在帝国"未开化"角落的最黑暗的原始行为的标志。[25] 诸如柳田国男这类民俗学家宣称，日本人在远古时候或在帝国的偏远之地也曾进行过动物献祭，但是在当今这个时代，献祭行为已被归结为生活在帝国边缘地带的"野蛮人"的行径。人们确有发现，文学作品中出现过 kugi 和类似的词，它通常会出现在帝国的通俗小说中，好让读者一窥那些让人好奇的原始仪式。这些仪式至今还在东南亚的丛林地带以及日本文明控制之外的地方有所保留。生活在这些地方的人群，被认为还处于用动物进行献祭的野蛮文化阶段，不曾进化半分。

133　　然而，大达对这些被害动物的超乎寻常的兴趣，主要在于它们作为献祭受害者的象征价值。正如亨利·休伯特和马塞尔·莫斯在有关献祭行为的经典研究中提出的那样，献祭仪式的成功与否取决于献祭物的社会认知价值。这些献祭物必须拥有某种特殊的社会地位，也必须有能够与周遭事物区别开的明确特征或品质。[26] 在象征体系中，适合的献祭物尤为珍贵。在上野动物园的情形下，这种献祭仪式的影响，是由大森正主持的佛教仪式以及这些仪式在大众媒体的轮番上演，而不是杀戮行为本身，直接提升了附着在献祭物上的象征价值。在一个工业化的大众社会场景中，动物园提供了一群动物，而这群动物已被赋予了一场成功的献祭仪式所必需的超凡剩余价值。动物园的经济价值取决于它所拥有动物的明确（有时是独一无二的）估值。当上野动物园跻身全球最受欢迎的动物园之列时，日本国内少有其他机构能够像它一样拥有如此广泛的受众。

上野动物园为大达提供了一个可以更广泛传播信息的强力放大器，紧随着日本的军事扩张步伐，新动物如潮水般涌入，不断把动物园的参观人数纪录推向一个个新的高峰。官方门票数量统计显示，1942 年上野动物园的参观人数达到 3 270 810 的峰值，也就在这同一年，日本的帝国扩张势头也达到巅峰状态。1943 年早期，就在献祭事件发生前后的那段时间里，上野动物园的参观人数也同样让人印象深刻。就在这一年里，超过 200 万人造访过上野动物园，即使当时战争已经进入尤其残忍的新阶段。然而，大屠杀发生后的两年间，随着战争伤亡人数达到新高，上野动物园的参观人数急剧下跌，1944 年只有 50 多万人造访，1945 年参观人数更是达到 22 年来的最低值，只有 29 万人，平均每天少于1 000 人。[27]

这次献祭活动发生在上野动物园的全盛期，一个后来被古贺园长回忆为黄金时代的时期。当时，动物园里人头攒动，新增的动物标本是如此之多，以至于动物园的展览空间都紧张无比。很大程度上，为了逃避海军战败以及供给衰减的现实，这座过度拥挤的动物园始终是各种庆典活动的中心，直到这场慰灵祭仪式的举办。媒体对上野动物园始终保持强烈的关注，因为相较其他机构而言，上野动物园提供的新闻信息都简短克制，相当适宜于报纸新闻栏目，同时还充满了博人眼球的图像。这个地方简直就是个新闻磁场。游客和新闻记者来到这里以逃避战争的压抑现实。而杀害如此具有魅力的动物——其中很多一度都是帝国征服成就的重要象征，让这个注定要引发大众关注的轰动事件更为瞩目。新闻报道小心翼翼地和都长官办公室的话语保持一致。办公室于9月2日向记者们提供了一份让人意外的新闻通稿。通稿宣称动物园中的特定动物已被"处理"了，以防止它们在可能的轰炸中逃逸。9月3日，很多家报纸都一字不落地发布了这条简短的声明。《每日新闻》接下来还发了这样的文字：

> 考虑到战争已进入关键阶段，东京已决定要为应付最坏情形做准备，于是下令将上野动物园最危险的动物处理掉。由浅草寺住持大森正主持的纪念仪式将于9月4日下午2时在动物园的殉难动物纪念碑前举行。考虑到轰炸期间，即便是最温驯的动物也会变得疯狂，因而从狮子以降的每头大型动物都必须被处理掉。我们恳请那些长期以来深爱这些动物的东京市民的理解。[28]

就在同一天内，超过500份印制在精美纸张（战争期间这多少算是稀有品）上的正式请柬被送到政府官员的家里。类似的邀请函也被送到东京主要媒体的分支机构。

都长官办公室小心谨慎地组织着整个事件，因为屠杀帝国首屈一指的动物园拥有的明星动物这一行动本身就充满了矛盾。如同所有的献祭行为一样，它是一个献祭之举，同时也是"一个犯罪行为和某种亵渎行为"。[29]这就是这场献祭的根本矛盾所在；正如人类学家勒内·基拉尔所指出的那样，它看上去存在着对立的两面，有的时候像献祭仪式，有的时候又像骇人听闻的犯罪行为。[30]大森正主持的一系列仪式意在小心调和这种矛盾，为由屠杀所引发出来的暴力情绪提供纾解的渠道。如同其他场景下的献祭行为一样，动物园大屠杀"释放出某种含糊不清的暴力，或者说盲目的暴力，因为它是一种力量的事实而可怕。它因此不得不被加以限制、引导和驯服"。[31]动物园是20世纪最受欢迎的文化机构之一，在这个特殊场景下，大森和他的僧侣们代表的现代祭司，根据受过大学教育的精英官僚阶层打造的剧本主持着献祭仪式，寻求利用处理死亡的古代技术来为总体战争服务。

这些动物本身鲜明的无害性和极大的魅力妨碍着这类安排。能够进行高度拟人化表演的大象 Tonky 和 Wanri 就是最明显的例子。它们在20世纪中期为好几百万成年人和孩子所熟知。大森和媒体煞费苦心地将它们的死亡呈现为为日本民众而作出的自我牺牲；这些可爱又训练有素的野兽被重塑为清白无辜的受害者，它们为保护庇护它们的国家献出自己的生命。慰灵祭为参与者和通过报纸了解事件进程的公众提供了一场仪式，在仪式中，由这些国家宠物体现出来的精神价值得到充分利用。而这场仪式将

135

杀害行为建构为保护公众之举，甚而还暗示着更多的牺牲将会到来，于是乎，受众会想当然地认为这些殉难者的角色在仪式中得到了净化。

日本的大众媒体，尤其是报纸，提供了让绝大多数的日本国民开始正视牺牲的渠道。在内务省以及其他机构带有军国主义色彩的精心指导下，媒体将慰灵祭呈现为另一种民族主义的献祭景观，尽管是相当罕见的一个。这些报道被与大量相关文章放在一起，这些文章的内容或是年轻的飞行员们在前往海外执行任务前和母亲告别，或是士兵们在遥远如新几内亚那样的地方英勇开拓。这次献祭呼应了日本帝国不断加速的侵略步调和逐渐黯淡的帝国底色，为正在展开的大规模政治动员提供了新的维度（和新的受害者）。

大屠杀的故事扣人心弦，它见诸东京许多家重要报纸，同时也刊载在其他发行量较大的期刊上。相关内容既不是通过大屠杀的新闻报道去推测分析战争情形，也不是发展成为有关动物自身的故事书写。关于这个事件的专题报告几乎无一例外都采取了一种聚焦人类儿童和动物园饲养员的令人心碎的传说模式，如福田三郎，他被认为是"动物园园长大人"的衣钵传人，这个称号从先前的园长黑川和古贺那里继承而来。几十年延续下来的，记者笔下动物园饲养员与动物之间的情感联系，往往被呈现为一种家庭关系，与家庭内部的互动大致相仿。

由于谋杀事实的存在，这些家庭式的隐喻被设定了一种更黑暗的基调，将代理园长，这位慈爱的"动物园园长大人"的蓄意谋杀举动，转变成某种隐喻式的弑子行为。当福田在一次采访中向记者讲述他的亲身体验时，他的悲痛显而易见。这份访谈刊载在 9 月 4 日慰灵祭举行当天。他把这次大屠杀表述为一种大规模的杀婴行为：

我们希望能够得到那些热爱这些动物的孩子们的原谅。自从我进入动物园工作以来，已经有 22 年的时光。在这些时间里，我无微不至地照顾着所有这些被杀死的动物。其中的一些动物就直接出生在动物园。如果将动物当作人来看待的话，就好像我是第一个把它们放在尿布上的人。它们是我的心肝宝贝。尽管我们没有公开挑明，但是这些动物确实是以死亡来提醒人们轰炸在所难免。[32]

在福田园长的话语中，从人类孩童向无辜的动物受害者的游移相当引人注目。它阐明了这次大屠杀事件各方面细节中流露出的强烈的模棱两可性质。人们很难去想象比杀掉自己的孩子更为恐怖的隐喻，它也表明了动物园工作人员身处的可怕的两难窘境，一边是职业角色的需要，另一边是朝夕陪伴动物，从而视这些被照顾的活物为自己生命的一部分的情感事实。在饲养员和他们所照顾的动物之间发展起来的情感联系，如同宠物主人与他们的陪伴动物的情感联系一样有力。这种联系是如此亲密，以至于今天将近 75% 的美国养狗家庭将宠物视为"家庭的孩子或者成员"。[33]类似的情感也成为当代日本宠物养育的特点，至少自明治以来，当"爱玩动物"成为中产阶级身份的象征后就是这样。[34]

136

然而，重要的分歧也确有出现，在记者描述福田园长的感受的文字中，就包含了一种预设的复仇誓言。福田园长自己在采访中传达了官方消息的部分内容，指出动物的死就是为了传达某种信息。而记者却建议要有更暴力和更激进的反应，将福田描述为一个将自己的孩子拿出来献祭的父亲，他的悲痛将在战争服务中转化为仇恨：

> 福田坐在办公桌前，茫然注视着窗户。他止不住想起被他亲手了结的那些他挚爱的孩子们——想起那些和动物在一起的珍贵回忆。"考虑到战争情形，这无济于事。"他自言自语道。但是当他的目光转向窗外时，一道决意赢取战争胜利的冷酷凶狠的光从这位园长的眼中闪过。[35]

在这场献祭表演中，福田，一个私下宁可冒着压力和潜在风险去抵制顶头上司命令的人，被迫去表演这场仪式所要求的情感反应。这篇文章将他的故事作为一个以复仇为情节线索的剧本提供给读者。这场献祭意在提供一堂公开课，而这堂课通过动物园动物的实体而非简单的"字面词句"来进行交流，"字面词句"这个表达借用自古贺战后撰写的回忆录。这场仪式试图将由杀戮行为引发的视觉震撼转化为服务于国家需要的行为，操控有关杀戮行为的阐释就是为了更大程度地激发出保卫国家的献身精神。这些杀戮行为被建构为一种不得已而为之的举措，要求以国家名义进行复仇，然而这些杀害行为的实施也是打着国家名义的旗号。绝大多数这类的操控都出现在关于仪式的各类媒体报道中。这些

137

报道努力将由死亡引发的愤怒和受挫感从动物园管理者那里引开，引向遥远的敌人。动物园管理者因其失去动物的悲痛而得到公众的同情，如同政府一样，他们也宣称其行事代表着最广大民众的利益。"牺牲如此之多的东京市民深爱的动物，"一篇报道称，"让决一死战的情绪在人民心中熊熊燃起。"[36]

接受或说领会向来是文化史最棘手的问题。因此我们根本没有办法准确了解每一个公众成员是如何解释这场献祭的。但是上野动物园丰富的战时文献资料收藏为我们提供了一些颇具吸引力的线索。上野动物园出人意料地拥有一处小规模的未经加工的原始资料收藏，这极为罕见。这也许可以归结为这个机构本身看似去政治的性质，也许只是古贺园长或其他人更积极的意图使然。这里居然有来自一个通常被视为文献真空地带的历史时期的成千上万份材料，如果忽略掉这个小型文献珍藏的来源问题的话，这对于研究战时日本普通人日常生活的历史学家来说，无疑是一个让人喜出望外的发现。

在这些文献的扉页间被小心折叠收藏起来的是一封封写给动物园园长的信，大多收自献祭仪式之后。在这些极度让人震惊的信件之中，其中一封标明写给福田园长本人的信，充分展示出了可想而知的从悲痛和震惊向愤怒和决心的转化：

> 昨天晚上读到晚报时，我简直不敢相信自己的眼睛。从小时候开始，图画书和杂志上的狮子、老虎和大象的图片就吸引着我。然后，有一天我的母亲带我来到了动物园，在那里，在我眼前走来走去的，难道不就是那些和书里一模一样

的狮子、老虎和大象吗？但是，当我看到昨晚的报纸时，我简直是没法读下去。我感到如此的悲哀。我无法想象这对于那些几十年来一直照顾这些动物的人会是什么样的情形。即使是为了战争这也太可怜了。我们必须摧毁那些杀死这些动物的美国人和英国人。我迫不及待地想要成为一名战士，这样我就能为这些殉难动物报仇了。也许只有这样才能安抚这些曾经让我如此开心的动物。[37]

138　　这封信最后三句话表达出来的愤怒让人震惊，和福田在接受《读卖新闻》采访时给出的解决之道如出一辙，这种从悲痛到军事决心的跳跃有一种不自然的造作感。然而，正如大贯惠美子在研究受过良好教育的年轻神风突击队队员时发现的，类似的宣言在战时日本相当普遍。[38] 这封信的末尾简单地署上"少国民"，一个战争期间任何一个高中生或年纪更小的人都可以使用的称呼。

　　但是民众对于献祭的反应也并非如同官员们所期待的那样同质化。这些反应也并不完全等同于不人道的日本极端民族主义狂热的刻板画像。那些选择发出信件的人也很难说是一群被洗过脑的嗜血的天皇崇拜者，意在不惜一切代价牺牲自己。这些信件深深透出了一种贯穿战时文化的深沉哀伤的人性主义基调，一种直面重大事件时的无助感。这种基调远胜过"少国民"爱国主139　义的陈词滥调以及媒体类似的报道文章。至于号召向美国人和英国人进行复仇的措辞也不能说是很典型。一如往常，这些信件仅仅是表达了深深的遗憾或哀伤，具有冲淡了任何复仇动机的失落感。"亲爱的动物园园长大人，"一封写给园长的信充满了一个一年级小学生特有的不确定感和小心翼翼的笔触，"您杀死这些动物这件事太让人伤心了，一直以来我都热爱着动物园。我最喜欢的动物是大象。我也喜欢老虎、狮子和北极熊。但是现在我喜欢的动物们都再也不在那里了。这是多么让人伤心的一件事啊。"[39]这类信件讲述着一个非常有人情味的故事，这个故事关乎失去生命的无辜受害者，也关乎帝国濒临崩溃的场景下人们日渐黯淡的希望。这些信件暗示着，除了（也许绝大多数情况下远非）狂热的军事信念或盲目的天皇崇拜，无望以及伤痛也应该在我们试图理解日本法西斯主义的殉难文化时占有一席之地。特别是这种无望和伤痛，在战争最后的几年间覆盖着整个后方家园。[40]

这些信件的内容既有孩子的倾诉也有简单的散文诗。一位年长的作家精心创作了一首伤感的俳句献给动物殉难者，清晰描述了人与动物转换的佛教式路径："当你往生之时，愿你转世成人，在秋日微风窃语中。"[41]从这些例子可以看出，这场仪式的效果只达到这样一个程度，它使得动物园大屠杀这样一个冷血的现实成为一个可供观众哀悼的对象；成为一场赋予帝国的崩溃以情感结构的事件，而有关帝国的崩溃这回事，人们从身边发生的无数微不足道的事件中都能感受到。至少对于那些愿意花时间写信给动物园园长的人来说，这场仪式唤起了情感。然而，遑论情形如何，它都不足以胜任将这些情感转化为"下定决心死战到底的感受"的任务。这种存在于仪式中的模棱两可态度，允许有对大屠杀事件的不同反应声音，而其中相当一部分就直接与仪式的潜在意图相左。一俟日本进入战后时代，这些被屠杀动物的无处安置的灵魂又会再次回来，在有关战争及其残酷性的公共记忆中萦绕

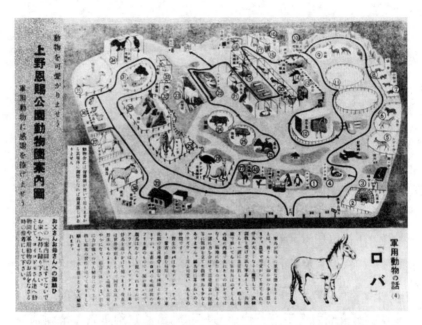

图 4.3　附有军用动物驴子的介绍的动物园导览图，1943 年晚期

这是第三章的 1942 年导览图的修订版，具有冷酷的意味。水牛被放进了象馆，野猪替代了被杀掉的熊，大型动物馆令人不安地空着。图上的文字保持不动，敦促家长们"带上这张'导览图'回家，这样就可以用来给你的孩子讲述军用动物和动物园"。图片蒙东京动物园协会提供

不去，使得各种各样的哀悼形式与一种新的遗忘形式并置。战争进入白热化阶段后，这场献祭仪式内在的模棱两可性，也就是由仪式性地"将牺牲者和亵渎者拉作一处"[42]而产生的矛盾心情，由于地方的新闻控制，被从公众视野中大量地压制下去。

　　由一个佛教僧侣来充任主持，一群中小学学生和精英阶层的政治家来充任观众，这种动物献祭的奇怪举动，表明动物园大屠杀本身也是某种反转和非人化的行为。这是一种仪式机制，其设计本意在于将这些被杀害的动物抬高为正义之死的典范，即

140

使它加快了将这些动物寓意的人类缩略为哲学家吉奥乔·阿甘本所称的"赤裸生命"或"暴露在死亡之下的生命"的步调。很长时间以来，保护后方家园的幸福生活被当作发动战争的正当理由，然而，当冲突加剧时，东京的男人、女人和孩子便被逐步递减为一个生命政治化的群体，成为某种造物，其价值取决于他们对于战争的非理性参与程度，但他们最终都成为战争的消耗品。[43] 一旦杀戮事件被公之于众，这种转变就会水到渠成。在杀戮地板之下的隐藏世界中，这些动物园动物始终是，也仅仅是动物而已。作为公众视野中的"殉难者"，它们只是经大屠杀的分类体系调整过的世界中的对象目标而已。

只有将这背后潜在的世界带入故事中时，动物园大屠杀完整的历史性意义才得以呈现。慰灵祭的盛大表演将官僚阶层的领导人物人为捏造的一种意义强制性地施加在公众身上，然而，从长远来看，这种意义又事与愿违地返回到它的赞助者身上，很大程度上是因为杀戮的卑劣过程唤醒了公众对国家战败后果的想象。要更完整地说明这一点，需要我们再一次回到动物园的世界，回到动物园高墙后主宰着动物生与死的观念和共识。

大屠杀的分类体系

很大程度上如同它在 19 世纪动物园的形成过程中发挥了重要作用一样，分类学知识在 20 世纪 40 年代动物园的象征性摧毁中也扮演着关键角色。1941 年夏天，就在将美国卷入战争的珍珠港事件发生前六个月，一种新的，但是又尤其让人遗憾的分类体系在上野动物园发展起来。[44] 如同这一时期的许多其他壮年男子一样，古贺园长也于 1941 年离开了园长这个平民职位，再度加入军队，担任帝国军队的陆军上校一职。就在古贺离开四天后，上野动物园接到东方司令部兽医学院——也就是古贺园长新的任职机构——发来的一份指令，要求福田园长和他的团队起草一份上野动物园的应急方案，以应对可能遭到的轰炸和袭击。经和古贺商量后，福田拿出了《动物园紧急事件操作规程》，一个在紧急事件发生的情况下处置动物园动物的方案。这份于 8 月 11 日提交到东方司令部的方案，根据每种动物在笼舍破坏的情况下造成的危害，重新划分了全部动物的等级。该方案成为两年之后动物园的屠杀指南。[45]

141　　　这份《规程》将动物园的全部动物划分为四个等级，或四个"属"，关于这个术语，伊藤圭介在 19 世纪将其规范为日语里的生物学的"种"。然而，此时这种命名法更多地意味着某种恐惧和麻烦，而不是生物学上的溯源、生理学上的亲缘关系或对进化衍生物的指认。在将这些物种归入新分类的过程中，人们并没有刻意区分肉食动物和其他动物。一类等级物种，被标明为"极端危险"，包括动物园所有的熊类、大型猫科动物、土狼这类犬科动物、有毒爬行动物，以及如狒狒这样的非人类人猿灵长类动物。这一类的范围还被扩展到大象、河马、美洲野牛以及上野动物园独有的鬣狗。二类等级动物，被标明为"相对危险"，包括一系列用于展览的体型中等的野生哺乳动物，如獾、浣熊，以及狐狸。此外还扩展到鹈鹕、鸵鸟以及所有猛禽，除长颈鹿和其他鹿类品种之外的反刍动物，18只鳄鱼以及一对海豹亦在此列。三类等级动物，或说"家常动物"，以农庄动物种类为主，如兔子、山羊、猪，鹅、野鸡以及各种各样的其他飞禽种类，40只雪羊，4头双峰驼，4只骡子，3头驴，以及其他体型较大、处于这个威胁性较小的"家常动物"分类外围的有蹄类动物——包括绝大多数在前面章节讨论过的"军用动物"。最后一类可简单归结为"其他"，有超过600只的金丝雀、一个大型鸟舍中的各种鸣禽类动物、乌龟，以及具体数目不详的"小型动物"。

《规程》以两个相互关联的考虑作为指导原则：动物的现实威胁性以及人们对待野生动物的态度。它基于这种假设而得以成形，即生物学意义上的物种分类对于这样一份文件来说是最合适不过的依据。当福田和其他作者在草拟这份操作规程的时候，他们预设适用于区分属的标准同样也适用于区分动物园里归属在相应等级之下的所有动物。他们并没有基于不同动物的行为特点或生活历史去区别对待：在1941年《规程》划定的分类世界中，一头大象有可能会和另一头一样危险；一只动物幼崽的危险级别和一只成年动物不相上下。在两年后，这样一种思维和标记的定式反过来给福田及其同事造成了困扰，动物园工作人员试图保全个别动物，然而两年前匆忙写进公文备忘录的属的分类，足以让都长官草率地认定终结该动物生命之举是合理的。

将野生动物和家常驯养动物对立的假设在区分"相对危险"动物与"家常动物"时最为明显，这种分类方法承袭自野生和驯养二元对立的思维模式，而不是对动物的破坏力或威胁性的实际考量。[46] 将动物园的猛禽群落归到"相对危险"动物这一类别

142

就表明了这点。很难想象一群捕食的鸟儿造成的公共威胁会跟水牛、驴、骡和骆驼这些被归入"家常动物"之列的大型哺乳动物一样大。我们可以想象一群野水牛在上野火车站周边拥堵的街头横冲直撞所引发的混乱局面，而一只脱离笼舍的猛禽所造成的实际威胁或说对公众造成的干扰似乎比四头体重150磅左右的稀有双峰驼要小得多。

"极端危险"动物最受大众关注。在动物园中，风险、价值以及人类的好奇心紧密交织为一体，小心地调和了让人印象深刻的动物遭遇，与对游客的安全承诺，还有给参观者带来的刺激体验。然而，在1941年，这种分类体系的一个暗含之意被翻转过来。先前那些因为其危险性和人类对猛兽的迷恋而得到动物园更多照顾的动物，而今其命运却被这种危险性所决定，被置于清除名单的最前列。意识到这些归为一类名单的动物同时也是动物园所有收藏中最具价值的动物，《规程》的起草者们煞费苦心地跟东方司令部强调，动物园正在采取一系列特别预防措施来避免动物出逃这样"不太可能发生的事件"。古贺和其他人也都了解欧洲动物园曾经发生过类似事件，因此他们也都不惜重金为动物园配备了强化版的混凝土装置。在最新的动物园笼舍设计中还用上了钢材，更多的安全设施也都在努力安排中。作为1943年清除行动的对象，尽管这些动物没有被全部杀死，但是确已发生的死亡事件意味着上野动物园几乎所有最受欢迎的动物都被清除掉了。

遍及列岛的动物园都在宣扬危险以及动物逃逸的威胁。通过推广面向公众的"逃逸日"活动，动物园打造出处理紧急逃逸事件的特有景观。在活动期间，动物园的游客能够观看到（有时甚至是参与）动物园工作人员接受的各种抓捕训练，包括用套索套鹿和用网来捕熊。在一些场合，饲养员会和动物一道进入笼舍。他们将鹿和其他相对温驯的动物按到地面，以一种竞技表演的方式将动物用绳子紧紧捆绑起来，围观的人则发出阵阵欢呼。在其他场合中，则由部分饲养员扮演起暴戾动物的角色，模仿野兽咆哮着向尖叫的儿童扑去，然后被他们的同事用网捕住并加以戏弄。这类娱乐节目通常以一声枪响和随后从枪口升起的一缕青烟告终，那是一名带枪的饲养员瞄准动物笼舍放了一枪空枪。

143

1941 年的这份文件内容更为严谨。《规程》制定了一系列逐步升级的操作措施，以应对东京这个大都市被攻击，或动物园本身受到威胁的情况。在“阶段一”，当广播播响空袭警报时，动物园员工被要求为清除“极端危险”和“相对危险”动物做好准备。所有的动物都将被安置在它们睡觉的区域，而游客则将通过公园的扩音系统了解当前的紧张形势。[47]所有的准备工作，如同杀戮本身一样，都要求在暗中执行，“以避免吓到普通民众”，这一表达出自该机构当时的文献资料。上野动物园为工作人员配备了上膛的来复枪，好在动物逃逸的情况下使用。毒药被判断为“不比枪击致命效果差”，成为杀戮的优先方式，因为其动静会很小。这份报告还包括一个简要的附件，粗略估计了每一类动物使用氢氰酸和硝酸土的宁的致死剂量。[48]它同时也提供了一份采购更多的网以及其他物件的预算，这些东西可用于有动物逃逸事件发生，但又不需要采取致死行动的时候。

“阶段二”的措施，基本上等同于备用情形，将在东京这座大都市已确认处在外来攻击之下时实施。动物园大门将被用链条拴紧，园内滞留的游客将被带离或被护送到一个指定的空袭掩体内。到这个时候，动物园饲养员应该已经完成"处置"所有一类和二类动物的准备工作。如果情形特别紧急，工作人员们将清除几乎全部所有的动物，马、山羊和鸭子这些被归为"家常动物"的动物也赫然在列。只有四类动物中的金丝雀、乌龟以及鸽子才能幸免于难。

轰炸或火灾这类直接危及动物园的其他情形被列为"阶段三"。动物们被按《规程》设定的顺序进行处置，从第一类动物开始依次向下执行。被视为最大威胁的各种熊类动物占据了这份清单前七的位置。接下来是动物园拥有的大型猫科动物以及如鬣狗和土狼这类犬科动物。在"极端危险"动物分类最末的是河马、北美水牛、大象，以及三个品种的灵长类动物，其中包括一个有六名成员在内的狒狒家庭。

1943年大屠杀发生时，河马、灵长类动物和北美水牛并没有出现在8月底送往大达办公室的处死动物正式名录里。最终无论是河马还是灵长类动物都没有在1943年被杀掉。而北美水牛也只是到屠杀的最后关头才被处死，作为一种和敌方有关联的物种，这是一次具有明显象征意义的复仇行为。这些水牛是由威廉·鲁道夫·赫斯特在1933年捐给上野动物园的。也就在慰灵祭仪式举办三天前，这些动物被用锤子重击致死。除了大象和一头美洲豹幼崽外，它们是上野动物园最后一批被处死的动物。有传言称最先被处死的水牛的头被移交给了一位动物标本剥制师，按战利品风格加以装饰。我们确知这一事实是因为这个动物的头骨保存到了今天。

屠宰场

　　尽管媒体大肆渲染杀戮的决心和整个过程组织的严谨程度，但实际上，1943 年的屠杀是一场充满了各种分歧的闹剧。当我们试图去解释真相的时候，这些让人不寒而栗的阴森历史成为领略历史复杂性的备忘录，这种复杂性告诉我们，人类并非唯一值得在历史里大书特书的生物。就人类认知的意义而言，大象和其他大型哺乳动物既非拥有全然自我意识的主体，也非与情感无涉的客体。[49] 如果我们希望去理解诸如动物园大屠杀这类事件，我们就必须从高度关注这些历史行动者着手，这些生物既能通过为认知和本能限定的行为，也能通过在人群中引发的复杂情感来影响事件的进程。能够跨越物种边界而发展起来的丰富的情感纽带（也包括反感），表明了一种更精致的方法论的必要性。如果不细究这些动物的角色的话，我们就没法全然理解人类对这类共鸣性文化事件的深切体验，其中也包括认知那些形塑人类和动物行动的肉体痛苦以及情感创伤。本节以及下一节试图将这种复杂性转化为历史探究的素材。它们会合并成为一种微观历史层面的分析文本，这种分析着重聚焦于军事紧急状态下可能的政治行动的背景和条件。

　　1943 年 8 月 16 日，古贺和福田被叫到公园事务部门负责人井下清的办公室里，在那里他们被告知要按照绝密命令的要求杀掉动物园中的"猛兽"。杀戮从第二天晚上开始。古贺和福田后来在各自的回忆中表示，尽管听到这个决定很伤心，但是他们对这个决定一点都不感到奇怪。真正让他们惊讶的是这些命令的紧迫性，以及在这个过程中他们自身能动性的缺乏。

无论是古贺还是福田本身都不反对杀死动物。作为对战争的回应，动物园的饲养员们早在井下给他们带来这个坏消息的两年前，就已然启动了动物的筛选进程。最早的战时杀戮活动是在古贺的指导下进行的，当时他还没有应征入伍，紧急操作规程也还未透露给报纸。1941 年 2 月，古贺的工作人员射杀了一些被认为是"过剩的"动物。即使是今天，在动物园保护动物的使命经由公开监督以及国际惯例的约束而得到强化的情况下，动物园对动物来说依然会是个致命之地。在诸如《濒危野生动植物种国际贸易公约》之类的协议在 1975 年生效之前，处置各种动物实际上是动物园日常工作的组成部分。[50] 在 20 世纪 40 年代早期，当上野动物园处在一个扩张帝国的夹缝地带时，一方面因为食物供给的严重不足，另一方面因为可得物资的价格飞涨，动物园往往会处理掉一定数量的动物。

这些"过剩的"动物通常是在工作时间之外被射杀的，它们的尸体被以各种各样的方式处理掉，一些被剥制成动物标本。如果被杀害的动物不太受欢迎或者身体状态很差，它有可能被草草埋在动物医院后面的院子里，那里还埋有数十只其他动物。为数不多的情况下，动物尸体会被运过破旧的路面，送往某一间兽医学教室或生物学教室供教学解剖。这种幕后行事的性质将 1941年的杀戮行为与 1943 的大屠杀区别开来。这些动物被以某种不准备将它们的死亡用于公共目的的方式处理掉。它们被自然而然地杀掉，既无须保密（附近好几百户家庭都能清楚听到枪声），也不用成为某种舞台化景观的组成部分。它们的死亡几乎没有引发任何关注或公众评论。

　　这类动物的地位更接近被置于实验室或屠宰间等不那么友好的"全控机构"（total institutions）的动物，在那里动物被屠杀是常态而非例外。死亡是动物园生活的常规内容，尽管它通常被保持在幕后秘而不宣。参观者们能够理解到动物园的动物也会死亡，如同其他的活体生命一样。但是他们会倾向于忽视动物园文化这种不怎么得体的一面，除非是因为外在的批评或动物园自己将它突显出来。这种缺乏反思性的、总是有意为之的忽视，又因为前往动物园的公众知识面有限而得到强化。在绝大多数场合下，我们的好奇心总是转瞬即逝的。而且，对绝大多数观光者来说，一头东北熊和另一头大致差不多，事实上，如果不考虑其种属、性别甚至年龄的话，每一头有着棕色皮毛的熊确实很难和其他熊区别开来，而且通常一旦这些动物成年后，它们也就再不能唤起我们对于"乖萌"动物的怜悯之情。在一个大量充斥着相似物和可替换标本或景观的世界里，许多动物的死亡事件很容易被人们忽略。只有在那些拥有高吸引力的动物的场合，比如会表演的大象或熊猫这类物种，单个动物的死亡才会引起广泛的社会关注。

　　然而，情感也是把双刃剑。杀死一只听话又温顺的动物固然让人心碎无比，动物不能迎合我们的需要和期待则是另一码事。如同在日本每年有上百万只宠物被抛弃（美国的情形大致相仿），动物园的动物如果行为不当或攻击它们的人类照顾者，就很容易被归入一个特殊类别中，处理该类别的动物不仅无须进行道德考

146

量，而且看似这些动物就罪有应得。这就是那头名为 John 的雄性亚洲象的遭遇。杀死 John 的决定来自 1943 年 8 月 1 日井下和福田之间的一次会面，也就差不多在大达介入动物园两周之前。John 自 1927 年以来就成为一桩麻烦，当时这头体型庞大的动物在一次公开表演中弄伤了自己的训练者。[51] 在接下来的四年间，直到 1931 年，这头上野动物园唯一的雄性大象被排除在任何的节目表演之外。就在这一年，石川福次郎（Ishikawa Fukujirō），一个傲慢自大且年轻的动物训练者加入动物园。他曾经在一家马戏团待过，来到东京后渴望在这里证明自己。很快他就开始接手 John 的训练，训练每天清晨很早就开始，但通常都是在古贺园长或其他更有经验的饲养员的监管之下。

石川福次郎的努力为时不长并以悲剧告终。在来到动物园工作三天之后，在晨间训练时，石川被 John 顶伤，他的胸膛被象牙撕开了一个致命的口子，而古贺在旁边看到这一幕时惊恐万分。事故发生两小时后，这个年轻人死在了当地的医院里。在体内大出血的最后弥留阶段，他挣扎着用被刺穿的肺和几根碎了的肋骨呼吸，还不忘感谢护士最后阶段的看护。[52] 尽管 John 友善的彩色形象在以青年人为主要受众的印刷文化中无处不在，但是这头巨兽的腿部很快就被挂上了沉重的铁链。这头大型智慧生物的愤怒甚至对动物园的参观者来说都显而易见。就在两头雌性大象 Tonky 和 Wanri 在外面的院子表演的时候，John 将腿上厚重的铁链拽得哗哗作响，在外观华丽、内部光线暗淡的象馆中前后摇晃。

John 是一头不好对付的动物，动物园面临着如何处理这头已经成为流行故事书主角的不好管理的"野"象的棘手问题。机构的公众形象和现实相左，动物园的管理者们通过使用战争危机的托词，努力去解决这种矛盾。或许就是这个逻辑，它"不服管教"因而充满危险。事实上，它的死亡也可以被看作是一种人类的复仇行为，因为它曾经夺走了一个人的生命。也就是在同一个月里，就在屠杀动物的决定引发动物园工作人员情感上的轩然大波的地方，无论是当时的文献记载还是战后的回忆录，都没有表明人们对处决这个"人类杀手"感到扼腕叹息。失宠后就不再值得保护，John 被人们自觉主动地处决掉。[53] 福田的日记谈到这场与井下作出杀死 John 的决定的会面时，只用了一条简短的陈述："被告知射杀雄性大象 John。"[54]

　　考虑到射杀这头雄性大象的多次枪声会引发动物园周边地区的骚动，人们决定，最好的处理方法就是将它饿死。在 1943 年 8 月 13 日这天，也就是在处决全部"极端危险"动物的命令下达前三天，这头大象被停水停食。到 8 月 29 日，也就是在饲养员停止供应食物 17 天后，这头巨大的象死掉了，死亡时仍旧被链子锁在原地。就在这 17 天里，动物园的整个世界完全被颠覆。截至 8 月 29 日，22 只其他动物或被毒死，或被绞死，或被刺死，而 John 更受欢迎的雌性伙伴 Tonky 和 Wanri，也都未能幸免于难。

　　来自兽医学院的工作团队以及东京帝国大学科学院的成员早就热切地盼着 John 的死亡，他们在第二天上午 11 点准时到达，并马上着手解剖这具巨大无比的躯体。预料到大象的庞大尸体不便运走，就在大象最后倒下前几天（随着大象生命力的衰减，它曾经倒下过但又反复努力挣扎着站起来），这个团队就将必要的化学药品（用以保存大象的皮）和工具送到上野动物园。这次

148

解剖花了整整四个小时。东京帝国大学脑研究中心主任小川佐助（Ogawa Sansuke）教授主导着解剖全程。John 的头盖骨和大脑被他取走，直到今天还保存在东京大学某个实验室的大罐子里。John 致命的象牙，其长度据测量可达到 57 厘米，被锯下并称重。在战后相当一段时期，至少有一支象牙还算作动物园的财产保留下来。在巨大的象皮被剥除并被涂抹上防腐剂之后，John 的肉和骨头被砍成碎块，和其他被屠杀动物的遗骸一道埋在死亡动物纪念碑前的深坑里。就是这同一座纪念碑，Tonky 与 Wanri 还曾经在它前面，在慰灵祭仪式中为那些死去的动物鞠躬致敬。处理过的象皮被送到负责供应帝国军队军服的河野氏家（Ujie Kōno）大尉那里，人们希望能够用 John 这块巨大的皮来制作军服。河野大尉的名片被夹在福田 9 月 9 日到 10 日内容冷酷的战时日记本中，名片上有福田手写的河野大尉的家庭电话号码，以及一条备注"大象的皮将会捐给帝国军队"。[55]

尽管 John 的死亡在 9 月 4 日的慰灵祭仪式中一并得到超度，但是它的死亡在某种程度上和大屠杀事件是不相干的事件，只是向我们展示了在大达不曾介入的情况下，动物园的工作人员是如何处理类似状况的。屠杀 John 体现出动物园复杂的道德盘算。古贺和福田希望通过宰杀动物来应对战争的严酷环境，但是他们的行动也小心地遵从着机构的逻辑以及动物园的地方性知识。他们不太在意帝国崩溃和大规模社会动员的动力所在。福田对于命令发出那一天的回忆如下：

　　8 月 16 日是我永生难忘的一天。那天早晨我接到来自公园事务部门负责人的电话，要求我即刻赶往他的办公室。我有个预感这一定是和处决那些大型动物有关，为此我还拉出了那些不得不被杀掉的动物的清单。当我到达那里的时候，古贺已经从军队兽医学院赶了过来。我的预感完全正确，但是我们被告知毒杀行为必须在一个月内执行到位。也就是说我们不能使用来复枪，因为枪声会造成公众扰乱。[56]

这一点很清楚，包括饿杀 John 的决定在内，福田和古贺能够决定是否为了应对战争危机而杀死动物。他们只是在杀戮速度、规模和目标上根据大达 8 月 16 日的指示进行了调整。但是，对于在如此短的时间内杀死如此多的动物这一要求，无论福田还是古贺都极为震惊，而且他们也感到不知所措，因为如果不用来复枪的话，怎样才能完成这样一项任务？

两人很快就转向规避大达命令的方向，狂热地投入工作以挽救数十只被认为无辜或无害的动物。两人都反复表达了他们对处在自己照顾之下的动物的情感投入——古贺还通过大量写作特别打造出一个和蔼可亲的公众形象，在这些作品中他表达了对"他的"动物的深厚情感，而且作品中还包括对动物丰富感情生活的观察。他们实际上也在自己对国家应尽的责任和他们作为饲养员的职责要求之间两难。在都长官命令下达后，这两个人对于动物的责任感胜出，他们开始一心一意研究如何尽可能多地保存动物。这一刻彰显了意味着保持自治权利的日常抵制策略如何被个体运用起来，以适应一个向大规模牺牲倾斜的政治场域。

149

　　动物园这种机构的存在以一种道德合约为前提条件，这种道德合约假定园内的圈养动物都会得到一定程度的照顾，这种照顾被认为是"文明的"或"启蒙的"。正如动物保护的倡导者渡边和一郎（Watanabe Waichirō）在 1942 年的一次采访中谈到的："一个社会对待动物的方式就是这个社会文化进步的标尺。那些不爱动物的国家明显在文化上就低人一等。"[57] 上野动物园这般帝国动物园当然是最明显的国家标尺。诸如古贺和福田这样的人在日常工作中会持续协商和调整上述道德合约的条款，大达的命令又将他们行为的道德合理边界往外扩了些。饿死 John 这头证据确凿的人类杀手是一回事，但是处死那头更温顺也更深情的雌性亚洲象 Tonky 呢？Tonky 经常会为它的训练者表演小杂耍，而且总是表现得像动物园工作人员的一只大型宠物。无论是在动物园员工心目中，还是在排队去看它和快活的同伴 Wanri 表演的游客心目中，Tonky 总是最受欢迎的。

　　大量诸如人格这类观念——在一个既定社区内部对谁应该（和谁不应该）受到完全的道德考量的理解——在决定人类群体内部的医疗资源分配时至为关键。动物园内部特定的动物也经常会得到不成比例的资源分配，这取决于它们与那些负责照顾它们的人之间的情感联系如何。这条特别的行事原则清楚表现在 1943 年夏末古贺和福田对特定动物的安排上。因为驯顺且温柔，Tonky 就明显比"野性"且危险的 John 得到更多的考虑。

　　然而，大屠杀的命令已经下达，即便是两人试图拯救某些动物，他们也不得不着手处置其他的动物。动物园大屠杀的首个受害者，是一头被杀于 8 月 17 日夜晚的熊。这头熊是在伪满洲国的一次围猎远征中捕获或购买得来的，被高松亲王与其他一群东北熊一并送给了上野动物园。在最终的屠杀事件报告中，这头熊的年龄被估为 6 岁，估价将近 80 日元。如同其他所有的执行操作一样，这头熊也被杀死在游客散去之后动物园大门紧闭的暗夜。

　　下毒是一种非典型性的更缓和一些的操作。为增进动物的食欲，常规的投食日程在 16 日就被叫停。于是，在那个夜晚，这头熊对它的饲养员从栅栏外投喂进来的香甜土豆充满了渴望。它很快就把食物吃了个精光，而这里面已被注射进 3 克硝酸士的宁，这个剂量参照了 1941 年《动物园紧急事件操作规程》附录中的规定。饲养员站在笼子外面，详细记录着这只熊的死亡全程，特别注意观察了毒药对这头重达 273 磅的动物的影响。[58] 药性发作很快，硝酸士的宁通过皮肤黏膜侵入动物的身体系统，特别是胃和小肠。毒药中的生物碱提取自马钱子，一种原产于东印度群岛的低矮树木的干燥熟透的种子，这种药不能很快置动物于死地，也不具有任何麻醉和致幻作用，当药效发作时受害者事实上意识仍保持着清醒状态。

　　在进食土豆后三分钟之内，这头母熊的腿开始颤抖变软。当马钱子碱开始作用于它的中枢神经系统时，就引发了一系列逐步升级的肌肉痉挛，很快这种痉挛就影响到所有的横纹肌。不到 10 分钟，这头熊就呈现出马钱子碱中毒的典型症状：眼睛非自然地张得很开，而且因为肌肉痉挛对唇部的拉伸，牙齿向前暴起，呈恐怖的微笑状。这头熊痛苦的抽搐扭曲还时不时会为间歇性的肌肉松弛和急遽惶恐的呼吸所打断。不仅如此，毒药还作用于神经系统：受害者的感官会变得极其敏锐，以至于任何程度的刺激都

151　能引发另外一波抽搐。将近 20 分钟内，这头熊一直处于这种不间断的抽搐状态。最后，在食用土豆 22 分钟后，它倒在笼舍的地面上，也许是因为一次击中呼吸道肌肉的强烈抽搐所导致的窒息。一头公熊也在当夜被杀害。当屠杀进程往前推进，动物的尸体被藏在防水布下拖走之后，饲养员们就在空下来的笼舍放上一个标牌，上面写着"建设中，动物谢绝参观"的字样。最后，一个类似的大型标牌被放在前往动物园的通道上。即使就在大屠杀推进之时，上野动物园的日间参观人数仍然相当多，平均每天将近几千人。当这些游客穿行在一个又一个空荡荡的笼舍之间，抑或发现笼子里明明是野猪或其他品种的动物，然而被标注的名字却是那些他们不太了解，但已被杀掉的大型熊科动物或猫科动物时，他们所思所想为何？对此我们找不到任何记录。

正如杀戮日记清楚记载的，就动物应该"相对缓和地"投毒致死而言，最早的两桩杀害行为纯属例外。福田在其 1968 年出版的半自白式作品《上野动物园实录》一书中，描述了这种卑劣行径：

> 应该注意的是这些动物不全然是被毒药杀死的。或许更诚实地说，只有相当少的动物死于毒药。绝大多数的动物拒绝吃有毒食物或是只吸收了很微不足道的剂量（我们根本不谙此道，所有也就没法对大部分动物的体重进行精确估算，我们唯一能做的就是尽力去推测）。于是乎绝大多数的动物都死得不安宁。我们不得不动用各种手段来杀死它们。这真是太残忍了。[59]

　　每一种动物的死法都困扰着福田和他的同事，这也影响到战后他们对这次杀戮事件的叙述。由于缺乏经验以及马钱子碱供应的不足，而大屠杀又不得不加速推进以满足大达给出的 8 月 31 日的最后期限，上野动物园的工作人员面临着可怕的任务。出于刺激动物胃口的目的，动物们的喂食被提前叫停，但是很多动物仍在等着最后的处决。上野动物园拥有的最受瞩目也最让人称羡的品种丰富的熊科动物，能够像在野生冬眠状态那样放弃进食。它们拒绝吃沾染有毒药气味的诱饵。而其他种类的动物则是急不可耐地咬向这些鲜肉或蔬菜，只有在舌头碰着毒药时才会吐出来。

　　于是，在来自上级的压力之下，饲养员们利用长矛、电线、绳索以及榔头等工具来完成他们可怕的任务。在一些场合中，这些武器几乎毫无疑问是更为人道的选择。尽管不如来复枪快，但锤子和长矛本质上更直截了当。马钱子碱的缺点在屠杀过程的早期还不那么明显，但是在杀死 Katarina 时却太过突出以至于人们没法视而不见。Katarina 是 1931 年埃塞俄比亚皇帝作为礼物送给昭和天皇的一对狮子中的一只。自从来到上野动物园以后，Katarina 生育了多只小狮崽，为动物园提供了一系列颇具新闻价值的动物新生事件，也为动物园体系提供了很多新的有生力量。[60]根据福田的统计，杀死这头母狮花了 1 小时 37 分钟。直到饲养员再也没法忍受在一旁眼睁睁看着这只动物被痛苦折磨时，他们走了进去，用一根临时制成的长矛结束了它的生命。[61] Ali，这只体型巨大的雄狮是 Katarina 的配偶，也是福田所称他见过最"真实"的狮子，就被处置得快多了，它一口吞下了剂量满满的毒药。这头雄狮在吞下马肉 32 分钟之后死亡。[62]

152

　　如同动物园被杀掉的很多动物一样，被杀死的第二天凌晨，这对狮子的尸体被盖上防水布运出动物园，送上兽医学院的解剖台。一旦被送到那里，这些动物都会得到完全解剖。每一个标本在被兽医学院的学生和他们的老师剖开之前都会被小心地称重和拍照。人们小心采取各种措施来保存动物的皮毛，这样才好送到预先雇用的标本剥制师那里，在绝对保密的情况下对尸体进行保存和塑形。解剖报告显示兽医学院里这些科学家和导师的兴趣就像一面镜子一样，反映出那些动物园参观群体的兴趣。比起更容易得到的本土物种，他们对外来的大型物种更感兴趣。在由兽医学院呈送给大达和井下的最终解剖报告中，本土的熊（与外来的异国品种相较而言）被刻意从报告中剔除出去。[63]

然后还有两个

　　让我们返回本章开篇的那一幕：都长官大达在 9 月 4 日带领一支细长的队伍穿行在上野动物园。在他的身边是两个身着中学校服的小男孩。在队伍背后，与悬挂在象馆上空的一大块条纹布相对的，是一大群围观的成人和孩子，他们站在那里看着这些僧侣和其他的受邀嘉宾向殉难动物纪念碑走去，去哀悼动物园所有被清除掉的"极端危险"动物，包括狮子、熊、老虎和大象。

　　这是一个令人不寒而栗的影像，在这影像之下又掩藏着更让人恐惧的秘密。Tonky 和 Wanri，动物园最受欢迎的表演大象，并没有死在 1943 年 9 月 4 日这天。当时，它们饥肠辘辘地坐在影像背景中的红白条纹布后面，温顺地遵守着它们饲养员保持安静的命令。这场纪念"殉难猛兽"牺牲的仪式发生在 John 死亡五天之后。一直以来，由于饲养员们对转移这对深受人们喜爱的大象还抱有一线希望，严格禁止给这对大象喂食的命令，在仪式举办的仅仅 10 天前，也就是 8 月 25 日才下达。人们没有足够的时间饿死这对大象，而且它们也拒绝吃下过毒的草料。相关记录表明，这对大象始终听从它们饲养员的命令静坐到仪式结束，而其间大达和他整个的队伍正步行经过这里去纪念这两头大象的"死亡"，丝毫不知这两头庞然大物就在几步之外的地方奄奄一息。慰灵祭仪式期间它们还被当作品行贞洁的"殉难猛兽"被单列出来。

在大屠杀推进的早期阶段，饲养员们并非唯一试图保全这两头象的人。也就在古贺、福田和井下讨论大达命令的同一天，他们也给其他一些动物园写信，征询对方是否有能力接收来自上野动物园的特定动物收藏。其中的一封信写给仙台和名古屋动物园的园长，内容如下：

请原谅这突如其来的冒昧请求，并请对交流内容严格保密。我知道我们所有人都发自内心地欢呼我们在战争中取得的新胜利，这些胜利为我们国家带来了无上荣光。然而，我们有必要采取特定的安全防范措施以应对敌人的报复行为，特别是在大家认为东京将毫无疑问成为敌人首当其冲的目标的情况下。由于我们处于首都核心地带，所以我们决定疏散动物。考虑到您的动物园处于一个相对安全的区域，如果您愿意代为保管这些动物的话，我们将很乐意将它们送过去，或作为礼物或当作交换。一俟战争结束重归和平，我们再请求重新讨论这些安排。当前我们的运输预算已非常紧张。如果您感兴趣的话请尽快回复。[64]

154　这封信只字未提正在进行的大屠杀行动，最后以达成将两头花豹和两头黑豹送到名古屋动物园，将雌象 Tonky 送到仙台动物园的协议而告终。类似的沟通信函也送到了其他动物园。

似乎 Tonky 能躲过大屠杀并被转移到相对安全的仙台，位于日本东北部的一个地级市。仙台动物园园长江泽庄司（Ezawa Sōji，1906—1972）马上回复了福田的信函，信里他表示非常激动能接管 Tonky。他将派人在 8 月 23 日或 24 日到达东京处理相关移交事宜。[65] 而从名古屋发来的回复多少有些戒备心理。名古屋动物园的收藏中并不包含黑豹，园长声明他会很乐意将东京提供的这对豹子增加到他的收藏中。然而，这项安排必须先获得城市管理部门的许可，因为名古屋动物园也正面临着重新评估其收藏动物的规模以应对食品短缺和安全考虑的问题。[66]

江泽派出自己的助手，一个叫石井的男人，在 23 日从仙台来到东京。他不仅愿意接管大象而且也愿意用一些狒狒来交换上野动物园的斑点公豹。受到能够挽救至少两只动物的预期的刺激，福田马上同他的顶头上司井下会面，并且着手准备两只动物的运送事宜。这些处置措施在一两个小时后就被从井下办公室打来的电话粗暴叫停，要求取消所有"疏散"这头大象和其他动物的准备工作。看上去是井下接到了暴怒的大达的电话。杀戮日程被要求在绝对保密的状态下按命令执行，一场慰灵祭仪式也按计划如期在动物园内举办。石井一无所获地返回了仙台。[67]

考虑到他明显的动机所在，大达的愤怒是可以理解的。动物园的献祭行为其设计本意就是激发东京市民更大程度的奉献精神和决一死战的决心，以为美国轰炸机和军队的到来做准备。而"疏散"上野动物园最受欢迎的大象，一个在媒体中被赋予了太多人格魅力和个性特征的媒体宠儿，没法传达出大达期望的信息。大规模疏散计划在1944年东京遭受盟军轰炸时一度实施，大达支持了该计划，前提是他断定该计划没有削弱战争的努力。但是记住这点尤其关键，即这次献祭发生在这个国家的领导者们正在努力接受变化的战争时局之际。大达也许预见到了美军轰炸机的到来，但是在1943年，他的计划并没有扩展到动物的"疏散"问题上，这个词在日语中被用来表示一旦第二年轰炸开始有规律地出现时，将孩子们从首都有序撤走的行为。[68]

这名都长官也注意到了体型如此庞大的动物穿行在东京中心地带一定会引发公众的惊扰。Tonky注定会引发人群的围观。这恰好又是军事警察希望避免的一幕。它不仅会将错误的信息传达给首都市民，几乎可以肯定会将人们吸引到街头来，而战争期间国家又对任何非庆祝战争的大规模人群聚集高度敏感。事实上，当大象有可能被转移的只言片语传到东京警察局的公共安全部门时，一个侦探马上被派到动物园去确认有无可疑事件发生。这种审查活动还不包括来自驻东京军事警察头目以及上野公园警察局负责人的调查。福田的行动为一个利益相关方的小圈子所左右，于是他的日记里也夹满了他们的名片以及关于他们来访的记录。

每一个前来调查的人都关心动物园发生怪异事件的谣言开始

155

在全东京传播开这件事。当警察局的侦探来到动物园的时候，杀戮行动已经完成了第一阶段。在 8 月 23 日这天，大屠杀不得不被暂时叫停，因为当时井下和福田正在接受警察讯问。但是在 24 日杀戮又重新启动，也就是在这天，决定 Tonky 宿命的命令下达。[69]

在这次直接调查之后，井下的办公室为都长官的团队提供了有关事件推进过程的更精确的信息通报。在呈递给大达办公室的一份有关献祭的正式报告中，井下知会都长官说，动物园团队计划在 8 月 17—31 日期间使用马钱子碱杀死 22 只动物。报告声明，这些计划处死的动物都有特别的意义，其中包括一对由帝国内务省送的狮子，由首相东条英机捐的一只朝鲜熊，以及由柔佛苏丹通过"猎虎公爵"德川义亲的斡旋捐的一只马来熊，这份名单也升级到包括由高松亲王带来的一对东北熊，以及由泰国童子军捐给日本孩子的大象 Wanri。这份清单也许代表了井下希望向大达施压的一种努力，因为这些动物都不是寻常之物。但是血统和来头没法保住这些动物，它们引人注目的非凡价值，事实上反而使得它们更具意识形态传播的吸引力。9 月底之前所有这些动物无一幸免。[70]

井下的报告不只是简单标明了哪些动物将被处死。这份报告还强调了动物园管理层处理献祭相关信息的方式。留意到大达对保密的重视，井下强调所有和屠杀相关的信息都要严格保密，所有公开的声明都只能来自都长官自己的新闻发布办公室。该办公室会及时同步掌握事件的推进程度。他也确认了一大批来自佛教青年会的僧侣会参与慰灵祭仪式。自 1931 年战争开始，慰灵祭这个纪念战争殉难动物的仪式就在上野动物园定期举办，一年一

156

度。然而，与往年的仪式比起来，这次的显著区别在于，井下强调"殉难猛兽"的血肉残骸会被小心保存起来，埋在上野动物园当前的殉难动物纪念碑旁边（而在过去这些动物尸骸的处置地点是不确定的）。一个为纪念殉难动物作出的不寻常牺牲而树立新纪念碑的计划被提上议程，而且强调纪念碑应在9月早期仪式结束后尽快树立起来。[71]

井下不带任何讽刺意味地进一步强调，大屠杀应该依据上野动物园自身对理性科学原则的承诺来实施。报告还明确要求所有动物尸骸的科学价值都要经过兽医学院——"一个与动物园保持紧密联系的机构"的专业团队——的评估。特殊动物样本的价值预示着它被处置的方式。无视其稀有性的话，所有的动物都会被用来为"学术研究"提供支持，为兽医学院的教职工和学生提供解剖机会。随着解剖流程的逐步展开，动物的皮毛会被从尸体上剥下来以备保存。对于那些特别珍稀的外来物种，剥制师会将其做成自然历史标本，而这些标本会在献祭事件发生后的几个月内再被放回动物园的展陈中，就好像这些动物还在一样。在9月4日纪念仪式结束后的日子里，标本剥制室里的标识被修改，展览着献给动物园的"殉难猛兽"。但是，不是所有"殉难猛兽"当时都死了。在大森正和他的僧侣为这些死亡动物进行超度后整整两周多的时间里，两头大象还活着。[72]

当处死这对母象的强硬命令下达之后，饲养员就开始尝试各种置大象于死地的方式。他们一开始想用毒杀的方式，但是，即便是大象耳朵背后最柔软的皮肤对于注射氰化物和士的宁的针头来说都太厚了。于是，饲养员将浸过大剂量士的宁的土豆喂给大

157

象。为了让大象放松下来，饲养员们先给它们少量没有下过毒的土豆，大象对此迫不及待，它们一边吃，一边还不时用它们柔软的鼻子爱抚着饲养员以表谢意。一旦饲养员确信它们已经放松下来后，他们就会悄悄塞给它们一个有毒的土豆。然而，每次当他们递过去一个毒土豆，大象就会马上不加咀嚼地吐出这些带刺鼻气味的块茎。饲养员没有被吓住，他们继续喂食注入了不同毒药剂量的土豆，希望大象会因为毒药剂量够低或是在足够放松的状态下吃下去一两个。就这样僵持了相当一些时间之后，大象最后对这帮聚在一起给它们喂食毒土豆的人失去了耐心。当一小堆毒土豆在大象脚边堆起来时，它们开始将这些被嫌弃的食物投掷向房间那边发号施令的军官和动物园管理人员。很显然，它们的瞄准能力相当之好，饲养员们放弃了给它们喂食土豆的尝试。

尽管这些微不足道的抗争举动是如此令人心碎，但是依然没法改变大象的命运。借用福田的话说，一旦慰灵祭的仪式队伍穿行过它们所在的新象馆，而大森正也为它们举行了超度仪式后，"决定就已经作出了"。[73] 大象饲养员实施这个决定的过程相当缓慢。这两个人在福田命令他们饿死 Tonky 和 Wanri 时都各自大声发出抗议。如同福田本人一样，他们也不支持都长官的决定，并且冒着压力将他们的关切公开表达出来。正如福田很快发现的，他们的抗议并没有止于言语。在试图毒杀大象的行动失败之后，两个人都开始悄悄地给大象提供未被下毒的蔬菜和土豆。[74]

Tonky 尤其让人难以释怀。它被带到东京时才 4 岁大，动物园的全体员工亲眼看着 Tonky 出落成一个漂亮、温顺、情感丰富的"少女"。这头亲切友好的庞然大物会在饲养员每天早上经过它的笼子时摇着鼻子来问候他们。在饲养员们靠近时，它也会经常性地表演一些小把戏好从饲养员那里要些小奖励。饲养员们习惯于每天早上在动物园开门之前带它出来在周围溜达。它会在那里用鼻子爱抚动物园的员工，并且顽皮地向这些正忙于工作的男女吹响小喇叭。在食物供给被中断的最初一两周内，Tonky 继续向福田和其他经过象馆的工作人员表演着小把戏，时不时地用鼻子发出高亢的声音。当它的身体虚弱下来之后，这些小把戏就越来越少，最终它甚至都不再举起它的鼻子。然而，由于得到少量偷偷递来的食物和水，Tonky 比体型更大、更强壮的同伴 Wanri 撑得更久。[75]

Wanri 的中毒源于其自身。当一些无法排泄的废物积累到足以中毒的程度，而后又被吸入到血管中时，Wanri 最终死于 9 月 11 日晚上 9 点 25 分。福田这天的日记记下了在 Wanri 躺在象馆的地面上奄奄一息之时，Tonky——两头母象中较小的那头，是如何爱抚它长期相伴的伙伴那摊平的身体的。Wanri 死去之后，Tonky 以一种野生大象才有的哀悼方式继续摩挲着 Wanri 的尸体。只有在它的饲养员将它拉开好让解剖团队开始他们的工作时，Tonky 才离开了这头死去的大象。如同 John 一样，Wanri 的皮也被捐给了军队。根据上野动物园的记载，它的其他残骸和其他动物混在一起埋在了慰灵碑前，至今还在。[76]

Tonky 并没有立即步 Wanri 后尘而去，对于作为解剖团队一员的古贺来说，其原因不言自明，一定是有人给这头更年轻的象喂食。古贺将福田叫到一边，强行要求这位临时园长通知大象的饲养员菅谷，这头动物而今已经是军队的财产了，继续喂食是绝

158

对不可以接受的。Tonky 必须被杀死。他进而命令福田再次尝试毒杀这头厚皮动物，既然它已经如此饥肠辘辘，它的抗拒会越来越弱。在 9 月 13 日，这头明显看上去瘦弱不堪的大象被再次提供了有毒的土豆。这一次，Tonky 没有把这些有毒的土豆扔向那些围观的人，只是任由它们滚落到地上，拒绝吃上一口。在使用马钱子碱毒杀失败之后，动物园又寄希望于氰化物。饲养员给 Tonky 拎来一桶水，水里放了一圈氰化物。或是因为气味，或是因为它感觉到了某些不对劲的对方，Tonky 拒绝饮用。9 月 14 日，福田告知古贺只有饿杀这一选择了。九天之后，9 月 24 日的上午 6 点 30 分，福田在家里收到夜间值班员的电话，说 Tonky 在它忠实的饲养员菅谷的照看下死于凌晨 2 点 42 分。随着 Tonky 的死亡，日本帝国的现代动物献祭终于完成了，至少在上野是这样。

实际上，杀戮才刚刚开始。上野动物园的杀戮行为为国内外相关机构的类似举动埋下了伏笔。在上野动物园大屠杀事件发生后的两年内，整个帝国的动物园和马戏团都把它们所有最精华的动物收藏清除殆尽，而这通常是防范空袭期间动物笼舍破坏的措施，同时也是对来自本土军部权威机关发出的直接命令的回应。在每一种情形之下，这些命令下达的原因都非常清楚，战争进程已发生了根本性转折。自我牺牲而今已无可避免。1944 年末至 1945 年初，日本的特种攻击部队——在西方通常被称为"神风突击队"，采取了利用潜艇和飞机等载体开展的一系列自杀式军事行动，新闻媒体放大了这一病态的新举措。[77]

在后方家园的日本列岛，绝大多数圈养动物在盟军飞机于 1944 年 11 月开始轰炸日本城市之前就被赶尽杀绝了。大阪天王

159

寺动物园和上野在东京的姊妹园——井之头自然文化园，最早追随大达的领导，在上野慰灵祭仪式举办后很快就实施了紧急处置措施。[78]帝国海外征服地的三大动物园——台北动物园、汉城动物园和新京动物园，也都在最后一批执行之列，只是在1944年底和1945年初战争进入最后阶段时才开始启动它们的清理政策。在许多场合下，慰灵祭仪式都是（私下的，有的场合又是公开的）在园内举行，每一条关于杀戮事件的记载，都辐射出与上野动物园类似的超现实主义的模棱两可。日本的动物王国而今被用来终止总体战争背景下人类生命政治退化的循环。在1943年9月到1945年8月之间，300多种大型哺乳动物、猛禽和爬行动物被杀。到1946年，在日本只有两头大象还活着，要知道在1940年日本有20多头大象。

小结

重要的是上野动物园的动物是如何死的；重要的是从伦理角度来看，这些动物值得给予道德考量，哪怕是在最艰难的时候；同样重要的还有历史的维度。上野动物园大象的死亡方式，不仅为全面动员的追求打开了新的空间——宣扬处于私人领域的个人牺牲文化，也为战后否认战争与真正实现人性尊严的根本对立打开了新空间。出于理解这场战争的意义以及继承它们奇怪死亡的深远遗产的需要，这些被动物园推上祭台的大象的灵魂又回来纠缠着战后的日本。无论是大森正和他的僧侣团体，还是都长官大

160

达和战时的媒体都没法摆脱由 1943 年大屠杀事件所带来的背叛感。我在本章中某些地方力图唤起的情感和情绪，成为将这种历史瞬间——我们由此展开讨论的战时文化之"谜团"——更有力地带入当下的手段。在我看来，如果不考量当时那些有力的情感脉动的话，我们就没法理解日本帝国低潮点的"黑暗之谷"，上野动物园"殉难猛兽"的故事为我们提供了一个与那个世界的链接。

并非只有我们在使用这种链接，从历史角度来看，一个事实使得该链接更具价值：动物园大屠杀事件在战争结束后很快就回归公众群体意识。我们不太可能判断这种记忆回归的诱因是来自战后孩子看到"真正大象"的渴望，是报社记者对故事的兴趣，还是古贺本人，他一直在努力重新定义自己在大屠杀中的角色，而不是拒绝承认。但是到 1949 年，一种呼声在全国范围内此起彼伏，要求上野动物园重新引入大象以消除大屠杀事件留下的心理创伤。Tonky、Wanri、John 开始出现在"纸芝居"（由一名故事讲述者讲给听众的图片故事）以及流行短篇小说中。在战后有关大屠杀事件的渲染中，《可怜的象》（*Kawaisōna Zō*）是一个权威版本，那是由获奖儿童作家土屋由岐雄（Tsuchiya Yukio，1904—1999）写的短篇故事。[79] 土屋由岐雄写过一些日本帝国全盛时期的故事，写孩子们在帝国场景之中的冒险，但是正是上野动物园大象的故事让他声名大噪。这个故事最早被收录在一本供小学课程使用的散文集，出版方为美国主导的盟军最高司令部和日本文部省，其中盟军最高司令部在 1945 年后管制这个国家长达七年之久。

这个故事成为保守的文部省官僚和具有类似"左倾"倾向的小学教师长期的最爱。在战争结束半个世纪之后，一个内容更广泛和细节更生动的新版《可怜的象》跻身这个国家最畅销的儿童读物之列。面向这个国家的新一代，这个故事被重构为公共受害者，也就是国家苦难的承受者的广受欢迎的童话故事，由都长官大达所主导的法西斯主义景观被转变成一个和平主义者的寓言。很大程度上这如同战时纪念"军用动物"的动物园导览图，它建议家长们将其作为睡前故事加以阅读，这类阅读有助于将一代代儿童引入一个有选择性的战争记忆和后帝国失忆症的民族共同体中来。这类微观政治行动的分析能够告诉我们很多事情，但是在本章和下一章的语境中，它们的作用只在于强调动物园的居间代理者角色，动物园不仅仅处在自然世界和社会世界之间——这个社会世界在献祭中被策略性地摧毁然后又根据大达的议程得以重建，也处在大众文化和社会实践之间。景观文化不仅仅为被动的参观者提供娱乐，它还通过支配情感和好奇心来促进思想和行动的变革，一开始是将孩子和他们的父母赶入自我牺牲的战时文化，而后又将他们赶入一个服务于新的消费者导向、政治上属于和平主义者的战后秩序中来。

上野动物园大屠杀的虚构之血流淌于战后日本记忆工业的循环体系之中，历经时光打磨之后它甚至变得更为重要。《可怜的象》在 1970 年到 1998 年之间热卖了 100 多万册，到 2005 年更是攀升到 200 万册。在 2007 年，这本书拥有超过 155 种重印版本，并且衍生出大量改编本、反叙事以及电视和舞台剧。哆啦 A 梦，这个广为人知的机器猫漫画形象，提供了这类故事的版本之一。

电台网络传递着秋山千惠子（Akiyama Chieko）素净克制的声音，其亲切平易的感觉有点像美国的保罗·哈维，在每年的 8 月 15 日，也就是日本 1945 年的投降纪念日里，这个声音都会传遍整个国家。她在空中直播中朗诵土屋由岐雄故事的完整版本。[80] 她的照片，而不是土屋由岐雄的，出现在《可怜的象》不同版本的封面上，她自己也发布了一张流行唱片集。自 1967 年起，日本经济发展趋于成熟，对越战的不满助长了战后日本日渐强烈的和平主义共识，秋山的阅读也持续到 21 世纪，并在 20 世纪晚期日本长足发展的媒介景观中缓缓呈现出传统的色泽。

　　《可怜的象》是如此脍炙人口，以至于批评家长谷川潮（Hasegawa Ushio）认定它是战后日本的标杆性"神话"。[81] 如同后续所有的神话一样，这个神话也承载着多重的意义，但不是所有这些意义都得到承认。上野动物园被屠杀的动物而今被限定在战后日本人"受害者意识"的主流话语之中，在"受害者意识"中，日本民众被投射为强横的日本军队的受害者。在献祭这一事例中，人们被鼓励去认同动物受害者而不是下达屠杀命令的人，这真是对大达自身逻辑的一个反讽性的纠正。作为这场战争的殉难者，动物使人们满足于重返历史的冲动，去哀悼战争留下的心理创伤，而不必考虑它留下的历史教训。[82] 对于在一个即使是关于战争的有限教育都会导致激烈的国家论战和国际争议的国家成长起来的青年一代来说，动物园的大象被逼饿死这一事件，无疑是这场战争中最为人所熟知的事件之一。[83] 毫无疑问，这一例子直接作用于人们的情感领域，一个冷酷无情地饿死无助动物的故事所引发的情感共鸣，往往会让那些对成人故事的非虚构报道黯

162

然失色。无辜且天真无邪，孩子和动物在战后有关战争及其意义的重述中被不成比例地凸显出来。

即使是当动物园动物悲惨的献祭行为被审美化地处理成一场徐徐开展的哀悼行动，上野动物园（和这个国家）与殖民主义和帝国主义的历史勾连被积极地抹去，再然后被忘却，一种体制化的失忆症如今仍在继续发挥作用。如同下一章所要揭示的那样，"战争"和"帝国"的联系在战后的上野动物园被抹除，就如同在土屋由岐雄的故事这类作品中一样，这个故事将都长官大达（一个文职官僚）描绘为日本帝国军队中一名身着制服的军官。"战争"在悲剧中得到哀悼，而"帝国"却被忘却，一定程度上正是奇怪的"殉难猛兽"的强烈痛苦——被通过睡前故事或学校课本传达给孩子们，进一步助推了后帝国时代的失忆症。

注释

[1] 这类文献丰富多样。我从以下作品中获益良多：路易斯·杨的《战争热》（"War Fever"），收入《日本的总体帝国：中国东北以及战时帝国主义文化》，第55—114页；本-艾米·希洛里（Ben-Ami Shillony）的《日本战时政治与文化》（*Politics and Culture in Wartime Japan*），牛津：克拉伦登出版社，1981年；艾伦·坦斯曼（Alan Tansman）的《日本法西斯主义审美》（*The Aesthetic of Japanese Fascism*），伯克利：加利福尼亚大学出版社，2009年，第409—430页；詹姆斯·多尔西（James Dorsey）的《文学热带，修辞循环与九战神："法西斯主义者倾向"成真》（"Literary Tropes, Rhetorical Looping, and the Nine Gods of War: 'Fascist Proclivities' Made Real"），收入艾伦·坦斯曼编《日本法西斯主义文化》（*The Culture of Japanese Fascism*），伯克利：加利福尼亚大学出版社，2009年；埃伦·斯科特施耐德（Ellen Scattschneider）的《机械复制时代的献祭：新娘玩偶和靖国神社仪式挪用》（"The Work of Sacrifice in the Age of Mechanical Reproduction: Bride Dolls and Ritual Appropriation at Yasukuni Shrine"），收入《日本法西斯主义文化》，第296—320页。关于与1943年日本发生事件相呼应的现代政治经济中的献祭的理论化，参见乔治·巴塔耶（Georges Bataille）的《被诅咒的部分，卷一，消费》（*The Accursed Share,*

Volume 1: Consumption），罗伯特·赫尔利（Robert Hurley）译，纽约：地区出版社，1991 年。在识别战时日本的"法西斯主义"时我采用了安德鲁·戈登的逻辑。尽管有时在其他方面会比较有帮助，我对于那些围绕日本情形的特殊性或唯一性展开的讨论还是不太有信心，而这些讨论又经常为诸如"极端民族主义"（ultranationalism）或"社团主义"（corporatism）的术语所粉饰。参见安德鲁·戈登的《战前日本的劳动力与帝国民主制度》（*Labor and Imperial Democracy in Prewar Japan*）中"帝国法西斯主义，1935—1940"以及"结论"部分，伯克利：加利福尼亚大学出版社，1991 年，第 302—342 页。也可参见格雷戈里·凯萨兹（Gregory Kasza）的《日本的国家与大众传媒，1918—1945》（*The State and Mass Media in Japan, 1918–1945*），伯克利：加利福尼亚大学出版社，1988 年；彼得·杜斯（Peter Duus）和丹尼尔·冈本（Daniel Okamoto）的《法西斯主义与战前日本史：一个观念的败落》（"Fascism and the History of Pre-War Japan: The Failure of a Concept"），《亚洲研究月刊》（*Journal of Asian Studies*）第 39 期（1979 年 11 月），第 65—76 页。

[2] Wanri 有时也被称为 Wang Li、Wangli 或 Hanako。我选择使用"Wanri"是因为它是这个名字的直译，也是动物园饲养员们使用得最多的名字。同样地，我也选择使用"Tonky"和"John"这两个出现在大屠杀发生以来的最重要文献中的名字，而不是那些在事后涌现的难以计数的回忆录、备忘录、日记和新闻报道中使用的称呼。古贺忠道在来往信函和其他文字中通常会使用罗马字母来标注这些动物的名字。如『動物飼育錄』，昭和 18（1943），東京動物園協会文献。

[3] 渋谷信吉（Shibuya Shinkichi）：『象の涙』，東京：日芸出版，1972。

[4] 罗伯特·达恩顿：《屠猫狂欢：法国文化史钩沉》（*The Great Cat Massacre and Other Episodes in French Cultural History*），纽约：古典书局，1985 年。福田三郎：『上野動物園実録』，東京：每日新聞社，1968。

[5] 古贺忠道：「戦争と動物園」，『文藝春秋』，17，no. 21（1939 年 11 月）：21-26。无论是福田还是古贺在战后都特别提到他们知道伦敦和柏林的轰炸事件，古贺在上文引用的 1939 年《文艺春秋》的文章里强调了类似的议题。同样，这些问题在日本动物园和水族馆协会的 1943 年年会中也得到了强调。福田指出谣言会比现实更加糟糕。谣言说柏林的一只大象在英国空袭中被炸死，而其他动物在逃逸中不得不被射杀。福田三郎：『上野動物園実録』，第 81—83 页。事实上伦敦摄政公园动物园的蛇和蜘蛛在战争刚开始不久就被杀掉了，但是许多其他大型动物仍继续展出，直到冲突加剧。尽管猴山受到了炸弹的直接打击，但是北极熊和大型猫科动物在夜里都被小心安置在防护笼中。贝尔格莱德动物园也在 1941 年遭到轰炸（1944 年二度轰炸），在日本流传的报告表明城市起火时动物们四处疯狂乱窜。《动物园的动物不在乎空袭》，《战争图说》，3，no. 63（1940 年 11 月 15 日）：526-527。

[6] 通过政策制定来回应这类议题的努力，参见日本動物園水族館協会：『動物園水族館施設の戦時下における有効なる経営方針』，東京：東京市政府，1943。这份报告以及许多来自日本动物园和水族馆协会 1943 年年会的论文表明了日本

人对海外事件的了解程度。感谢日本动物园和水族馆协会的工作人员向我开放了他们战争期间的资料收藏。尽管协会没有正式文献保留下来，但是相关资料非常丰富。关于大达的基本生平，可参见『浜田市史』，浜田：浜田市史料编纂委员会，1973，第442—448頁。

[7] 关于大达决定的执行，参见「人と見物の疏散」和「動物園猛獣の処理」，收入『大达茂雄』，東京：大达茂雄传记刊行会，1956，第231—240頁。关于福田对这些命令的反应，在实时备忘和笔记中也有记录，参见福田三郎『戰時戰後録 2：猛獣処分』，1943 年未出版的手稿。

[8] 达恩顿：《屠猫狂欢》，第 5 页。

[9] 大达主导的关于战争对日常生活的影响的公开讨论以及他对全面动员需要的考虑，参见大达『決戦の都民生活』，東京：決戦生活実践強化会，1944。也可参见大达『大达茂雄』。

[10] 有关浅草寺的历史，参见许南麟（Nam-lin Hur）的《德川日本晚期的祈祷者和表演：浅草寺与伊豆社会》（*Prayer and Play in Late Tokugawa Japan: Asakusa Sensoji and Edo Society*），麻省剑桥：哈佛大学出版社，2000 年。关于 1943 年事件的明确处置，参见『上野動物園百年史・本編』，第 165—196 頁。

[11] 鷹司信輔：『鳥類』，東京：岩波書店，1930。

[12] 『上野動物園百年史・本編』，第 177 頁。

[13] 「時局捨身の猛獣：世代にかれんなをなくさむ」，『読売新聞』，1943 年 9 月 5 日，3 版。

[14] 正如秋山正美（Akiyama Masami）指出的，被用于表达"殉难者"（martyr）或"自我牺牲"（self-abnegation）的 sutemi 这个词，我权且注释为"奉献自我"（giving oneself），暗含着受害者一方的自觉选择。对同一特征的不同说法——shashin，则被用来暗示成为神职人员之后对肉体的放弃。它也能够表达"为他人冒生命危险"这层含义，这种解读通常用来描述战争时期的英雄。这是一种与法西斯主义者的要求合节若拍的观念，所有相关一切——身体的、意识形态的、精神的都必须服从于保卫国家的需要。志愿死亡这种观点，正如莫斯和休伯特所指出的，其重要意义在于将重负从献祭者那里移开，并且抹平了献祭行为蓄意谋杀的一面。秋山正美：『動物園の昭和史』，東京：データハウス，1995。亨利・休伯特（Henri Hubert）和马塞尔・莫斯（Marcel Mauss）：《献祭：本质和功能》（*Sacrifice: Its Nature and Function*），伦敦：科恩与韦斯特，1964 年，第 35 页。

[15] 井下清：『上野恩賜動物園猛獣非常処置報告』，東京：上野恩賜動物園，1943。重印于『上野動物園百年史・資料編』，第 738—739 頁。也可参见『戰時戰後録 2：猛獣処分』。

[16] 大达：『大达茂雄』，第 235—238 頁。大达：『決戦の都民生活』，2，第 26—28 頁。古賀忠道：「動物と私」，『上野』，23，no. 3（1962）。

[17] 清沢洌（Kiyosawa Kiyoshi）：『暗黒日記』，東京：東洋経済新報社，1954。约翰・道尔（John W. Dower）：《耸人听闻的谣言，煽动性的涂鸦，以及思想警

察的梦魇》（"Sensational Rumors, Seditious Graffiti, and the Nightmares of the Thought Police"），收入《战争与和平中的日本》（*Japan in War and Peace: Selected Essays*），纽约：新出版社，1993 年，第 101—154 页。

[18] 正如可预期的那样，大达在 1943 年成为一个无处不在的媒体存在。动物园毫无疑问成为他用来试图调整公众政策和公众感知的唯一杠杆，因为它是最早成立也是最受欢迎的公众机构之一。托马斯·R. H. 黑文斯曾经揭示过在战争最后两年时间里，日本国内的政策调整变动有多大。参见托马斯·R. H. 黑文斯的《暗黑山谷：日本民众与第二次世界大战》（*Valley of Darkness: The Japanese People and World War Two*），纽约：诺顿，1978 年。

[19] 大达：『大达茂雄』，第 236 頁。

[20] 同上，第 237 頁。

[21] 正如李·彭宁顿指出的，历史记忆和大众记忆倾向于将这种正统的成熟时间置于更早的时间点上。在这种历史视角的欺骗性下，对日本法西斯主义的理解经由为 1945 年事件鲜血所浸透的棱镜的折射，阻塞了更多为历史人类学家大贯惠美子描述为"为天皇和国家捐躯"（*pro rege et patria mori*）的意识形态的涌现。参见大贯惠美子的《神风特攻队、樱花与民族主义》。

[22] 大达当然明白战争正处于严酷的相持状态。他在那篇理性动员与法西斯主义狂热相混糅的杰作《生活在战争年代》（"Life in War Time"）一文结尾处写道："如果我们不能达成这些目标（全面动员），其结果不是我们将会战败，而是如果我们战败了日本将不复存在，所以我们别无选择只能坚持。"他在很多报刊文章中也都发出类似的声音。大达：『決戦の都民生活』，第 29 頁。正如我在后来的章节所要讨论的那样，一旦人类或某些不限于人类的东西，以重要的方式令人联想起吉奥乔·阿甘本对至高权力和赤裸生命的思考时，天皇的位置马上就落在生态现代性的范围之内甚或超越其外。参见吉奥乔·阿甘本：《神圣人：至高权力与赤裸生命》。

[23] 大达：『大达茂雄』，第 237 頁；大达：『決戦の都民生活』，第 1—6、29 頁。

[24] 『上野動物園百年史·本編』，第 170—171 頁。也可参见古賀忠道「思出の記」『動物と動物園』（1962 年 10 月）：6-9；古賀忠道「動物と私」，『上野』，23，no. 3（1962）。

[25] 罗伯特·蒂尔尼：《野蛮热带：比较框架下的日本帝国文化》。

[26] 亨利·休伯特和马塞尔·莫斯：《献祭：本质和功能》，第 9—12、28—29 页。

[27] 关于各种动物的到来，参见『上野動物園百年史·資料編』，第 613—631 頁。

[28] 《每日新闻》，1943 年 9 月 3 日，第 3 版。该文也贴在福田手写日记 9 月 1 日的内容里。其他的报纸对这一声明进行了编辑改动。如《读卖新闻》从 9 月 3 日开始就以一种无尽悲伤的口吻来报道这个事件，《人们热爱的'英雄'皮毛犹存：应对紧急情况的动物慰灵祭》，《读卖新闻》，1943 年 9 月 3 日，3 版。

[29] 亨利·休伯特和马塞尔·莫斯：《献祭：本质和功能》，第 27 页。

[30] 勒内·基拉尔：《暴力与神圣》（*Violence and the Sacred*），巴尔的摩：约翰霍普金斯大学出版社，1977 年。

［31］亨利·休伯特和马塞尔·莫斯：《献祭：本质和功能》，第 24 页。

［32］『每日新闻』，1942 年 9 月 4 日。

［33］美国宠物用品生产商协会（American Pet Products Manufacturers Association）：《2005—2006 年全国宠物拥有者调查》（NPOS），格林威治：美国宠物用品协会，2006 年。

［34］关于宠物喂养，参见安布罗斯《争议之骨》，以及斯卡伯伦德《犬之帝国》。

［35］『每日新闻』，1942 年 9 月 4 日。

［36］同上。

［37］引自福田三郎『上野動物園実録』，第 183 页。再辅以福田三郎『私人日记』，東京：動物園協会，1943。值得质疑的是这封信的真实性，它读起来就好像是在父母的帮助下写出来的，甚至像一个成年人模仿孩子的口吻。但无论如何，这封信的情感表现是一以贯之的，那就是将悲痛之情转化为愤怒。这封信的确带有邮寄的痕迹，但是信封不知所终。

［38］大贯惠美子：《神风特攻队、樱花与民族主义》。

［39］福田：『上野動物園実録』，第 182 页。

［40］沿着这些思路，艾伦·坦斯曼在他关于日本法西斯主义的知识分子史和文学史的出色分析中贡献了一个观点；参见《日本法西斯主义审美》，达勒姆：杜克大学出版社，2009 年。

［41］福田三郎：『上野動物園実録』，第 182 页。

［42］亨利·休伯特和马塞尔·莫斯：《献祭：本质和功能》，第 32 页。

［43］阿甘本：《神圣人》。

［44］关于分类学及其在日本社会中的运用的讨论，参见布雷特·L. 沃克《消失的日本狼》，尤其是第 24—56 页。

［45］上野动物园：『主なる危険動物薬物実施令』，日期缺失。部分收入『上野動物園百年史·資料編』，第 731—732 页。

［46］別表（1）：「動物分類一覧表」，收入『戦時戦後録 2：猛獣処分』。部分收入『上野動物園百年史·資料編』，第 730—732 页。

［47］关于应对空袭的动物园整体机构人员安排，参见「東京市市民局公園科特設防護団上野恩賜公園動物園分段規則」，東京市市民局公園科，1941，收入『上野動物園百年史·資料編』，第 732—734 页。

［48］东京都：『主なる危険動物薬物実施令』。值得注意的是，这些剂量都是大致估计的，并没有考虑到动物的特殊体量或其他身体特点。关于应对轰炸的更整体工作安排，以及经由井下办公室传达的大达命令的回复记录，参见「動物園非常処置要綱」，未公开出版的备忘录汇总，1943。

［49］正如本书导言部分强调的，动物的能动和行动问题高度复杂。我对于这些话题的理解基于一个既在物种界限之内也跨越这种界限的宽泛视角。关于相关议题两个关键问题的讨论，参见彼得·辛格（Peter Singer）的《动物解放：动物运动的决定阶层》（Animal Liberation: The Definitve Class of the Animal Movement），纽约：哈珀经典，2009 年；卡里·沃尔夫（Cary Wolfe）的《何为后人文主

义？》（*What Is Posthumanism?*），明尼阿波里斯：明尼苏达大学出版社，2009 年。

[50] 尽管稀缺性早在 20 世纪早期就占有一席之地，动物的经济价值（既有吸引力方面的也有不加掩饰的金钱方面的）仍然是动物园在决定宰杀、饲养或买卖动物时最重要的考量因素。很显然，尽管保护主义论调无处不在，但是，时至今日，经济考量始终是许多动物园首当其冲的考虑。参见马克·乔克（Mark Cioc）的《保留地游戏：保护世界迁徙动物的国际协议》（*The Game of Conservation: International Treaties to Protect the World's Migratory Animals*），雅典：俄亥俄大学出版社，2009 年；马克·V. 巴罗（Mark V. Barrow）的《自然幽灵：从杰斐逊时代到生态学时代的灭绝研究》（*Nature's Ghosts: Confronting Extinction from the Age of Jefferson to the Age of Ecology*），芝加哥：芝加哥大学出版社，2009 年。

[51] 福田三郎：『上野動物園実録』，第 36—44 頁。

[52] 同上，第 84—90 頁。

[53] 关于欧洲和北美场景之下类似选择的讨论，参见兰迪·马拉默德的《阅读动物园：动物的表征与圈养》，第 179—224 页。关于杀死伦敦埃克塞特交易所的大象明星 Chunhee，该动物一度被认为是对公共安全的威胁，参见哈丽雅特·里特沃的《动物庄园，维多利亚时代的英国人和其他生物》，第 226 页。

[54] 福田三郎：『私人日記』。也可参见『上野動物園百年史·資料編』，第 170 頁。

[55] 福田三郎：『私人日記』，第 181 頁。

[56] 福田三郎：『上野動物園実録』，第 174 頁。

[57] 渡邊和一郎：「動物愛護運動を語る」，『動物文学』，87（1942 年 9 月）：57。

[58] 『上野動物園百年史·資料編』，第 731 頁。

[59] 福田三郎：『上野動物園実録』，第 175 頁。

[60] 同上，第 176 頁。

[61] 同上，第 176—177 頁。

[62] 『上野動物園百年史·本編』，第 174 頁。也可参见福田三郎『上野動物園実録』，第 175—176 頁。

[63] 中岛三夫（Nakashima Mitsuo）：『陸軍獣醫學校』，東京：陸軍獣醫學校，1996，第 157 頁；『上野動物園百年史·資料編』，第 740—741 頁。

[64] 井下清：『上野恩賜動物園猛獣非常処置報告』。

[65] 江泽庄司和福田三郎之间的私人交流也收录在『上野動物園百年史·資料編』，第 738 頁。

[66] 『上野動物園百年史·本編』，第 172 頁。

[67] 「動物疏散」，收入『戦時戦後録 2：猛獣処分』。

[68] 大达：『大达茂雄』，第 236 頁。

[69] 福田三郎：『私人日記』。

[70] 井下清：『上野恩賜動物園猛獣非常処置報告』。

[71] 同上。

[72] 『朝日新聞』，1943 年 9 月 3 日，3 版。大屠杀科学的一面在战争晚期得到公开

报道。参见『朝日新聞』, 1943 年 12 月 11 日，3 版。关于动物尸体解剖的记录，参见『戦時戦後録 2：猛獣処分』。

[73] 福田三郎:『上野動物園実録』, 第 174 頁。

[74] 同上，第 180 頁。

[75] 同上，第 180 頁。

[76] 福田三郎:『戦時戦後録 2：猛獣処分』。『上野動物園百年史・資料編』, 第 735 頁。

[77]「動物慰霊祭の」,『朝日新聞』, 1943 年 12 月 3 日，2 版。

[78]「大阪でも猛獣処分」,『朝日新聞』, 1943 年 9 月 4 日，3 版。有关杀死马戏团和其他私人机构和商业机构拥有的大型动物的命令，参见「動物慰霊祭の」,『朝日新聞』, 1943 年 12 月 3 日，2 版。

[79] 土屋由岐雄、武部本一郎（Takebe Motoichirō）:『かわいそうなぞう』, 東京：金の星社，1970。英文版为土屋由岐雄和特德・卢因（Ted Lewin）合著的《忠诚的大象：动物、人与战争的真实故事》（*Faithful Elephants: A True Story of Animals, People, and War*），穆卢拉巴：鹬出版社，1997 年。

[80]『かわいそうなぞう』一书的封面（2007 版）。

[81] 長谷川潮:「ぞうもかわいそう—猛獣虐殺神話批判」, 收入『長谷川潮批判集：戦争児童文学は真実をつたえてきたか』, 第 8—30 頁。长谷川的作品值得特别关注。这里的某些论点都可以在长谷川的作品中找到某种形式的回应，特别是我们对于大达的动机的共同关注。我特别感谢他对战后回忆文化和儿童文学的深具洞见的解读。我们看上去似乎殊途同归。又或许他太过于具有启发性，以至于未能掌握小森厚在他那本百科全书式的《上野动物园百年史》中非典型地使用"冲击"（shokku）这个词的问题，就跟我一样。这个词在本文引用中，本身就是对古贺忠道在战后言论的回应。小森是在战后负有最重的看管上野动物园文献职责的那个人。感谢他的家人和他在东京动物园协会的朋友们将他的记录、写作和评论向学术性对话开放。关于他的资料收藏工作，请参阅他的个人自传；也请注意，他是我们在这里频繁引用的《上野动物园百年史》的主要作者，但不是唯一作者。

[82] 五十岚惠邦（Yoshikuni Igarashi）:《20 世纪 60 年代晚期的日本苦难再现》（"Re-Presenting Trauma in Late 1960s Japan"），收入《记忆之体：战后日本文化的战争叙事，1945—1970》（*Bodies of Memory: Narratives of War in Postwar Japanese Culture, 1945–1970*），普林斯顿：普林斯顿大学出版社，2000 年，第 164—198 页。也可参见卡罗尔・格卢克《当下的过去》（"The Past in the Present"），收入安德鲁・戈登编《作为历史的战后日本》（*Postwar Japan as History*），伯克利：加利福尼亚大学出版社，1993 年，第 64—96 页。

[83] 長谷川潮:「ぞうもかわいそう—猛獣虐殺神話批判」, 第 8—30 頁。

第三部分
帝国之后

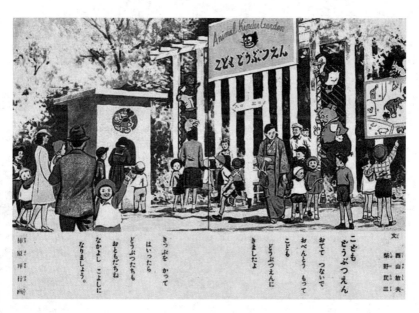

图 5.1　儿童动物园　　　　　　　164

复印自古贺忠道：《观察绘本：幼儿园书》,《儿童动物园》, 东京：福禄贝尔馆,
1949。图片由福禄贝尔馆（Froebel-kan Publishing）提供

第五章
儿童动物园：
盟军占领时期的大象外交官与其他生物

在我看来，早期童年经历对一个人的科学和哲学素养的发展至关重要。

——康拉德·劳伦兹，诺贝尔奖得主自传

当我造访动物园时，我视这些动物"笼舍"的栅栏为一面镜子，映射出你们中的每一个人。那是因为当你面对着栅栏那边的动物时，我们才能够看出你是好孩子还是坏孩子，清楚得如同镜中的映像一样。

——冈松武（Okamatsu Takeshi）：『動物園の鏡』（*Dōbutsuen no kagami*）

"斑比"降临东京

1951 年 5 月 19 日，"斑比"，一只小巧可爱的白尾鹿（Odocoileus virginianus），在铺天盖地的宣传中来到上野动物园。这是该品种在上野动物园的首次亮相。小鹿是华特·迪士尼送给日本孩子的礼物，既是庆祝战争的结束，也是庆祝同名动画电影在日本的首映。

过气的军马——那些在帝国荣耀的高光时刻被日本军官们骑着冲锋陷阵的成年公马，而今被推到一边，让位给这只机灵俏皮，代表着美国大公司利益以及不无感伤色彩的环保主义的大眼睛吉祥物。[1]20世纪40年代早期，在日本帝国大举扩张的时候，军马曾经是当之无愧的传媒明星，它们在动物园里、在游行中、在流行音乐中，甚至在故事片和新闻纪录片中大放异彩。[2]但是，到了 166 1951年《小鹿斑比》在日本首映的时候，先前的传媒明星动物一下子成为帝国废墟的象征，成为那场许多人都宁愿忘记的残酷战争的象征。复员的马儿（有时被称为"复员动物"，衍生自用来描述复员士兵的专用术语"复员兵"）或被造册登记为苦力，或被打发到动物园新开的儿童动物园的农场分部，或如谣言所传，被吃掉了。

《小鹿斑比》这部影片最初在美国的发行其实是一个商业败笔，1942年电影在纽约首映时，美国人正在全力应对严酷的战争。[3]当时正值美国从太平洋地区撤退的紧要关头：无数的父亲、兄弟和儿子被船舶运往遥远的土地。在迪士尼为一去不复返的纯真年代奏响伤感的挽歌之前，新闻纪录片中充斥着影片中也有回应的各种暴力毁灭的影像。这部制作时间长达五年、耗资500多万美元的动画片，在首映当年亏损超过100多万美元。战争结束后，迪士尼试图通过在东京发行和在美国再发行来弥补亏空。用商业术语来说，这部片子代表了维多利亚·德格拉齐亚（Victoria DeGrazia）所称的美国式大众消费资本主义"无可抵挡的帝国"向亚洲的扩张。从文化来看，它彰显了我称为"帝国之后的帝国"的关系，凯歌高奏的美国抵达了被突然间褫夺了帝国外衣的日本。[4]

在战后由美国主导的盟军占领时期（1945—1952），在一个不自由的市场中，这些劫后余生的日本人，和战后的美国人一样，都被《小鹿斑比》迷住了。[5] 在美国，《小鹿斑比》应和着视家园为一个受威胁的天堂这种看法，正是这种看法将处于冷战焦虑状态的美国人赶出城市，赶进郊区的掩体。在日本，到处是核武器和燃烧弹留下的满目疮痍，在此场景之中，这个在战火烧灼后的焦土上发生的成长故事，激起另一种不同的心弦，应和着这个国家正在为迪士尼的同胞所占领的事实，将人们的注意力引向了战争的创伤性结局。这部电影也添加了一堆其他要素来强化一种日益强烈的感觉，即日本民众和他们的领导层不一样，是无辜的战争受害者。[6]

本章探讨小鹿斑比这个美国大众文化的外交使者所代表的历史关键时刻。感伤的战争怀想和对帝国的遗忘普遍存在，并成为战后日本人对待战争的典型态度，这种态度早在 1951 年就已经在上野动物园根深蒂固。战败之后，以血腥的动物园大屠杀为极端形式的日本大众沙文主义和帝国献祭的历史得到重新解读。在新的解读中，日本民众被塑造为无辜的孩子，为一小撮军事集团所蒙蔽，并为冷酷无情的异国敌人所残杀。美国占领当局也愿意投资这种将日本人当作无辜受害者的再现行为：最高长官、美国将军道格拉斯·麦克阿瑟（Douglas MacArthur），一度将这个被征服民族的心理发展水平和 12 岁的孩子相提并论。[7]

上野动物园被重建为一个面向美国霸权主义控制下的未来的纪念碑式的所在，鲜明地否定了过去，摇身变为一个致力于打造

167

天真无邪的儿童和清白无辜的动物形象的主题公园。[8]作为"去帝国化"的部分内容——帝国解体以及民族国家再整合的艰难过程，动物和孩子一并得到重塑。曾经被呈现为帝国图腾的动物园动物、被标记为未来士兵的孩子们，现如今被赋予了新的特定角色，意在阐明战后美国和被占领日本的交集。[9]上野动物园，如同美国梦里精心打理的郊区一样，成为一个保守主义者的天堂：一个得到精心打理的，安全无菌且光线明亮的景观，为民族国家的统一和经济的转型发展服务。[10]在这样的设定之下，下一代开始呈现出始料不及的重要性。"动物园必须成为孩子们的绿洲。"古贺忠道园长写道。在1945年10月辞去军职和兽医学院导师的职位后，他重新回到上野动物园。在古贺的再度领导下，上野动物园成为一个驯化装置，驯化这个国家"野性"的战后儿童，以服务于和平和提高生产力的需要。[11]

　　就在上野动物园，战时被锻造出的意在产生认同和激发个人牺牲的仪式祭坛，在战后则被转化成为一个"休闲文化教育机构"，其设计意在鼓励孩子们在追求自身"人文化"的过程中唤醒对动物的"天生的"兴趣，这个追求也暗示着上一代人在战时统治下的人性丧失。在1945年以后的岁月里，上野动物园努力引导着孩子们，既让他们作为行动者，又让他们作为听众——不仅仅让孩子们有所作为，而且也通过孩子们来有所作为。本章重点关注孩子们作为历史行动者的角色。那种认为孩子们尚待教化也未被污染，因而和动物具有共同的内在品质的看法在动物园由来已久。但是，在美国占领之下，这种联系却呈现出一种新的突出地位，因为在占领之下，孩子们可以随意行事而成人则不可以。

也就是在同一时期，古贺和他的同事们理解了这一简单的事实，即任何人只要宣称自己代表了孩子们的利益，他就能轻而易举地占据道德和政治的制高点。

168　　在努力为上野动物园在战后日本争取一席之地的奋斗中，古贺园长重新提炼了他早期对于与动物相遇的重要性的看法。"人类是一种特殊的动物这一事实确凿无疑，"古贺在他1959年出版的《动物情感》的开篇写道，"一旦我们从这种角度来考虑问题，动物的生命和人的生命就其根本而言是一样的。"动物只会更诚实，全无掩饰，因而观察它们既有助于人类的自我修复，也有助于提供指导。"我们越多观察动物，我们也就越能更好地了解我们自己。"动物园的目标是塑造这类自我认知行为，因而也是定义该类行为。

在某种意义上，古贺试图激发起一个自我质询的过程——强迫参观者追问自己，在寻求"新日本"的过程中，他们认为自己到底是谁。在精明地寻求外来占领下的财政资金和公共支持的过程中，古贺声称，动物园提供了一种加速推进"国家未来领导人"和平教化的手段。"善待动物的精神的培养……在某种意义上说是达成'真实人性'的捷径。我们认为，为下一代建设一座好的动物园，是热爱和平、受过良好教育的人能够为他们的国家所做的最让人满意的事。"[12]战后的上野动物园将军事失败的耻辱和被占领的焦虑升华为以造福这个国家的孩子为名义进行的民族复兴庆祝，很少有人能够拒绝这种将动物展览与社会行动混合起来，围绕"孩子"的角色来进行的综合创造。而"孩子"这个分类就如同"动物"这个词一样，既抽象又充满意识形态方面的可操作性。占领期间的上野动物园得到了重建，成为被轰炸后的黯淡首都背景中的一抹亮色，它在搭建一个孩子气式的逃逸空间的假象下，努力强化着事物的新秩序。[13]

帝国之后的帝国

上野动物园从献祭和征服转向孩子般无辜的定位变化，发生在国家去殖民化进程制度化的背景之下。[14] 1945 年日本输掉的不仅仅是战争，它也失去了超过 55 年的帝国建设成果。在盟军的统一号令下，"大东亚共荣圈"经由强制性的去殖民化过程而被拆解，这一过程既包括先前的后方家园"内地"的变化，也包括先前的殖民地"外地"的变化，整体不到 18 个月的时间就结束了。正如华乐瑞在她对战后殖民遣返问题的研究中所指出的那样，这一正式进程的推进如此迅速，以至掩饰了一个为期更长也更为复杂的后帝国时代的脱钩史，而这通常为历史学家和社会大众所忽略。[15] 在那些和日本的帝国计划明显关系不大的机构中，帝国的有意缺席很容易被一带而过，但是，在上野动物园，去殖民化渗入具体重建工作的方方面面，这点不容忽视。[16] 上野动物园的历史为我们提供了一个处理占领期更普遍的去殖民化问题的途径。这段历史也阐明了日本众所周知的战后重建史，以及贯穿战争全程的现代化史，同时也是一个有关帝国兴衰的故事，相伴而来的是在盟军许可范围下重获经济和政治事务权利的诉求。

古贺和他的团队特别小心地盘点了帝国的损失。他们担心去

169

殖民化意味着失去获得大受欢迎的殖民地物种的渠道，以及丧失动物园使命的某些核心内容。[17]在盟军拆解日本帝国之后，上野动物园的影响范围也一并大为缩水。[18]一度处在文化和科学机构网络的重要枢纽位置的上野动物园，其影响力遍及从马来西亚半岛到中国东北的野生动物栖息地和私人收藏，而今却一派荒芜，沦为一个二流动物园，退守在一个外交孤立的美国从属国的满目疮痍的首都。

在盟军登陆日本不到一周后，最早一群美国人就来到了上野动物园，驻日盟军总司令部（SCAP）的官员们不费吹灰之力就将管理上野动物园与首都的其他大型文化机构一并纳入他们的工作日程。[19]古贺既谙熟英语，又是一个颇具洞察力的政治活动者，欣然同意将盟军的目标整合进来。他甚而发布了一个新的格言以适应"和平日本"的需要："动物园即和平。"[20]正如约翰·道尔所揭示的，成为当前的新秩序的，是"去军事化和民主化"，而不是献祭和征服。[21]虽然古贺的口号被表达成蹩脚的英语，还经常在没有相应日语翻译的情况下一印再印，但这个口号立马就赢得占领者，以及被战争和复兴无望弄得筋疲力尽的大众的心。占领期间的上野动物园将两边拉到了一处。

可以免票入园的美国大兵成为常见景观。当《小鹿斑比》在上野动物园新的露天电影剧场首映时，美国家庭坐在以日本人为主的一大群人中一起观看。这个剧场的建设，某种程度上是为了弥补战争期间杀掉大型动物导致的缺失。由于缺少获取外来物种的渠道，以及发展新的沉浸式展览的资金，古贺在1947年写道，对于那些渴望与"真正的动物"相遇的人来说："只有电影和

图像才能展示（动物所在的）完整的自然场景。"[22]他担心失去　170
殖民地会加剧日本与动物世界正渐行渐远的疏离状态。[23]对年幼
的孩子来说情形尤其如此。他们没有对帝国高光时代的动物园的
记忆。经由动物的消失，帝国的失落便与一个人本真自我的迷失
联系起来，被视为对这个国家下一代成长的特别威胁。古贺，如
同格雷格·米特曼研究的同时代美国人一样，转向了电影，把
电影当作弥补缺失的手段，期待着动态的图片能够替代活生生的
动物。[24]

　　然而，电影无论如何也没法完全取代真实的事物。动物园
的终极目标是一个充塞了"真实动物"的"真正动物园"，而这
只能经由"文明化进程"来实现。古贺用这个表述来强调在科
学知识指导下的技术和物质的进步。他在战后写道："在文明发
展的同时，动物园也在进化。""动物园纯粹地反映了人类对自然
的向往，是自然的映射（也是文明的映射），"他接着说，"更清
楚地说，最理想的情形是能够观察到作为'自然物'的动物，它
们处在原生栖息地的植物和其他动物的环绕中。"[25]这种映射自
然的缩微世界只能够在一种"大型的场景"和"不把动物关起
来"的情况下达成，只有这样才能看到自由活动的动物。古贺坚
信，如同战前那样，这类机构的发展不仅是可能的，而且对于一
个功能齐全的健康社会来说至关重要。依赖技术和贸易，人们能
够打造出"真正的生态"，一个精神复兴的源泉。这种生态反过
来又能够润滑进步的齿轮，激发让动物园处在领先地位的物质
进步。[26]

　　在占领的早期阶段，当日本正处在外交上的孤立状态，人们

甚至食不果腹的时候，这类言论看上去无非是一个后帝国时代的狂想。因为很大程度上正如上野动物园的建立有赖于帝国的物理扩张一样，一旦帝国衰落，上野动物园也就盛况不复，慢慢空了下来。特别是战前作为核心收藏的很多动物或被杀死，或被饿死，或在 1943 年的献祭后自生自灭。到 1945 年，这些藏品的数量减少到战时峰值的三分之一。"只有长颈鹿保留下来了。"古贺不无沮丧地写道。当这些长颈鹿中最老的一只——永田太郎（Nagatarō），在 1947 年死去时，他不得不抵制要求宰杀这头动物来喂养饥肠辘辘的社会大众的呼声。"我不能想象让孩子们看到人们吃掉他们心爱的永田太郎的一幕。"[27]

在"孤立"的时光里，饲养员们在养狮子的笼子里养猪，在飞禽馆里养鸭子，并且开始拍卖可食用的兔子来筹集经费。年轻的动物园工作人员将他们的内部讽刺杂志命名为"猪之子"，以批评小猪崽在狮子曾经待过的围栏中一片欢腾的荒唐现象。[28]到 1946 年，食物是如此短缺，以至于孩子们参加动物园的猪鸡鸭抽奖活动，或去兔子现货交易市场时，他们会用以物易物的方式换取门票，拿出一篮从东京烧焦的空地上长出来的南瓜籽儿。[29]

如同这些孩子用植物种子换取门票一样，古贺也努力把苦难变成美德。他成功地游说 SCAP 的官员们增加动物园的预算资金，好将上野动物园这个曾经是帝国成就的奇观，而今沦为战争代价的鲜明体现的地方，改造成为这个国家下一代健康复苏的灯塔。[30]帝国已随风消逝，同样逝去的还有它的动物图腾，以及它视男孩为殖民冒险者、视女孩为未来战士之母的看法。取而代之的是本章将提到的一系列内容：一个面向未来的娱乐性公园骑

171

行活动、斑羚剧场（Kamoshika-za）、* 日本的第一所儿童动物园，以及一场利润可观的"猴把戏"——由一只从美国大兵那里买来的受过训练的食蟹猴 Chico 表演。[31] 一大群美国动物也紧跟 Chico 的脚步涌上上野动物园，参观人数一下子激增。在日本投降后的四年时间里，上野动物园的门票销量增长超过 10 倍还多。整体参观人数很快超过战时的最高值，这是古贺和 1946 年退休的井下都始料未及的。在 1949 年，超过 350 万观众光顾了上野动物园。

在这些年里，经济发展取代了曾经的帝国扩张，成为日本新的使命。尤其在战后日本卷入美苏两国冷战对抗中来的时候，这种趋势更进一步加速。地缘政治的转变在动物园世界中得到了别样体现：先前的殖民地被呈现为独立的国家，展览也不再使用"大东亚共荣圈"的框架来罗列物种分布，英国和美国的干预也使非洲（长期以来无法进入，被理想化为最真实的"野性"大陆）成为动物园开展捕猎探险活动的地方。动物也被重新定义，不再作为军事战利品。相反，如美洲狮、豪猪、短吻鳄这类特征鲜明的美国动物都是来自美国的动物园、公司以及军队的馈赠。许多猴子和蛇则是来自美国大兵的礼物，他们在太平洋战争期间将其养作宠物。一个使用最先进技术的"非洲生态实景展"在 1955 年开展，宣称致力于保护非洲动物。也就在这一年，日本政府正式宣布"战后"时期结束。[32]

172

---

* 创设于上野动物园内的简易电影院，在一处休息区上改建而成，能容纳四五百人，运营于 1946—1949 年间，是动物园针对动物数量减少，通过放映表现动物生态的影片来吸引游客的举措。后因动物数量恢复，且影院设施不符合消防法而关闭。参考上野动物园官网等信息。——编者注

尽管正式的帝国在 1945 年土崩瓦解，但是日本帝国文化遗留的方方面面却被织入战后体制化生活的新肌理中来。在 1952 年占领期的尾声，古贺在提及非洲和亚洲时宣称"动物园是文明的一个晴雨表"。通过展出来保护那些来自"未开化"国家的珍稀动物，是"文明国家"的使命，"文明国家"可以被定义为开设有动物园的国家。[33] 在战后蔓延的全球环境退化潮流中，野生动物日渐被描绘为受害者，成为面临灭绝威胁的全球共享遗产的象征物。正因如此，经济强国（在古贺看来也包括 1952 年的日本）获取野生动物之举能够被建构为一种科学上的必要。因此，为了适应新的时期，古老的帝国两分法——"开化"的帝国中心和"自然"的殖民地——得到重组，允许动物（以及更广泛意义上的自然资源）从欠发达的边缘地带向发达的大都会经济体持续转移。事实上，古贺不无诧异地发现，到 20 世纪 50 年代，尽管帝国的消失确实限制了进入亚洲特定地区的直接通道，但是日本被卷入美国的冷战秩序中这一事实，却直接带来了经由放大的全球贸易体系来获取更丰富也更多元的动物的途径。

重构的帝国不仅表现在制度上也表现在文化上。在战后的岁月里，日本动物园开始将保护（而非征服）作为判断他们行动正当性的首要标准。[34] "保护正处于毁灭边缘的野生动物（群落）成为（日本）动物园的重要新使命。"古贺在 1957 年写道。这种关乎自然消失的焦虑呈现在更宽泛的文化场域中。在日本和世界其他地方，物种灭绝问题突然变得非常紧迫。对于濒危物种的追求，通常被以全世界孩子的名义来判断正当与否，这些孩子首先被视为在观看珍稀动物这件事上永不满足，又因为失去了了解消失野生世界的途径而值得怜悯。

　　但是"动物"和"野生世界"在动物园从来不会彻底消失。它们只是变得更有价值也更被大众期待。[35]尽管特定的动物被杀掉，整个物种趋于灭绝，但是生态现代性更广泛的动力源依然在场。在20世纪中期自然保护主义贪得无厌的逻辑下，野生世界特定物种的灭绝能够为进一步收集其他"受威胁"的野生动物群落提供明确的合理依据，这些"受威胁"的动物群落被带进动物园供繁殖或研究。"当我们害怕某种物种会在野生世界消失时，我们必须采取行动来保护它。"古贺在一篇谈及动物园目标的短文中写道。"保护"在这里成为"收藏"的同义词。[36]战后的动物园就为这种自然在消隐的感觉所支撑，其之所以能够成形是因为帝国博爱大梦的褪色。"灭绝"这个词在战前很少被提及，即便使用的话，绝大多数情形也都用于批评敌人的军事行动或针对"土著人"进行的殖民开拓，而今却在上野动物园的公共关系事务文件中变得越来越举足轻重。在占领期结束后，日本文化也日益交织着原子弹焦虑和20世纪五六十年代盛行的对全球人口"过载"的新马尔萨斯主义式忧虑。[37]

　　这种话语是调门日渐高昂的全球失落和焦虑大合唱的组成部分，这种失落感和焦虑感与原子时代的冷战进程和发生在20世纪下半叶大部分时段的全球殖民地独立运动密不可分。[38]1956年，古贺结束了全球动物园的环游之旅，回到上野动物园，在这趟旅程中，他参加了国际动物园园长联盟（IUDZG，成立于1946年）、国际自然保护联盟（IUCN，成立于1948年）和国际博物馆协会召集的系列会议，古贺注意到"保存"和"灭绝"这两个词似乎就挂在人们嘴边。[39] 在 1948 年，费尔菲尔德·奥斯本（Fairfield Osborn，1887—1969），纽约动物园协会的主席，也是布朗克斯动物园的管理者，在他颇具影响的《我们被掠夺的星球》（*Our Plundered Planet*）一书中，带着普遍的焦虑情绪发声。古贺的个人图书室存有这本书的复印件。这本书从第二次世界大战的中途开始，以雄辩的方式提及另外一场战争，"另外的一场世界战争，至今仍在继续，给人类带来更多更大的痛苦，胜过任何军事冲突所能导致的痛苦。它将导致终极灾难的潜在可能性是如此之大，远远胜过误用原子弹所导致的后果"。"另外一场战争，"奥斯本还总结道，"是人与自然之间的战争。"[40] 生态现代性的动力源成为某种具有启示性的东西。

新殖民主义夸富宴

对一些人来说，国家动物园满眼荒芜的场景反映了生态现代性在战后严酷的一面。对另外一些人来说，空空如也的笼子却提供了一个戏剧性的复兴舞台。战争过后，少有大型外来动物在日本存活下来。紧随着 1943 年的动物园大屠杀事件，日本境内所有动物园和马戏团都接到命令要求"清盘"所有的"危险动物"，在这个分类里包含了绝大多数人们喜闻乐见的大型哺乳动物。总数超过 300 的狮子、老虎、熊和大象被宰杀。尽管很多这类屠杀行为都得到了类似大森正及其僧众在上野所主持的那种仪式的超度，但是一如既往，这类屠杀都是在暗中进行且不允许公开讨论的。有部队驻扎在北方的城市仙台，福田在 1943 年曾希望把温驯的大象 Tonky 送到那里安全寄养。据说军人们认为在 1944 年仙台动物园的动物被大批杀害后，他们可以吃到北极熊的肉，但是这个说法还不曾得到证实。仙台动物园和许多其他小型动物园都关门了。而如上野动物园这样的大型动物园则在苦苦支撑，在应对食物短缺和空袭的过程中被转化成为一个国家的受难文化的浓缩体现。[41]

　　面临着猪比游客还多的动物园场景，古贺在占领期之初曾决定将尽力收藏"与东京作为国家首都的角色相称的"本土动物。这个重新定位之举强调了一个事实，即作为一国之都的东京，在 50 年多的历史里，首次举办了一场"日本特色"动物展。展览中的日本棕熊、日本野鸡、日本斑羚（Nihon kamoshika，斑羚剧场命名的由来）、日本野猪、日本鹿（被描述为斑比的表亲）和北海道熊，或是购买而来，或是为志愿者捕获而来。成群结队的学龄期孩子在溪流中涉水抓捕日本大蝾螈，他们骄傲地将这些蝾螈用船运往东京，转交给"园长先生"照管。[42]

　　尽管有这种种努力，这种新的"日本模式动物园"并不能令每个人都满意。古贺回忆起，当他站在动物园的中央地带时，有人问他："动物在哪里呢？"另一位参观者则大发牢骚："这是什么，猪的园子吗？！"在公众想象中，动物园总是和异国动物和殖民地的野生世界联系在一起的。"一座真正的动物园收藏"最不济也得有狮子、老虎和大象吧，这样的看法牢不可破，无论是战争创伤还是对自然历史的热爱都没法强行打消掉它。然而，这些大型动物对于后帝国时期的日本来说是遥不可及的。"当人们想到动物园时，"古贺在发表于旅游杂志《旅》（*Tabi*）的文章里写道，"他们想的总是国外的物种。"他又悲叹道："失去台湾岛、朝鲜半岛和库页岛后，很少有什么真正的大型动物留给日本了。"[43]旧日的收藏网络已不复存在。SCAP 把持着正式的经济和外交渠道。

古贺明智地应对着这种正式的孤立状态，将发力重点转向非正式的礼品经济，而这方面 SCAP 没做太多限制。动物园，特别是与政府或皇室有关联的动物园，都置身于一个多层次的交换体系之中，在这里，交易方式不限于金钱。动物有时会被指定特定的货币面值，但是正如 1943 年的大屠杀事件揭露得相当清楚的，货币很难体现出它们的全部价值。动物园因而在一个杂糅的交换体系中运作，这种运作通常以以物易物的方式进行，以礼物赠与、文化外交或保护这类说辞为鲜明特色。这种共享的交换逻辑生产出对机构地位的共识和集体资本的概念——这类文化资本被具体化为活生生的生物，并经由诸如 IUDZG 和 IUCN 这类专业组织得以制度化。机构和个体的声望，比如被认为是一个"好的动物园"或一个有创新精神的动物园园长，都会在这类网络中得到建立或不幸失去。

这是一种类似在美国西北部特定群落中盛行的夸富宴 * 的体系，通过互惠机制稳固地建立起来，无论是赠与者还是接收者的个人荣誉都裹挟其间。[44]既然发起这个体系是对美国新殖民主

---

* 夸富宴，又译散财宴、赠礼宴、夸富礼，是北美洲美国、加拿大的西北海岸原住民人群的赠礼仪式。东道主会赠送财物给客人，甚至毁坏财物，以展示其财富和权威。——译者注

义规则的回应，也为这种规则所限定，在本案例中我们姑且称之为"新殖民时代的夸富宴"。古贺理解这种现代夸富宴的协议条款。他知道动物园如同博物馆和其他类型的文化机构（甚至包括民族国家自身在内），都通过这种相互间的承认而得到或多或少的支撑或界定。[45] 他也理解，大多数动物园园长，包括他本人在内，都厌恶那种不回赠礼物的行为。在一个全然实现的夸富宴体系中，如果不能回赠一个与所得礼物价值相当的东西的话，会导致声望丧失、社会谴责或更糟糕的后果。相匹配的礼物会创造出一个稳定的地位体系，过高的礼物回报则会产生出愈演愈烈的荣誉竞争。从 1948 年开始，古贺就努力发起一系列和美国动物园之间日渐升级的礼物交换循环。

他先给如华盛顿国家动物园和火奴鲁鲁动物园这样的机构致函咨询，并随信附赠一个小礼物（经常是未经同意的）。事实证明他的努力是成功的。在 1952 年，也就是占领期的尾声阶段，上野动物园这个曾经帝国势力范围的缩影，又再度塞满了各种礼品动物，绝大多数都来自美国。上野动物园给参观者们提供了一张让人满意的地图，该图标记出日本的文化和外交被整合到美国主导的国际秩序中。古贺用作交换的，主要是东京的动物园参观者们不太满意的典型"本土物种"。举例来说，古贺向盐湖城市长厄尔·J. 格莱德（Earl J. Glade）赠送了大蝾螈礼物，对方回赠了八只体型中等的海龟，经由军用航空邮递的渠道，从盐湖城的霍格尔动物园发出，于 1949 年 4 月运送到上野。古贺又再回赠以一大批各式各样的日本动物。考虑到上野动物园收藏匮乏的状态，这可是一次虽然不对等但又整体让人印象深刻的回赠。在短短几

176

个月的时间内，日本的短尾猴、野鸡、鹤、蝾螈、獾和熊等一大批动物被送往盐湖城，相应规模的动物如土狼、金刚鹦鹉、（去味）臭鼬、美洲狮和狮子则来到了东京。这还是战后第一批出现在日本的狮子。人们通过新闻报道和狮王牙膏的欢快广告以及其他内容庆祝此事。SCAP 的官员们也来上野动物园参观，沉浸于这种由动物引发的亲民的快乐中。

这些礼物被建构成为战后日本正常化的充满希望的信号。它们对上野动物园来说无异于福音，当然，也被当作与曾经的敌人之间与日俱增的从属关系的象征。应格莱德市长的敦促，甚至有可能还得到来自摩门教教会的支持，经 SCAP 同意，交换行为以一场"动物外交"行动的面貌出现。"我们祈祷这些动物能够承担好它们作为和平使者的职责。"《动物园新闻》（Dōbutsuen shinbun）杂志刊于 1949 年 9 月的一篇文章援引了基督教的一个说法，这个说法在占领期的日本日渐流行起来。据这篇文章总结，这些动物将"基于人们对它们共同的喜爱之情而把美国和日本联系起来"。这些生物既无害又富有魅力，成为对人类情感进行政治动员的工具，它们为占领期的日本营造出一个独特的表象。与此同时，盐湖城的小型动物园则呈现出帝国的一面：它拥有也许亚洲之外任何地区都不曾拥有的规模最大的日本动物藏品。

"动物幼儿园"

古贺在操纵这些杠杆调动美国人情绪的同时，也尽力去"保护"日本孩子不受占领诸多方面的影响。这种保守的动力最清楚地体现在 1948 年 4 月日本第一所儿童动物园的开张。日本动物园向来把儿童当作受众的一部分来对待，但是新开张的上野"动物幼儿园"，如同大门上的名字所表明的那样，标志着日本国内的动物园首次专门为儿童提供这类空间，通过让孩子们直接接触放养动物来培养他们依道德行事的"人性本能"。[46]儿童动物园建在上野动物园的中心区域，与新建的驯猴馆相邻。这里为初中学生和更小年龄的孩子（以及他们的家长）提供了一系列由低矮的篱笆和饲料架围成的场地。在这里孩子们可以购买饲料来喂食闲逛的各种"温和动物"。儿童动物园意在为新日本创造出新的儿童：和平的，有创造力的，但首要是遵守纪律的，能够支撑一个国家的战后复苏的儿童。

动物幼儿园努力灌输同情心、勤奋、爱好和平以及代表着平和顺从的价值观，而非对军事秩序的服从。这种想法在上野动物园不算新奇——在战前，古贺和其他人就主张类似的价值观对优秀的帝国管理者们的成长来说至关重要。但是，当经济发展取代军事征服成为国民生活的核心任务后，这些主张便被投入一个截然不同的规训任务中，并且还由此得到了更多的关注和制度支持。上野儿童动物园建立在战时象馆的废墟之上——象馆于 1945 年遭到轰炸，看上去就像一个理想化的农庄。这里为客户提供了精心安排的、集中管理的和平世界的场景，宛如一个小小的乌托邦。孩子们在这里安全无虞，且为一成不变的乡村场景的节律所吸引，劳动被美化为娱乐，各种行为也被以道德发展的名义小心规范起来。然而讽刺的是，将童年和政治隔绝开的现代社会诉

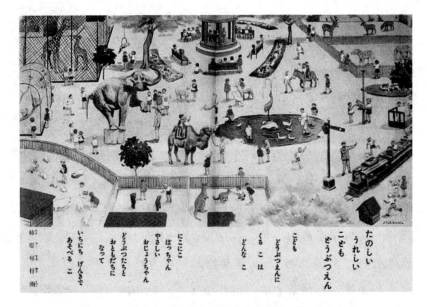

177

図5.2 "有趣和欢乐的儿童动物园"

这幅图是对自1949年以来的儿童动物园的田园牧歌式描绘，该图压缩了儿童动物园和驯猴馆之间的空间，范围就到图片右方的火车信号灯那里。孩子们被鼓励走进围栏，去拥抱那些农场动物、袋鼠甚至熊宝宝（它们正在用奶瓶喝奶）。山羊、兔子和其他家常驯养动物可以自由活动，在这里，栅栏和障碍物这类动物园展览最明显的标志或被移除，或被弱化处理。图片由福禄贝尔馆提供

求，无疑也体现在儿童动物园本身的建立上，但实际上儿童动物园可能是占领期间最意识形态化的空间。

作为"国家未来领导者"的日本孩子的道德品质退化，引起了人们的担忧，古贺特别设计儿童动物园来解决这个问题。[47]在总体战争带来的创伤之中，这个地方明亮、朝气蓬勃的氛围与外部黑暗悲观的焦灼状态形成了鲜明对比。"自'和平日本'成为新日本的明确目标以来，已经有相当一段时间了，"古贺在1948年写道，"但是当我每天读着报纸上所有关于纷争的报道或

178

观察年轻人在动物园的行为举止时，我止不住感觉到实现我们的目标仍然任重道远。"[48]

如同这个年代的许多成年人一样，古贺已经变得对在战争期间发展起来的权威习以为常。他也会对一种错位感作出反应，错位感源自当总体战争的意识形态必要性——要求所有人去适应以国家存亡为名义进行的变革——被从社会景观中剥离时，而这种社会景观已经被同样的战时政策根本性地改造。正如索尼娅·O.罗斯（Sonya O. Rose）指出的："战争，特别是总体战争，空前地改造了日常的每一天。"她于是声称："战争的解放潜能威胁着这个国家被认为代表着的非凡的共同体本身。"[49]由此造成的道德恐慌，发展成为体现在公共话语和政策制定过程中的焦虑。这种恐慌在追求重新整合社会的战后世界中普遍存在（尤其以20世纪50年代的美国为代表）。在日本，这种恐慌甚至达到了居高不下的程度，因为国家统治阶层的合法性被战败的事实所削弱，并且不得不向外来占领妥协。"在这样的时代，"古贺在1947年以一种灰心丧气的语调观察道，"这个世界看似除了'恶毒'别无他物。"[50]帝国的消亡和战争的失意对许多人来说是切肤之痛，尤其是对诸如古贺这样的人来说，他们身上的阳刚气质和统治阶层的贵族血统都受到质疑。

古贺有关儿童动物园的文章表明，在他的理解中，道德地对待动物和造就有道德的人类是一个交互过程的两个方面。"我不仅仅希望创造出不会残忍对待动物的人类，"古贺谈及创建上野儿童动物园的决定时说，"而是希望创造出没法残忍对待动物的人类。"[51]在这类声明中，同情和控制握手言和，还被古贺对公

179

共社会的观察赋予了紧迫性："战后国家的道德水平出现整体性退化，尤其是我们的孩子们放荡不羁的本性变得愈发强烈。"[52]

在占领早期，这位园长的文章里到处都是"野孩子"的身影。1947 年，面向日本新成立的美式家校协会（parent-teacher associations, PTA）的家长，古贺写了一篇谈及儿童动物园的短文，说道：

> 十来个（在东京学校就读的）孩子用钢丝钳剪断围栏进入笼子里，意在盗窃几只兔子幼崽或顺走几只机灵的鸽子。这类行为完全是战争结束以来的新现象。这些孩子吊儿郎当，游手好闲，或大声喧哗，或朝动物扔石块，即便有人试图管教他们，他们压根就置之不理。也正是这同一批孩子，他们必须承担起建设一个和平的日本的重任。健康的育儿方式是建设有教养的日本的唯一路径，这种说法也许有些言过其实，但是没有人认为我们应该让这类野孩子放任自流。[53]

在列举完发生在动物园的一长串恶行之后，古贺声称："这类行径我在战前闻所未闻。"尽管有记录显示在 20 世纪二三十年代也曾发生过不计其数的这类违规行为，可是当我们从一个被战争、献祭和饥荒严重摧毁的动物园的角度看过去时，"战争之前"——正如古贺回忆起 1943 年大屠杀之前的日子，简直就是黄金时代。在他笔下，即使是 1941 年和 1942 年，也都是"高涨情绪"和"民众道德"均处于良好秩序的时代。受到占领早期的不确定性的威胁，古贺对帝国的高光时代充满了乡愁式的怀旧情绪。[54]

然而，古贺还是努力应对这种挑战。他告诉PTA："儿童动物园的管理相当困难。""实际上，我们在将动物们放出来和孩子们一起玩的同时，也把孩子和动物一起放到展览中。当孩子们置身展览中时，他们被要求去照顾动物并把动物当作宠物一样来'爱抚'（愛撫したりさせる）。"古贺对使役动词"させる"的使用是相当有力的：这类亲密接触需要小心的舞台化指导。他声称，"一个相当了解动物也能理解孩子的特别娴熟的导师"不可或缺，"认为儿童动物园的最终成败与否系于这样一个人身上，并非言过其实"。孩子们既不可以被单独留在展览场景中，也不可以只有父母在身边作陪。在占领期的上野动物园，这些护理员"导师"由清一色的男性组成，通常由动物园临近退休的颇具长者风范的饲养员充任。他们身着美式风格的工作服罩衣，性情温和，传递着强烈的让人安心的信息。[55]

在这个精心构筑的田园诗一般的农庄场景中，有小牛犊、驴、兔子、猴子、松鼠、山羊、绵羊、猪、袋鼠、小鸡或鸭崽、鹦鹉、小雏鸟和金鱼。古贺也写下他的愿望，这里还应该包括小熊崽或其他类似的"温驯的动物幼崽"。仿佛激活了《圣经》中关于天国的梦想一样，在那里"狮子和绵羊躺作一处"，助理园长福田特别喜欢一并展示捕食动物的幼崽（如狮子、老虎和熊的）和它们的猎物。[56]

在这个有趣的动物展中，所有动物的选择都是根据其温顺程度和脆弱程度来定的。管理者们对孩子和动物安全的关注在情理之中，但是他们也关注由此推进的道德教化。古贺告诉PTA，当被托付照顾一只脆弱的小动物时，孩子们会表现出两种截然不同

180

的反应。他继续说道，"他们会爱抚它，或者会折磨它"，这些行为都是先天情感的呈现，但是"我们有责任去尽全力呵护孩子内心深处的同情心并抑制住恶意"。[57] 儿童动物园的目标在于"慢慢地、一点点地去呵护对弱者的同情心，而这是当今世界极端欠缺的品质"。[58]

占领期日本的大象狂热

日本的下一代成为战后上野动物园不计其数的各种运作的重点关注对象，尤其是在他们成为更宽泛的公共空间的重要行动者之后。作为一个"为孩子而设的绿洲"，上野动物园成为青少年政治行动的焦点所在，尽管并不总是会以古贺希望的方式。1948年3月，就在动物园员工参与一场在多个城市同步进行的大罢工时，孩子们也成功地领导了一场反劳动抗议行动。"而今，在上野动物园，栅栏的作用是把人们拦在外面而不是把动物关在里面。"风格相对保守的《读卖新闻》如是报道。"上百名愤怒的孩子和大人爬上动物园紧闭的大门，成群结队下到地面，只有动物园的饲养员在驱赶他们。这些孩子被追得满地跑，看上去非常开心，一只马六甲的金刚鹦鹉在一旁不停地唱着'哈哈哈，罢工，罢工'。"[59] 古贺毫无疑问视这些孩子为"野孩子"，但是他们得偿所愿：上野动物园在第二天免费向公众开放。

这只让人难以置信的滔滔不绝的鹦鹉让《读卖新闻》的读者捧腹大笑，同时也将抗议行为消解成为那天发生的重大事件的一个有趣花絮，但是古贺和他的团队们却在孩子们的能量中看到了机会，他们努力将孩子们引入动物园的建设服务中。事实上，在盟军占领期间，由孩子们主导的最让人印象深刻的一场有组织的政治行动，也就在"动物园入侵"事件发生几周之后，在古贺的授意之下发展起来。在 1948 年晚期和 1949 年早期，成千上万的日本孩子在一系列可以称为"大象狂热"的行动中走上街头。孩子们的目标非常简单——将大象还给上野动物园，但是当媒体把他们的努力描述为一种非政治性的自发"狂热"时——既非革命性的也非反动的，他们的行动为上野动物园团队提供了一个绝佳的借口，即把孩子们追求"真正活生生的象"的决心当作杠杆，抗衡 SCAP 妨碍动物园自身行动权利的政策。

正如我们将会看到的那样，大象狂热的最初发动源于古贺想让大象回归上野动物园的尝试的失败。经过日本三家主要的日报机构《朝日新闻》《每日新闻》《读卖新闻》竞相争夺独家赞助权事件的发酵，同时也为成千上万充满渴望的孩子所追随，这位动物园园长通过大象回归来消除人们对动物园大屠杀事件的惯有恐惧的努力，一举发展成为占领期参与人数最多的文化外交行动之一。到 1949 年 10 月，大象狂热将日本首相吉田茂、印度总理贾瓦哈拉尔·尼赫鲁、泰国总理銮披汶·颂堪（Plaek Pibulsongkram）元帅、一群 SCAP 官员，以及各大公司和国家铁路服务部门都卷入进来。在全球殖民地独立运动风起云涌和局部地区骚乱正水深火热之际，这些多元群体在两头大型厚皮动物的周围聚集起来，一头是英迪拉（Indira），它被尼赫鲁当作"送给日本孩子的礼物"，另一头是 Gajah［很快就改名为"花子"

182

285

（Hanako）]，由銮披汶·颂堪以泰国童子军的名义提供，名义上也是送给东京的孩子。

在"英迪拉"和"花子"抵达日本之际，全日本先前拥有的大象中只有两头存活下来：一对退役的马戏团表演大象，就在东京东南方向 220 英里开外的名古屋东山动物园。在那里，动物园园长北尾荣一（Kitāo Eiichi）成功地抵制了战时的"清盘"命令。[60] 在刚刚回到上野动物园后不久，古贺曾试图说服北尾，用上野动物园的长颈鹿来交换两头大象中的一头。北尾以他们和大象有"深深的情感联系"为理由拒绝了。尽管这种拒绝无疑有现实考虑的一面——大象是东山动物园经济捉襟见肘的时代最具吸引力的动物，但也是基于对动物行为的细致观察。[61] 1946 年北尾和他的团队曾试图将这对大象分开。结果两头大象野性大发，它们惊恐万分并设法重聚，在此过程中，它们推倒了象舍的墙并弄伤了自己。北尾不无伤感地总结称，这对大象既因为战争，也因为另两头没能活过 1945 年、失去没多久的大象伙伴，深受精神创伤的困扰。北尾的逻辑为生物学家乔伊斯·普尔近来对野生大象复杂的哀悼仪式的田野观察所证实。事实上这对大象很可能就处于遭受精神创伤并在哀悼中的状态。[62]

大象既是复杂的社会动物——"真正活生生的象"，也是一种象征符号，这种认知会有助于解释战后日本的大象狂热。

作为鲜活生物的大象，当得起人们认为它们代表的理念或情感，其中的动力，不同于动员孩子们服务于特定议程、依靠和童年意义相关的感性理念来界定的那种动力。不仅仅是因为在战争期间，上野动物园的大象作为忠诚的无辜受害者代表国家蒙难（它们命中注定会成为战后日本人现成的代言人，因为后者希望将自己视为战争的无辜受害者），它们也是非常聪明且情感复杂的哺乳动物，其生理特征和社会属性都引发了人们的好奇心和情感依附。这正如格雷格·米特曼的研究所指出的，当人们面对这些大型哺乳动物时，其实压根做不到保持客观。它们是绝对的"魅力型大家伙"，这种外在魅力能够有助于产生一种逃避现实的共情——对这种动物的情感世界的想象性支配，这使得它们成为逃离这个国家有毒的帝国往昔的再合适不过的寄托。[63]"即使对一些像我这样不再信任人类的人来说，"一位带着战争创伤的愤世嫉俗的饲养员写道，"我也能将自己的情感倾注到这些动物身上。"[64]

　　自然历史催化了这一历史事件，在战后日本激起了一股日渐强大的对大象的公众迷恋。东京的孩子通过新闻报道了解到古贺没能获得名古屋的大象时，他们马上就发出"需要"一头大象的声明。在首都各大主要日报编辑的催促下，孩子们参与了由这些报纸发起的一系列写信运动，这些运动是各大报纸激烈地争夺战后市场份额的重要组成部分。表达对大象缺席的悲哀和不满的卡片和留言开始雪片般抵达动物园、都知事办公室以及媒体。这又推动媒体转向印度和泰国的外交使节进行游说努力，一方面希冀重建日本与它们的国际关系，同时也是利用这些动物的魅力和孩子们的声音来为报纸赢得更多市场份额。在一些人看来，大象的缺席成为"儿童不公"的一种形式，而古贺（他将孩子们的愿望当作争取预算的手段）表明上野动物园的财力有限，不足以负担喂养一头大象的开支，此举更是为这种狂热火上浇油。

183

"我热爱动物园。"年少的近藤光一（Kondō Kōichi）在给《每日新闻》的一封信里写道，当时大象和狮子还没有回到动物园。"在战争之前，"他继续写道，"当我们还生活在东京的时候，我的父亲常常带我去参观上野动物园，但是当我在最近的一次校园活动中来到动物园时，我非常失望，因为那里既没有大象也没有狮子。我的小妹妹今年就满9岁了，她甚至都不记得我们一起参观动物园时（战争期间）有大象或狮子这回事，因为她太小了。当我给她看一张大象的图片并且告诉她，大象比牛还要大时，她说她没法相信。"近藤在信的结尾呼吁所有的东京市民每人送"一小点钱"给古贺园长，这样上野动物园就能负担得起养一头大象的费用。"我要捐出爸爸给我的零花钱，因为我的小妹妹想要看见一头真正的大象。"[65]

在这些来信的鼓舞下，同时也在古贺的鞭策下——因为古贺提出只要能够找到经费，同时 SCAP 对动物进口的限制能够有所松动的话，他会很乐意看到大象重归上野动物园，台东区儿童议会决定解决这个问题。该组织由上野公园和上野动物园所在地区的东京孩子组成，成立于战后，是 SCAP 试图在日本孩子的纯洁天性中深植民主精神的措施之一。类似的组织（和上文提到的家校协会一道）在日本四处成立，其作用发挥和持续时间的长短也都各不相同。

184　台东区儿童议会由来自这一街区所有小学的学生代表组成，把让大象重返上野动物园列为自身的特殊使命。这个目标也与成人的法人团体和机构的议程和节应拍，它也详细阐明了这些孩子的社会行动领域是如何被更宽泛的文化所制约而非界定的。儿童议会不仅仅是成年人的传声筒。它的成员为古贺和其他认可的人所激励，在他们的事业追求中投入了大量热情和创造力。他们在5月上旬发表了一份正式的公开声明，请求将名古屋那对大象中的一头运送到上野动物园。[66]

这份写给"名古屋的孩子们"的声明表达了东京孩子"想要看到一头货真价实的活的大象"的"热切愿望"。[67]这份正式的宣言恳请"我们的朋友，名古屋的孩子们，听到我们（东京）孩子们的心声"并"尽快让我们梦想成真，答应借给我们一头大象展示给东京欢呼雀跃的孩子们"。[68]嫉妒、对真实体验的寻求、对特定主体性的确认，以及被听到的权利——所有这些围绕在一头"真正活生生的象"周围的东西，在这份声明中交织为一体。这份声明，由台东区的两位儿童代表原田直子（Harada Naoko）和大畑俊树（Ōhata Toshiki），一个女孩和一个男孩，乘坐夜间火车送往名古屋。

第二天早上5点55分，原田和大畑在随行成人的陪伴下走出火车站，他们径直前往名古屋市政厅正在召集的名古屋儿童议会特别召集会现场。这是为SCAP所批准的一个组织机构，体现了日本人在美国人安排的新殖民体系下对自治权的精明追求。无论是这些孩子还是他们的成人赞助者们，都卷入一个微妙但又有趣的即兴政治表演中。这种表演在谨慎地抵制美国霸权和工于算计的顺从之间保持着平衡。[69]在追求一个被认为与成人政治脱离的目标的过程中，他们变通了规则。这是因为有孩子的在场——在战后感伤主义文化中，这些孩子因不谙世事而人畜无害——而生成的政治，这种政治又为动物园所发动。而动物园，则被古贺称作

"一个绝大多数人认为与真实社会无涉的地方"。[70] 进入大楼后，原田和大畑将他们的请愿书递交给聚在一起的一群孩子，但是他们只看到了运作中的议会民主：名古屋儿童议会最终未能作出决定，也许这就是存心的。

185　　回到东京后，台东的代表尽管很沮丧但也不轻易言败。原田和大畑也许是战后最早向日本国会提交请愿书的小孩。在返回东京三天之后，这两个孩子带着他们的请愿书来到国会大厦，在那里，他们将请愿书递呈给松平恒雄（Matsudaira Tsuneo, 1877—1949），新成立的日本国会参议院初任参议长，曾任驻英大使和驻美大使，也是昭和天皇皇弟秩父亲王的岳父，整个战争期间的宫内省的长官。松平接受了这份经过修订的，请求国会允许进口一头大象以供上野动物园展览使用的请愿书。这类行动超出松平或政府的能力所及，因为在 1949 年 SCAP 仍然控制着外交和贸易，但是这位参议长也承诺会为孩子们全力以赴。我们不太清楚松平是否真的有为台东孩子的权益采取行动，因为事件发生了始料不及的反转：大批日本孩子涌入了名古屋进行大象朝圣之旅。[71]

尽管孩子们想要"借"一头大象的努力以失败告终。但是台东儿童议会的请愿书确实送到了名古屋市长那里。这位市长有一个吉利的名字，冢本佐（Tsukumoto Zō, 1889—1952，日语中的"佐"与"大象"同音），他也加入古贺和北尾的行列，游说 SCAP 的官员们允许东京孩子到名古屋东山动物园看大象。他们合乎逻辑地说道，如果大象不能被带到孩子们这里，那就把孩子们送到大象那里去。

在接下来的几个月间，五万名来自东京和全国各地的孩子登上发往名古屋的"大象列车"（Zō ressha）。"大象机车"（Erefuantō-go）甚至成为热卖的儿童书的主题，它由15辆汽车大小的特殊厢体连缀而成，并得到日本旅行署（JTB）和《每日新闻》的赞助。正是《每日新闻》刊发了少年近藤为妹妹发出的请求。首班大象列车将1 000多名孩子送到了名古屋，他们中绝大多数来自东京城市中心地带的下町区，也是台东的所在地。名古屋当地为他们特别准备了热情洋溢的欢迎仪式。这趟旅行是如此受欢迎，以至日本国家铁路局增开了另外一条"大象列车"专线，从大阪前往名古屋。[72]

大象外交官

　　英迪拉和花子就是在这种背景下来到上野的。被孩子们的宣传攻势弄得不知所措的SCAP官员为上野动物园进口大象提供了特别许可，泰国和印度的代表团则做好准备送出大象。当1949年9月4日泰国的大象到达动物园时，孩子们在铁轨两旁夹道欢迎。9月10日，一场正式的"命名仪式"举办，这头来自泰国的大象被重新命名为花子。但相比而言，还是作为"来自印度孩子的友情和美好祝福的信使"的英迪拉得到人们更多的关注。这头15岁的印度象比年长它两岁的花子明显体型大出很多。安排这份礼物的印度使馆工作人员与《朝日新闻》——这份礼物的居间经纪人——很好地调动起公众的兴趣。

　　在印度一次全国范围的广播中，尼赫鲁宣布这份礼物是对一个被西方势力不屑一顾的亚洲伙伴国家的慷慨赠与，他将这头大象描绘为印度的国家吉祥物。[73]"大象在印度是一种倍受人们喜爱的高贵动物，印度动物的代表，"他在一封由英迪拉带来的附信中写道，"它智慧且耐心，强壮却温和。"据尼赫鲁说，这头特别的象从小便被带出迈索尔邦的丛林，它被选中部分是因为它被训练得很好，部分是因为它呈现出了"所有吉祥的征兆"，其中最值得注意的是它每只脚各有四个趾甲，所有这些不同寻常的特征将这头动物与佛教相关的瑞象联系起来，暗示了一种将两国连接起来的文化纽带。[74]

尼赫鲁，这位不结盟运动的发起人之一，满心希望未来日本能在这种运动中发挥作用，在给日本孩子的信中，他将这次捐赠与一种和平主义和泛亚主义的混合相提并论。"全世界的孩子在很多方面彼此相像，"尼赫鲁写道，"但是当他们长大成人后，他们开始变得不同，很不幸的是他们会时不时争吵。我们必须终结这些孩子长大成人后彼此间的争端，并且我希望当印度的孩子和日本的孩子长大以后，他们不仅为各自伟大的国家服务，还将视全亚洲乃至全世界的和平与合作为自己的事业。"[75]尼赫鲁的信件被制作成为系列纪念明信片，放大后放在上野的大象新馆旁展出。这封信试图通过动物礼物这个媒介来复兴为美国干涉所威胁的亚洲内部的联系。这头大象，作为儿童之间沟通的桥梁，而不是正式外交的表达，被建构为成年人在一个告别战争的时代里，呵护"童年"的共同努力之一，但这又区别于成年人关注的其他事情。尼赫鲁代表印度的孩子向日本孩子们发声，通过他们来将这种交易转换为一种不那么正式的备忘录。"你们应该将这头大

187

象视作一个礼物，不过不是来自我，而是来自印度孩子，这是印度孩子送给日本孩子的礼物。"尼赫鲁写道。这位总理给这份礼物添加了一点个人印记，那就是以他唯一的女儿的名字来命名这头大象，即未来的另一位印度首相：英迪拉·尼赫鲁·甘地。[76]

这头大象的到来让后来成为日本动物园与水族馆协会主席的吉田茂首相喜出望外。他陶醉于英迪拉带来的外交喜悦中。在10月1日这天，他参加了被东京都知事安井诚一郎（Yasui Seiichiro）戏称为"英迪拉娘赠呈式"的仪式，一个专为这头大象准备的亮相盛典。作为对动物园大屠杀事件的高调回应，这场仪式场面盛大无比，让战时举行的那场仪式相形见绌。[77]来自60多所东京小学的儿童代表和其他四万多人挤进动物园参与仪式。在1943年慰灵祭仪式中的祭坛前堆放一堆堆食物的地方，吉田首相微笑着站在摄影师面前，按照预先的设计给15岁的英迪拉喂了一根香蕉。当原田直子，这位台东区的儿童代表发表正式演讲时，人群中更是爆发出阵阵热烈的掌声。[78]

到盟军占领期结束的1952年，仅在上野动物园，英迪拉和花子就接待了超过一千万观众（还有好几百万人通过照片看到它们）。它们对大众的吸引力是如此惊人，以至于《朝日新闻》和《每日新闻》两份报纸竞相要与东京市合作举办"旅行动物园"活动，将大象带给"那些强烈渴望看到大象的日本各地的孩子们"。[79]最终，《朝日新闻》，也就是英迪拉运送事宜最初的赞助者，被东京都官员选中。在1950年春天，英迪拉和其他精心选出的动物、动物标本以及改良的猴戏团一道开启了在18个地区性城市的巡回展览之旅。这趟旅行从北方的北海道开始，在那里展览受到了身着传统服饰的阿伊努人的欢迎，再到东京北部的水户。动物标本包含了 Ali 和 Katarina 这两头在 1943 年战时献祭文化中被牺牲的狮子。Katarina 的标本被摆成让"兽皮上的孔不那么明显"的姿势。[80] 被鼓吹为和平使者的英迪拉的到来坐实了一种日渐强烈的感受，即日本已经从战争中"恢复"过来了。用一位地方官员的评价来说，英迪拉是一个"通过愉快的娱乐放松和实用的动物教育来安抚孩子"的有用媒介。对其他人来说，她还是别的某种过渡对象，能够将动物园大屠杀留下的精神创伤从战后的当下驱回战时的既往岁月。"当我看到那头象时，"助理园长福田三郎在他下令饿死英迪拉的"前辈"很久之后回忆道，"我就知道和平终归是来到动物园了。"[81]

小结

在上野动物园，当一位身着传统商务西服、打着领带的中年男子，伸出手握住 8 岁大的苏西（Suzie）的手时，相机快门的声音顿时在周围聚作一堆的记者群中咔嚓响起。媒体为这样一个拍摄机会已经等待了整整一天，当这一幕洗成相片时，所有人都有一种如释重负的感觉。摄影师们停止抱怨工作人员没有在苏西从握手中抽身回来时给他们留出好的拍照机会。他们都抢拍到了珍贵的画面。第二天一早，也就是 1956 年 4 月 21 日，多家报纸都刊发了这张照片。这张影像捕捉到了一个不期而遇的瞬间。苏西，一个经常伸手要硬币去附近小卖部买糖果的魅力无穷的小家伙，骑着她的自行车来到中年男子面前，伸出手，掌心向上，一如她通常的索要方式。她被打扮得像个洋娃娃，戴着和衬衫配套的软帽，穿着格子花呢短裙，面前这个被她的坦诚和开放消除了戒备心的男子误解了她的手势，按照他之前被告知的行事方式，伸出手来和她握手。苏西将他的手翻过来往里面找硬币。一无所获之后，她回报给他一个露齿的笑容。当她还抓着他的手指头的时候，他无声地笑了起来，也许是被这出人意料的遭遇所逗乐，也许多少是为苏西一英尺长的犬齿弄得有些迷惑。[82]

苏西是上野动物园大名鼎鼎的会骑自行车的猩猩。这种倭黑猩猩的上颌犬齿能够长到具有恐吓性的长度，但是苏西不具有任何威胁性。她是一只情感丰富的小动物，有无可挑剔的餐桌礼仪（她能够使用汤勺和筷子），唯一的缺点是爱吃甜食，她还会往茶里放糖。这只友好的猩猩很有可能是要做一个立定后空翻来得到糖果奖励，而不是去威胁这个站在古贺园长旁边的男子，古贺太了解这只小猩猩了——他是平时给她硬币的那个人。如果他认为她有危险的话，根本就不可能让她如此接近。这个站在他旁边的男子地位非常重要。

在那个中午和这只猩猩握手的绅士就是裕仁，日本国的昭和 189
天皇。正是天皇和猩猩的面对面才会让聚集的人群大喜过望。

天皇和苏西那天都是在表演：猩猩是想要挣点小钱去附近的小卖部买巧克力；天皇则努力在美国占领结束之后扩大自己的公众影响。[83] 他们成为一对古怪的组合。他是日本文明的体现，一个为 SCAP 出于稳定这个战败国的考虑而保留下来的象征。[84]而她则被训练来模仿文明；当她没能认识到天皇并非仅仅是一个身着西服套装的普通男人时，她表现出了动物的局限。但是这对组合也分享着特定的身份，他们分别占据灵长类动物谱系的两端，二者都在何以为人的常规定义之中，也都在这个常规定义之外。作为日本国的昭和天皇，裕仁在他生命的前 46 年被依法认定为神的后代，直到由美国主导修改并于 1946 年生效的日本国宪法将他重新定义为人，是"日本国和日本国民整体的象征"。在某种意义上，裕仁和苏西都在学习如何成为人类。二者都是活生生的象征物。[85]

尽管这次和苏西的会面没有经过提前准备——这提醒我们动物也能够影响事件的进程，但这次遭遇在某种意义上说是有意为之的。裕仁有意应用了生态现代性的动力学，将动物与人类并置，以追求更有人情味的战后形象。在某种意义上，他回归到乔治·比戈 1887 年漫画作品的作用机制中，第一章中对此已有相关讨论。但是此前比戈的用意只在于嘲弄日本的精英阶层，这些精英阶层在镜子前的精心修饰揭示了他们只不过是模仿文明的猴子而已。裕仁则动用这个国家的大众媒体以一种全新的角度来展示自己。当他拜访动物园时，他就与日本民众站到一起，展示出人性化关怀圈养动物的假象。在 20 世纪四五十年代，在电视发明之前，参观动物园是风靡一时的事，那个时候上野动物园每年的游客数量持续攀升到 350 万人，全国范围内的动物园数量也出现新一轮增长。这类相遇强化了裕仁自身对人性的宣称，这就是在 1946 年电台广播里人尽皆知的"人性宣言"。

裕仁非常熟悉帝国时期的上野动物园。当他还是孩子的时候就喜欢各种或出于私人事务或出于公事的造访。他也清楚，战前动物园里不计其数的动物名义上都归他所有。当然，这个机构因为他还保持着与先前帝国的正式联系，表现为"恩赐"这个词（上野动物园的全称是"东京都上野恩赐动物园"），这是上野动物园作为一份帝国礼物的标签，当时是裕仁新婚的纪念大礼。但是在他 1956 年重新步入这里时，立刻觉得这里既非常熟悉又非常陌生。尽管上野动物园的基本格局保持原样不动，但是这里的政策已经发生了天翻地覆的改变。上野动物园一度自称代表着从库页岛到苏门答腊岛的庞大生态帝国，而今发展成为一个套用美国模式的主题公园空间。即使是苏西这只讨人喜爱的猩猩也代表了一种新的地缘政治。尽管她所属的物种起源于非洲，但是她却出生在美国，在美国被训练为马戏团演员，并在 1951 年和她的伙伴 Bill 一起被带到日本。

生态现代性的人性化动力居于重新定义天皇，因而也是重新定义这个意义独特之国的更宽泛运动的核心地带。在 SCAP 的安排下，裕仁的形象从一个冷酷无情的军事领导者——在 1942年的日比谷阅兵场骑在通体雪白的纯种马白雪身上，转变成一个颇具长者风范的、标榜自己对自然世界的兴趣的生物学家。实际上，在 1946 年后，日本国民就被告知，那个马背上高高在上的统领，其实不是"真正的昭和天皇"，用《读卖新闻》记者小野升的话来说，那个天皇是一个为"老旧军事集团"臆造出来的"不合时宜的时代错误"。[86]

小野备受欢迎的一本书《天皇的素颜》（*Tennō no sugao*），是努力将裕仁重塑为一个"科学家"或"生物学家"的发端之一。书最前面一行文字设定了全书的主旨所在：裕仁首先是一个人，

190

191

图 5.3　当苏西遇到天皇

昭和天皇裕仁微笑着看着猩猩苏西，摄于 1956 年。图片蒙东京动物园协会提供

他既和民众在一起但又区别于他们。"由于我既不饮酒又不抽烟，"在小野的一次"即兴采访"中，这位天皇说，"对我来说，唯一的兴趣就是生物观察。"小野回溯了这位天皇直至战前青年时代的"漫长的科学探究历史"。天皇声称只有军事官员发出要求时，他才将自己的兴趣放在一边，这些官员敦促他避免这类"人间的俗务"，因为这些活动会有损他在人群中的"神圣感"。如同那些以他名义而战的人一样，天皇也为这些军事官员所愚弄。"而今当我们在回顾这类观念时，"小野强调，"它们明显都是满纸废话。"[87]

这位"生物学家天皇"——如同小野对他的称呼一样，为他与生命世界相遇的经历所造就。摄影师展示了天皇正通过显微镜观察水蛭的珍贵一幕，那是占用他太多学术研究时间的生物。在这些年里，他发表了不少于18篇的论文和研究报告，并加入在日本由来已久的"绅士科学家"队列，这是一个知识分子的联盟，而这又将他与为田中芳男、伊藤圭介等德川幕府时期的自然历史学家，尤其是受过这些19世纪的专业人士训导的封建领主们所开创的世界联系起来。那个世界源自好奇心和休闲的状态，而非出于利益考虑抑或寻求知识的功用。当一个人阅读完多部描述天皇研究事业的圣徒式传记后，会清楚地发现，照这些传记的说法，他所做的工作是致力于照亮作为最高统治者的内在生命，而非服务于以他名义进行的军事和工业化进程。在这个意义上，裕仁撤回到于1926年在皇宫内建成的帝国实验室中去了。这种退却有点类似于古代"修道院里的国王"式的退隐，统治者们退回到佛教寺院中去，这是一种象征意义上的（有时也是发自内心的）与世隔绝，为的是更好地理解他人。然而，昭和天皇对科学的投入，如同保护儿童或展览动物一样，标志着他公开放弃了政治，而此举本身又是高度政治化的。在这个案例中，帝国向自然的隐退，如同盟军占领下的动物园景观文化一样，也是一种强化事物的新秩序的努力，其途径是以戏剧化的方式从中抽离出来，再进入一个无辜的、委实孩子气式的、充满好奇和想象的世界中。[88]

192

注释

[1] 小森厚：「バンビ：復員と別れて上野へ」，收入『動物と動物園』，1951 年 7 月 1 日，第 4—5 頁。关于动物园迪士尼化的更进一步例子，参见古賀忠道『動物園新版小学生全集』，東京：筑摩書房，1952。

[2] 山本嘉次郎（Yamamoto kajirō）等指导：『馬』，東京：東映株式会社，1941。

[3] 马特·卡特米尔（Matt Cartmill）：《斑比综合征》（"The Bambi Syndrome"），收入《早晨的死亡一瞥：贯穿历史的狩猎和自然》（*A View to a Death in the Morning: Hunting and Nature Through History*），麻省剑桥：哈佛大学出版社，1996 年，第 161—171 页。

[4] 维多利亚·德·格拉齐亚（Victoria De Grazia）：《所向披靡的帝国：美国向 20 世纪欧洲的挺进》（*Irresistible Empire: America's Advance through Twentieth-century Europe*），麻省剑桥：贝尔纳普出版社，2005 年。安德鲁·戈登：《跨战争日本的消费、休闲和中产阶级》（"Consumption, Leisure and the Middle Class in Transwar Japan"），收入《日本社会科学月刊》（*Social Science Japan Journal*），10, no. 1（2007 年春季）：1—21。

[5] 安妮·艾莉森（Anne Allison）：《魔法商品》（"Enchanted Commodities"），收入《千禧年怪物：日本玩具与全球想象》（*Millennial Monsters: Japanese Toys and the Global Imagination*），伯克利：加利福尼亚大学出版社，1996 年，第 1—34 页。

[6] 关于迪士尼在日本的历史，参见桂英史（Eishi Katsura）『東京ディズニーランドの神話学』，東京：青弓社，1999。

[7] 感谢格雷格·惠勒（Greg Wheeler）为我指出了这处引证，参见约翰·道尔的《拥抱战败：第二次世界大战后的日本》（*Embracing Defeat: Japan in the Wake of World War II*），纽约：诺顿，1999 年，第 551、556 页。

[8] 格雷格·米特曼：《趔趄自然：电影中的美国野生动物罗曼史》，麻省剑桥：哈佛大学出版社，1999 年，第 111 页；詹妮弗·普赖斯（Jennifer Price）：《飞行地图：现代美国的自然冒险》（*Flight Maps: Adventures with Nature in Modern*

America），1999 年；莉萨·麦吉尔（Lisa McGirr）：《郊野斗士：新美国右翼的起源》（*Suburban Warriors: The Origins of the New American Right*），普林斯顿：普林斯顿大学出版社，2001 年；伊莱恩·泰勒·梅（Elaine Tyler May）：《回归家庭：冷战期间的美国家庭》（*Homeward Bound: American Families in the Cold War Era*），纽约：基础图书，1988 年。关于美国理念化的荒野以及它让人迷惑的变形，参见威廉·克罗农的《荒野困惑；或者，回归颠倒自然》（"The Trouble with Wilderness; or, Getting Back to the Wrong Nature"），收入威廉·克罗农编《陌生之境：面向自然再造》（*Uncommon Ground: Toward Reinventing Nature*），纽约：诺顿，1995 年，第 69—90 页。

[9] 关于这种现象的例子，参见八杉竜一（Yasugi Ryūichi）『動物の子どもたち』，東京：光文社，1951，特别是「子どもの世界」，第 13—15 頁；八杉竜一「人間はほかの生き物と動向が違うか？」，收入『動物の子どもたち』，東京：光文社，1951，第 135—154 頁。

[10] 关于动物园作为未来象征的引用，参见巴比亚（C. S. Babia）『日本の将来』，東京：日本懇親会，1952。

[11] 古賀忠道：「動物園の近況」，『旅』，1949 年 5 月，第 182 頁。再版于古賀忠道『動物と動物園』，東京：角川書店，1951。

[12] 古賀忠道：「計画書」，来自东京动物园协会对 GHQ 的官方回应，1948 年 10 月。

[13] 正如斯蒂芬·田中指出的，在"童年"（作为通常意味着天真无邪的某种再现的分类）和"孩子"（作为个体）之间存在着差别。斯蒂芬·田中：《童年》（"Childhood"），收入《现代日本新纪元》（*New Times in Modern Japan*），普林斯顿：普林斯顿大学出版社，2004 年，第 179—181 页。关于景观和逃逸，参见迈克尔·索金的《迪士尼见》，收入《主题公园的多样性：新美国城市以及公共空间的终结》（*Variations on a Theme Park: The New American City and the End of Public Space*），纽约：希尔和王，1992 年。

[14] 我们会更准确地称这个过程为"去帝国化"（de-imperialization），正如我在上文所做的。但是这里我选择使用更熟悉的术语"去殖民化"（decolonization），作为对 1945 年后日本后帝国时期变迁的复杂动力学的解释。这种选择基于两个特殊原因：其一，"去殖民化"使得我们保有一种国际视角，以免陷入以国家为中心的历史惯性中去。正如我在这部分后续内容中指出的，迫于美国人命令的日本"去殖民化"是区域进程的组成部分。进一步而言，这一过程从未完成。战后的日本和日本人保持着在海外扩张时代发展起来的模式和动力。其二，"去殖民化"适合这一事实，即就天皇还保持着无可指责的地位的意义而言，日本在战争之后还有着帝国的遗留。这归结为美国对帝国整体机制的干预以及裕仁的特殊性。关于"去殖民化"和"去帝国化"之间的区别与联系，参见陈光兴（Kuan-Hsing Chen）的《去帝国：亚洲作为方法》（*Asia as Method: Toward Deimperialization*），达勒姆：杜克大学出版社，2010 年，尤其是其中《去帝国：51 俱乐部与以帝国主义为前提的民主运动》（Deimperialization: Club 51 and the Imperialist Assumption of Democracy）一章，第 161—210 页。

[15] 华乐瑞：《当帝国回到家：战后日本的遣返与重整》（*When Empire Comes Home: Repatriation and Reintegration in Postwar Japan*），麻省剑桥：哈佛大学亚洲中心，2009 年。

[16] 克里斯滕·罗斯（Kristen Ross）在战后法国研究中也发现了相关过程，他令人信服地指出，尽管在绝大多数报道中，现代化和去殖民化是不相干的，但是从战争结束后的法国来看，二者其实有着深度关联；参见克里斯滕·罗斯的《飚车，洁净：去殖民化和法国文化的重组》（*Fast Cars, Clean Bodies: Decolonization and the Reordering of French Culture*），麻省剑桥：麻省理工学院出版社，1995 年。

[17] 古賀忠道：『動物園の近況』，第 184 页。

[18] 华乐瑞：《当帝国回到家》，第 4 页。

[19] 盟军官方在 1945 年和 1946 年深入地评估了这个国家的文化资源。参见二战盟军作战和占领司令部，盟军最高统帅，国家信息与教育部宗教与文化资源部、艺术与历史遗迹分部《动物园、植物园，以及水族馆》，东京：国家档案馆，1946。

[20] 古賀忠道：『世界の動物園めぐり』，東京：日本児童文庫刊行会，1957。也可参见中川志郎（Nakagawa Shirō）『動物たちの昭和史』，vol. 1，東京：太陽企画，1989，尤其第 16—17 页。

[21] 约翰·道尔：《拥抱战败》。

[22] 古賀忠道：「戦後の戦争と動物園」，『旅』，1947 年 6 月。再印于古賀忠道『動物と動物園』，第 206 页。

[23] 古賀忠道：「動物園の復興」，『文藝春秋』，27，no. 3（1949 年 3 月 1 日）：7。

[24] 米特曼：《趋超自然》。也可参见瓦尔特·本雅明的《机械复制时代的艺术作品》（"The Work of Art in the Age of Mechanical Reproduction"），收入瓦尔特·本雅明著、汉娜·阿伦特编《启迪》（*Illuminations*），纽约：绍肯图书，1969 年，第 217—253 页；奈杰尔·罗特费尔斯的《再现动物》（*Representing Animals*），布鲁明顿：印第安纳大学出版社，2002 年。

[25] 古賀忠道：『動物園の復興』，第 7 页。

[26] 古賀忠道：『戦後の戦争と動物園』，第 206 页。关于类似的讨论，参见古賀忠道「欧米動物園視察記（四）」，『公園・緑地』，15，no. 1（1953）。

[27] 古賀忠道：『戦後の戦争と動物園』，第 206 页。

[28]『猪之子』，1，no. 1（1948 年 11 月）。

[29] 在 1946 年到 1949 年期间，至少有七种类似的展销会和节庆活动。更详细的内容参见『上野動物園百年史・資料編』，第 678 页。

[30] 关于同时期的身体再现的类似转换的讨论，参见五十岚惠邦的《身体的时代》，收入《记忆之体：战后日本文化的战争叙事，1945—1970》，第 47—72 页。

[31] 关于训猴的历史，参见堀内直哉（Horiuchi Naoya）『お猿電車物語』，東京：橄榄社，1998。

[32] 卡罗尔·格卢克：《当下的过去》，第 93 页；五十岚惠邦：《记忆之体：战后日本文化的战争叙事，1945—1970》，普林斯顿：普林斯顿大学出版社，2000 年，

第 14、19—46 页。

[33] 古賀忠道：『世界の動物園めぐり』。

[34] 同上，第 8—9 页。

[35] 卜水田尧（Akira Mizuta Lippit）：《电子动物：朝向野生动物修辞》（ *Electric Animal: Toward a Rhetoric of Wildlife* ），明尼阿波利斯：明尼苏达大学出版社，2000 年，第 2 页。

[36] 古賀忠道：「動物園はどんな役目を持っているか」，收入『世界の動物園めぐり』，第 8 頁。

[37] 费尔菲尔德·奥斯本：《我们被掠夺的星球》，波士顿：布朗，1948 年。关于这种影响政策制定的观念史的研究，参见马修·詹姆斯·康奈利（Matthew James Connelly）的《致命错觉：控制世界人口的努力》（ *Fatal Misconception: The Struggle to Control World Population* ），麻省剑桥：贝尔纳普出版社，2008 年。

[38] 正如迪士尼电影在战后英裔美国人市场所取得成功所表明的，这种消失自然的话语已经被广泛当作战后全球卷入的冷战时期核政治的广泛共鸣。

[39] 古賀忠道：『世界の動物園めぐり』，第 8、53、127、178 页。

[40] 奥斯本：《我们被掠夺的星球》。

[41] 古賀忠道：『動物園の近況』，第 182—183 頁。关于这个时代的受难和身体，参见五十岚惠邦『身体的时代』，第 47—72 页。

[42] 古賀忠道：「動物園の復興」，第 7 页。关于和鲸类动物相关的法规的历史，参见渡边洋之（Watanabe Hiroyuki）『捕鯨問題の歴史社会学：近現代日本におけるクジラと人間』，東京：東信堂，2006，222 頁。

[43] 古賀忠道：『動物園の近況』，第 182—183 頁；『台東区史，史料編』，東京：東京都台東区役所，1955，1893。

[44] 亨利·休伯特和马塞尔·莫斯：《献祭：本质和功能》；玛丽·道格拉斯（Mary Douglas）：《不存在免费礼物》（"No Free Gifts"），收入《礼物：古式社会中交换的形式与理由》（ *The Gift: The Form and Reason for Exchange in Archaic Societies* ）第二版，纽约：劳特利奇，2005 年，第 ix—xxiii 页。

[45] 感谢川田健关于这一点的讨论。关于机构地位的政治，参见杰西·多纳休（Jesse Donahue）、埃里克·特朗普（Erik Trump）的《动物园政治：外来动物及其保护者》（ *The Politics of Zoos: Exotic Animals and Their Protectors* ），迪卡尔布：北伊利诺伊大学出版社，2006 年。

[46] 古賀忠道：「児童動物園」，PTA，1948 年 5 月。再印于古賀忠道『動物と動物園』，第 199 頁。

[47] 古賀忠道：『戦後の戦争と動物園』，第 209 頁。

[48] 古賀忠道：『児童動物園』，第 198—199 頁。

[49] 索尼娅·O. 罗斯：《文化分析和道德话语：插曲、延续和变形》（"Cultural Analysis and Moral Discourses: Episodes, Continuities, and Transformations"），收入维多利亚·E. 邦内尔（Victoria E. Bonnell）、林恩·埃弗里·亨特（Lynn Avery Hunt）、理查德·别尔纳茨基（Richard Biernacki）编《超越文化转向：社会和文

化研究的新方向》(*Beyond the Cultural Turn: New Directions in the Study of Society and Culture*)，伯克利：加利福尼亚大学出版社，1999年，第217—238页。引用自戴维·理查德·安巴拉斯（David Richard Ambaras）的《坏青年：现代日本的青少年违法行为与日常生活政治》(*Bad Youth: Juvenile Delinquency and the Politics of Everyday Life in Modern Japan*)，伯克利：加利福尼亚大学出版社，2005年，第188页。

[50] 古賀忠道：『児童動物園』，第199頁。

[51] 引用自古賀忠道「人物訪問」，『採集と飼育』，24, no. 5（1962年5月）: 27。重点强调起源。

[52] 古賀忠道：『上野動物園の復興』，第7頁。关于将动物园重建为复兴象征的一个特别详细又充满自觉意识的努力，参见上野动物园『復興まい進中の上野動物園』，手写文件，1946。

[53] 古賀忠道：『児童動物園』，第198—199頁。

[54] 古賀忠道：『戦後の戦争と動物園』，第203—206頁；安巴拉斯：《坏青年》。

[55] 古賀忠道：「児童動物園」，第201頁。也可参见日橋一昭（Nippashi Kazuaki）「児童動物園をめぐって」，『動物園研究』，4, no. 1（2000）: 200。

[56] 古賀忠道：『戦後の戦争と動物園』，第200頁。

[57] 同上，第199頁。

[58] 古賀忠道：『児童動物園』，第201頁。

[59]「'動物'鉄柵を破る一日曜の動物園ストで十万円不意」，『読売新聞』，1948年3月28日，5版。

[60] 清水謙吾（Kiyomizu Kengo）：「生きのびたぞう：戦前・戦中の東山動植物園」，『博物館史研究』，4（1996）: 1-11。

[61] 理查德·W. 伯克哈特：《行为模式：康拉德·劳伦兹、尼科·丁伯根以及生态学的创建》(*Patterns of Behavior: Konrad Lorenz, Niko Tinbergen, and the Founding of Ethology*)，芝加哥：芝加哥大学出版社，2005年；古賀忠道：『動物の愛情』，科学読売編集部編，vol. 116，東京：松本三郎，1959。

[62] 乔伊斯·普尔（Joyce Poole）：《大象时代的来临：一部回忆录》(*Coming of Age with Elephants: A Memoir*)，纽约：海伯利安，1996年；格雷格·米特曼：《厚皮动物个性：科学、政治和保护的中介》("Pachyderm Personalities: The Media of Science, Politics, and Conversation")，收入洛兰·达斯顿和格雷格·米特曼编《思考动物：拟人论的新视角》(*Thinking with Animals: New Perspectives on Anthropomorphism*)，纽约：哥伦比亚大学出版社，2005年，第175—195页。

[63] 乔伊斯·普尔：《大象时代的来临》。也可参见米特曼的《翅趄自然》；埃里克·L. 桑特纳（Eric L. Santner）的《搁浅之物：战后德国的哀悼、记忆与电影》(*Stranded Objects: Mourning, Memory, and Film in Postwar Germany*)，伊萨卡：康奈尔大学出版社，1990年。

[64] 渋谷信吉（Shibuya Shinkichi）：『象の涙』，東京：日芸出版，1972，第41頁。

[65]『東京毎日新聞』，1949年2月27日。也可参见『上野動物園百年史・本編』，

第 241 頁。

[66] 材料有两个来源。一是:『台東區史，史料編』，1893—1902;『台東區史，社會文化編』，東京:東京都台東區役所，1966。二是:『上野動物園百年史・本編』，第 242 頁。

[67] 同上。

[68] 『上野動物園百年史・本編』，第 242 頁。

[69] 詹姆斯・C. 斯科特:《超越言语战争:谨慎抵制与算计性顺从》("Beyond the War of Words: Cautious Resistance and Calculated Conformity")，收入《弱者的武器:农夫反抗的日常形式》(*Weapons of the Weak: Everyday Forms of Peasant Resistance*)，纽黑文:耶鲁大学出版社，1985 年，第 241—303 页。斯科特的观点在很多方面都成为我处理盟军占领期儿童和儿童行动者的框架。

[70] 古賀忠道:『戦後の戦争と動物園』，第 202 頁。

[71] 小森厚:《英迪拉与吉田首相》，收入『もう一つの上野動物園史』，東京:丸善，1997，第 94—98 頁。

[72] 浅野明彦 (Asano Akihiko):『昭和を走った列車物語:鉄道史を彩る十五の名場面』，東京:JTB，2001;鉄道資料研究会:『象は汽車に乗れるか』，東京:JTB，2003。

[73] 「日本の「良い子」たちへ」，『児童新聞』，1949 年 9 月 10 日。对 "吉祥物" (mascot) 的使用，参见「日本の子供たちへおくる言葉」，『動物園新聞』，1949 年 10 月 15 日。

[74] 『上野動物園百年史・本編』，第 245 頁。贾瓦哈拉尔・尼赫鲁:《给日本孩子的信》[回信] ("Message for Japanese Children")，新德里，1949 年。事实上，佛教文化为战时日本和印度两国军队的连接提供了基础。

[75] 『上野動物園百年史・本編』，第 245 頁。尼赫鲁:《给日本孩子的信》。

[76] 同上。

[77] 渋谷信吉:『象の涙』，第 36 頁。

[78] 关于基本信息，参见『上野動物園百年史・資料編』，第 678 頁。关于细节内容的讲述，参见上野動物園:『催し物』，1934。

[79] 『上野動物園百年史・資料編』，第 773 頁。

[80] 同上，第 787 頁。

[81] 引用处可以在上野動物園『催し物文件夹，昭和 24 [根据年份汇集的手写文件夹]』(1949) 找到。

[82] 牙齿的规格，特别是上颌高显的犬齿，是区别人类和黑猩猩的关键身体特征之一。苏西将近一英尺长的犬齿对她这个物种和年龄来说很正常。

[83] 『上野動物園百年史・本編』，第 361—362 頁。

[84] 关于战后天皇的象征意义，参见肯尼思・J. 劳夫 (Kenneth J. Ruoff) 的《民众的天皇:民主制度与日本君主政体》(*The People's Emperor: Democracy and the Japanese Monarchy*)，麻省剑桥:哈佛大学亚洲中心，2003 年;约翰・道尔:《回到人间》("Becoming Human")，收入《拥抱战败》，第 308—318 頁。

[85] www.ndl.go.jp/constitution/e/。随着他在 1946 年 1 月 1 日作出所谓的人性宣称，天皇预示着修改宪法的关键所在。尽管裕仁从来没有在演讲中将自己清楚地界定为"人"，但他的确批评了"天皇是神圣的这个错误观念"。参见约翰·道尔的《回到人间》，收入《拥抱战败》，第 308—318 页。

[86] 小野昇：『天皇の素顔』，東京：近代書房，1946，第 42 頁。莫里斯·洛（Morris Low）提供了《作为科学家的天皇》的讨论，载《展览中的日本：图像与天皇》(*Japan on Display: Photography and the Emperor*)，纽约：劳特利奇，2006 年，第 122—135 页。

[87] 小野昇：『天皇の素顔』，第 40—42 頁。『天皇陛下の生物学ご研究』，東京：国立科学博物館後援会，1989。

[88] 『殿様生物学の系譜』，東京：科学朝日，1991。

第六章
"人类世"的熊猫：
日本的"熊猫热"与生态现代性的局限

"为熊猫利益而战"，

人们常说事物总是结伴，

比如老虎与竹子，

而今摇身变为熊猫与竹子。

这就是，熊猫模式！

这就是，熊猫品牌！

努力去拔取头筹抢注商标。

熊猫，熊猫，为何让我们如此癫狂？

熊猫，熊猫，熊猫幼种。

噢噢，这就是日本熊猫（Japanda）！

—— 井上厦（Inoue Hisashi）[1]

所有的动物都是平等的，但是有些动物比其他的更平等。

—— 乔治·奥威尔（George Orwell）

"熊猫热"

1972 年 10 月 28 日，两只大熊猫从中华人民共和国来到东京的上野动物园，这一事件标志着在先前战争中截然敌对的两个国家的外交正常化，也意味着日本民众对动物园世界的痴迷高潮的到来。很少有其他动物能够像熊猫一样，如此清晰地同时体现生态现代性的运作和局限。大熊猫首先是一个在全球文化、科学和政治中受到密切关注的客体，同时也是一个在野生世界不断被无情地生态边缘化的主体，表现出野生动物在现代世界的矛盾处境。居于保护和消费之间的张力始终潜行在日本公众生活的表面之下，即使在动物园内部也是如此。但是，这些外交象征——从特定角度而言也是这个星球上最受瞩目的动物，它们的历史展示了它们的躯体是如何冲击了人类的基本情感，而这种冲击又经由文化外交和大众文化机构而得到放大。

自 1945 年日本帝国崩溃以来的 27 年间里，中国和日本保持着官方的断交状态。康康和兰兰（被送往中国境外的熊猫通常会叫这样的叠音名字）的到来标志着地缘政治的转折，以及中国"熊猫外交"在东亚的发展。[2] 在渴望借助这种充满吸引力的"黑白相间的熊"（*Ailuropoda melanoleuca*）最大限度地获取利润的文化产业的煽动下，上野动物园 1973 年的访问人数攀升到 700 万人以上，随后十年多时间也始终在这个数字上下徘徊。参观者们排成将近两英里长的队伍，耐心等待，只为在这对行动迟缓的动物前三秒钟的匆匆一瞥。"熊猫商品"流水般被顾客从动物园的货架买走,围绕这种自然物种的商标形象所有权的法律纠纷层出不穷,在日本的电视新闻和脱口秀节目里,评论员屏气凝神,小心讲解着关于这种动物尝试交配的不太清晰的影像片段。

日本的"熊猫热"已持续数十年。在 1972 年到 2008 年期间,上野动物园拥有过九只大熊猫。曾经最后的一只熊猫——22 岁的雄性熊猫陵陵,在死去时并没有留下后代,尽管上野动物园在育种上投入了好几百万日元,甚至还包括几次前往墨西哥城查普尔特佩克动物园配种的飞行之旅,在那里有三只仅有的不为中国所拥有的育龄期雌性熊猫。1984 年以后,中国建立起关于熊猫的新制度安排,除了把它们当作美好外交愿望的象征物,还附加了一系列的金融条款。用熊猫专家乔治·B. 夏勒(George B. Schaller)的话来说,"租我一头熊猫"(rent-a-pandas),成为中华人民共和国文化外交和环境外交的有效办法。[3] 从 1972 年到 2008 年的几十年间,超过 13 亿人在参观上野动物园时看过熊猫,而且很多人还不止看过一次。用前任上野动物园园长中川志郎(Nakagawa Shirō)的话来说,当"熊猫的传媒价值远远超过它们作为动物的实际价值时",[4] 这个数字便被人们特别地引入对熊猫热这一"大众传媒现象"的讨论中来。这股熊猫热得到 20 世纪 80 年代和 90 年代早期泡沫经济的支撑,并在 80 年代中期因一对熊猫幼崽的出生而得到强化。当童童——于 1986 年在上野动物园手术室里通过人工授精技术出生——和陵陵在新世纪初启之际未能繁殖后代时,这股熊猫热才慢慢消退下去。

作为后帝国时代的吉祥物,以及 1984 年以来后商品时代的无价之宝,上野动物园熊猫的历史照亮了日本生态现代性的社会、政

195

治、商业、法律和技术各个方面。这些因素交互作用，影响广泛，每一进程都是本章的着重关注点。所有以这只魅力无穷的熊猫为中心的事件进程，都鲜明表达了这类处在现代性顶峰的野兽的本质。自然世界本身曾经是一个冷酷无情但人类又赖以生存的所在，直到19世纪，人类还在苦苦奋斗以求在自然世界中得到一个庇护之所，而今自然世界却被奇怪地用来组装成一个动物园，在其间，人类制定出包括人类和其他动物在内的所有生物赖以为生的规则。坐落在这个全球最大城市的中心地带的上野动物园，成为演绎生态现代性的剧场，熊猫热被戏剧化为诡异地颠倒自然和社会现实的微观世界，并由此凸显了"人类世"——为诺贝尔奖获得者、大气化学家保罗·J. 克鲁岑所定义的全球"人的时代"。本章通过这些充满魅力的大熊猫的历史来探讨上野动物园中大众文化、国家外交和自然保护主义之间的联系。目的重在揭示作为个体的人和动物是如何通过日常参观上野动物园这样再普通不过的活动，参与上述抽象过程的。这有助于我们在有意无意间参与"人类世"发展的时候，更好地评估我们自己的欲望、行动和信念，而"人类世"发展的动力规模如此庞大，以至于似乎和日本或其他任何地方的日常生活没有半点勾连。

魅力的科学

熊猫热的规模是如此让人始料不及，以至于它促使中川志郎——他是上野动物园1987到1990年间的园长，也是康康、兰

兰刚到东京时的"饲育课长"——想要找出在人类思维和意识能
动性范畴之外的原因所在。他以一种老调重弹的方式，回顾石川
千代松和其他明治时期社会进化倡导者的理论，模糊地将熊猫热
归因为自然和文化，指出仅凭回顾人类的历史没法解释清楚这些
熊猫的吸引力。中川坚信熊猫热的兴起可归结为生物学和历史学
的双重作用，他写道，人类内在的好奇心和天然的动物魅力一旦
结合起来，就能将"普罗大众与这些东西绑定在一起"。他归因
道，智人天生容易被具有与人类儿童相似的形态和行为特征的动
物吸引。用这位园长的话来说，这种天然的吸引力和大熊猫内在
的特征一旦契合上，就将这类好奇心转化成为一种情感依恋，二
者在两个先前敌对的国家于后殖民时代握手言和的外交"划时
代事件"里融为一体。中川写道，熊猫热是三种"相互叠加"的
决定性力量的产物——人类的进化倾向、动物的魅力和政治的背
景，每一个都不可或缺。[5]

中川的雄辩提醒我们，当我们开始视动物园和整体的历史为
一个活生生的场景，而非某种孤立的人类行为的消极舞台，一处
纯粹为象征之物所支配的风景时，会发生什么？在这类场景中，
人类从来就不是唯一的行动者。正如我们在第四章谈到的反抗
的大象 Tonky 和 Wanri，动物也许不是唯心主义意义上的拥有全
然自主意识的能动者，但是它们无疑能够参与为人们所深思熟虑
的、形塑事件进程的行动。中川的观察也将我们引向将自然史和
人类史混同的另外一步。[6] 在他看来，熊猫热要求我们重新看待
自身对人类能动性的思考，即使是在动物园这样被文化如此彻底
地涵化的场景之中。1972 年在动物园排队看熊猫的人，是否真的

196

压根没有哲学家 R. G. 柯林伍德所称的"动物天性"——为进化所限定的嗜好和冲动？尤其是在康康和兰兰这类魅力动物在场的情况下。正如我在随后表明的，中川的回答是明确的"不"。熊猫的"天然吸引力"着实太过强大。这是一种看法，它要求我们将环境史及科学史的关注带入和外交史及传媒史的关注的对话中来。这种看法还表明对"传媒生态"的通用隐喻在一些案例中应该得到更多关注和理解。在类似日本这样的大众文化社会中，对流行文化的考察具有重要的环境维度。[7]

据中川的观察，熊猫不只是动物而已。它们看似是被精心设计出来作用于人类的心理——经由进化之手的奇遇。通过引用奥地利"生态学之父"、1973 年诺贝尔生理医学奖共同得主康拉德·劳伦兹的作品，以及英国博物学家德斯蒙德·莫里斯和拉蒙娜·莫里斯 1966 年出版的《人与熊猫》，中川弄清楚了这种独一无二、让人难以抵挡的"魅力"是如何在熊猫与看熊猫的人之间发展起来的。"即使是在动物园还不曾存在的年代里，如孔雀、鹦鹉、骆驼和大象等展览动物，都为人们所熟知，"他在 1995 年动物园出版的一份熊猫圈养指南中写道，"但是熊猫更胜一筹。被我们称为熊猫的实体动物能够激起人类强烈的'幸福感'。"[8]

中川指出这种"黑白相间的熊"所呈现出的生理特征是如此独一无二，从而扣动了被劳伦兹称为人类"放松机制"（releasing mechanisms）的扳机。[9] 在 1950 年发表的一篇很有影响的文章里，劳伦兹发现了"物种保存"（species-perserving）特质——表情、手势、身体姿态和特征等，这些能够引发自我保护或怜幼的冲动。这些特征发挥着进化优势的功能，因为它们能够引导人类对需求

197

信号或危险信号作出系统性反应。然而，这也是关键所在，这些特质能够被"错误地"附着到动物，甚至是具体的物体上。"通过（这种）人类特性的'体验式'附着，最让人惊诧的对象能够获得相当可观的高情感价值，"他写道，"如悬崖突起一般陡峭抬升的面部线条，或正在堆积起来的暴风雨云团，如同一个人站在高处身体略向前倾一样，具有同等的直观展示价值。"也就是说，它们都表现出了威胁性。[10]对劳伦兹来说，这种深植于进化生理学和心理学的深刻时光，而非历史文化嬗变领域的拟人化理论，在人类对其他非人动物作出反应时再明显不过，尤其是对动物的脸的反应。他指出，骆驼和美洲驼通常被视为"看上去对观察者相当傲慢"，因为它们鼻孔的位置高于眼睛，嘴的弧度又多少有些向下拉，而头部通常又高高扬起在水平线之上。[11]

放松机制让我们更容易被孩子吸引，在他们的发育过程中我们依旧保持这样的迷恋。劳伦兹指出，这些"与生物相关的刺激情境"的情感影响，在与人类对婴儿的反应联系起来时最具说服力。"一个相对而言比例略大的头，向前凸起的脑门，大而深的眼睛，鼓鼓的腮帮子，短而粗的四肢，橡皮筋一样的柔韧性，以及笨拙的行动，这些主要特征（色）……整合起来就赋予了一个孩子（玩具抑或动物）可爱的或'萌'的外表。"他认为，人们对这类特征的反应往往带着抚育的情感。为了展开这一观点以及讲清楚它和动物的相关性，劳伦兹提出了"人类释放怜幼反应的模式"理论，该理论显示了人和动物的特定生理特征是如何引发人类共同的"怜幼冲动"的。

斯蒂芬·杰伊·古尔德（Stephen Jay Gould）使用劳伦兹的

198-199

图 6.1 "可爱"的生物学原理

这是康拉德·劳伦兹关于人类释放怜幼反应的图示。左边是"头部比例被感知为'可爱的'（孩子、跳鼠、哈巴狗、知更鸟）"。右边是"头部没法引起怜幼冲动的（男人、野兔、猎犬、黄莺）"。康拉德·劳伦兹：《动物与人类行为研究》(*Über tierisches und menschliches Verhalten, Band* II, 1965, Piper Verlag GmbH, München)

理论来探讨米老鼠的视觉形象的"进化"问题。他指出，米老鼠从一个尖鼻子的不受欢迎的形象，转变成魔法王国圆乎乎的主人，表明"迪士尼和他的艺术家们不经意间发现了这条生物法则"，他还将劳伦兹的逻辑总结如下："简而言之，我们为对待人类婴儿的进化反应所愚弄，我们还将这种反应转移到具有类似特征的其他动物身上去。"[12]这是一种认为人类的生理冲动和文化反应压根就是一回事的观点，但是，或许更让人惊讶的是，即使是最微不足道的现代文化现象都有其生物学意义上的发端。

中川着重强调了劳伦兹的理念。他写道，熊猫"潜在的象征吸引力"主要源于它们的"幼态延续"特征，也叫"幼儿性"。这类吸引力是生物学意义上的"先天"，还是后天习得自我们与婴儿的直接接触体验，并被嫁接上了一种将情感纽带附加到特定习得标记的进化倾向，对此人们有一场论战。在论战中，如同古尔德一样，无论是莫里斯夫妇还是中川，都没有选择明确地站队。然而，他们的确表明"黑白相间的熊"体现出的一系列特征，完全可以补充到劳伦兹的"释放怜幼反应的模式"清单中去，大熊猫甚至比模型还更"可爱"。[13]这些熊科动物有扁平的脸，如同人类和其他灵长类动物一样；我们也将这种特质植入许多"玩具犬"的育种中。然而，熊猫几乎没有尾巴，可以像孩子一样直立坐着，但同时也能以近似人类的方式取放小物件。熊猫的"大拇指"经事实证明只是一块多余的腕骨，呈现出一种独一无二的拟人化特征，这使得它可以像我们一样进食。熊猫看上去圆滚滚的，一副人畜无害的样子，好玩又与性无涉（人类的性器官处于覆盖状态，据莫里斯夫妇的观察，熊猫也是这样），这些特质有助于将它们文化性地涵化为"可爱"的最佳体现，这也许是后现代日本最上乘的商品品质。[14]

由于拥有诸多独一无二的"幼态延续"特征，熊猫投射出一种无可比拟的魅力，迷倒一切年龄阶段的人，不分男女。"所有展出熊猫的动物园，"中川写道，"不仅看到了参观人数的增长，也看到参观者不分老幼，遑论男女。"通常在动物园里，像大象或孔雀这类受欢迎的动物会对特定年龄或特定性别的群体有更大吸引力。但是，熊猫却能在所有与之相遇的人那里概莫例外地引发"美好感觉"。"毫无疑问，站在熊猫面前所体验到的情感召唤就如同一个人正注视一个孩子一样，"他表示，"这类似于女性的母性本能。"[15]

在日本，讨论到熊猫的这种现实吸引力，我们无疑会看到一大堆社会动力论。它们是珍稀的、充满科学上的不解之谜的，以及来自中国这个历史上熟识但政治上疏远的异国的代表。霍加狓、侏儒河马和熊猫是日本动物园专家经常提及的"三大珍兽"，其中熊猫对那些迷恋珍稀动物的人来说明显更有吸引力。由于这一物种的分类问题尚无定论，所以人们的好奇心只会是有增无减。[16] 即使是 DNA 分析也无助于一劳永逸地解决这个分类问题，但是，优势证据确实显示，大熊猫事实上就是熊科动物（Ursidae），尽管将其归入浣熊科动物（Procyonidae）的呼声也比较高。[17] 这种至少可以追溯到 19 世纪的争论，反映在这种动物含糊不清的命名上。拉丁名"黑白相间的熊"，字面意思就是"黑白色的猫脚"，而对这类动物的中国称呼（大熊猫）则意味着"大型的熊一样的猫"。依明治时期的先例来看，在那个时期，中国特色通常被视为一种老旧的、对待动物的潜在迷信态度的标志，日本人普遍更倾向于使用一个常见的英语单词 panda 的音译来命名熊猫。这种选择推动了和熊猫有关的种种双关语和俏皮话的迅速增加，其中就包括人们在本章开篇看到的 Japanda 这个本身并不正确的术语。近年来，类似熊猫"伪拇指"的化石的新发现，更使得一些人直接给熊猫贴上"活化石"的标签。用 W. J. T. 米切尔的话来说，这种做法将熊猫与另一种现代性的图腾动物恐龙联系到一起。[18]

　　这样看来，"熊猫热"既非纯粹自然的，也非全然社会的产物，而是一个折射出动物园的特殊逻辑和更宽泛的生态现代性的混合物。对熊猫激增的公众好奇心，可以归结为三种力道的结合：熊猫本身的形态行为特征，人类主体先天具有的回应这些特征的欲望和倾向，以及将熊猫从森林和翠竹植被日渐减少的中国西南部运出，送到上野动物园由混凝土和玻璃搭建而成的带空调的熊猫馆的机制和流程。熊猫馆，这栋特别设计的建筑落成于1973 年。[19] 在长达 30 多年的时间里，外交官和政治家、大众媒体和玩具制造商、自然保护主义者和动物园的代理商们，不断激发、放大和助长这种行动迟缓，但又具有特殊进化意义的黑白相间的生物引发的"美好感觉"，以服务于政治和经济的需要，而这些需要通常又与严肃的环境或生态关切相互冲突。尽管被构建为一个来自异国的，抑或更多情况下来自一个远离工业发展原动力（或受之威胁）的自然的"造访者"或"外交大使"，但这些熊猫的具体历史表明，到 20 世纪 70 年代，自然世界和社会世界的明确分野已真正成为一种社会虚构和大众幻觉，被人们用来追

201

求更多的经济利益、更高的声望和更大的政治好处，或者换种更乐观的说法，被用来满足对想象、好奇心和环境保护的需要。

熊猫外交

政治、环境保护科学和消费者迷恋集于熊猫一身，但是，在中川看来，这种 1972 年抵达东京的生物首当其冲是"政治的动物"。其最基本的含义就是："这种动物的移动——特别是它们在国际间的移动——通常由维护着它们栖息地的中国政府来安排，而非通过动物园常用的商业化动物交易渠道。"[20] 这种定义源自人们努力获取这种最濒危同时也是最受期待的物种的渠道和相关资讯的直接体验。相对于它们拥有的全球号召力来说，全世界只有中国才有野生大熊猫群落。中国以外的人们繁育圈养熊猫的种种努力，不足以成功维系这一物种。同时，没有中国的参与也不太可能做到，因为中国拥有几乎所有的育龄熊猫。[21] 这种一方面居于需求性与稀有性之间的张力，另一方面居于保护与政治之间的张力，成为 20 世纪晚期"熊猫外交"的决定性特征。

动物园的参观人数和大众媒体的关注表明大熊猫是一个高度普及的外交象征符号。但是如同中国政府发现的，当其受到个别保护不力的指责时，在熊猫的形象与特定的政治信息之间的绑定关系便松开了，并受到多元的甚至是相互矛盾的解读。这些熊猫的确是再可爱不过的毛茸茸的象征和容易引发情感共鸣的符号，而这打开了一条通往大贯惠美子称为"误识"（meconnaissance）

的道路。追随皮埃尔·布尔迪厄，大贯惠美子指出，"误识"或说沟通的缺席，其结果就是不同的派别不仅不能共享同一个意义，反倒是从同一个象征那里阐发出不同的意义。[22]这种现象最明显不过的例子就是大熊猫。对中国来说，大熊猫是国家吉祥物，是中国拥有的举世无双的生态象征和国家作出保护承诺的象征。但是，对选择将这种生物作为吉祥物的 WWF 成员来说，这些熊猫代表的是野生世界的动物，以及有限的且正在消亡的实体野生世界。后者并不认为中国是独一无二的优美环境，"全世界"的熊猫群落处于濒危境地，在一些外部人士看来，中国独自拥有熊猫本身就是威胁的表现，而以中国为祖国的人们当然不会这么看。

对熊猫象征的不同认知有助于解释中国官员们在象征性地和实际安排熊猫时的疑虑，然而，正如我们将在下文看到的那样，日本的动物园管理者对他们的圈养动物吉祥物也有类似的疑虑。正如中川指出的，大熊猫也许会激发"美好感觉"，但是这些感觉与超出熊猫本身的任何特殊所指之间的联系又是复杂的。熊猫外交是一种人类的努力，但它的实施有赖于人类与熊猫之间的持续联系，而它们又总是拒绝按照人类的意图去行动或施加影响。

日本的熊猫热只是人类在外交领域发挥大熊猫作用的一个方面，一个映射出 20 世纪下半叶中国对外关注点变化的全球现象而已。熊猫外交也是一种国家品牌。更进一步说，它有可能是被广告专家称为"品牌背书"的一种努力，在其中熊猫的象征意义被放大。通过谨慎的安排，中国的官员和外交家试图在纷纷纭纭的外国公众和外国领导人心目中建立起大熊猫和中国国家之间的象征性联系。最终，"中国"与具有特殊视觉形象的大熊猫之间的关联，而今全球皆知。

由于大熊猫的大众吸引力和现实稀缺性，在第二次世界大战之前散落在中国境外的大熊猫不足 20 只，熊猫外交最先开始于 20 世纪 50 年代晚期，当时，一对熊猫作为外交礼物被送给了苏联。平平和安安成为全球最著名的（也许是最成功的）现代文化外交努力之一的先驱。作为两个共产主义国家之间热情友好关系的象征，平平于 1957 年来到莫斯科动物园，安安晚两年到。六年后的 1965 年，熊猫被当作礼物送给朝鲜民主主义人民共和国，在 1965 年到 1980 年间，有五只熊猫被送给朝鲜政府。[23]

熊猫外交的新阶段始于美国总统理查德·M. 尼克松 1972 年出人意料的访华之行。在日渐回暖的冷战背景下，尼克松的访华之行是一次明智的外交行为，回到华盛顿后他的外交资历得到了显著提升。他的妻子帕特带回了中国总理周恩来的承诺，很快会有两只熊猫到达美国的首都。中美关系破冰因而在中国发出的文化好意中得到体现：以"乒乓外交"为开端，以熊猫外交延伸到共产主义半球之外为收尾。周恩来总理究竟是怎样作出送熊猫的决定的，这事始终没人弄清楚。在一些轶事中，这个决定与翻译错误有关，据说美国第一夫人，一个只在私下场合吸烟的人，原本只是在看到周总理的熊猫牌香烟盒后说了句"我可以来一个吗"，然而，最后众所周知，她得偿所愿，总统本人也意识到了这份礼物的象征价值。当玲玲和兴兴于 4 月 16 日到达华盛顿国家动物园的时候，第一夫人亲自到场迎接它们，其他在场的还有近两万人（尼克松本人没有参加）。在这对熊猫入住后，华盛顿

203

国家动物园的年度访问量攀升到 110 万。熊猫的运输问题也得到日本媒体的密集报道。尼克松后来向中国赠送了一对麝牛作为回礼。[24]

在 20 世纪 70 年代，这种"黑白相间的熊"的外交意义极其显著，成为中国和其他更多西方国家恢复邦交关系的重要内容。这些熊猫被送到遍及北美、西欧和亚洲的动物园。它们的到来在像美国、日本和英国这样的大众消费社会里引发了国际性的迷恋。而这又相应导致了 CITES 对该物种的再定级。1984 年的一次调整凸显了熊猫产生的让人意想不到的意义和后续影响的扩散问题，熊猫被从限制相对不那么严格的目录 3 调整到了目录 1 的"濒危动物"之列，这是限制等级最高的动物分类。这次调整部分可以归结为由 WWF 资助的一系列调查，这些调查称熊猫的濒危程度远超很多人的想象。这些调查也受到大熊猫抵达华盛顿特区和其他西方城市这一事实的激发，也正是因为这些调查，大熊猫如今被广泛地认为是这个世界上最濒临灭绝的熊科动物代表。[25]

在接下来的几十年间，大熊猫在国际舞台上赢得了足够的关注，它们也就演化成为中国自身的象征。由于现代民族国家观念中暗含的国际维度（在现代民族国家体系中，任何一个国家都是一个大系统的组成部分，总是为其他国家所环绕），熊猫在海外旅行中成为中国的象征，无论是视觉的还是实际意义上的。这种几千年来遁世而居，因其栖居的洼地竹林和高山密林遭到人类无休止的垦伐而被边缘化的物种，在近来 50 年间一跃而为"国宝"。在中国，如同其他任何地方一样，现代性提供了激发大熊猫魅力的条件，熊猫同样也是北京动物园最受欢迎的动物。

熊猫的濒危处境提升了它的价值，即便这种状况也导致中国一度受到外界的个别批评。个别国外非政府组织和政府指责中国没有充分地保护熊猫栖息地免于人类侵害。[26] 在广泛地立法保护大熊猫之前，对熊猫的安排主要来自官方，保护生物学家、科学共同体其他成员或地方官员的呼声次之。正如中川提到的，在20世纪70年代和80年代早期，送往海外的任何一只熊猫，都需要得到三个互不隶属的政府部门的许可。主管林业、建设和外交的部门都扮演着重要角色，但最终意见只能由国务院，中华人民共和国最高国家行政机关给出。只有大熊猫才需要如此特殊的许可程序，而其他同样处于中国官方认定的濒危动物之列的物种，如金丝猴（仰鼻猴）就无须如此，尽管其濒危处境也与熊猫相似。[27]

官方只在特定的场合谨慎地送出熊猫，由此形成了一种物以稀为贵的文化，而这又相应加强了熊猫的使用效能和形象表达。这种文化上无处不在但现实中又奇缺的张力，成为熊猫风靡全球的动力之一，中国外交官和外国政治家又进一步参与进来。礼物的赠送多发生在外国元首正式外交访问期间，一旦熊猫身上的故事线索初有眉目，它们的象征影响就会因为主流媒体在头版头条或时事版面的重磅报道而得到相应的放大。这些熊猫因为它们的视觉吸引力看似天生就适合上电视新闻。

领导者个体之间的礼物收受行为也被认为能够引发彼此家人般的美好情谊。尼克松来北京不是为了讨要大熊猫，但那些追随他脚步而来的人则是。1972年的日本首相田中、1974年的法国总统乔治·蓬皮杜和英国首相爱德华·希思、1979 年的日本首相大平正芳、1982 年的日本首相铃木善幸，所有人都迫于"带一只熊猫回家"的公众压力来到北京进行国事访问。他们每一个人都如愿以偿，对外宣称成功达成为各自国家争取到熊猫的协议。那些大熊猫置身于政治家身旁的图片，体现出我们可以称之为"外交幼态延续"（diplomatic neoteny）的东西，和政治家怀抱婴儿的刻板形象类似。这些礼物通常被认为是中国人民与外国人民之间的互赠，而在每一个场合都是由外交工作人员按国家事务标准处理交换细节。

在玲玲和兴兴给中美关系带来缓和的同时，中美之间熊猫外交的开启也使日本产生了巨大期望。因为自盟军占领结束以来，这个国家就一直被限定在美国的外交和军事轨道内，并受 1952 年最早签订的一系列安全条款（这些条款在 1960 年大规模抗议背景下得到了修订）的约束，而且日本还追随美国，拒绝承认新成立的中华人民共和国。尽管日本处境微妙，但不论是尼克松还是基辛格的国务院都忽略了提醒他们的亚洲盟友有关访问中国的决定（1971 年 7 月公布，1972 年 2 月成行）。回暖的中美关系会潜在地孤立处于依附地位的日本——在野的社会党（JSP）和共产党（JCP）很长时间以来一致呼吁恢复与中国的正常邦交关系，以此作为宣示日本主权的手段——于是首相田中角荣（1918—1993）和他的自民党（LDP）同僚在尼克松声明发表后就开始了各种努力。外交部的官员最终安排田中在 9 月份访问北京，就在尼克松访华六个月后。

美国总统访问北京的决定是被称为"尼克松冲击"的两大事

206 件之一，由白宫推出的新举措重新界定了短短几个月后日本在全球空间中的角色。第二个事件于 1971 年 8 月到来，尼克松宣布他的政府会对进口商品加征 10% 的附加税，与此同时放弃金本位，以应对渐趋恶化的收支平衡局面。这个举措从根本上终结了二战以来支撑全球资本主义的布雷顿森林体系，导致了日元如火箭冲天般升值，先前差不多 1 美元兑 360 日元的有利利率，现在变成了 1 美元兑 300 日元。日本以美国为主导的出口驱动型经济陷入短暂的混乱之中。[28] 康康和兰兰就正好是在这些事件与 1973 年全球"石油危机"——当时通往中东的石油通道出现问题——之间的时间段到来的。这对"可爱"的"国家级贵宾"，也是动物园喜闻乐见的诸多动物外交使者中最新也最受欢迎的一对——作为急需的转移注意力的消遣活动主角和国家被孤立的焦虑烟消云散的信号，受到媒体和公众的热烈欢迎。[29]

　　日本的新闻媒体紧紧抓住熊猫的故事不放，甚至在田中出发前往北京前就这样。对一些人来说，围绕熊猫产生的媒体狂热，比两国邦交正常化更值得注意，这部分是因为很多人在尼克松访华后视这种正常化为理所当然。熊猫也助长了日本萦绕不去的否认帝国往昔的文化。当外交问题涉及需要考虑从一开始就导致两个国家之间的分歧时——有关战争责任的禁忌话题，这种笨拙的、毛茸茸的、看上去无害的熊猫的交付看似彻底引开了人们的注意力。各种猜测大行其道。"日本会得到它自己的熊猫吗？"《读卖新闻》的一篇文章在田中出发前夕发问道，这只是思考这个问题的诸多文章之一。[30] 活生生的熊猫，而非冷冰冰的文件，更容易被视为重归于好的真诚意愿和外交胜利的信号。美国和苏联，冷战世界的两大超级巨头，都得到了熊猫，那么，后帝国时代的日本，作为一个冉冉升起的新兴经济体，但又具有日渐褪色的殖民野心，难道还不值得拥有一件这样的礼物吗？

政治家们和行政官僚们认识到了这个礼物的重要象征意义：与美国对等的国际声望的标志、后帝国时期与中国和睦友好的信号。中川和他的同事们竭尽全力去挤压这个新的夸富宴的水泵，一如古贺在战后努力建设上野动物园一样。上野动物园团队在与政府官员商量之后，采取了古贺忠道主事期间和盐湖城霍格尔动物园往来的最公开策略：他们使用公众礼物的旗语来表达对熊猫的热望。在田中访华前夕，上野送出两对动物——一对大猩猩和一对黑天鹅——给北京动物园。北京动物园则回赠了一种鹳——历史上这种鹳在两国都有，但如今在日本已经灭绝，还有一对黑颈鹤。[31]

中川和上野动物园园长浅野三义（Asano Mitsuyoshi）释放的信号对北京方面来说十分明确，但是熊猫来到东京可不是那么顺利的事。作为奇货可居、价值高昂的生物和广受欢迎的大众文化符号，康康和兰兰得到日本国内多家赞助商的争抢，每一家都希望从这些熊猫的象征魅力库里分到一杯羹。

从一开始，这个礼物就是个大众传媒奇观。北京方面的外交声明得到一次罕见的电视直播——用日语说就是"生中継"，来自一个首先是"禁区"然而历史上大众又非常熟稔的国家的实况直播，吸引了大量电视观众。在 70 年代早期，国际电视直播与现场的同步性依然有其自身的景观价值。内阁官房长官二阶堂进（Nikaidō Susumu，1909—2000）通过现场直播宣布中国赠送熊猫的决定，

207

紧接而来的是备受期待的中日两国邦交正常化的信息发布，这引发日本举国上下的狂喜。"作为对日中两国之间外交正常化的承认，中国人民已决定赠送一雄一雌一对熊猫给日本人民。"[32]电话如潮水般涌进上野动物园，追问熊猫会被安置在东京还是其他地方。而如大阪、京都和其他地方的大型动物园，也都在竞相投标想要得到这些动物，声称应该得到政府一视同仁的对待。小城市的动物园则寄希望于"熊猫秀"的巡回展，这种巡回展类似尼赫鲁赠送的大象英迪拉在日本各地的展出，是当年那种流动动物园的一个现代晚期的新版本。冲绳县，先前还是美国的保护地，也就在 6 月份才回到日本的控制下，送来了甘蔗并邀请这些熊猫去"访问富有魅力的冲绳"。

10 月 6 日，随着官方正式宣布熊猫将落户上野动物园，种种猜测才平息下来。"因为熊猫是中国人民送给日本人民的礼物，"动物园园长浅野在接受《朝日新闻》的采访时说，"我们的目标是要将熊猫安置在一个最有可能被最多人看到的地方。"他宣称上野动物园作为这个国家最大的（就收藏动物的规模而言）也是访问量最多的动物园，无疑是这种考虑的最佳选择。[33]这对上野动物园来说是一次重要的胜利，因为当时的上野动物园由于地处城市中心的位置和相对较逼仄的动物笼舍空间，正越来越多地承受着来自日本动物爱护协会（JSPCA）这类组织通过媒体发出的批评与指责。古贺忠道和东京动物园协会的其他成员，还有包括盟军最高统帅的妻子琼妮·麦克阿瑟在内的一些占领期外国名人，在 1948 年发起成立了 JSPCA。该组织建立在日本人道会（也称日本人道主义协会）奠定的基础之上，该协会由作家新渡户稻造（Nitobe Inazō）与妻子玛丽等人于 1915 年发起成立，是一个致力于应对虐待儿童和动物问题的伞形组织。在 1972 年，浅野和中川都是 JSPCA 的重要成员。中川则担任理事会主席直至 2010 年。[34]

JSPCA 理事会对熊猫的安置问题也意见不一。该组织的成员包括著名的儿童作家，也是《每日新闻》编辑的户川幸夫（Togawa Yukio, 1912—2004），他主持理事会的工作，也主张尽管上野动物园比较适合应对熊猫到来之后的参观热潮，但是相对而言建在这个城市人口更少、森林植被更好的西北部郊区地带，1958 年才开放的设施更新一些的多摩动物园，能够为长时段的展览提供更优越的环境。"便利也就不过如此。"户川在 10 月 11 日发表于《朝日新闻》的文章《观看或保护，哪个更该优先考虑？》中写道。"如果熊猫死掉将会是个悲剧。多摩更大，空气也更好，它会是最适合熊猫的地方。"南村理香（Minamimura Rika），一个来自横滨的 10 岁女孩，在《朝日新闻》受众广泛的头版"公众意见"栏目刊载的一篇有关熊猫的短文里赞成这种意见："我反对将这些在空气很好的中国被照顾得很好的熊猫，置于一个空气如此糟糕的地方（如上野），熊猫会生病的。"理香的声音没有被采纳为孩子们整体意见的代表。然而，延续既往的模式，童年的观念和孩子们的兴趣成为调停成年人政治和社会竞争的理由，将熊猫留在上野的决定被简而化之地解释为回应下一代的需求。"无论我们说什么，"JSPCA 理事会的一名成员，也是鹤见大学教授的内山典久（Uchiyama Norishisa）表示，"上野是上佳之选，因为它对绝大多数孩子来说更容易到达。孩子们已经选择了上野。"[35]

熊猫的到来是在 10 月 28 日，也就在北京方面正式发表礼物声明后不到一个月的时间。在东京羽田国际机场，熊猫受到上野动物园的员工和 200 多名记者的欢迎。当熊猫还在绿色运输箱里时，这些记者就一个个迫不及待按下快门。运输箱被放在拥有特许授权的日本航空（JAL）DC-8 飞机前，正是这架飞机将它们从中国带到日本。如同上野动物园一样，日本航空也为运输熊猫的权利而战。全日空航空公司，日本的第二大航空公司，发起一场对外务省的公开游说行动。他们的理由很简单，也就在几周前，他们才刚刚完成将大猩猩和其他礼物运往北京动物园的任务，他们更有经验准备也更充分。正如报纸所称，这场备受公众关注的"空战"纯粹出于商业考虑。日本的对外旅游和空中货运往来随着 GDP 的增长而增长，两家航空公司都视中日外交正常化为将其业务网络拓展到一个有利可图的新市场的机会。出于象征意义的考虑，作为日本的国家航空公司，JAL 最后被选中。但是，此前立场中偏右的《读卖新闻》还提出过一个激进方案，由空中自卫队——日本帝国军事力量的战后继承者，来负责运送。[36]

11 月 4 日，上野动物园为熊猫准备了一场正式的欢迎仪式，日本政治精英代表尽数到场，包括内阁官房长官二阶堂进，还有自民党的秘书长和几家重要政治党派的主要代表人。在这些国家级的政治要人之外是东京都知事和议会负责人。浅野园长发表演讲之后，中国代表微笑着走上前来，表达了他的希望："希望这对代表着中日两国人民深厚友谊的熊猫，能够茁壮成长，如同两国之间的情谊一样。"[37] 一只红毛猩猩 Miyo 拽了一下系在彩色礼品包上的绳子，应声抖出一个条幅，上面有"欢迎大熊猫康康和兰兰"的字样。然后，遮在熊猫临时安置所上的幕布被拉开，这个临时安置所由老虎笼舍紧急改造而成。[38] 在直接负责照顾熊猫的饲养员本间胜男（Honma Katsuo）看来，熊猫"显得很紧张"。众所周知，他是个敏感的动物情绪解读者。与此同时，人们已经在动物园新建的"熊猫门"外排成长队，渴望着来到熊猫跟前看上一眼（其中包括媒体名人黑柳彻子，她号称是"熊猫的头号粉丝"）。[39]

首相田中和其他政治家也很快在他们的连任竞选之中利用熊猫。熊猫的形象出现在各种各样的政治海报和其他竞选材料中，就好像每个党派或政治家个人都在竭力主张自己具有熊猫般的魅力。当自民党将康康和兰兰的图片做成竞选徽章，在一个 2.5 万人的聚会上发放时，索要徽章的要求从全国各地如潮水般涌来——"熊猫政治"既是国家事务也是国际关系问题。公明党和社会党很快就在装束上统一使用徽章、海报和熊猫竞选口号。[40] 尽管社会党在"中国问题"上有鲜明主张，但是自民党仍然主导着熊猫话语的主线。它公开地宣称熊猫政治核心的模棱两可性质，也就是上野动物园熊猫和中国熊猫之间的联系的复杂本质。[41]

这种象征的混乱混淆了时政记者对田中首相出访一事的定性。"这不是一起普通意义上的动物园交换事件，"日本最大的经济类报纸《日本经济新闻》的一位编辑写道，"它是一个国家层面的问题。"既然这是一个国家层面的问题，人们就没法将其框定在单一角度或使用政治报道的常用技巧。"无论我们的记者造访上野动物园多少次，他们总是得到'大熊猫属于食肉目和熊科

210

动物……'抑或'大熊猫的食谱是……'等一成不变的回答，但是对'它们什么时候到来'或'哪种动物会被选中'这类重要问题，中日官方都秘而不宣。我们不得不动用稻田，他是我们在北京的特派记者，也是我们跟踪此事的时政报道者。"其结果就是"熊猫记者的诞生"，或说"熊猫报道者"。这类"不走运人士（？）"——问号的专属者——被要求兼具社会部记者的敏感性和更为"严肃"的时政部记者的宝贵技巧，以适应这种新节奏。换句话说，他们被要求适应生态现代性的错综复杂的杂糅局面。[42]

"熊猫报道"的竞争充满火药味。好的图片和独家报道能够直接拉动报刊的销量。《日本经济新闻》的编辑发现，"超过120家报纸、电视台和电台、杂志以及国际连线服务机构向东京政府官员提出申请"，要求参加熊猫抵达当天在羽田机场和上野动物园的现场报道活动。最终，官方根据每家单位在首都各种记者俱乐部内的地位，以及发行量确定了参加人数。作为报业中坚，也是影响力相当大的报纸，《日本经济新闻》被允许派出两组最强报道阵容：两名记者和一名摄影师，分别到机场和动物园。"类似的报道阵容一如田中首相在中国达成协议以及回国时。"这位编辑评论道，看上去对这种动物的受欢迎程度感到十分惊讶。[43]他继续说，报纸当然愿意派出更多记者，但是按照活动事先的约定条款，人数受到严格限制。摄影记者"不允许进入熊猫周边七米内的范围，而且我们也被告知抵达仪式随时可能出于熊猫健康的原因而被取消，这简直就像报道一场正式的国务访问"。

处在抵达仪式聚光灯热度下的熊猫，扭曲了新闻记者应有的职业规范和性别假设。因为在羽田机场的仪式没有给他们留出太多的心理准备时间。《日本经济新闻》主编在他的社评文章里记录下"熊猫记者的诞生"。摄影师们被留下来抢镜头。晚上 8 时许，当康康和兰兰所在的板条箱的遮挡物被拉开时，"在场所有的媒体都情不自禁喊出了'waaait！'，就像任性的孩子一样"。向来文风偏辣的记者"嘟囔出'它们不过就是动物而已啦'之类的话"，但是"每个人都只想争取更好的视角"——男人的表现也不逊于女人。"来自《妇女周刊》的女性记者不住地喊道'可爱啊'，被期望更能自持一些的男性记者也会不由自主地发出'噢，可爱'这类感叹。"[44] 即使是来自《日本经济新闻》的资深记者，在这种场合也难以自抑地流下眼泪。这份报纸有时被称为"日本的华尔街日报"，向来以报道严肃新闻自居。对很多男人而言，这是种"奇怪的感觉"，因为他们发现自己"提出的问题就如同《妇女周刊》女性记者的提问一样琐碎无比：'它们什么时候交配？''兰兰生殖力强吗？''熊猫怀孕期多长？'"。当记者们对自身的这种媒介狂迷感到内疚的时候，一种迷失感油然而生，就好像种种居于熊猫政治核心的象征混乱引发了迷失感和某些场合中的自我质疑。这些古怪的生物真的会影响日本与中国的现实政治吗？[45]

"活的毛绒动物玩具"

熊猫有可能是以"政治动物"的身份到来的，但是"熊猫热"却具有消费文化的属性。工业消费资本主义经由购买行为浸透在熊猫和熊猫参观者之间，经过其运作，熊猫幼态延续的魅力得到放大和有组织地运用。"我们没法表现出这些动物的呆萌感。"中川回忆起在20世纪70年代早期一位玩具制造商高管人员告诉他的话。"说到毛绒动物，我们总是能够制造出比任何真实动物都更为可爱的造型，"这位高管人员接着说，"只有熊猫截然不同。无论我们怎么努力，做出来的东西都没法和真实的熊猫相提并论。"[46]熊猫颠覆了动物园所处商业世界的正常事物秩序。它们是"鲜活的毛绒动物玩具"或"自然创造的毛绒动物玩具"，它们是如此受到大众渴望，但是对于那些曾仔细观察过它们的自然特点的人来说，这似乎彰显了商品在如实模仿自然现象时的无力感。所有的复制品都没法"与真实的熊猫"相比。[47]

1972年，《周刊朝日》杂志做过一项统计，在康康和兰兰到来之前，日本市场上有将近100种各式各样的"熊猫玩具"，考虑到之前的日本人压根就没见过熊猫活体，这是个多少让人有点吃惊的数字。但是，相较于内阁官房长官二阶堂进的声明发表之后，席卷全国的市场海啸来说，这个数字只是九牛一毛而已。在康康和兰兰到来的头三个月，日本玩具制造商卖出将近上百亿日元价值的熊猫相关商品，主要是毛绒玩具。在售商品的数量在随后几十年间也呈激增状态。[48]

"它们太可爱了！"在公开展览的第一天，第一拨看到康康和兰兰的人群中有人叫喊起来。"就像一个毛绒玩具！"这个年轻的女子和其他40人在小雨中露营整宿，就为了最早看到熊猫。[49]"他们梦寐以求的是什么？还用问吗，毫无疑问是熊猫。"《读卖新闻》的一篇文章标题这样写道。[50]那天当动物园的大门在早上 9 点准时开放时，外面已经有 5 000 多人在排队等候。500 人规模的警力被派来维持秩序，其中甚至还包括一支防暴小分队。到了上午 10 点左右，将近两万人聚集在外等着"参拜"熊猫。"参拜"这个词是《东京新闻》的一个记者提出的，他将几个世纪以来在上野的寺庙和神社里进行的圣物和其他珍稀物品的开光仪式援引为看熊猫的"朝圣之举"的历史先例。一定意义上，这是一个恰当的比喻——早期现代的开光仪式既是景观意义的也是精神上的，但是在动物园这个场合中，朝圣则是进入一个由国家运作的机构中，只有短短几秒钟与特别珍稀的外来动物的"会面时间"，而这种动物的形象在商品和评论的漩涡中循环往复地出现，这在早期现代的江户时代不可想象。[51] 德川时代的日本尽管也有生机勃勃的大众文化，但无论是在规模还是丰富度上都没法与体现在"熊猫热"中的这种后现代消费主义相提并论。

孙子们在排队看熊猫的过程中，就几乎人手一个毛绒熊猫玩具抱在怀里。[52] 身着便衣的女警察使用扩音喇叭敦促参观者们"向前走，动起来"，不无讽刺的是，与此同时她还要求大家"保持安静"。另一个则大声喊道"禁止拍照"。长蛇一般的参观者队伍蜿蜒两公里多，直到上野的小山脚下。正如一篇文章提到的，人群"就在西乡隆盛的眼皮下"，这位维新派英雄和他的狗的塑像正好俯视着上野动物园的主要入口。[53] 这些提醒逐字逐句一再重复，几乎每隔六秒钟就会响起。一旦有参观者试图在笼子前面停留下来，10 个精心挑选出的戴白手套的维持秩序人员里，就会有其中一个走上前去，将他轻柔地往前一推，无声地提醒着"向前走"。一个警官记录下他们在引导人群时都使用了处理"静

213

坐示威或类似行为"的手段。[54] 另一位警官很开心地评论称，队伍"就像个传送带"似的向前移动，这里使用了大规模生产的机器来比喻参观者队伍的移动。[55]"我排了三个小时的队，"一个参观者说，"但是就只看上了 30 秒。"另一个高声说道："我只看到了它们的屁股！"第三个抱怨道："它压根就躲在阴影里没出来。"一个带着妻子同来的男人说道："我在长长的队伍中苦苦等待，却只看了几眼。"很多人都赞成这位带着几个失望小孩的父亲的说法："我们真正看到的其实只是大量的人而已。"他向孩子们保证他们还会"换个时间再来，到那时看它们就容易得多了"。[56]

当人们在购票看熊猫时，他们以为他们正在购买的是什么？几乎可以确定，一些人买票只是出于陪伴或社会声望这类原因。他们也许就是为了看人，或是为了告诉朋友他们到过那里。然而，其他一些人的确是来看动物的。这一举动曾被批评家约翰·伯格（John Berger）所关注。他声称，前往动物园的旅行都在试图满足一种根本性的渴求，这种渴求产生自人与动物间日渐枯竭的联系，而这种联系的枯竭正是现代社会的痼疾所在。对他来说，核心问题在于："为什么这些动物不像我认为的那样？"这是一个为先前的评论一带而过的问题。伯格对这个问题的回答直白得让人震惊。他认为，原因在于，当你在观看动物园动物的时候，"你正在凝视着某种被绝对边缘化的东西"。对伯格而言，这种变化的动力机制就在于资本主义本身。"动物园、仿真的动物玩具以及动物影像的大规模商业扩散，所有这些都起步于动物被从日常生活抽离出来之时。有人会假定这种变革是补偿性的。然而事实上这些变革本身，和驱散动物的冷酷行为是同一种行为。"[57]

有人会认为，东京的大熊猫展标志着这种动力的顶峰（或低谷）。这些动物是如此具有视觉消费价值，以至于似乎人们非得在第一时间一睹为快不可。当参观条件不尽如人意时，它们便引发了对具体场合的环境条件的批评，而不是对整体的现代生活条件的批评。参观者们发誓要找一个满足所有希望和期待的时间再来。正是基于这一点，伯格的视角可以再往前推一步。现代生活不仅仅把动物推向现实存在的边缘，它还生产出了特定条件，在这种条件下和动物世界的惬意相遇对大多数人来说值得向往。这种向往究竟产生自某些生物学本能——伯格暗示这种假设和劳伦兹的类似，还是来自一种文化场合的内在逻辑，并不重要。当我们聚焦于动物园里的动物与人时，我们最在意的是一种循环的加速。伯格写道："动物影像的大规模再生产——与此同时形成鲜明对照的是，它们生物学意义上的再生产成为一个越来越罕见的景观——会竞相迫使这些动物变得更新奇也更遥远。"[58]我们还可以补充说，它"也因此变得更让人向往"。熊猫身上真切地体现出了这种动力，展示出一种难以消解的吸引力——玩具制造商没法去"比拟真实的东西"，而这只会激发起更多的创造性行为，这些行为又将制造的原动力和展览的传送带推向极限。

最终，是这些动物的身体承受了上述循环产生的压力。东京大熊猫受到始料不及的人类关注，这些关注对它们的身体和心理产生了严重的不良影响。初来乍到之时，它们在羽田机场就受到200多名新出炉的"熊猫记者"的欢迎。夜里，由闪烁着黄灯的警车开道，在将熊猫送往上野动物园的途中，一路尽是好奇的旁观者和成群结队的拿着毛绒熊猫玩具的孩子。在动物园，熊猫被允许有几天的休整时间，因为"动物新来之时最为脆弱敏感"。本间注意到，在 11 月 4 日正式开幕以及第二天的参观热潮到来之前，展览的噪声和嘈杂已让熊猫不堪重负、体重下降——并非因为缺少合适的食物，中川和本间发现大熊猫只吃某种特定品种的竹子。到 11 月 8 日，标题已从"你好，每个人，欢迎，熊猫"变为"熊猫倒！"。[59]

215 　　作为大众狂热的实际受害者，兰兰在 11 月 7 日因为压力过大、精疲力竭而倒下了。展览第一天中午，本间和中川都清楚注意到——他们两人都因为不太熟悉这个物种而格外警觉——这只雌性熊猫正表现出呼吸困难的状况。她嘴边出现白沫，她的行为也变得越来越古怪。她开始在笼子里不安地前后走动，这个行为却让参观者们开心不已，他们不断鼓掌。通常当这些熊猫安静待着或躲起来的时候，观众们会觉得比较沮丧——有时他们会吹响带进动物园的喇叭好惊吓它们。这种被本间视为"激怒行为"的举动，却被其他人理解为一种有趣的消遣。[60] 展览时间一天天在缩短。到全日展第二天结束之际，情形恶化，展览被整个叫停。

　　《每日新闻》对展览叫停的报道就好像在报道一个工作过劳的罕见事例。工作过劳是泡沫般的资本主义自我牺牲文化中常见的新闻话题，在这种文化中"过劳死"是一种公认的疾病。"在连续多日努力取悦参观长队中的每一个人之后，上野动物园的熊猫，康康和兰兰，因为劳累过度而健康受损。自从 4 日的欢迎庆典举办以来，它们已经被连日无休的劳动弄得精疲力竭，因为在高音喇叭带来的持续噪声中，它们已经被超过三万名吵闹不休的观众围观过了。"在列举完这些熊猫要克服的主要困难之后，记者提醒读者，上野动物园"出于对这对熊猫健康的考虑暂时'叫停'了展览"。[61]

动物园也采取了一系列在媒体笔下充满同情心的人性化措施。从 11 月 9 日开始，媒体开始报道熊猫将会享有"两天周末"，从而将这对熊猫拉入这个国家正在进行的关于工作和休闲的讨论中来。当时，日本绝大多数工薪阶层（以及很多其他人）都是按六天工作制工作。展览时段进一步调整为熊猫每周正式工作日的上午 10 时到正午，为时两个小时。《产经新闻》和《东京日报》含糊其词地批评这一决定，暗示展览时间不够充分，但是其他报纸只是简单报道了这条新闻或以一种积极的心态视之，称这些熊可以"一起享受它们的周末"了，并且称由于限流，看熊猫也就变得更有趣了。[62]《读卖新闻》称"这对熊猫正在享受两天周末制实施后的第一个'休假'"。报道还补充了一些细节，称康康这只雄性熊猫"在绕着笼舍滚篮球的过程中摆了个橄榄球运动员式的姿势，而兰兰则以典型的'熊猫姿势'放松躺着，背靠墙，腿向前伸"。两只熊猫都享受着美滋滋的时光，尤其是当它们被递上一捆冲绳产的甜蔗杆时。[63]

致力于在人类的注意力下保护这些熊猫的制度本身成为媒体评论的焦点。新熊猫馆的建设规划引起公众的广泛讨论。在报纸上，有关这座规划中的建筑的描述读起来就像一个高档房地产项目的广告："熊猫新的'甜蜜的家'……将包括全天候控制的空调和暖气、环绕的落地大玻璃窗、独立的房间和一个内部花园。"这个建筑也包括一个全玻璃环绕的"产房"。新的设施就建在象

216

馆边上，这里原本是猴戏的表演空间，在 1973 年被拆除，因为猴戏表演违反了日本在同一年通过的首部包罗广泛的动物权益保护法案。[64]熊猫馆的整体面积，包括专业设计的"翠竹花园"在内，将近 1 700 平方米。来自《产经新闻》的"熊猫记者"报道说："如果以一个住在高层建筑拥挤的两居室（两个房间外加餐厅和厨房）的工薪阶层人士的眼光来看的话，它将看上去简直如同天堂一般。"[65]一旦开放后，这个空间能够提供更多的展示熊猫活动的视角，同时又把环绕在它们周围的刺耳喧嚣声隔离在外。饲养员们注意到，这两只熊猫看上去都很享受地在新空间里"定居下来"。[66]

这个新建筑的花费也招致相当多的大众讨论。"某天一个电台竞猜节目吸引了我的注意，"52 岁的东条光子，一位来自爱知县的家庭妇女在给《每日新闻》编辑的来信中写道，"节目邀请听众猜修建新的熊猫馆耗费多少：（1）1 千万日元，（2）2 千万日元，（3）4 千万日元。"而东条"震惊地"发现答案居然是 4千万日元。她问道，"当还有很多老人需要照顾，而且还有很多人在贫困线上挣扎的时候"，这个国家该如何评估这类花费的正当性？[67]她并不是唯一提出批评的人。一个来自神奈川县的高中学生写信给《产经新闻》，问道："为什么这些熊猫能够被允许享有比绝大多数人更好的生活条件？"[68]其他人则回复说，这类抗议为动物福利与人类福利之间错位的金融关联所误导，因而未能切中要害。山胁弥一郎，一位来自东京的 29 岁公司职员在给《产经新闻》的信中写道，这些花在熊猫馆上的钱不太可能是从需要钱的人那里抢来的。他继续道："进一步而言，我们应该通

过立法来保障残疾人和其他人的需要，无须考虑我们是否决定要
把大量的财力投入熊猫馆。"[69]

版权的本质 217

"活的毛绒动物玩具"的再造意味着可观的利润，各种主张
熊猫权利的努力也扩展到了版权法的领域，在这个领域里，天然
物和人造物之间的区别被正式写进司法判例，这还得感谢对熊猫
形象和熊猫玩具所有权进行的旷日持久的争夺。当守在上野动物
园正门外的樱木特许售货亭的所有人起诉东京动物园协会和太
阳星公司商标侵权时，这个备受争议的案子便成形起来。这家售
货亭主打出售各种各样的熊猫衍生商品，其中包括一种很受市场
欢迎的"熊猫烧"，一种被压成熊猫形状的豆沙馅小圆面包。售
货亭的所有人曾于1977年正式申请注册了一个名为"熊猫家庭"
的毛绒玩具造型，一只成年熊猫身上挂着一只小熊猫。售货亭于
1983年6月提出起诉要求，当时东京动物园协会正计划向市场投
放一种"亲子熊猫"玩具，该玩具由太阳星公司制造。而"亲子
熊猫"的造型和"熊猫家庭"类似，标记也大体雷同。[70]

收到起诉书后，东京动物园协会暂时叫停了这种玩具的展
示，但是该玩具已通过《朝日新闻》广受欢迎的"青铅笔"社论
版得到了报道宣传。《朝日新闻》的编辑声称这种玩具的发明有
可能预示着一只真正的熊猫宝宝的到来，这更是为全民对熊猫繁
殖的痴迷推波助澜。[71]上野动物园的领导者们希望避免公众对

这种联想的负面关注——因为康康和兰兰来到上野动物园十来年的时间里没能生出一只熊猫幼崽，经咨询过法律顾问后，这个玩具的家长部分和孩子部分被拆开，在动物园的商店里分开出售。店员们还被指导避免展示熊猫家长抱着熊猫孩子的姿势，而且在布置货架时，要在熊猫家长和熊猫孩子之间放上其他东西，以避免顾客将它们指认为一套或一对。最终在将这两个玩具卖给同一个顾客时也需要分别计价并附上各自的产品说明。也就是说，销售人员们被告知不能将玩具简单标注为"毛绒动物"，要在分开的通道两边写上"家长"和"婴儿"（与幼崽相对）。孩子版熊猫玩具售价 600 日元，家长版熊猫玩具售价 3 800 日元。[72]

　　樱木特许售货亭的法律顾问赤尾直人，很不满意这种通过将两个物件分拆开来以应付诉讼请求的做法，在双方无法达成庭外和解时，他又再次上诉。然而，这次的上诉却表明，无论是东京动物园协会还是樱木特许售货亭，事实上都触犯了商标法。樱木特许售货亭没有及时更新它 1977 年提出的注册商标申请，原申请已于 1980 年 8 月失效。在这期间，一家在川崎的公司填写文件申请注册了名为"亲子熊猫"的商标，并开始销售起诉书中涉及的相关造型的熊猫玩具。东京动物园协会和太阳星公司寻求判决樱木特许售货亭最开始的权利主张无效，与此同时，太阳星公司也开始与川崎的这家公司商谈商标转让问题。[73] 川崎这家公司又转而回避樱木特许售货亭的原始商标申请，提出和樱木"熊猫家庭"套装类似的玩具早在 1972 年就已经在《朝日画报》杂志上刊载了图片。因此樱木特许售货亭一开始对该玩具商标权的申请压根就是无效的。[74]

当赤尾再次上诉时，争论被推向新的阶段。这次上诉到了东京高等法院（当地的巡回上诉法庭）。赤尾提出，图片里的物品和樱木售卖的"熊猫家庭"之间存在着实质的区别。法院基于"尽管在争议物品之间存在显著的差别，但差别的程度不足以支持这是两种不同实体的观点"的知识产权法规定，驳回了该要求。赤尾又再次上诉，这次案子被提到日本最高法院，并在那里以异常快的速度得到办理。1989 年 6 月 23 日，在樱木公司提起原始诉讼六年之后，也就是这个案子提交到最高法院几周后，最高法院就作出判决声明，维持所有先前的判决，但未作出解释。[75]

用岩泷恒夫，一位关注商标法和知识产权法的律师的话来说，这个案子真正的法律含义在判决用语中没有得到很好的昭示。岩泷认为，这个案子没有就和动物以及其他自然现象相关的自然与艺术、创造与模仿之间存在的区别给出定义。关键在于边界，居于"简单模仿'自然物'的产品和有效提炼'自然物'特征甚或改变其外形到一个可以被称为人类创造物或标志符号的产品之间"的边界。这条统领性原则决定了我们不太可能将动物形象、动物标志性动作的再现或"有可能在自然中观察到"的动物日常行为注册为商标，在这个案例中自然也包括动物园里的动物。为了得到应得的法律保护，产品描述必须包括比例、用色或其他"只有在人类介入之下才有可能出现的"改动。他提供了小飞象和米老鼠的例子，这些动物的幼态延续特征得到如此明显的夸张，以至于它们只能被视为人类想象力的产物。[76]

岩泷在写给一帮设计师听众的作品里辨识出了核心的议题所在，这帮设计师关注他们再现这些自然物的能力以及保护其再现

219

免遭无偿地模仿的能力：在自然和文化之间的划清分割线对于特定的市场行为来说——更普遍地说是对资本主义——必不可少。如同马克思和其他人所宣称的，这也正是将世界分解为可销售商品的关键所在。[77] 在人类大的历史场景之下，樱木的案例也能够被视为明治时期山下博物馆的努力的延续，后者试图明确划分"人造"产品和"天造"产品。但是山下博物馆自身的建设又是基于"推动工业化"的努力。在田中芳男和町田久成为蚕和家常驯养动物应该置于分类体系的哪个位置而争执不休的时代，该分类体系试图清晰地划分自然物品和农业时代的手工造物，而在这个大众传媒的时代，樱木和上野动物园的律师们则对熊猫的形象和相关事物的自由使用而相持不下。政治经济的场景已然发生了剧烈的变动，然而，自然与文化之间究竟该保持怎样的关系的问题，在围绕动物园的讨论中依然保持着开放状态。[78]

东京动物园协会的领导者们当然很高兴赢得了官司。但是他们很快意识到这个判决给他们控制下的机构带来了众多难以控制的后果。他们现在可以自由生产"亲子熊猫"玩具而无须顾忌商标或版权法的限制，只要这个形象足够"接近真实"，但与此同时日本其他的商业机构或实体也可以这样做。同样的再造自由也可以运用到动物园里其他所有动物身上，无论是在当前还是未来。上野动物园宣称再现自有动物的合法性的能力被明确限制住了，而今这些动物被法律判定为"自然的"，哪怕这种物种事实上在野生世界已几乎不复存在。援引法律判例，动物园所有的动物也都是"自然的"，上野动物园复杂的营销机制，历来基于垄断对表演大象 Tonky 和 Indira 等动物"明星"的再现而创设，现今也面临失败的危险。[79]

动物园协会的领导者们满足于一个事实，即动物园至少对这些动物的名字还保持合法拥有的权利。但是中川也提出，在一个动物园努力强调生物多样性的消失和外来动物贸易的代价等严肃议题的时代，上述法律判例也启动了有关动物园视觉文化的"迪士尼化"争端。据称，即使是在最艰难的岁月，上野动物园也反对与路边秀和马戏团联手。如果出于维持版权的考虑而以讽刺漫画的形式再造影像，上野动物园就会面临沦为一个荒唐剧场的风险，保守主义和消费主义之间的矛盾将会成为重头戏，无论矛盾是在日本国内，还是在一些人更在乎的动物园专业群体的国际社群中。最终，上野动物园的管理者们选择了一条中间路线，在寻求有选择性地对特定动物的漫画形象注册商标（所谓的特色商品）的同时，他们也刻画了熊猫的形象，竭尽全力去"比拟真实的事物"。[80]

就熊猫这一物种本身而言，根本无须为了最大化其公众吸引力而提炼任何特征，也正因如此，它才会成为动物园专业人士和动物园参观者梦寐以求的东西。在大熊猫这一案例中，我们还可以说这种欲求因为商业再现的失败而得到增强。没有任何方法能够制造出比真实的熊猫更可爱的玩具商品这一事实，只能让人们把注意力进一步聚焦在真正的动物身上。如果一只成年的"活的毛绒玩具"都能"哄骗"人们情不自禁地产生怜幼的情感冲动的话，那么一只实际的幼崽——该物种真实的再造物，又会唤起多么强烈的情感反应呢？来自全国各地和海外的信件如潮水般涌向上野动物园，关心的都是同一个问题：熊猫宝宝在哪里呢？毕

220

竟，康康和兰兰，一雄一雌，据称也都处在育龄期。当上野动物园的市场团队和太阳星公司的设计人员面对他们自身能力的限制束手无策时，中川和动物园的技术团队则加强了他们再造真实事物的努力。

可爱的生物学机制

从康康和兰兰到达东京的那一刻起，繁殖熊猫的压力就落在了上野动物园的管理层肩上。中国礼物的诺亚方舟式结构——雄雌一对，而不是单只或同一性别的两只，是动物园进行动物交换的惯例。它也通常被视为礼物赠与方乐于看到这些动物繁殖的信号。这是小林诚之助（Kobayashi Seinosuke），一位著名的自然作家，也是 JSPCA 理事会成员，对中国礼物的解读。小林在 1972 年 10 月接受《朝日新闻》采访时谈到，既然中国"选择送出一雄一雌"，这对动物的"到来就传递着一条重要信息：'请让这些动物繁衍下去'"。[81] 浅野园长 11 月的演讲证实了这种繁殖的信息，当时的演讲一是欢迎熊猫来到东京，二是向来自中国的代表团致谢。"我们欢迎这对标志着日中两国邦交正常化的无与伦比的礼物。作为对中国人民美好祝福的体认，我们会尽全力繁殖出第二代熊猫。"[82]

也许是受尼克松回赠麝牛的启发，田中首相回赠了一对日本原产的长鬃山羊给北京动物园，以作为对熊猫礼物的答谢。浅野园长，也为华盛顿国家动物园园长 T. H. 里德（T. H. Reed）立志要培育出新一代熊猫的言论所激发。这一声明引发了华盛顿和东京之间的友好竞争，看谁最先繁殖出这种动物，但是这让本间和中川多少有点处境复杂，因为他们从护送这对熊猫到东京的中国饲养员那里得知，这种物种"在圈养状态下很难繁殖"。而康康，这只才 2 岁大的雄性熊猫还处在发育期。[83] 4 岁的兰兰也没有生育过。进一步而言，似乎就没有任何有关野生大熊猫的行为，如交配或其他行为的现成科学报道文献可供参考。他们手边有的也就是莫里斯夫妇的那本书，一篇过时的基于历史文献信息汇编成的日本自然史报道，以及德怀特·D. 戴维斯（D. Dwight Davis）在 1964 年内容更丰富的研究《大熊猫：一项有关进化机制的形态学研究》（*The Giant Panda: A Morphological Study of Evolutionary Mechanisms*），而这又完全基于解剖学的知识。[84]

由于日渐收紧的国内和国际条款，有关熊猫的运输限制逐步发展起来，而人们繁衍熊猫的意图日渐强烈。中国在 1984 年启动了"租我一头熊猫"的制度。20 世纪 80 年代中期，WWF 这个重要的动物保护组织在限制它的吉祥物标志物种的移动方面扮演起更激进的角色，此后中国和 WWF 间的关系便有所变化。[85] 日本在 1980 年正式加入 CITES（因为有关捕鲸和猎杀海龟以及其他议题的争议而被延迟），紧随该步调，[86] 日本动物园和水族馆协会的成员单位，其中就包括所有这个国家最主要的动物园，都在 1986 年宣称将"不再购买动物"而且"保护将优于（外交上）的美好意愿"。[87] 这个宣言也标志着日本动物园和水族馆协会决定加入世界上其他优秀动物园和水族馆从外来动物交易转向合作繁殖的更大努力中来。这是一种选择，允许日本动物园继续和北美、 222

西欧和澳大利亚的动物园进行交易，但是出于法律或伦理的考虑，也限制它们和违规机构进行交易。[88] 它也提出要通过动物园来加速新物种的循环，承诺出于繁殖目的的动物交换行为。一位日本动物园和水族馆协会的代表告诉《读卖新闻》："当我们从表达友好的单一关注转向物种保存的多元关注时，动物交换会变得越来越重要。"[89] 官员们如是解释说，藏品中更多的动物和更强的多样性，对门票收入和动物繁殖来说终归是好事一桩。

这种繁殖驱动力也伴随着动物园专业人士对生态现实正处在变动中的直觉。他们日渐意识到人类对自然环境的影响需要某种新动物园的出现。《读卖新闻》的一篇文章认为，在一个"人为造成环境破坏"的场景下，全日本的动物园园长如今都同意布朗克斯动物园园长威廉·G. 康威（William G. Conway）的话："动物园必须从被动的消费者变成主动的生产者。"[90] 至少从两个维度来看，这是一个振聋发聩的声明：首先，它翻转了将动物从野生世界移进动物园的常规方向，并且详述了对消费主义（即使是在最小限度的意义上）与生态退化之间的关联的警醒；其次，也是更切中熊猫这个案例的，它将动物园的经济和制度能量从新近捕获动物的交易，转向已经在它笼舍中的个别动物身上。上述转变无疑有利于动物园同外国的动物掮客打交道，但是也导致了对动物园已有圈养动物前所未有的技术和医疗介入。长远看来，这种向内的调整加速了动物繁殖技术的实施，最著名的就是"多产"，或认识到圈养动物也需要受到一定的刺激来保持心理和生理的健康（劳伦兹等人开创的动物行为学的诞生）。[91]

最终，上野动物园启动了将发力方向从"娱乐消遣"转向

"自然保护"的缓慢、充满争议又始终在进行的调整过程。[92]这种变动标志着动物园这种机构在战后发生的最重要的使命变化。这种变化正式起步于20世纪最后十年间。正如上野动物园官方史（2003年出版）指出的："通常而言，动物园被认为有四种主要功能：再造、教育、研究和保护。事实理应如此，但至少在十年前，再造已经被动物园或参观者视为动物园唯一的重要功能。"[93]因而，近来对保护、科学和繁殖的强调也许能够被视为传统潮流的放大，无论这种强调是多么转瞬即逝或微不足道的。

223

　　早在19世纪80年代，石川千代松就为捍卫动物园作为科学自觉意识的推广场所的角色而奋斗。古贺忠道，这位上野动物园在任时间最长的园长，在战后也较多地参与关于环境退化的讨论。他也参与推动了1971年WWF日本分支机构成立的指导工作。[94]正如我们在之前的章节看到的，1945年以后，动物园在全球跨国动物贸易中的角色实际上得到强化，但是古贺也将数量可观的资源投入到动物园圈养动物的繁殖上。他在繁殖大型鸟类品种，特别是在繁殖向来被视为日本国家和皇室象征的鹤上的成功，让他在国际上享有盛名。古贺开创性地将人工授精技术运用到鸟类繁殖上，在1986年，日本动物园和水族馆协会专门设置了"古贺奖"，既是作为对他逝世的纪念，也是向他在日本动物园圈养动物繁殖问题上取得的卓越成就致敬。上野动物园的兽医、饲养员和隶属的科学家们中，很多人都积极参与了推动政府在1975年CITES成立之初加入该组织的行动，因而很长时间以来就关注繁殖项目（包括无辅助授精和人工授精），将其作为提高物种存量和营造机构声望的手段，但是只有到了20世纪90年代，这些零零碎碎的努力才固定下来，并得到来自东京都政府和国家的重要经费支持。[95]

从石川到当前时代，很多支持上野动物园的争论总是努力通过聚焦既有问题来向前推进这个机构的运作。这并不是说这些年来上野动物园里绝大多数动物的圈养条件没有得到改善。事实上，正如上野动物园前任园长小宫辉之表明的，这些动物的刻板行为在减少。[96]但是上野动物园熊猫的历史也向我们显示出这种进步会是怎样的混乱和充满不确定性。动物园动物的身体付出了进步的代价，它们被引向一种与现状相适应的窄化的生态学视野，而不是被纳入对现代化的本质以及动物和自然世界在现代化进程中的定位的更宽泛讨论中。本书的目标之一，就是要将动物园陌生化，以揭示在这种最受欢迎的文化机构中通常为人们所忽略的东西。通常这意味着景观的视觉政治可以运用于饶有趣味的教育——儿童动物园不就是一个规训的反乌托邦的所在吗？斑比不就是一个新殖民主义的代表符号吗？但是这也意味着能够将我们的视线从意识形态和官方话语转移开，转向身体本身。正是通过身体，这些意识形态和官方话语才能够付诸实践，无论身体是属于人的还是非人的。

224　　再没有任何事情具有比追求熊猫繁殖更明显的张力。事实上，正是熊猫的性，引发了樱木特许售货亭提起的法律诉讼。在那些心急如焚的"熊猫记者"承受过相当的打击之后，康康和兰兰终于在1974年4月24日进行了首次交配。[97]据说弗洛伊德曾说过，人们去动物园就是为了看一丝不挂的动物。1974年春夏之交，对于动物园戏剧性高涨的兴趣，让人们明确了一件事情，即性对动物园的生意来说是重大利好，特别是熊猫的性。[98]
这对熊猫从"求爱"到最终"交配"的细节在新闻报纸上得到大
肆渲染，晚间新闻的再报道更是添油加醋。摄影师们缠着动物园
的管理者想要拿到更清晰的熊猫图片。上野最热闹的广小路地段
的大型百货商店曾是参观熊猫展的长长队伍的终止之处，那里挂
出了一只巨型的熊猫气球，为一系列面向动物园参观者的"熊猫
纪念庆典活动"揭幕。[99]上野动物园门票销量的单日最高纪录
出现在 1974 年 5 月 5 日，这天是日本儿童节，有 12.5 万人排队，
希望能看一眼这些憨态可掬的熊猫在玻璃后的交配场景。英国
BBC 和美国 ABC 都派出了摄影团队，新闻媒体转向猜测熊猫宝
宝顺利诞生的可能性。[100]或许多少有些看厌了成年熊猫，无论
是商家还是公众都渴望新的魅力动物的出现。

　　但是正如中川和本间曾经被警告过的，大熊猫在圈养状态下
不易繁殖。它们也不遵从核心家庭的生活模式。在野外，处于发
情期的雌性熊猫会与不同的雄性个体交配（这一事实有助于解释
圈养熊猫的低生殖力），在母亲不是忙于寻找食物就是忙于交配
的特殊时期，新生的熊猫幼崽会被单独抛在一边，缺乏照顾。大
众媒体普遍将康康和兰兰的交配描述为罗曼蒂克式的"爱情"，
一对实施一夫一妻制的已婚个体间的爱情。而抛下幼崽的自然行
为被视为科学共同体眼中的"遗弃"行为，因为它看似提高了熊
猫幼崽的死亡率。由于觉察到了这一问题的存在，中国将照顾熊
猫幼崽当作其圈养熊猫繁殖项目的内容，这些项目作为中国日渐
完善的熊猫保护和研究站点的重点工作而得到发展。这些机构的
资金部分筹自外国动物园，如圣迭戈动物园的租借熊猫费用，租

借行为因而是出于"保护"或"教育"目的，并非单纯的商业行为，如此便不受 CITES 对出于商业目的而交易一级濒危动物的限制。[101]

225　11 月 14 日，上野动物园新任园长岩内信行（Iwauchi Nobuyuki）在动物园礼堂召集了一场新闻发布会。上百名记者挤进一个原本设计为容纳 60 人的空间里，听这位园长对着成排的麦克风高声宣布"兰兰并没有怀孕"。这是一个极具讽刺意味的瞬间，揭示了生态现代性长期以来的矛盾。熊猫没有成为保护努力和圈养动物繁殖项目成功的象征，反而提醒了人类进步的有限性，以及我们为对动物和野生世界的持久不衰的（商业）迷恋所付出的代价。我们对熊猫的需要胜过对其他任何生物的需要，但是推进熊猫繁殖的努力的失败次数，远远多过于成功次数。失败看似只能激发出更多的希望和更加倍的努力。这又使得在追求寓意生物多样性的动物幼崽偶像的过程中，更高程度的技术介入变得合情合理。尽管在保护主义者看来，这种介入其实不具有必要的正当性。但是正如日本的"熊猫热"所表明的，相信保护是唯一的——或者说最首要的——人类努力的驱动力，这也太天真了。

矛盾的关系直接集中地体现为 WWF 无处不在的圆滚滚的黑白相间的熊猫标识，一个为真实的熊猫交易激发出的通用图像。1958 年，一只被称为奇奇的幼年熊猫被澳大利亚的野生动物贩子海尼·德默尔（Heini Demmer）以以物易物的方式带出中国，最后谣传是以一万英镑的价格卖到伦敦动物园。奇奇的到来也引发了伦敦的"熊猫热"。它还成为既是鸟类学家也是动物保护主义者的彼得·斯科特（Peter Scott）的灵感来源。当时他正在为他本人参与创建的新组织——1961 年正式成立于瑞士的 WWF，物色一个标志。[102] 熊猫是如此受欢迎，以至于英国首相爱德华·希思紧随田中的脚步，在 1974 年来到中国，提出再要一只熊猫的请求。他又一次回到中国想再要一只熊猫是在 1988 年，而这次是以半官方的身份。[103]

让人欣然接受的反讽出现在 1979 年 5 月 25 日，康康和兰兰最后一次交配的时候。自从这对熊猫来到上野动物园后，动物园陆续改造整个圈养空间以提高受孕概率。第四次，也是最后一次的交配努力，就交配本身而言，成功了。但它也预示着兰兰生命的终结。用于熊猫饲养的"上野动物园体系"是中川和饲养员团队专注于大熊猫照顾和繁殖的强化比较研究的成果。通过深入观察北京、上海和巴塞尔所使用的体系，中川的团队倾向于采用"巴塞尔体系"的改良版本。该体系尝试操控动物的欲望，以期在动物容受性最大的时候激发出更多的交配行为。康康和兰兰都被放进一个全玻璃环绕的花园，直到发情期开始，或说饲养员通过直接观察或尿检样本确认它们正处在发情期时，它们就会被分开，直到兰兰被判断处在最佳状态的时候，它们才会被放归一处。人们指望被抑制的交配激情或本能有助于受孕。[104]

这是一个成功的变革措施，或说它看上去是。有关这个事件的最后观察记录透露出一些有关"熊猫热"的背后动力的意味。"下午 4∶53—6∶23，雌性熊猫抬高后臀展示了一下，雄性熊猫假装安坐不动。当雄性熊猫往后撤的时候，雌性熊猫跟了上去。整个情形持续了较长时间，交配从下午 6∶19 开始，持续了 1 分 42 秒。两只熊猫在交配过程中都发出激情的声音。"这个片段被固定

226

相机和摄像头记录下来以备日后观察，类似片段当天还出现了两次。尽管对每个人来说——也包括那些读报的公众，这些熊猫交配了，这一点清楚无疑，但是兰兰是否怀孕还始终没法确定，直到几个月后的 9 月 4 日，兰兰去世了。在对兰兰的尸体进行 X 光扫描的过程中，人们发现有胎儿存在，这也为后来的解剖所证实。死亡原因被归结为怀孕引发的败血症，这只熊猫的肝脏已经衰竭了。[105]

　　人们不得不按捺住渴望，等待着新一对熊猫的到来。康康也在第二年 6 月去世，就在首相大平正芳在 1979 年前往中国执行外交任务，并提出再要一只熊猫来代替兰兰的请求之后。大平的继任者铃木善幸随后在 1982 年来到北京。康康的替代者在 1982 年 10 月到达东京，作为中日两国邦交正常化十周年的纪念。新的一对熊猫，飞飞和欢欢，被安置在花园面积有了新扩展的熊猫馆。飞飞外表上看上去比康康更强壮，而欢欢看似已有过野外生育的经历。关于即将到来的熊猫宝贝的猜想又开始升温。但是很快人们发现，两只熊猫彼此排斥。[106] 它们一反常态地对对方很凶，考虑到熊猫上颌足以切断竹子的力量，这种情形相当危险。

　　于是，在 1985 年 6 月，欢欢成为全世界第三只通过人工授精生出幼崽的熊猫。在这个意义上，上野动物园的熊猫成为某种生物技术的载体：服务于人类需要的人造有机体。[107] 在这一案例中，上野动物园不再如本书第三章描绘的那样繁殖忠诚的军马以供战争驱策，而是受到生态稀缺性、国家荣誉和"高深莫测的可爱"的联合驱使，投入好几千万日元到熊猫繁殖项目中来。欢欢的怀孕对动物园技术团队来说是个巨大的成功，但是团队中的

227

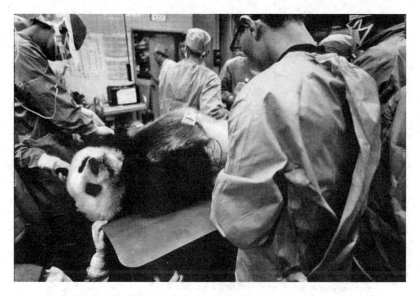

图 6.2　手术台上的欢欢，1985 年

欢欢（图中的雌性熊猫）与飞飞在授精手术中都被注射了镇静剂。欢欢先后通过人工授精技术生育了三只幼崽：初初（雄性，1985 年）、童童（雌性，1986年）、悠悠（雄性，1988 年）。东京团队在这方面取得如此成功，以至于它开始培训来自其他动物园的技术人员。图片蒙东京动物园协会提供

每个人又很快陷入失望之中，5 盎司重、6.5 英寸长的熊猫幼崽初初——去世后才命名的，在出生后不到 43 小时就被压在妈妈的身体底下。[108] 这类死亡很常见。在 1963 年到 1992 年间，大约有120 只大熊猫在圈养环境中出生，但是只有 47 只挺过出生后的第一个月。[109]

　　由于深陷这多重矛盾的泥潭，日本不得不再等上一年。童童（这个名字在公之于众之前已被东京动物园协会注册），经由同样的人工授精手段于 1986 年 6 月 1 日出生，另一只熊猫幼崽悠悠则出生在两年之后。繁殖两只熊猫幼崽的精液都抽取自被注射过麻

228　　图6.3　历史的重量——天平上的童童，1986 年 6 月 1 日出生于上
　　　　野动物园

这只雌性幼崽是日本第二只通过人工授精孕育的熊猫，也是第一
只存活下来供公众参观的熊猫。数千人排队观看这个害羞的小生
命，上野动物园的参观者数量创下了历史新纪录。图中的展览发
生在 1986 年 10 月 26 日。图片蒙东京动物园协会提供

醉剂的飞飞。在拥有最先进技术装备的手术室里，人们通过电子取精器把飞飞的精液抽取出来，存储在无菌试管中，再放到能源供应充足的冰箱中存储，直到最后注入欢欢体内。欢欢日常对飞飞如此避之唯恐不及，至于"自然繁殖被证明是不可能的"。[110]   229
注入日期的选择根据对尿样的现场化学分析结果决定，这些尿样由团队成员收集，在春季雌性大熊猫容易进入发情期的那几周里，他们要进行 24 小时不间断轮班值守。如同伯格声称的那样，作为成果产出的小家伙——体重通常在 4 盎司以下的熊猫幼崽，不只是为了"补偿"而将动物"从日常生活"中抽离再造出来的形象。它本身就是活的生命，即便是通过小心翼翼的技术介入创造出来的，用以维系熊猫这一特定物种的"人工产物"，该物种已经在由消费者欲望、国际政治和专业化科学交织而成的现代体系中找到了栖身之所。[111]

小结

这也就标志着我们故事的终结：对于那些拒绝在圈养状态下繁殖的动物，人工繁殖技术被用来服务于一种对"可爱"生物的大众迷恋，这种技术的使用也因为被当作是对物种灭绝危机的恰当的科学回应而具有了正当性。但是，正是产生物种灭绝危机的现代消费主义，从一开始就助长了对熊猫这类物种的大众痴迷。与伯格所称的动物边缘化过程相较而言，这既是一种颠覆，也存在一致的一面，我视这一过程为无论日本还是其他地方都无处不在的生态现代性的象征。伯格有句著名的论断，称动物园的动物"构成致敬它们自身消亡的鲜活纪念碑"。[112]熊猫的例子就是伯格这一论断在动物血肉之躯上的体现，以及它经由展览操作而向社会领域的回归。不同之处在于，它提醒我们动物园的动物不只是展览的客体。它们既是活生生的生物，同时也是展览的对象，日本法律将其称之为"展示动物"。[113]上野大熊猫的案例凸显了动物园内部再现和自然世界之间的相互作用、动物在调停这一过程中所扮演的可取代的角色，以及人类文化选择影响个体动物和更宽广的自然世界的诸多方式。

注释

[1] 井上ひさし:「パンダショーンたけなわ」,『週刊朝日』, 10（1972 年 11 月）。引用自上野動物園編『ジャイアントパンダの飼育：上野動物園における 20 年の記録』, 東京：東京動物園協会, 1995, 第 197 頁。在德川时代和之前的早期现代，老虎和竹子在日本绘画中通常同时出现。竹林作为这种大型猫科动物自然世界中地位的象征性所在，被认为能够强化这种动物外表的凶猛程度，这种联系于是逐渐成为一种互补性的隐喻。

[2] 出于延续性的考虑，同时也因为我们主要讨论的是日本，我在英文版选择使用上野动物园自己对这对熊猫的罗马拼音命名。在各种场合，熊猫都用汉字命名，而这同一个名字在中文和日文里读起来又会有区别。比如说，"Ling Ling"有可能被称为"Lin Lin"。而下面所述的例外情形，主要发生在那些被安置在日本之外的熊猫身上，比如在 1971 年理查德·M. 尼克松总统访华之后被送到美国的那对熊猫。在那种情况下，我通常使用英语直译。

[3] 在种种事项之中，正如生物学家乔治·B. 夏勒所称，他也是世界野生动物基金分支机构以及纽约野生动物保护协会的科学主管（与布朗克斯动物园有联系），这些有争议的"租我一头熊猫"条款规定了熊猫繁殖应该得到鼓励，但同时全部后代的所有权都属于中华人民共和国。作为一位杰出的保护生物学家，夏勒在中华人民共和国与 WWF 围绕熊猫保护和租借实践的谈判沟通中扮演着重要角色。有关熊猫租借的发展及其内涵，参见乔治·B. 夏勒的《最后的熊猫》（The Last Panda），芝加哥：芝加哥大学出版社，1993 年，第 235—249 頁。

[4] 中川志郎:『ジャイアントパンダの飼育』, 第 181 頁。

[5] 同上，第 180—181 頁。

[6] 这里我引用迪佩什·查卡拉巴提的《历史气候：四个议题》，尤其是第201—207页。历史学家布雷特·L. 沃克在他有关日本狼的研究中探讨过这类问题，这些日本狼是高度社会化的生物，有着不止于简单觅食和繁殖的行为活动。行为学家马克·贝科夫（Marc Bekoff）展示了动物，也包括人类，是如何变得情感与生命彼此附着的。参见布雷特·L. 沃克的《消失的日本狼》；马克·贝科夫的《动物的情感生活：一个领军科学家对动物喜悦、难过和同理心的探索》（*The Emotional Lives of Animals: A Leading Scientist Explores Animal Joy, Sorrow, and Empathy*），纽约：新世界图书馆，2008年。关于历史时间与进化或深度历史之间的内在关联，参见埃德蒙·拉塞尔的《进化史：整合历史与生物来理解地球生命》（*Evolutionary History: Uniting History and Biology to Understand Life on Earth*），纽约：剑桥大学出版社，2011年。

[7] 查卡拉巴提引用的柯林伍德表述，参见《历史气候：四个议题》：第203页。关于原出处，参见柯林伍德的《历史的观念》（*The Idea of History*），纽约：牛津大学出版社，1946年，第320页。注意到中川并没有将自身从这一过程中抽离出来这一点很重要。甚至是饲养员和动物园里的其他人也都努力将自身的情感加诸这些熊猫身上。他指出，他们变得为这种遗传倾向所左右。中川：『ジャイアントパンダの飼育』，第189页。关于超越了自然历史与人类历史的传统分野的革新性讨论，参见布雷特·L. 沃克的《毒岛：日本工业病史》。有关媒介中的动物，参见格雷格·米特曼的《趋超自然：电影中的美国野生动物罗曼史》。关于动物与技术之间联系的一个相关但截然不同的研讨路径，参见艾蒂安·本森（Etienne Benson）的《连线荒野：追踪技术与现代野生动物的制作》（*Wired Wilderness: Technologies of Track and the Making of Modern Wildlife*），巴尔的摩：约翰霍普金斯大学出版社，2020年。

[8] 中川志郎：『ジャイアントパンダの飼育』，第180—181页；康拉德·劳伦兹：《动物与人类行为研究》，罗伯特·马丁（Robert Martin）译，麻省剑桥：哈佛大学出版社，1970年；拉蒙娜·莫里斯和德斯蒙德·莫里斯（Ramona Morris and Desmond Morris）：《人与熊猫》（*Men and Pandas*），纽约：麦格劳－希尔，1967年。

[9] 中川志郎：『ジャイアントパンダの飼育』，第181页。

[10] 康拉德·劳伦兹：《动物和人类社会中必不可少的内容》（"Part and Parcel in Animal and Human Societies"），收入《动物与人类行为研究》第二卷，麻省剑桥：哈佛大学出版社，1970年，第156页。关于劳伦兹在生态学成为独立学科过程中的作用的深度讨论，参见理查德·W. 伯克哈特的《行为模式：康拉德·劳伦兹、尼科·丁伯根以及生态学的创立》，芝加哥：芝加哥大学出版社，2005年，尤其是第三章"康拉德·劳伦兹与生态学概念奠基"，第127—186页。也可参见斯蒂芬·杰伊·古尔德的《对米老鼠的生物学膜拜》（"A Biological Homage to Mickey Mouse"），收入《熊猫的拇指：自然史沉思录》（*The Panda's Thumb: More Reflections in Natural History*），纽约：诺顿，1980年，第102页。

［11］劳伦兹：《动物和人类社会中必不可少的内容》，第 156 页。

［12］古尔德：《对米老鼠的生物学膜拜》，第 101—102 页。

［13］同上，第 101 页；伯克哈特：《行为模式》。

［14］拉蒙娜·莫里斯和德斯蒙德·莫里斯：《熊猫的吸引力》，收入《人与熊猫》，第 220—232 页。也可参见鲍勃·马伦和加里·马文编《动物园文化：观众观看动物之书》，第 24—25 页。

［15］中川志郎：『ジャイアントパンダの飼育』，第 181—182、200 頁。

［16］同上。

［17］成島信夫（Narushima Nobuo）：「ジャイアントパンダの繁殖作戦」，收入『21世紀の動物園と珍稀動物繁殖』，東京：日本生物繁殖学会，2001，第 22 頁。

［18］古尔德：《对米老鼠的生物学膜拜》，第 95—107 页；W. J. T. 米切尔：《现代性的图腾动物》（"The Totem Animal of Modernity"），收入《最后的恐龙书：一个文化图标的生命与时代》（*The Last Dinosaur Book: The Life and Times of a Cultural Icon*），芝加哥：芝加哥大学出版社，1998 年，第 77—87 页；曼纽尔·J. 萨莱萨（Manuel J. Salesa）等：《食肉动物化石的假拇指证据澄清熊猫进化》（"Evidence of a False Thumb in a Fossil Carnivore Clarifies the Evolution of Pandas"），《美国科学院院刊》（*PNAS*），103，no. 2（2006 年 1 月），第 379—382 页。

［19］「VIP パンダ」，『産経新聞』，1972 年 10 月 5 日；「パンダはよろこんでいるか」，『毎日新聞』，1973 年 5 月 17 日。

［20］中川志郎：『ジャイアントパンダの飼育』，第 200 頁。

［21］当然，相比需要大量时间和精力投入的栖息地保护来说，圈养动物繁殖会是另一个合理选择。关于中国在这一点上的努力，参见"成都大熊猫繁育研究基地"网站，www.panda.org.cn/，2013 年 1 月 1 日查询。

［22］大贯惠美子：《神风特攻队、樱花与民族主义》，尤其是第 3—4 页。关于礼物交换社会机制中"误识"（meconnaissance）的严重性，参见皮埃尔·布尔迪厄的《实践理论大纲》（*Outline of a Theory of Practice*），理查德·尼斯（Richard Nice）译，纽约：剑桥大学出版社，1977 年，尤其是第 3—15 页。

［23］莫里斯夫妇：《人与熊猫》；莫里斯夫妇和乔纳森·巴尔兹多（Jonathan Barzdo）：《大熊猫》（*The Giant Panda*），纽约：企鹅图书，1982 年，第 192 页。

［24］参见傅士卓（Joseph Fewsmith）的《反应、复活与胜利：天安门以来的中国政治》（"Reaction, Resurgence, and Succession: Chinese Politics since Tiananmen"），收入马若德（Roderick MacFarquhar）编《政治中国：中华人民共和国 60 年》（*The Politics of China: Sixty Years of the People's Republic of China*），剑桥：剑桥大学出版社，1994 年，第 468—527 页。也可参见马若德和沈迈克（Michael Schoenhals）的《毛泽东最后的革命》（*Mao's Last Revolution*），麻省剑桥：哈佛大学出版社，2006 年。

［25］夏勒：《最后的熊猫》。

［26］关于这场运动，参见杰西·多纳休和埃里克·特朗普的《动物园政治：外来动物及其保护者》。关于保守主义后殖民议题的整体回应，参见拉马钱德拉·古

哈（Ramachandra Guha）的《激进的美国环保主义与荒野保护：第三世界的批评》（"Radical American Environmentalism and Wilderness Preservation: A Third World Critique"），收入《环境伦理》（*Environmental Ethics*），11，no. 1（1989春），第71—83页。

[27] 中川志郎:『ジャイアントパンダの飼育』，第201頁；"IUCN 濒危物种红色名录"（The Red List of Endangered Species），www.iucnredlist.org/，2010 年 7 月 10日查询。

[28] 斯科特·奥布莱恩:《增长观念：战后日本的愿景与繁荣》（*The Growth Idea: Purpose and Prosperity in Postwar Japan*），火奴鲁鲁：夏威夷大学出版社，2009 年。

[29]「誕生！！パンダ記者」，『日本経済新聞』，1972 年 11 月 11 日。

[30] 山下京子（Yamashita Kyōko）、日本放送協会和项目 X 政策组（Nihon Hōsō kyōkai and Purojekuto X Seisakuhan）:『コミック版プロジェクト X 挑戦者たち.パンダが日本にやって来た：カンカン重病・知られざる 11 日間』，東京：宙出版，2004；日本放送協会:『翼よ，よみがえれ』，東京：日本放送出版協会，2000。官方历史记录和动物园职员创作的流行偶像传记数量多得惊人，最近的一种是 2000 年 NHK 电视台的爱国者项目"X～挑战者"系列，它将康康和兰兰的到来塑造为一次冲击，一次对尼克松冲击的回应。该项目放大了康康和兰兰的戏剧性色彩，强调了动物园作为技术成功之所的角色。讲解员特地加重了声调："他们在外来动物存活上取得了成功。"

[31]『上野動物園百年史・資料編』，第 407 頁。

[32] 同上，第 406 頁。

[33]「見物優先热，保護優先热」，『朝日新聞』，1972 年 10 月 11 日。

[34]「日本社会防止虐待動物」，2010 年 6 月 25 日查询于 www.jspca.or.jp/。

[35]「見物優先热，保護優先热」，13。

[36]「パンダ育つ空中戦」，『読売新聞』，1972 年 10 月 13 日。

[37]『上野動物園百年史・本編』，第 410 頁。

[38] 同上。

[39]「夢は何，もちろんパンダ」，『読売新聞』，1972 年 11 月 5 日。

[40] 中川志郎:『ジャイアントパンダの飼育』，第 200 頁。

[41] 同上，第 202—204 頁。

[42]「誕生！！パンダ記者」。

[43] 同上。

[44] 同上。

[45] 同上。

[46] 中川志郎:『ジャイアントパンダの飼育』，第 184 頁。

[47] 同上，第 182 頁。

[48]「パンダ！」，『週刊朝日』，10，1972 年 11 月 3 日，12—18。引自中川志郎『ジャイアントパンダの飼育』，第 184 頁。『産経新聞』，1977 年 10 月 22 日。引用

同上。

［49］「タレ目で可愛」,『東京新聞』, 1972 年 11 月 6 日。

［50］「美梦为何? 不言而喻熊猫」, 14。

［51］「パンダ協奏曲」,『東京新聞』, 1972 年 11 月 6 日。

［52］「姿見へネど熱烈歓迎」,『日本経済新聞』, 1972 年 10 月 29 日, 1 版。

［53］「パンダ協奏曲」, 3 版。「パンダちゃんみたよでも」,『読売新聞』, 1972 年 11
月 6 日。

［54］同上。

［55］「パンダちゃんみたよでも」。

［56］「タレ目で可愛」, 第 3 頁。

［57］约翰·伯格:《为何凝视动物?》, 第 23、24 页。

［58］同上, 第 22 页。

［59］「ニーハオ皆さん, ようこそパンダ」,『日本経済新聞』, 1972 年 10 月 29 日。
「パンダダウン」,『産経新聞』, 1972 年 11 月 8 日。

［60］「パンダちゃん‘本日は休業’です」,『読売新聞』, 1972 年 11 月 8 日;「人間
疲れ? パンダちゃん」,『東京新聞』, 1972 年 11 月 5 日。

［61］「‘上野 VIP’ ダウン, 今日は‘公開しません’」,『毎日新聞』, 1972 年 11 月
8 日。

［62］「ダウンは週休 2 日」,『産経新聞』, 1972 年 11 月 9 日;「ダウンも週休 2 日制
今日から公開もわずか二時間」,『東京新聞』, 1972 年 11 月 9 日, 9 版;「元気
にあいきょう振り撒く」,『読売新聞』, 1972 年 11 月 11 日。

［63］「元気にあいきょう振り撒く」。

［64］在日本有关动物及动物福利的立法, 参见青木人志（Aoki Hitoshi）『日本の動
物法』, 東京：東京大学出版会, 2009。也可参见青木人志『法と動物』, 東京：
明石書店, 2004。

［65］「パンダ庭園は豪華版」,『産経新聞』, 1972 年 12 月 16 日。

［66］『上野動物園百年史・資料編』, 第 406 頁。

［67］「パンダはよろこんでいるか?」。

［68］「パンダ舎になぜ大金翔ける」,『産経新聞』, 1973 年 5 月 17 日。

［69］「パンダ舎批判にひと言」,『産経新聞』, 1973 年 5 月 17 日。

［70］中川志郎:『ジャイアントパンダの飼育』, 第 185—192 頁。

［71］「青鉛筆」,『朝日新聞』, 1983 年 6 月 2 日, 8 版。

［72］在这种场合下, 整体比部分更值钱。最开始的家长和孩子套装玩具卖 4 500 日
元。中川志郎:『ジャイアントパンダの飼育』, 第 187 頁。

［73］版权号 1570222, 1983 年 2 月 25 日存档。

［74］关于争议中的玩具形象, 参见中川志郎『ジャイアントパンダの飼育』, 第
188 頁。

［75］同上, 第 189 頁。

［76］岩洸恒夫:「自然物を模した商品の創作性とは」, 收入『日経デザイン』,

1989 年 6 月，第 8—18 頁。再印于日経デザイン編『デザインの紛争と判例』，東京：日経 BP 社，1992，第 22—30 頁。关于所有权和动物的暗示，参见哈丽雅特·里特沃的《拥有母亲大自然：18 世纪英国的遗传资本》("Possessing Mother Nature: Genetic Capital in Eighteenth-Century Britain")，收入《高贵的牛和混种的斑马：动物和历史短篇》(*Noble Cows and Hybrid Zebras: Essays on Animals and History*)，夏洛茨维尔：弗吉尼亚大学出版社，2010 年，第 157—176 页。

[77] 参见卡尔·马克思的《资本论》，收入《政治经济学批判大纲》(*Grundrisse*)，纽约：企鹅经典，1993 年，第 239—882 页，尤其是第 489—490 页。也可参见约翰·贝拉米·福斯特（John Bellamy Foster）的《马克思生态学：唯物主义与自然》(*Marx's Ecology: Materialism and Nature*)，纽约：每月评论，2000 年。

[78] 对动物园自身而言，该讨论的核心问题反映在机构 90 周年纪念史的副标题中。该书由上野动物园和东京动物园协会员工和会员集体创作而成，即東京都恩賜上野動物園編『上野動物園の現状と将来：人間と自然の調和へ』，1972。

[79] 中川志郎：『ジャイアントパンダの飼育』，第 192 頁。

[80] 同上，第 189、197—201 頁。

[81] 「観賞熱，保護熱」，13。

[82] 『上野動物園百年史・本編』，第 410 頁。

[83] 中川志郎：『ジャイアントパンダの飼育』，第 185 頁。

[84] 日本放送协会和 X 项目组：『コミック版プロジェクト X 挑戦者たち』；日本放送協会：『翼よ，よみがえれ』；中川志郎：『ジャイアントパンダの飼育』，第 3—5 頁；莫里斯夫妇：《人与熊猫》；D. 德怀特·戴维斯：《大熊猫：一项有关进化机制的形态学研究》，芝加哥：芝加哥自然历史博物馆，1964 年。

[85] 参见夏勒的《最后的熊猫》。

[86] 关于日本"捕鲸问题"的概述以及日本保护伦理的发展，参见渡辺洋之（Watanabe Hiroyuki）『捕鯨問題の歴史社会学：近現代日本におけるクジラと人間』，東京：東信堂，2006，第 222 頁。感谢雅各比那·阿奇（Jakobina Arch）为我带来了这本书以及其他我关注议题的作品。

[87] 「野生動物買いません」，《読売新聞》，1972 年 11 月 28 日。

[88] 多纳休和特朗普：《动物园政治》；戴维·汉考克（David Hancocks）：《差异自然：动物园的悖论世界及其不确定未来》(*A Different Nature: The Paradoxical World of Zoos and Their Uncertain Future*)，伯克利：加利福尼亚大学出版社，2001 年。

[89] 「野生動物買いません」，10。

[90] 同上；伊丽莎白·汉森：《动物魅惑：美国动物园的自然展示》，第 184—186 页。

[91] D. J. 谢泼德森（D. J. Shepherdson）：《追踪动物园的生态富集路径》("Tracing the Path of Environmental Enrichment in Zoos")，收入 D. J. 谢泼德森、J. D. 梅林（J. D. Mellen）以及 M. 哈钦斯（M. Hutchins）编《第二自然——圈养动物的生态富集》(*Second Nature— Environmental Enrichment for Captive Animals*)，伦敦：

史密森协会出版社，1998年，第1—12页。

［92］机构相关争论被提交到东京市政府，参见上野动物園『上野動物園白皮書』，1975，第2頁。

［93］上野动物园：《上野动物园进展——开园120周年纪念，1982—2002》，第44页。

［94］WWF日本委员会编：《WWF 20年史》，东京：WWF日本委员会，1994。

［95］参见川田健的《日本动物园》（"Zoological Gardens of Japan"），收入弗农·N.基斯林的《动物园和水族馆历史：古代动物收藏到动物园》，第295—330页。在20世纪50年代，古贺就在圈养鸟类繁殖的人工授精技术运用上居于领先地位。

［96］小宫辉之監修、福田豊文（Fukuda Toyofumi）写真：『ほんとのおおきさ動物園』，東京：学習研究社，2008。

［97］中川志郎：「中国パンダと動物園」，1，『動物と動物園』，1973年7月，第4—8頁。中川志郎：『ジャイアントパンダの飼育』，第29頁。

［98］感谢艾伦·沙特施奈德（Ellen Schattschneider）的贡献。

［99］中川志郎：『ジャイアントパンダの飼育』，第29頁。

［100］同上，第185頁。

［101］《濒危野生动植物种国际贸易公约》，附录I、II and III，日内瓦：国际环境之家，2010年；多纳休和特朗普：《动物园政治》，第108—139页；汉考克：《差异自然》。

［102］罗杰·考特尼（Roger Courtney）：《非营利志愿组织的战略管理》（Strategic Management for Voluntary Nonprofit Organizations），纽约：劳特利奇，2002年，第235—241页。莫里斯夫妇：《人与熊猫》，第134—145、220—225页。

［103］夏勒：《最后的熊猫》，第244—245页。

［104］中川志郎：『ジャイアントパンダの飼育』，第29—30頁。

［105］同上，第28—30、186頁。

［106］成島信夫：「ジャイアントパンダの繁殖作戦」，第24頁。

［107］埃德蒙·拉塞尔：《机械花园：面向技术进化史》（"The Garden in the Machine: Toward an Evolutionary History of Technology"），收入菲利普·斯克兰顿（Philip Scranton）和苏珊·R.施莱普费尔（Susan R. Schrepfer）编《工业化有机体：进化史入门》（Industrializing Organisms: Introducing Evolutionary History），纽约：劳特利奇，2004年，第1—18页。

［108］成島信夫：「ジャイアントパンダの繁殖作戦」，第22頁。

［109］中川志郎：『ジャイアントパンダの飼育』，第37頁。

［110］成島信夫：「ジャイアントパンダの繁殖作戦」，第22—26頁。

［111］同上，第24—26頁。

［112］伯格：《为何凝视动物？》，第19页。

［113］中川志郎：『ジャイアントパンダの飼育』，第180頁；青木人志：『法と動物』，第17—47頁。

结语　生态现代性的遗憾

2012 年 7 月 11 日，一只还没来得及命名的，144 克重的大熊猫幼崽在上野动物园死亡，该事件成为生态现代性长期以来的矛盾本质的具体体现。[1]这只还没有长毛的小不点的故事，深刻表明了日本社会内部动物和自然的巨大吸引力，表明了人们对类似事物的难以餍足的欲望。它揭示出国家政策是如何渗透到上野动物园这个机构的几乎所有日常运作中的。该机构自 1952 年盟军占领结束以来，就致力于去政治化的娱乐和教育，以重新定义自身的使命。它也呈现了居于一个变动自然世界中的全球现实——这里我也沿用保罗·J. 克鲁岑和其他人的说法将其标记为"人类世"——与诸如日本这样高度工业化的大众文化社会的日常生活之间存在着的种种张力。在一个出自人类之手也为人类自身打造的环境中，这只通过"自然繁衍"方式诞生的熊猫幼崽成为自然和人为的杂交产物，它在死亡之前的存在，完全依赖于人类持续的介入。

从一开始，这只新生的熊猫幼崽就处于各种博弈中。它的父母于 2011 年 2 月 21 日，也就是陵陵死后的第三个年头来到上野动物园。陵陵多年来以被视为上野动物园的"最后一只熊猫"而闻名于世。尽管陵陵并非最后一只活动在上野动物园高科技熊猫馆的熊猫，但它确实是最后一只由日本机构或政府拥有的熊猫。事实上，当陵陵在 2008 年死亡时，当时全日本尚有 8 只大熊猫，6 只在日本和歌山县白滨町冒险大世界，2 只在神户市立王子动物园。然而，所有这些熊猫的所有权都归属中国。熊猫租借协议是一项关于保护和繁殖的协议，是为了经营海外熊猫的租借事宜，同时也为坐落在四川省的卧龙国家自然保护区筹集资金。这片保护区旨在保护熊猫的栖息地。当中国的经济从传统社会主义转向"社会主义市场经济"时，对熊猫的安排也有了多种意味。毕竟大熊猫的数量和栖息地越收缩，全球对大熊猫的兴趣就越强烈。

陵陵的死亡在上野动物园的展览景观中留下了一个任何其他物种都难以填补的窟窿。在 1972 年到 2008 年这段时间里，上野动物园至少拥有一只以上的熊猫。对于绝大多数人来说，这种黑白色动物和上野动物园之间的联系显而易见。上野动物园作为东京首屈一指的动物园，也是事实上的国家动物园，其机构本身的完善程度和大众认可度被人们想当然地理解为跟拥有一两只大熊猫直接相关。在这个世界上，该物种的数量日渐减少，仅有1 900 只左右，而且都为中国拥有。一名日本政府官员在公共评论中强调："简而言之，上野动物园不能没有熊猫。"但是作为东京都政府的附属机构，上野动物园自身没有获取另一只熊猫的任何直接手段。熊猫的租借通常以十年为期，每年租借费至少 100 万美元。如此大规模的资金投入对动物园几十亿日元的年度预算来说是一项特别的开销。与此同时，这种具有政治意味的交换在东京臭名昭著的鹰派都知事石原慎太郎（Ishihara Shintarō）看来代价太高，他对向中国"借"熊猫这种观念嗤之以鼻，认为这有损日本的国家声望。他大声疾呼，东京"不要熊猫"，此举呼应了他在 1989 年参与写作的《日本有能力说不》（*The Japan That Can Say No*）一书的标题。该书作为在 20 世纪美国霸权主义背景下呼吁日本自治的新民族主义宣言，不那么有市场。这次，他的目标转向 21 世纪的中国。[2]

在大熊猫缺席的日子里，上野动物园园长小宫辉之及其团队开始在幕后游说石原，并且寻求其他维持客流的方式。"陵陵为动物园吸引高客流量作出了巨大贡献，"小宫告诉记者，"从现在起，我希望有其他动物能够替代它的角色。"[3] 小宫所做的努力充满创新性：树懒在人行道上空铺设的厚实绳索上来去穿梭，它们有免于从高处坠落的本能；一只被解救的虎头海雕无拘无束地站在不忍池中心的小岛上，那些在野生世界受到伤害并得到兽医救治的动物在不忍池各得其所；为了将大象这种大型生物重新打造为动物园展览文化的核心，象馆得到重新规划，面积有了新的扩展。但是，人们还是更希望看到熊猫。调查表明，这种"黑白相间的熊"是动物园最具吸引力的所在。[4] 售货亭和礼品商店继续兜售着熊猫商品，游客们也继续站在动物园正门前不远处的熊猫雕塑旁按下快门合影留念。

最终，新的一对雌雄熊猫，力力和真真从卧龙保护区来到东京。熊猫旗再一次飘扬在上野人头攒动的购物区上空，新闻媒体在熊猫馆附近熟悉的景点再次聚集起来，动物园的团队努力投入工作以帮助这对熊猫尽快适应环境。小宫告诉成群结队的记者："它们看上去喜欢日本的竹子和苹果。"

出于自身考虑，石原都知事也一改以往的攻击性，转为冷淡处之。当被问及为何改变了自己对租借熊猫的立场时，这位都知事的回答显得有些烦躁："因为本土群体对此有强烈需求。"记者再继续施压："主要是哪类本土群体呢？"对此石原的回答是："学龄前儿童。"[5] 大笑声在人群中此起彼伏，大家都认为石原是如此轻易地被熊猫拿下了。但是，毫无疑问，上野动物园为此进行了艰难的游说斡旋，力图以某种方式在孩子和成年人的怀旧情绪之间维持某种平衡，这种方式和55年前盟军占领期间古贺园长所使用的策略形成呼应。"我才不关心熊猫呢，"石原强调，"它们不就是价值昂贵的商品吗？"[6] 但是这对熊猫和这位都知事都陷入了大众传媒的包围中，而且石原，这位先前特别善于黑色幽默的弄潮者，将媒体效应运用到了极致。记者和编辑们都清楚，在问及石原有关中国熊猫的问题时，原指望他会不屑一顾地随口说上几句，但是这位都知事却利用熊猫把人们的注意力引向他对中国那充满争议的态度上，将"熊猫外交"的方向反转过来。

到 2012 年夏天真真怀孕的时候，石原正热衷于居间斡旋，要为东京购买中国钓鱼岛中的一个岛屿。钓鱼岛是一处位于中国东海的小规模群岛。这桩交易看上去是蓄意为之的激进之举，一个为石原所操控的工具，好将东京方面传统的控制力覆盖到诸多偏远小岛上，以振奋国内的民族主义意识，从而为石原谋求更高的职位提供政治资本。这位都知事在 2012 年 11 月辞职，去创立领导保守的太阳党，但是在他离任之前，他成功地把媒体最主要的注意力引到这只怀孕的熊猫身上，将作为中国吉祥物的熊猫与钓鱼岛的争议绑定在一起。这位都知事在 6 月份强调道："我认为我们应该给这对熊猫取名为 sensen 或 kakukaku。"他借用钓鱼岛的日本名字 sensen 或 kakukaku（"尖阁"），或许更是在玩弄一个事实，因为"尖阁"两个字分别跟日语里的"战争"和"核弹"谐音双关。"无论我们叫它们什么，"在随后的一两天里石原继续提到，"它们为中国人所有这一事实不会改变。"这是对熊猫政治中惯用的外交辞令的一个嘲讽性翻转。就在两天前，中国外交部新闻发言人洪磊就强调过："日本人愿意叫这些岛屿什么名字就叫它什么名字，但是，它们为中国所拥有这一事实不会改变。"[7]

出生和死亡都会给熊猫的政治领域带来或紧或松的影响。真真幼崽的出生，对 2011 年 3 月 11 日海啸事件发生后的日本来说无疑是好运的象征，受到举国上下的普遍欢迎。当时，成千上万人在大海啸中失去生命，位于福岛的核电站也陷入崩溃状态，核泄漏污染威胁着东京和日本东北部的安全。"大熊猫是友谊的使者"，就在中国外交部新闻发言人刘为民接受记者采访的同时，上野动物园团队也正在庆祝"自然繁衍"的成功，这种无侵入性繁殖项目的设计，主要是通过阶段性的分离和定期的重聚来挑拨起熊猫的交配欲望。这对上野动物园团队来说，无疑是一个巨大的成功。但是，人们欢呼雀跃的时间和这个小生命的存活时间一样未能持续多久。出生六天后，这只熊猫幼崽就死于肺病。小宫园长的继任者土居利光，在宣布这一消息时泪流满面。尸检结果显示这只幼崽夭折的原因可能是选择母乳喂养而非使用奶瓶的人工喂养。自然养育的不可控因素太多，这个小家伙似乎吸入了少量母乳。

　　这是一个巨大的损失，该损失凸显了上野动物园包含的矛盾。"自然繁衍"刚刚才被人们当作上野动物园圈养动物繁殖项目取得的阶段性胜利来加以庆祝。这次损失暗示人们不仅仅需要对动物侵入性更少的技术路径，也需要更全面深入地了解熊猫的交配驱动机制。这只幼崽是在日本自然生育出来的第一只熊猫。与此同时，也许正是对"自然"喂养方式的推崇才导致这个小家伙的死亡。而且一个事实始终存在，就是中国境外动物园熊猫幼崽的死亡率始终高居不下。在上野动物园的熊猫幼崽死亡事件发生后不久，在接受新华社记者采访时，中国卧龙大熊猫保护和研究中心主任张和民谈道，出生在中国境外的大熊猫幼崽的死亡率基本上在 15%，与之相反的是，卧龙和它的兄弟单位成都基地的存活率都将近 100%。[8]

　　张和民把熊猫幼崽的夭折归结为日本方的"经验不足"。他接着指出，境外熊猫幼崽存活率相对较低的主要原因还是在于人们处理突发事件时经验不足。这又进一步确认了中国相关技术的优越性，来自卧龙保护区的一位专家已经飞往东京去分享"关键诀窍和技术手段"。他怀疑是日本本土团队有可能疏于观察，未能及时发现潜在的危险或采取恰当的挽救措施。"如果他们经验多一些的话，这只熊猫幼崽应该能够活下来，"张和民的同事，来自成都大熊猫繁殖研究基地的吴孔菊，也认同这种说法，"中国动物学家们花费好几十年摸索出来的相关技术手段，值得我们的国外同行努力学习，以提高海外大熊猫的存活率。"[9] 他们并不怀疑将熊猫运送到马德里、东京和华盛顿等遥远地方的长途运输技术。

235

　　所有这些细节都得到媒体不厌其烦的密集讨论，由此将一个有关熊猫幼崽夭折的悲伤故事，植入到更大的现实中来，这个现实从熊猫抵达东京的第一天起就环绕在熊猫和它们作为重要公共景观的角色周围。熊猫的繁殖问题固然重要，但终究还不是首要关切。这一物种体现了在动物园发生作用的核心张力所在：它们是具有独一无二的吸引力的视觉对象，但是，它们对圈养生活的适应性又很差，尤其是圈养状态下的繁殖。这种居于视觉吸引力和身体实际需要之间的张力相当关键，不仅就大熊猫而言，对整个动物园的动物来说都是如此。人们来到动物园就像来到博物馆一样，以参观为主。但是动物园的情形又与博物馆有所不同，因为这里展览的对象都是有生命的。这些生命体会有益于人类——感性地认识到动物的存在有助于提高我们感受生命奇观的能力，但是它也会与动物生理需要的现实发生冲突。而且，当对生命奇观的感受不那么具有权威性时，相继而来的会是一种强烈的厌恶感。熊猫成为这一现象的终极案例。如同上野动物园前任园长中川志郎宣称的那样，归结于其形象在各种大众传媒中的景观化呈现，熊猫成为"一个视觉价值远远高于实际物理价值的物种"。[10]对新生熊猫幼崽夭折的哀悼代表了这个祛魅过程无可避免的时刻。

　　极具感召力的大熊猫集各种矛盾特质于一身，它们既是政治的象征，也是消费者文化的象征。在从它们生物学意义上的存在现实生发出来的剧情中，这些特质也一样清晰可见。繁殖圈养熊猫的努力，如同这场戏剧的其他场景一样，生动体现了蒂莫西·米切尔所说的"资本主义现代性的形而上学"。也就是说，

236

现代文化的能力在于将一系列的影像和标志指定为真实世界的再现，这种再现甚至比真实世界还要真实。在这一案例中，动物园内部存在的，由人类文化本身的边界来定义其权威性的"自然世界"，越出了动物园的高墙，这一戏剧化进程原本被搁置在远离大众的科学领域，但最终还是服务于社会。这一过程产生了某种缺口，类似中川在熊猫的实际价值和媒介价值之间分辨出来的，但是，它也有助于我们更好地认定"自然资源"和其他现代商业文化产品。[11]

米切尔强调，在服务于现代政治、经济体系的理性化过程中，物品被收集起来并被安排用来指代其他任何事物、任何地点。展览、百货商店和博物馆都致力于唤起人们对更大的真实的联想：国家和进步、帝国和工业、东方和西方、自然和社会。每一种事物都被设定为一张图片，或者是暗含着理念和秩序的展览。这些机构通过使用展陈技巧，制造出再现和关联物之间的确定连接，从而创造出一种感受，即在机构外部的某个地方确实存在着某种永恒的真实，而这些真实在博物馆或展览里仅仅被浮光掠影地呈现。在19世纪和20世纪早期，上述机制得到全球性扩散，并与赋予其外形的机构和收割其盈利的经济体同步发展。上野动物园和国家博物馆的创建就是这种机制在日本推进的早期发端。

再现的回报在于强化了权威性：强化不是发生在展览本身那被认为粗制滥造的人造世界内部，而是在它自称再现的想象的或被暗示的世界里。[12]然而，这诸多体系也为自我挫败的暗示所困扰。真实的事物——东方或自然，总是在别处某个地方。种种再现的规模和精准性——成千上万份自然历史标本、数十个展览案例，都服务于一种虚幻的感觉，即一定存在着某种原始的东西，展览只是对这种东西的简单概括或点到为止，在展览之外存在着一个更纯粹的现实，不受展览的替代、调和与再造的形式影响的现实，这些形式提供的只是影像而已。[13] 如上野动物园这样的动物园，其交易基于一种承诺，即将外在世界引入一个可以展示其自身的领域中，一个通过动物本身粗鄙的物质性来克服再现体系之本体论的不稳定性的地方。这些熊猫是如此有吸引力、如此让人愉悦的真实事物，以至于它本身就万事俱备，从而为消解现代文化造成的疏离感提供了某种可能。与此同时，自 20 世纪头十年以来就成为动物园鲜明特征的，重视景观效果胜过重视科学知识的"路边秀"的一面，都在建议参观者无须把这些事物太过当真。人们去到那里，其逻辑仅仅是观看而已。但是观看本身很少会像它看上去那么简单。

　　上野动物园的规划团队有意利用了再现的回报能力，1975年，受大熊猫广受欢迎这一事实的激发，他们递交了一份框架清晰、细节完备的动物园扩建计划。规划团队称，"动物展览能够引发参观者对自然的乡愁"，而合适得体地展示动物也有助于"人性的修复"。人性早已迷失在人与自然的疏离之中，而这种疏离又与城市里机械化文明的推进如影随形。这个计划深受先前古贺忠道等人对动物园的讨论的影响，但是用规划团队的话来说，这些早期的努力"还不够充分"，它们没有提供一个"获取有关自然的准确知识的入门捷径，也没能很好地为保护提供支撑"。至于动物园本身，该报告在"新的社会需要"章节下表明，动物园与博物馆的不同之处在于，它能够为城市提供一个"真正的自

237

然绿洲"。从这个意义看来，它"从根本上就区别于博物馆"，而且"更与时代的需要相吻合"，而这种看法也逐渐为环境变迁所强化。[14]

中川在 1995 年就深刻地指出，无论动物园的动物笼舍和围栏有多么奢华，动物园的动物总是被当作日本法律所称的"展览动物"来加以保存的。[15] 在上野动物园这一案例中，这些鲜活的动物被从它们原生的自然生态中抽离（或说在原生生态外养育）出来，被放进了这个星球上最大的城市环境的心脏地带，由此产生的矛盾感也是让游览动物园这件事变得好玩的部分原因。但某种程度上，也是因为这个过程本身没有很好地满足规划者设想的乡愁式的期待，反而是将这种期待种在游客的心里，并由此让某种渴望变得恒久。这种渴望永无餍足之时，无论是在动物园，还是在真实的自然世界。一再革新和重塑动物园景观的努力表明，动物园已陷入一场持续但又徒劳无功的奋斗中，为的就是满足上述渴望。真真幼崽的出生与死亡要求我们认识到为追求"真实自然"所付出的代价，即便这种"真实自然"具有强大的吸引力。这个与自然相分离的全球进程，最迟从 1822 年宇田川榕庵出版《植学启原》开始，就在日本发展起来了。关于这个过程，古贺曾经提醒过我们，早在 20 世纪 30 年代他就呼吁"向本真人性的回归"。

238　　在本书所涵盖的世纪或更长时段的历史发展进程中，对其他世界的追求也反映在动物园变迁的文化中。在 1882 年上野动物园创立之初，其设计本意在一定程度上是为了将整个自然缩略到动物园这一隅中来。"文明"成为上野动物园的首要秩序原则。

每一处笼舍和围栏的建设都被着意用来标明人与动物、日本人与野蛮人的区别。而今天，我们看到力力和真真被置于一个价值好几百万美元的建筑设施中。这里充斥着最先进的装备，由受过高等教育的饲养员、兽医学家和媒介专家来操持管理，我们其实被强行安排看到的是一个出于自身保护的需要而被封闭起来的自然世界。在19世纪被人类想象建构出来的人性而今成为自然面临的最大威胁。上野动物园，一度筑起高墙以隔开自然从而支持日本人的"文明"主张的地方，如今却作为保护野生自然的更宽泛努力的一部分，将动物圈了起来，以此躲开人类的贪婪掠夺。上野动物园也将这种保护的努力转换成为打造景观的材料。

在人类向自然的高歌猛进中，人性本身已多少有所迷失。现代性那令人震惊的客观法则，将人性从对自然法则的屈服中解放出来，然而却又将其囚禁于一个不辨方向的镜像体中，在那里我们视野所及的几乎每种事物看上去都像是我们自身的投影。那些超大规模的自然现象（地震、海啸、台风）依然在挫败人类言之凿凿的控制力，这无须多言，然而，那些规模超小的（逆转录病毒、朊病毒）也同样如此。但是就动物园动物这个层级的生物而言，它们在早期曾被当作人类直接的生存威胁或自然世界活生生的不解之谜的代表，而今却成为前途未卜和充满破坏性的人类统治的象征。[16] 这是一种新的全球事实。它要求我们反复思考构成现代文化的细微点滴，去那些我们曾被规训发现差异的地方看到联系，去那些我们曾被教导可以忽视的地方找到种种内在相关性。

如果这个世界真的进入"人类世"，即所谓的"人性的时代"，那么，再没有比动物园——着意设计出来的、夹在人类社会和自然世界之间的中间地带——更好的研究其文化意义的场所了。[17]动物园这种杂糅机制，作为外交、市场、教育和娱乐的舞台，成为日本更广泛地介入这种种动力中的微缩宇宙。它向我们揭示出，环境的问题需要被置于文化和消费主义，以及政治和经济的领域中来加以考虑，这种种领域中没有任何一个可以清晰地与其他领域割裂开。所有这些领域都存在于现代生活的复杂生态中。

注释

[1] 跨国界的共性在这里清晰可见，与之关联密切的分析，参见迈克尔·贝丝（Michael Bess）的《轻绿社会：法国生态学与技术现代性，1960—2000》（*The Light-Green Society: Ecology and Technological Modernity in France, 1960–2000*），芝加哥：芝加哥大学出版社，2003年。

[2] 石原慎太郎、盛田昭夫（Morita Akio）：『「NO」と言える日本：新日米関係の方策』，東京：光文社，1989。「石原知事——発言から」，『朝日新聞』，2011年3月1日。

[3] 《上野动物园担心熊猫死后游客人数会下滑》，《读卖新闻》，2008年5月3日。

[4] 東京都恩賜上野動物園：『上野動物園の入園者数』，東京：東京動物園協会，1984，第53頁。

[5] 「パンダがやって来た：大橋のぞみ（大橋望美）さん，パンダ歓迎大使任命」，『朝日新聞』，2011年2月27日。

[6] 「石原知事—発言から」，『朝日新聞』，2011年3月1日。

[7] 「石原知事の'sensen, kakukaku'発言に中国反発」，『朝日新聞』，2012年6月30日，37。

[8] 新华网2012年7月18日报道。尽管如此，这个数字和更早年间比起来还是有了显著的提高。但是在这些报道中，让人惊讶的是看不到关于熊猫更广泛的生活习性的讨论。地处中国西部的卧龙和成都保护区看上去也都面临着本土社区的强烈需求。它们也都努力推动自身向类似动物园这样的旅游目的地的转型。参见 http://www.chinawolong.com。

[9] 同上。

[10] 中川志郎：『ジャイアントパンダの飼育』，1995年，第181頁。

[11] 蒂莫西·米切尔：《殖民埃及》，伯克利：加利福尼亚大学出版社，1991年，第xiii頁。关于现代日本"资源"的历史，参见佐藤仁『「持たざる国」の資

源論』。

[12] 米切尔:《殖民埃及》,第 xiii、6—7、18 页。关于日本博览会的历史,参见安格斯·洛克耶(Angus Lockyer)的《展会中的日本,1867—1970 年》("Japan at the Exhibitions, 1867-1970"),斯坦福大学博士学位论文;安格斯·洛克耶的《展会法西斯主义? 意识形态、再现、经济》("Expo Fascism? Ideology, Representation, Economy"),收入艾伦·坦斯曼编《日本法西斯主义文化》(*The Culture of Japanese Fascism*),达勒姆:杜克大学出版社,2009 年。

[13] 米切尔:《殖民埃及》,第 xiv 页。

[14] 上野動物園:『新動物公園調査報告書』,1975。也可参见『上野動物園百年史・資料編』,第 411—436 页。

[15] 中川志郎:『ジャイアントパンダの飼育』,第 180 页;青木人志:『法と動物』,第 17—47 页。

[16] 布雷特·L. 沃克:《毒岛:日本工业病史》。

[17] 保罗·J. 克鲁岑和 E. F. 施特默:《人类世》("The 'Anthropocene'"),《全球变迁通讯》(*Global Change Newsletter*),41(2000):17;保罗·J. 克鲁岑:《人类地质学》("Geology of Mankind"),收入《自然》(*Nature*),415(2002 年 1 月 3 日):23。

参考文献

PUBLISHED PRIMARY SOURCES IN ENGLISH AND JAPANESE

Abe, Yoshio. *Shina honyū dōbutsushi*. Tokyo: Meguro Shoten, 1944.

"Aiba shingun ka." *Gunjin engo*, vol. 4, no. 1 (January 1942): 1.

Allied Operational and Occupation Headquarters, World War II, Supreme Commander for the Allied Powers, and Civil Information and Education Section Religion and Cultural Resources Division Arts and Monuments Branch. *Zoological Gardens, Botanical Gardens, and Aquaria in Japan*. National Archives Record Service, 1946.

Amemiya, Ikusaku. "Shiiku no hongi." *Saishū to shiiku*, vol. 1 no. 5 (1939): 222–224.

Association of Zoos and Aquariums. "Zoo and Aquarium Statistics." Accessed July 4, 2010, www.aza.org/About/detail.aspx?id=2962&terms=annual+atte ndance.

Babia, C. S. *Nihon no shōrai*. Tokyo: Nihon Kashikai, 1952.

Basei kyoku. *Gunyō hogo ba futsū tanren no sankō*. Tokyo: Baseikyoku, 1940.

Bigot, Georges. *Tōbaé: Journal Satirique*. Yokahama: On S'abonne au Club Hotel, 1887–1889.

Bukkyō Rengō. *Rengō kokudachi*. Tokyo: Bukkyō Rengō, 1939.

Convention on International Trade in Endangered Species of Wild Fauna and Flora. *Appendices I, II, and III*. Geneva: International Environment House, 2010.

Department of Home Affairs. *Preservation of Natural Monuments in Japan*. Tokyo: Department of Home Affairs, 1926.

Food and Agriculture Organization of the United Nations. "Livestock's Long Shadow: Environmental Issues and Options." FAO Corporate Document Repository. Accessed June 15, 2010, www.fao.org.ezp-prod1.hul.harvard.edu/docrep/010/a0701e/a0701e00.htm.

Fujikashi, Junzō. *Kōshitsu shashi taikan*. Tokyo: Tōkō Kyōkai, 1950.

Fujisawa, Takeo. *Nanpō kagaku kikō—nanpō kensetsu to kagaku gijutsu*. Tokyo: Kagakushugi Kōgyōsha, 1943.

Fukuda, Saburō. *Dōbutsuen hijō shochi yōkō*. Tokyo: Tokyo-to Onshi Ueno Dōbutsuen, 1941.

———. *Jitsuroku—Ueno Dōbutsuen*. Tokyo: Mainichi Shinbunsha, 1968.

———. *Nanpō kagaku kikō*. Tokyo: Kagakushugi Kōgyōsha, 1943.

———. *Personal Diary*. Tokyo Zoological Society, 1942.

Fukuzawa, Yukichi. *Seiyō jijō*. Tokyo: Shokodo, 1870.

———. "Seiyō jijō." Accessed May 1, 2012, http://project.lib.keio.ac.jp/.

Gakusei—isshūnen kinen gō, vol. 2. Tokyo: Tokyo Toyamabō, 1911.

Hakubutsukyoku. "Dai ichi go reppinkan." *Kokuritsu Hakubutsukan hyakunen shi—shiryō hen*, edited by Tokyo Kokuritsu Hakubutsukan. Tokyo: Dai-Ichi Hōki Shuppan, 1973.

Hasegawa, Nyozekan. "Ryokuchi bunka no Nihon teki tokuchō." *Kōen ryokuchi*, vol. 3, no. 10 (October 1939): 2–3.

Hiraiwa, Yoneichi. "Ori no jū." *Dōbutsubungaku*, vol. 82 (1941): 24–27.

Hoshiai, Masaji. *Beikokunai kaku hakubutsukan no kyōiku jigyō nitsuite*. Tokyo: Tokyo Kagaku Hakubutsukan, 1932.

Inoshita, Kiyoshi. *Ueno Onshi Kōen Dōbutsuen mōjū hijō shochi hōkoku*. Tokyo: Ueno Onshi Kōen Dōbutsuen, 1943.

Ise, Masasuke. "Gunba monogatari—kijin mo nakashimuru gunba no isaoshi." *Shin seinen* (December 1937).

Ishikawa, Chiyomatsu. *Dōbutsu chikuyōjin oyobi entei kokoroe*. Tokyo: Teishitsu Hakubutsukan, 1887.

———. *Dōbutsuen annai*. Tokyo: Tokyo Teishitsu Hakubutsukan, 1902.

———. "Inu no hanashi." *Shōnen sekai*, vol. 16, no. 1 (1921): 20–25.

———. *Ishikawa Chiyomatsu zenshū*, edited by Ishikawa Chiyomatsu zenshū kankōkai, vol. 1–8. Tokyo: Kōbunsha, 1946.

———. *Ningen no shinka*. Tokyo: Dai Nihon Gakujutsu Kyokai, 1917.

———. *Seibutsu no rekishi*. Tokyo: Arusu, 1929

———. *Ueno Dōbutsuen annai*. Tokyo: Teishitsu Hakubutsukan, 1903.

"Ishiki kaii jorei." *Fuzoku/Sei: Nihon kindai shiso taikei*, vol. 23, edited by Shinzo Ogi, Isao Kumakura, Chizuko Ueno. Tokyo: Iwanami Shoten, 1990.

"Ishiki kaii jorei zukai." *Meiji bunka zenshu*, vol. 8. Tokyo: Nihon Hyōronsha, 1929.

Jikken tanuki no kaikata. Tokyo: Nishigahara Kankōkai, 1939.

Kagaku no shōri. Tokyo: Seibundō Shinkōsha, 1946.

Kagaku Yomiuri Henshūbu. *Dōbutsu no aijyō*. Tokyo: Jitsugyō no Nihonsha, 1961.

Kashioka, Tamio. "Dōbutsuen ron." *Tokyo kōtō jūi gakkō kai shi*, vol. 5 (Tokyo: Tokyo Kōtō Jūi Gakkō Kai, 1935).

Kawamura, Tamiji. "Dōbutsuen to suizokukan," *Shizen kagaku*, vol. 1, no. 1 (1926): 103–145.

Kingston, William. "Sōretsu naru mōjūgari." *Gakusei*, vol. 1, no. 1 (May 5, 1910): 44–49.

Kitamura, Eiji. *Yōitachi no kenkyū*. Tokyo: Bunkeisha, 1930.

Koga, Tadamichi. "Dainikai Nichibei minkan kankyō kaigi ni shussekishite." *Kankyōhō kenkyū*, vol. 16 (November 1983): 165–171.

———. "Dōbutsuen e no shōtai." *Shisei*, vol. 5, no. 5 (May 1965).

———. "Dōbutsuen no fukkō." *Bungei shunjū*, vol. 27, no. 3 (March 1, 1949).

———. "Dōbutsuen no keiei." *Meisō*, vol. 4, no. 1–2 (May 1935): 222–225.

———. "Dōbutsuen no kinkyō." *Tabi*, May 1949.

———. *Dōbutsuen shinpan shōgakusei zenshū*. Tokyo: Chikuma Shobō, 1952.

———. Dōbutsuen to "hakubutukanhou" narabi ni "dōbutsu hogo oyobi kanri ni kansuru hōritsu." *Museum Studies*, vol. 14, no. 5 (May 1979): 14–17.

———. *Dōbutsu no aijō*, edited by Kagaku Yomiuri Henshūbu. Tokyo: Matsumoto Saburō, 1959.

———. "Dōbutsu no shiiku kōza." *Kōen ryokuchi*, vol. 3, no. 1 (January 1939): 47–55.

———. "Dōbutsu shiiku kōza (1–10)." *Kōen ryokuchi*, vols. 3–4 (1939).

———. "Dōbutsu shiiku kōza (1–10)." *Kōen ryokuchi*, vols. 4–5 (May 1939).

———. *Dōbutsu to dōbutsuen*. Tokyo: Kadokawa shoten, 1951.

———. "Dōbutsu to watakushi." *Ueno*, vol. 23, no. 3 (1962).

———. "Gendai no kateikyōiku ni tsuite—Hitokoto." *Shakaikyōiku*, vol. 33, no. 1 (January 1978): 21–22.

———. "Jinbutsu hōmon." *Saishū to shiiku*, vol. 24, no. 5 (May, 1962).

———. *Kansatsu ehon: Kindaa bukku, kodomo dōbutsuen*. Tokyo: Fureburukan, 1949.

———. "Kodomo dōbutsuen." *PTA*, May 1948.

———. "Kodomo dōbutsuen." *Tabi*, June 1947.

———. *Koga Tadamichi sono hito to bun*, edited by Koga Tadamichi-sensei Kinen Jigyō Jikkō Iinkai. Tokyo: Koga Tadamichi Kinenjigyōkai, 1988.

———. *Ōbei dōbutsuen shisatsuki*. Tokyo: Dōbutsuen Kyōkai, 1953.

———. "Ōbei dōbutsuen shisatsuki–1–." *Kōen ryokuchi*, vol. 13, no. 3 (1951): 23–36.

———. "Ōbei dōbutsuen shisatsuki–2–." *Kōen ryokuchi*, vol. 14, no. 1 (April 1952): 11–24.

———. "Ōbei dōbutsuen shisatsuki–3–." *Kōen ryokuchi*, vol. 14, no. 2 (1952): 31–46.

———. "Ōbei dōbutsuen shisatsuki–4–." *Kōen ryokuchi*, vol. 15, no. 1 (1953): 31–44.

———. "Omoide no ki." *Dōbutsu to dōbutsuen*, October 1962, 6–9.

———. "Prospectus, Official Correspondence Addressed to GHQ from Tokyo. Dōbutsuen Kyōkai," October 1948.

———. "Sekai no dōbutsuen." *Shōsetsu kōen*, vol. 2, no. 10 (October 1951): 76–77.

———. *Sekai no dōbutsuen meguri*. Tokyo: Nihon Jidō Bunko, 1957.

———. "Sengo no sesō to dōbutsuen." *Tabi*, June 1947.

———. "Sensō to dōbutsuen." *Bungei shunjū*, vol. 17, no. 21 (November 1939): 21–26.

———. "Subete wa seibutugakuteki hōsoku no moto ni—Watashi no kyōikukan." *The Curriculum*, vol. 68 (August 1954): 22–23.

———. "Waga kuni no dōbutsuen no kinkyō." *Shakaikyōiku*, vol. 9, no. 8 (August 1954): 89–92.

———. "Watashi no dōbutsuen funsenki." *Gekkan shin jiyū kurabu*, vol. 3, no. 23 (March 1979): 130–137.

———. *Watashi no mita dōbutsu no seikatsu*. Tokyo: Sanseidō, 1940.

———. "Watashi to shakaikyōiku—Hakubutsukanhō no seitei ni atari." *Shakaikyōiku*, vol. 19, no. 10 (October 1964): 54–56.

Koga, Tadamichi and Kin'ichi Ishikawa. "Dōbutsushi—Ori no naka no dōbutsu wa hatashite fukō ka? (Taidan)." *Nichiyōbi*, vol. 1, no. 3 (November 1951): 72–81.

Koga, Tadamichi and Yōhei Kōno. "Otona ni nattemo asobu no wa ningen dake." *Gekkan shin jiyū kurabu*, vol. 65 (January 1983): 84–93.

Kokuritsu kagaku hakubutsukan. *Tennō heika no seibutsugaku gokenkyū*. Tokyo: Kokuritsu Kagaku Hakubutsukan, 1988.

Komori, Atsushi. "Dōbutsuen nitsuite no gimon," *Dōbutsu bungaku*, vol. 47 (1938): 16–19.

Kuki Ryūichi. *Teian*. Tokyo: Kokuritsu Hakubutsukan, 1889.

Kume, Kunitake. *Tokumei Zenken Taisha Bei-Ō kairan jikki*. Tokyo: Dajōkan Kirokugakari, 1878.

———. *Tokumei Zenken Taisha Bei-Ō kairan jikki*, vol. 1–3. Tokyo: Keiō Gijuku Daigaku Shuppankai, 2005.

Kume, Kunitake, Graham Healey, and Chūshichi Tsuzuki, eds. *The Iwakura Embassy, 1871–73: A True Account of the Ambassador Extraordinary & Plenipotentiary's Journeys of Observation through the United States and Europe*. Princeton, N. J.: Princeton University Press, 2002.

Kurokawa, Gitarō. *Dōbutsuen keiei hōshin*. Tokyo: Ueno Dōbutsuen, 1926.

———. "Ueno Dōbutsuen no jinjū." *Ni roku shinpō*, vol. 9, no. 1 (1903).

Kurokawa, Yoshitarō. *Tochō nikki*. Tokyo: Ueno Dōbutsuen, 1927.

Lorenz, Konrad. "Autobiography." Nobelprize.org. Accessed January 30, 2013, www. nobelprize.org/nobel_prizes/medicine/laureates/1973/lorenz-autobio.html.

———. "Part and Parcel in Animal and Human Societies." In *Studies in Animal and Human Behaviour*, vol. 2, translated by Robert Martin. Cambridge, Mass.: Harvard University Press, 1970.

———. *Studies in Animal and Human Behaviour*, translated by Robert Martin. Cambridge, Mass.: Harvard University Press, 1970.

Machida, Hisanari. "Hakubutsukyoku dai san nenpō." In *Tokyo Kokuritsu Hakubutsukan hyaku nen shi*, edited by Tokyo Kokuritsu Hakubutsukan. Tokyo: Dai-Ichi Hōki Shuppan, 1973.

Matsudaira, Michio. *Jidō dōbutsugaku*. Tokyo: Kinransha, 1927.

Ministry of Agriculture, Forestry, and Fisheries. *Visual: Japan's Fisheries*. Tokyo: Fisheries Agency, 2009.

Mishima, Yasushichi. *Nūtoriya no yōshoku*. Tokyo: Ikuseisha, 1942.

Monbusho Shakai Kyōiku Kyoku. *Kyoikuteki kanran shisetsu ichiran*. Tokyo: Monbusho, 1938.

Monokami, Satoshi. "Nihon ni okeru 'tora.'" *Dōbutsubungaku*, vol. 416, (October 1938): 2–15.

Morris, Ramona and Desmond Morris. *Men and Pandas*. New York: McGraw-Hill, 1967.

Morse, Edward Sylvester. *Japan Day by Day 1877, 1878–79*, vol. 1. Boston: Houghton Mifflin, 1912.

Morton, Samuel George and George Combe. *Crania Americana; or, a comparative View of the Skulls of Various Aboriginal Nations of North and South America. To Which Is Prefixed an Essay on the Varieties of the Human Species*. Philadelphia: J. Dobson, J. and Marshall

Simpkin, 1839.

Murakami, Haruki. *The Elephant Vanishes: Stories*. New York: A. A. Knopf, 1993.

———. *The Wind-up Bird Chronicle*, translated by Jay Rubin. New York: A. A. Knopf, 1997.

Nakagawa, Shirō. "Chūgoku no panda to dōbutsuen (1)." *Dōbutsu to dōbutsuen* (July 1973): 4–8.

———. *Dōbutsuen no Shōwashi 1*. Tokyo: Taiyō Kikaku Shuppan, 1989.

———. *Jaianto panda no shiiku: Ueno Dōbutsuen ni okeru 20-nen no kiroku*. Tokyo: Tokyo Dōbutsuen Kyōkai, 1995.

Nakamata, Atsushi. "Kokuto ni kizuku dai dōshokubutsuen," *Shin Manshū*, vol. 4, no. 9 (September 1940): 68–69.

NHK. *Purojekuto X Chōsenshatachi. Panda ga Nihon ni yattekita kankan jūbyō, shirarezaru 11-nichikan*. Tokyo: NHK Studios, 2006.

Nihon Dōbutsuen Suizokukan Kyōkai. "Dōbutsuen suizokukan shisetsu no senjika ni okeru yūkōnaru keiei hōshin." Tokyo: Tokyo City Government, 1943.

Nihon Jōba Kyōkai. *Aiba no hi*. Tokyo: Nihon Jōba Kyōkai, 1939.

Nōrinshō Baseikyoku. *Gunyō hogoba futsū tanren no sankō*. Tokyo: Nōrinshō, 1940.

———. "Zen sen to jūgo no uma." *Shūhō*, no. 337 (March 31, 1943).

Ōdachi, Shigeo. *Kessen no tomin seikatsu*. Tokyo: Kessen Seikatsu Jissen Kyokakai, 1944.

Ōdachi Shigeo Denki Kankō Kai. *Ōdachi Shigeo*. Tokyo: Ōdachi Shigeo Denki Kankō Kai, 1956.

Oka, Asajirō. "Ningen no senzo wa saru to kyōdō." *Gakusei* 5, no. 6 (June 1889): 8–14.

Okamatsu, Takeshi. "Dōbutsuen no kagami." *Dōbutsu to dōbutsuen*, vol. 21 (October 1951): 8.

Omochabako shiriizu daisanwa: Ehon 1936-nen. Tokyo: J&O Studios, 1936.

Ono, Noboru. *Tennō no sugao—Tenno "Hirohito" as It Really Is*. Tokyo: Kindai Shobō, 1949.

Onshi Ueno Dōbutsuen. *Onshi Ueno Dōbutsuen sōritsu 70 shūnen kinen shōshi*. Tokyo: Tokyo-to, 1952.

Osborn, Fairfield. *Our Plundered Planet*. Boston: Brown, 1948.

Perry, Matthew. *The Japan Expedition, 1852–1854: The Personal Journal of Commodore Matthew C. Perry*. Washington, D. C.: Smithsonian, 1968.

Rikugun Jūi Dan. *Rekishi ni arawaretaru gunyō dōbutsu no eisei to senō to no kankei*, vol. 321. Tokyo: Rikugun Jūi Dan Hō, 1936.

Saishin gyūnyū no chishiki. Tokyo: Imperial Milk Association, 1937.

San-X Company. "San-X Netto: Tarepanda Sama." Accessed July 5, 2010, www.san-x.co.jp/suama/suama.html.

Shibata, Keisai. "Shōni o seiō no gai o ronzu." *Dai Nihon shiritsu eiseikai zasshi*, vol. 11 (1884): 8–11.

Shibuya, Shinkichi. *Zō no namida*. Tokyo: Nichigei Shuppan, 1972.

Shima, Jirō. *Hakubutsu kyōjūhō*. Tokyo: Hokuō Saburō, 1877.

Shimizu. "Ikinobita zō." *Hakubutsukanshi kenkyū*, vol. 4 (1996).

Shirasaki, Iwahide. "Tōyō heiwa no tame naraba." *Jōdo*, vol. 4, no. 3 (March 1938).

Sugi, Yasusaburō. *Kagaku no furusato*. Tokyo: Sekai Bunka Kyōkai, 1946.

Takahashi, Onojirō. *Aiba dokuhon*. Tokyo: Takahashi Shoten, 1933.

Takashima, Haruo. *Dōbutsu tōrai monogatari*. Tokyo: Gakufū Shoinkan, 1955.

Takatsukasa, Nobusuke. *Chōrui*. Tokyo: Iwanami Shoten, 1930.

Tanaka, Atsushi. *Jūi kaibō hen*. Tokyo: Yūrindō, 1886.

Tanaka, Yoshio. *Dōbutsugaku*. Tokyo: Hakubutsukan, 1874.

———. *Kyōiku dōbutsuen*. Tokyo: Gakureikan, 1893.

Tanaka, Yoshio and Nakajima Gyōzan, eds. *Dōbutsu kinmō*. Tokyo: Hakubutsukan, 1875.

Teikoku Bahitsu Kyōkai. *'Aiba no hi' shisetsu*. Tokyo: Teikoku Bahitsu Kyōkai, 1939.

———. *Doitsu gunba shiyō hō*. Tokyo: Teikoku Bahitsu Kyōkai, 1938.

Tokyo-shi. *Nissen shinzen no zō*. Tokyo: Tokyo-shi, 1935.

Tokyo-shi Shiminkyoku kōenka. *Tokyo-shi shiminkyoku kōenka tokusetsu bōgodan Ueno onshi kōen dōbutsuen bundan kisoku*. Tokyo: Tokyo-shi Jimin Kyoku Kōenka, 1941.

Tsuchiya, Yukio and Ted Lewin. *Faithful Elephants: A True Story of Animals, People, and War*. Mooloolaba: Sandpiper, 1997.

Tsuchiya, Yukio and Motoichirō Takebe. *Kawaisōna zō*. Tokyo: Kin No Hoshisha, 1970.

———. *Kawaisōna zō*. Tokyo: Kin No Hoshisha, 2007.

Tsunetami, Sano. "Ōkoku hakurankai hōkokusho." Tokyo: Kokuritsu Hakubutsukan, May 1875.

Tsutsui, Akio. "Waga kuni dōbutsuen no kaizen." *Dōbutsu oyobi shokubutsu*, vol. 9, no. 3 (September 1935): 91–97.

Uchida, Shigeru. *Futsū dōbutsu zusetsu*. Tokyo: Shugakudo Shoten, 1915.

Udagawa Yōan. "Botanika kyō." Accessed June 28, 2012, http://archive.wul.waseda.ac.jp/kosho/bunko08/bunko08_a0208/bunko08_a0208.html.

Ueno Dōbutsuen. *Shin dōbutsu kōen chōsa koku sho*. Tokyo: Ueno Dōbutsuen, 1975.

———. *Ueno Dōbutsuen hakusho*. Tokyo: Ueno Dōbutsuen, 1975.

"Ueno Dōbutsuen." *Shōnen sekai*, vol. 8, no. 4 (1902).

Watanabe, Waichirō. "Dōbutsu aigo undō o kataru." *Dōbutsubungaku*, vol. 87 (September 1942).

World Association of Zoos and Aquariums. "WAZA: World Association of Zoos and Aquariums." Accessed June 15, 2006, www.waza.org/en/site/home.

Uma. Directed by Kajirō Yamamoto, Hideko Takamine, Chieko Takehisa and Kamatari Fujiwara. Tokyo: Tōei Kabushiki Kaisha, 1941 (VHS).

WWF nijūnenshi. Tokyo: Sekai Shizen Hogo Kikin Nihon Iinkai, 1994.

Yamashita, Kyōko, Nihon Hōsō Kyōkai, and Purojekuto X Seisakuhan. *Panda ga Nihon ni yattekita Kankan jūbyō, shirarezaru 11-nichikan*. Tokyo: Aozora Shuppan, 2004.

Yanagita, Kunio. "Fūkō suii." *Yangita Kunio zenshū*, vol. 26, 122–152. Tokyo: Chikuma Shobō, 1990.

Yasugi, Ryūichi. *Dōbutsu no kodomotachi*. Tokyo: Kōbunsha, 1951.

———. "Kodomo no sekai." In *Dōbutsu no kodomotachi*, 13–15. Tokyo: Kōbunsha, 1951.

———. "Ningen wa hoka no ikimono to doko ga chigauka?" In *Dōbutsu no kodomotachi*, 135–154. Tokyo: Kōbunsha, 1951.

Yoshimura, Ichrō. *Gunyō dōbutsugaku (gunken gunbato gaku)*. Tokyo: Rikugun Jūi Gakkō, 1939.

Yoshimura, Masuzō. "Tomo ni shinu ki no aiba datta." In *Shina jihen jūgunki shūroku*, vol. 3. Tokyo: Kōa Kyōkai, 1943.

UNPUBLISHED PRIMARY SOURCES

Dōbutsu mokuroku, 130 vols., 1882–2012.

Hakurankai Jimukyoku. "Mokuroku."

Hayashi, Kenzō. "Shirōkuma no kiji." In *Dōbutsu roku Meiji 24*. Tokyo: Zoological Society Archives, 1891.

"Hayashi Kenzō et al. to Hijikata Hisamoto." In *"Dōbutsuroku Meiji 24" ledger*. Tokyo: Zoological Society Archives, 1891.

Higuma byōjō no ken. Tokyo: Teikoku Hakubutsukan, 1892.

Hijikata, Hisamoto. "Toshoryō hakubutsukan kara teikoku hakubutsukan e." In *"Reikoku Meiji 22" ledger*: Tokyo: Zoological Society Archives, 1889.

"Ishikawa Chiyomatsu to Kubota Kazuo." In *"Dōbutsuroku Meiji 25" ledger*. Tokyo: Zoological Society Archives, 1892.

"Janson to Ishikawa Chiyomatsu." In *"Dōbutsuroku Meiji 25" ledger*. Tokyo: Zoological Society Archives, 1892.

Kawamura, Tamiji. "Dōbutsuen no kaizensaku," *Hakubutsukan kenkyū*, vol. 12 (December 1939): 2–5.

Leonard Rothbard, Captain Commanding QMC. Wakkanai Area 6th District 441st Counter Intelligence Corps Detachment. General Headquarters. Far East Command. "Letter Addressed to Curator Ueno Park Zoo," 1950.

Omonaru kiken dōbutsu yakubutsu chishi ryō. Tokyo: Ueno Zoological Gardens, no date.

Nehru, Jawaharlal. "Message for Japanese Children [Correspondence] ." New Delhi, 1949.

Personal communication, Ezawa Sōji to Fukuda Saburō, 1943.

Senjū-sengo roku. 1940–1952.

Senjū-sengo roku 2—mōjū shobun. 1943.

"The Sons of Pig." Hand-written pamphlets. 1948–1951.

Tokyo-to Taitō-kuyakusho. *Taitō-kushi, shakai bunka hen*. Tokyo: Tokyo-to Taitō-kuyakusho, 1966.

Tokyo-to Taitō-kuyakusho. *Taitō-kushi, shimohen*. Tokyo: Tokyo Taitō-kuyakusho, 1955.

Tōman mōjūgari iinchō. "Tōman mōjūgari annai." 1939.

Ueno Dōbutsuen moyoshimono, 35 vols., 1882–1992.

PERIODICALS AND NEWSPAPERS

Asahi Shinbun, 1879.

Asahi shōgakusei shinbun, 1900.

Dōbutsu bungaku, 1934.

Dōbutsuen shinbun, 1949.

Dōbutsugaku zasshi, 1889.

Dōbutsukan kenkyū, 1992.

Dōbutsu to dōbutsuen, 1949.

Hakubutsukan kenyū, 1928.

Kōen ryokuchi, 1937.

Mainichi Shinbun, 1872.

Mainichi shōgakusei shinnbun, 1936.

Saishū to shiiku, 1939.

Shōkokumin shinbun, 1934.

Shōnen sekai, 1895.

Shumi no seibutsu, 1932.

Tokyo shinbun, 1888.

Tokyo shōgakusei shinbun.

Yomiuri Shinbun, 1874.

PRIMARY SOURCE COLLECTIONS

Ishikawa Chiyomatsu zenshū, edited by Ishikawa Chiyomatsu Zenshū Kankō-Kai, vol. 1–8. Tokyo: Kōbunsha, 1946.

Kajima, Takao. *Shiryō Nihon dōbutsu shi*. Tokyo: Yasaka Shōbō, 1977.

Tokyo Kokuritsu Hakubutsukan, ed. *Tokyo Kokuritsu Hakubutsukan hyaku nen shi—shiryō hen*. Tokyo: Dai-Ichi Hōki Shuppan, 1973.

Tokyo-to. *Ueno Dōbutsuen hyakunenshi, shiryō hen*. Tokyo: Dai-Ichi Hoki Shuppan, 1982.

JAPANESE-LANGUAGE SECONDARY SOURCES

Akiyama, Masami. *Dōbutsuen no Shōwa shi*. Tokyo: Dēta Hausu, 1995.

Aoki, Hitoshi. *Hō to dōbutsu*. Tokyo: Meiseki Shoten, 2004.

———. *Nihon no dōbutsu hō*. Tokyo: Tokyo Daigaku Shuppan, 2009.

Asakura, Shigeharu. *Dōbutsuen to watashi*. Tokyo: Kaiyūsha, 1994.

Asano, Akihiko. *Shōwa o hashitta ressha monogatari: tetsudōshi o irodoru jūgo no meibamen*. Tokyo: JTP, 2001.

Bigot, Georges and Tōru Haga. *Bigō sobyō korekushon*. Tokyo: Iwanami Shoten, 1989.

Daimaru, Hideshi. "Dōbutsuen suizokukan ni okeru dōbutsu ireihi no secchi jōkyō." Daikyūkai Hito to Dōbutsu no Kankei Gakkai Gakujutsu Taikai, March 21, 2003.

Doi, Yasuhiro. *Itō Keisuke no kenkyū*. Tokyo: Koseisha, 2005.

Endō, Shōji. *Honzōgaku to yōgaku—Ono Razan gakutō no kenkyū.* Tokyo: Shibunkaku Shuppan, 2003.

Hamada-shi. *Hamadashi shi.* Hamada: Hamada-shi Shi Hensan Iinkai, 1973.

Hase, Toshio. *Nihon no kankyō hogo undō.* Tokyo: Toshindō, 2002.

Hasegawa, Ushio. *Jidō sensō yomimono no kindai.* Tokyo Kyūzansha, 1999.

———. "Zō mo kawaisō-mōjū gyakusetsu shinwa hihan." In *Sensō jidō bungaku wa jujitsu o tsutaetekita ka Hasegawa Ushio hihanshū,* 8–30. Tokyo: Nashinokisha, 2000.

Horiuchi, Naoya. *Osaru densha monogatari.* Tokyo: Kanransha, 1998.

Iida-shi bijutsu hakubutsukan, *Tanaka Yoshio.* Iida: Iida-shi Bijutsu Hakubutsukan, 1999.

Imagawa, Isao. *Inu no gendai shi.* Tokyo: Gendai Shokan, 1996.

Imanishi, Sukeyuki. *Ireba o shita roba no hanashi.* Tokyo: Gin no Hoshi, 1971.

Inoue, Kentarō. *Nihon kankyōshi gaisetsu.* Okayama-shi: Daigaku Kyōiku Shuppan, 2006.

Ishida, Osamu. *Gendai Nihonjin no dōbutsukan: dōbutsu to no ayashigena kankei.* Tokyo: Biingu Netto Puresu, 2008.

———. *Ueno Dōbutsuen.* Tokyo Kōen Bunko. Tokyo: Tokyo-to Kōen Kyōkai, 1991.

———, et al. "Nihonjin no dōbutsukan: kono jūnenkan no suii." *Dōbutsukan kenkyū,* vol 8 (2004): 17–32.

Isono, Naohide. "Shinkaron no Nihon e no dōnyū." In *Mōsu to Nihon,* edited by Takeshi Moriya. Tokyo: Shōgakkan, 1988.

———. "Umi o koetekita chōjū tachi." In *Mono no imeji: Honzō to hakubutsugaku e no shōtai,* edited by Keiji Yamada. Tokyo: Asahi Shinbunsha, 1994.

Izono, Naohide, Ryūzō Kakizawa, Seiichi Kashiwabara, Masayasu Konishi, and Shirō Matsuyama. *Tono sama no seibutsu gaku keifu.* Tokyo: Kagaku Asahi, 1991.

Katō, Hidetoshi. *Toshi to goraku.* Tokyo: Kashima Shuppanka, 1969.

Katsura, Eishi. *Tokyo Dizunī Rando no shinwagaku.* Tokyo: Seikyūsha, 1999.

Kawai, Masao and Hanihara Kazurō, eds. *Dōbutsu to bunmei.* Tokyo: Asakura Shoten, 1995.

Kinoshita, Naoyuki. "Dōbutsuen e Ikō." In *Kankyō: bunka to seisaku,* edited by Sumio Matsunaga and Toshihiko Itō, 205–227. Tokyo: Tōshindō, 2008.

———. "Dōbutsutachi no Hōmudorama—dōbutsuen to Nihonjin no monogatari o tsumugu (2)." *Tosho,* vol. 727 (2009): 30–35.

———. "Osarudensha wa yuku yo—dōbutsuen to Nihonjin no monogatari o tsumugu (3)." *Tosho,* vol. 728 (2009): 26–32.

———. "Sakadachisuru zō—dōbutsuen to Nihonjin no monogatari o tsumugu (1)." *Tosho,* vol. 726 (2009): 24–30.

Kitazawa, Noriaki. *Me no shinden: "Bijuntsu" juyōshi nōto.* Tokyo: Bijutsu Shuppansha, 1989.

Kiyomizu, Kengo. "Ikinobita zō: Senzen senchū no Higashiyama Dōshokubutsuen." *Hakubutsukanshi kenkyū,* vol. 4 (1996): 1–11.

Koizumi, Makoto. *Dōbutsuen.* Tokyo: Iwanami Shoten, 1933.

Komiya, Teruyuki. *Monogatari—Ueno Dōbutsuen no reskishi: Enchō ga kataru dōbutsutachi *no 140 nen*. Tokyo: Chūō Shunsho, 2010.

————. *Mukashi mukashi no Uenō Dōbutsuen, e hagaki monogatari*. Tokyo: Kyūryūdo, 2012.

————. "Shu no hozon to dōbutsuen." In *21-seiki no dōbutsuen to kishō dōbutsu no hanshoku*, vol. 22. Tokyo: Nihon Hanshoku Seibutsu Gakkai, 2001.

Komiya, Teruyuki and Toyofumi Fukuda. *Hontō no ookisa dōbutsuen*. Tokyo: Gakushū Kenkyūsha, 2008.

Komori, Atsushi. "Bambi: Fuarin to wakarete Ueno e." *Dōbutsu to dōbutsuen* (July 1, 1951): 4–5.

————. *Mō hitotsu no Ueno Dōbutsuen shi*. Tokyo: Maruzen Kabushiki Kaisha, 1997.

Kubo, Toshimichi. "Ōkubo Toshimichi bunsho." In *Nihon kagaku gijutsu shi taikei*, edited by Nihon Kagaku Kyōkai. Tokyo: Daiichi Hōki Shuppan, 1964.

Kume Bijutsuka. *Rekishika kume kunitake ten*. Tokyo: Kume Bijutsuka, 1991.

Kurasawa, Aiko. *Shigen no sensō: 'Dai tōa kyōei ken' no jinryū-monoryū*. Tokyo: Iwanami Shoten, 2012.

Maruyama, Atsushi. *Kindai Nihon kōen shi no kenkyū*. Tokyo: Shibunkaku, 1994.

Migita, Hiroki. *Tennōsei to shinkaron*. Tokyo: Seikyusha, 2009.

Mihashi, Osamu. *Meiji no seikatsushi—sabetsu no shinseishi*. Tokyo: Nihon Editaasukuru, 1999.

Nakamura, Ikuo. "'Dōbutsu kuyō' wa nan no tame ni—gendai Nihon no shizen ninshiki no arikata." *Tōhakugaku*, vol. 3 (October 1997): 268–279.

————. *Saishi to kugi: Nihonjin no shizenkan-dōbutsukan*. Kyoto: Hōzōkan, 2001.

Nakamura, Teiri. *Nihonjin no dōbutsukan—Henshintan no rekishi*. Tokyo: Kaimeisha, 1984.

Nakashima, Mitsuo. *Rikugun Jūi Gakkō*. Tokyo: Rikugun Jūi Gakkō Kai, 1996.

Narioka, Masahisa. *Hyō to heitai—yasei ni katta aijō no kiseki*. Tokyo: Jippi Shuppan, 1967.

Narushima, Nobuo. "Jaianto panda no hanshoku sakusen." In *21-seiki no dōbutsuen to kishō dōbutsu no hanshoku*, vol. 22. Tokyo: Nihon Hanshoku Seibutsu Gakkai, 2001.

Nippashi, Kazuaki. "Kodomo dōbutsuen o megutte." *Dōbutsuen kenkyū*, vol. 4, no. 1 (2000): 10–11.

————. "Nihon no dōbutsuen no rekishi." In *Dōbutsuen to iu media*, edited by Morio Watanabe. Tokyo: Seikyūsha, 2000.

Nishimoto, Toyohiro. "Dōbutsukan non hensen." In *Hito to dōbutsu no Nihonshi: I, dōbutsu no kōkogaku*, 61–85. Tokyo: Yoshikawa Kōbunkan, 2009.

————. *Hito to dōbutsu no Nihonshi: I, dōbutsu no kōkogaku*. Tokyo: Yoshikawa Kōbunkan, 2009.

Nishimura, Saburō. *Bunmei no naka no hakubutsugaku: Seiyō to Nihon*. Tokyo: Kinokuniya Shoten, 1999.

————. *Rinne to sono shitotachi: Tanken hakubutsugaku no yoake*. Tokyo: Asahi Shinbunsha, 1997.

Nomura, Keisuke. *Edo no shizenshi: 'bukō sanbutsu shi' wo yomu*. Tokyo: Dōbutsusha, 2002.

Obinata, Sumio. *Kindai Nihon no keisatsu to chiiki shakai*. Tokyo: Chikuma Shobō, 2000.

Osamu, Ōba. "Kyōhō ban 'zo' no subete." In *Mono no imeji: Honzō to hakubutsugaku e no shōtai*, edited by Keiji Yamada, 92–114. Tokyo: Asahi Shinbunsha, 1994.

Sasaki, Toshio. *Dōbutsuen no rekishi: Nihon ni okeru dōbutsuen no seiritsu*. Tokyo: Nishida Shoten, 1975.

Sato, Jin. *'Motazaru kuni' no shigenron: jizoku kanō na kokudo o meguru mō hitotsu no chi*. Tokyo: Tokyo Daigaku Shuppan Kai, 2011.

Shimizu, Isao, ed. *Bigō Nihon sōbyoshū*. Tokyo: Iwanami Shoten, 1986.

———. *Zoku Bigō Nihon sōbyoshū*. Tokyo: Iwanami Shoten, 1992.

Shōji, Endo. *Honzōgaku to yōgaku—Ono Razan gakutō no kenkyū*. Tokyo: Shibunkaku Shuppan, 2003.

Suga, Yutaka, ed. *Hito to dōbutsu no Nihonshi: 3, dōbutsu to gendai shakai*. Tokyo: Yoshikawa Kōbunkan, 2009.

Sugimoto, Isao. *Itō Keisuke*. Tokyo: Yoshikawa Kōbunkan, 1960.

Takeichi, Ginjirō. *Fukoku kyōba—uma kara mita kindai Nihon*. Tokyo: Kodansha Sensho Mechie, 1999.

Taki, Koji. *Tennō no shōzō*. Tokyo: Iwanami Shoten, 1988.

Tanaka, Seidai. *Nihon no kōen*. Tokyo: Shikashima, 1974.

Tanaka, Shigeo. *Tanaka Shigeo den*. Tokyo: Tōshin, 1983.

Terao, Gorō. *"Shizen" gainen no keisei shi: Chūgoku, Nihon, Yoroppa*. Tokyo: Nobunkyo, 2002.

Tetsudō Shiryō Kenkyūkai. *Zō wa kisha ni noreruka*. Tokyo: JTB, 2003.

Tokyo Kokuritsu Hakubutsukan, ed. *Tokyo Kokuritsu Hakubutsukan hyaku nen shi*. Tokyo: Dai-Ichi Hōki Shuppan, 1973.

Tokyo-to. *Ueno Dōbutsuen hyakunenshi, shiryōhen*. Tokyo: Dai-Ichi Hōki Shuppan, 1982.

———. *Ueno Dōbutsuen hyakunenshi, tsūshihen*. Tokyo: Dai-Ichi Hōki Shuppan, 1982.

Tokyo Zoological Park Society. *Koga Tadamichi shi tsuitō tokushūgo*, vol. 38. Tokyo: Tokyo Zoological Park Society, 1986.

Tsukamoto, Manabu. *Edo jidai jin to dōbutsu*. Tokyo: Nihon Editaasukuru, 1995.

Ueno, Masuzō. *Hakubutsugaku no jidai*. Tokyo: Yasaka Shobō, 1990.

———. *Hakubutsugakusha retsuden*. Tokyo: Yasaka Shobō, 1991.

———. "Jobun: Edo hakubutsugaku no romanchishizumu." In *Edo hakubutsugaku shūsei*, edited by Shomonaka Hiroshi, 12–15. Tokyo: Heibonsha, 1994.

———. *Nihon dōbutsgakushi*. Tokyo: Yazaka Shobō, 1987.

———. *Seiyō hakubutsugakusa retsuden: Arisutoteresu kara Dauin made*. Tokyo: Yushokan, 2009.

Ueno, Masuzō and Yabe Ichirō, ed. *Shokugaku keigen/Shokubutsugaku*. Tokyo: Kōwa Shuppan, 1980.

Veldkamp, Elmer. "Eiyū to natta inutachi: gun'yōken irei to dōbutsu kuyō no henyō." In *Hito to dōbutsu no Nihonshi*, edited by Suga, 44–68. Tokyo: Yoshikawa Kōbuukau, 2009.

Wako, Kenji. "Nichibei ni okeru dōbutsuen no hatten katei ni kansuru kenkyū." Ph.D. dissertation, University of Tokyo, 1993.

Watanabe, Hiroyuki. *Hogei mondai no rekishi shakaigaku: kin-gendai Nihon ni okeru kujira to ningen*. Tokyo: Tōshindō, 2006.

Watanabe, Morio. *Dōbutsuen to iu media*. Tokyo: Seikyusha, 2000.

———. "Media toshite no dōbutsuen." In *Dōbutsuen to iu media*, edited by Morio Watanabe, 9–52. Tokyo: Seikyusha, 2000.

Yanabe, Akira. *Honyaku no shisō—"shizen" to NATURE*. Tokyo: Chikuma Shobō, 1995.

Yano, Satoji. *Dōbutsu ehon wo meguru tanken*. Tokyo: Keisō Shobō, 2002.

Yokoyama, Toshiaki. *Nihon shinka shisōshi: Meiji jidai no shinka shisō*. Tokyo: Shinsui, 2005.

Yoshimi, Shun'ya. *Banpaku gensō: Sengo seiji no jubaku*. Tokyo: Chikuma Shobō, 2005.

———. *Hakurankai no seijigaku: Manazashi no kindai*. Tokyo: Chūō Kōronsha, 1992.

———. *Toshi no doramaturugī: Tokyo sakariba no shakaishi*. Tokyo: Kōbundō, 1987.

ENGLISH-LANGUAGE SECONDARY SOURCES

Adams, Carol J. *Neither Man nor Beast: Feminism and the Defense of Animals*. New York: Continuum, 1994.

———. *The Sexual Politics of Meat: A Feminist-Vegetarian Critical Theory*, 10th anniversary ed. New York: Continuum, 2000.

Adams, Carol J. and Josephine Donovan. *Animals and Women: Feminist Theoretical Explorations*. Durham, N. C.: Duke University Press, 1995.

Adorno, Theodor W. "Free Time." *The Culture Industry: Selected Essays on Mass Culture*, edited by Theodor W. Adorno and J. M. Bernstein, 187–197. New York: Routledge, 2001.

———. *Minima Moralia: Reflections from Damaged Life*. New York: Schocken Books, 1978.

Agamben, Giorgio. *Homo Sacer: Sovereign Power and Bare Life*. Stanford, Calif.: Stanford University Press, 1998.

———. *The Open: Man and Animal*. Stanford, Calif.: Stanford University Press, 2004.

———. *State of Exception*. Translated by Kevin Attell. Chicago: University of Chicago Press, 2005.

Allison, Anne. "Enchanted Commodities." In *Millennial Monsters: Japanese Toys and the Global Imagination*, 1–34. Berkeley: University of California Press, 1996.

Althusser, Louis. "Ideology and Ideological State Apparatus (Notes towards an Investigation)." In *Lenin and Philosophy, and Other Essays*, translated by Ben Brewster, 85–126. New York: Monthly Review Press, 2001.

Ambaras, David. *Bad Youth: Juvenile Delinquency and the Politics of Everyday Life in Modern Japan*. Berkeley: University of California Press, 2005.

Ambros, Barbara. *Bones of Contention: Animals and Religion in Contemporary Japan*. Honolulu: University of Hawaii Press, 2012.

American Pet Products Manufacturers Association. *APPMA's 2005–2006 National Pet Owners Survey (NPOS)*. Greenwich: American Pet Products Association, Inc., 2006.

Ames, Eric. *Carl Hagenbeck's Empire of Entertainments*. Seattle: University of Washington Press, 2009.

Anderson, Kay. "Animals, Science, and Spectacle in the City." In *Animal Geographies: Place, Politics, and Identity in the Nature-Culture Borderlands*, edited by Jennifer Wolch and Jody Emel, 27–50. New York: Verso, 1998.

Asma, Stephen T. *Stuffed Animals & Pickled Heads: The Culture and Evolution of Natural History Museums*. New York: Oxford University Press, 2001.

Asquith, Pamela J. and Arne Kalland. *Japanese Images of Nature: Cultural Perspectives*. Richmond: Curzon Press, 1997.

Baker, Steve. *Picturing the Beast: Animals, Identity, and Representation*. Urbana: University of Illinois Press, 2001.

———. *The Postmodern Animal*. London: Reaktion, 2000.

Bakhtin, M. M. *Rabelais and His World*. Bloomington: Indiana University Press, 1984.

Baratay, Eric and Elisabeth Hardouin-Fugier. *Zoo: A History of Zoological Gardens in the West*. London: Reaktion, 2002.

Barlow, Tani E. *Formations of Colonial Modernity in East Asia*. Durham, N. C.: Duke University Press, 1997.

Barnhart, Michael A. *Japan Prepares for Total War: The Search for Economic Security, 1919–1941*. Ithaca, N. Y.: Cornell University Press, 1987.

Barret, Brendan F. D. *Ecological Modernization and Japan*. New York: Routledge, 2005.

Barringer, T. J. "The South Kensington Museum and the Colonial Project." In *Colonialism and the Object: Empire, Material Culture, and the Museum*, edited by T. J. Barringer and Tom Flynn, 11–28. New York: Routledge, 1998.

Barringer, T. J. and Tom Flynn. *Colonialism and the Object: Empire, Material Culture, and the Museum*. New York: Routledge, 1998.

Barrow, Mark V. *Nature's Ghosts: Confronting Extinction from the Age of Jefferson to the Age of Ecology*. Chicago: The University of Chicago Press, 2009.

———. *A Passion for Birds: American Ornithology after Audubon*. Princeton, N. J.: Princeton University Press, 2000.

Barthes, Roland. *The Rustle of Language*. Translated by R. Howard. Berkeley: University of California Press, 1989.

Bartholomew, James R. *The Formation of Science in Japan: Building a Research Tradition*. New Haven, Conn.: Yale University Press, 1989.

Bataille, Georges. *The Accursed Share: An Essay on General Economy*. New York: Zone Books, 1988.

———. "Sacrifice, the Festival and the Principles of the Sacmonred World." In *The Bataille Reader*, edited by Fred Botting and Scott Wilson, 210–220. Malden, Mass.: Blackwell, 1997.

Bataille, Georges, Fred Botting, and Scott Wilson. *The Bataille Reader*. Blackwell Readers. Malden, Mass.: Blackwell, 1997.

Baudrillard, Jean. "The Animals: Territory and Metamorphoses." In *Simulacra and Simulation*, translated by Sheila Glaser, 129–142. Ann Arbor: University of Michigan Press, 1994.

Bauman, Zygmunt. *Modernity and the Holocaust*. Ithaca, N. Y.: Cornell University Press, 1991.

Benjamin, Walter. "On Some Motifs in Baudelaire." In *Illuminations*, translated by Harry Zohn, edited by Walter Benjamin and Hannah Arendt, 155–200. New York: Schocken, 1969.

———. "The Work of Art in the Age of Mechanical Reproduction." In *Illuminations*, translated by Harry Zohn, edited by Walter Benjamin and Hannah Arendt, 217–253. New York: Schocken, 1969.

Benjamin, Walter and Hannah Arendt. *Illuminations*. New York: Schocken, 1969.

Benjamin, Walter and Rolf Tiedemann. *The Arcades Project*. Cambridge, Mass.: Belknap Press, 1999.

Bennett, Tony. *The Birth of the Museum: History, Theory, Politics*. New York: Routledge, 1995.

———. "The Exhibitionary Complex." In *Culture/Power/History: A Reader in Contemporary Social Theory*, edited by Nicholas B. Dirks, Geoff Eley, and Sherry B. Ortner. Princeton, N. J.: Princeton University Press, 1994.

Berger, John. "Why Look at Animals?" In *About Looking*. New York: Pantheon Books, 1980.

Bess, Michael. *The Light-Green Society: Ecology and Technological Modernity in France, 1960–2000*. Chicago: University of Chicago Press, 2003.

Bhabha, Homi K. *The Location of Culture*. London; New York: Routledge, 1994.

———. "The Other Question: Stereotype, Discrimination and the Discourse of Colonialism." In *The Location of Culture*, 66–84. New York: Routledge, 1994.

Blacker, Carmen. *The Japanese Enlightenment: A Study of the Writings of Fukuzawa Yukichi*. New York: Cambridge University Press, 1964.

Botsman, Daniel V. *Punishment and Power in the Making of Modern Japan*. Princeton, N. J.: Princeton University Press, 2005.

Bourdieu, Pierre. *Outline of a Theory of Practice*. Translated by Richard Nice. New York: Cambridge University Press, 1977.

———. "The Specificity of the Scientific Field and the Social Conditions of the Progress of Reason." In *The Science Studies Reader*, edited by Mario Biagioli, 12–30. New York: Routledge, 1999.

Bulliet, Richard. *Hunters, Herders, and Hamburgers: The Past and Future of Human-Animal Relationships*. New York: Columbia University Press, 2005.

Burkhardt, Richard W. *Patterns of Behavior: Konrad Lorenz, Niko Tinbergen, and the Founding of Ethology*. Chicago: University of Chicago Press, 2005.

———. *The Spirit of System: Lamarck and Evolutionary Biology*. Cambridge, Mass.: Harvard University Press, 1995.

Cartmill, Matt. "The Bambi Syndrome." In *A View to a Death in the Morning: Hunting and Nature through History*, 161–171. Cambridge, Mass.: Harvard University Press, 1996.

Certeau, Michel de. *The Writing of History*. New York: Columbia University Press, 1988.

Chakrabarty, Dipesh. "The Climate of History: Four Theses." *Critical Inquiry* 35 (Winter 2009): 197–222.

Chapman, James. *The British at War: Cinema, State, and Propaganda, 1939–1945*. New York: St. Martin's Press, 1998.

Chen, Kuan-Hsing. *Asia as Method: Toward Deimperialization*. Durham, N. C.: Duke University Press, 2010.

———. "Deimperialization: Club 51 and the Imperialist Assumption of Democracy." In *Asia as Method: Toward Deimperialization*, 161–210. Durham, N. C.: Duke University Press, 2010.

Cioc, Mark. *The Game of Conservation: International Treaties to Protect the World's Migratory Animals*. Athens: Ohio University Press, 2009.

Clifford, James. *The Predicament of Culture Twentieth-Century Ethnography, Literature, and Art*. Cambridge, Mass.: Harvard University Press, 1988.

Connelly, Matthew James. *Fatal Misconception: The Struggle to Control World Population*. Cambridge, Mass: Belknap Press of Harvard University Press, 2008.

Convention on International Trade in Endangered Species of Wild Fauna and Flora. *Appendices I, II, and III*. Geneva: International Environment House, 2010.

Cosby, Alfred W. *Children of the Sun: A History of Humanity's Unappeasable Appetite for Energy*. New York: W. W. Norton & Company, 2006.

Courtney, Roger. *Strategic Management for Voluntary Nonprofit Organizations*. New York: Routledge, 2002.

Craig, Albert M. *Civilization and Enlightenment: The Early Thought of Fukuzawa Yukichi*. Cambridge, Mass.: Harvard University Press, 2009.

Crawcour, E. Sydney. "Industrialization and Technological Change." In *Cambridge History of Japan*, edited by Peter Duus, vol. 6, 385–450. New York: Cambridge University Press, 1986.

Cronon, William. "The Trouble with Wilderness; or, Getting Back to the Wrong Nature." In *Uncommon Ground: Toward Reinventing Nature*, edited by William Cronon, 69–90. New York: W. W. Norton & Company, 1995.

Crutzen, Paul J. "Geology of Mankind." *Nature*, vol. 3 no. 415 (January 3, 2002): 23.

Crutzen, Paul J. and Euguene F. Stoermer. "The Anthropocene." *IGBP Newsletter*, vol. 41 (2000): 17.

Cummings, e. e. "The Secret of the Zoo Exposed." In *e. e. Cummings: A Miscellany Revised*, edited by George Firmage, 174–178. New York: October House, 1927.

Cyranoski, D. "Japanese Call for More Bite in Animal Rules." *Nature*, vol. 434, no. 7029 (2005): 6.

———. "Row over Fate of Endangered Monkeys." *Nature*, vol. 408, no. 6810 (2000): 280.

———. "Slipshod Approvals Taint Japanese Animal Studies." *Nature*, vol. 430, no. 7001 (2004): 714.

Darnton, Robert. *The Great Cat Massacre and Other Episodes in French Cultural History*. New York: Vintage Books, 1985.

Das, Veena. "Language and Body: Transactions in the Construction of Pain." In *Social Suffering*, edited by Arthur Kleinman, 67–92. Berkeley: University of California Press, 1997.

Daston, Lorraine and Fernando Vidal. *The Moral Authority of Nature*. Chicago: University of Chicago Press, 2004.

Davey, G. "An Analysis of Country, Socio-Economic and Time Factors on Worldwide Zoo Attendance during a 40-Year Period." *International Zoo Yearbook*, vol. 41, no. 1 (March 26, 2007): 217–225.

Davis, D. Dwight. *The Giant Panda: A Morphological Study of Evolutionary Mechanisms*. Chicago: Chicago Natural History Museum, 1964.

Davis, Susan G. *Spectacular Nature: Corporate Culture and the Sea World Experience*. Berkeley: University of California Press, 1997.

Debord, Guy. *Society of the Spectacle*. Translated by Fredy Perlman and Jon Supak. Kalamazoo: Black & Red, 1977.

———. *The Society of the Spectacle*. Translated by Donald Nicholson-Smith. Cambridge, Mass.: Zone Books, 1994.

de Ganon, Pieter S. "Down the Rabbit Hole," *Past & Present*, vol. 213 (2011): 237–266.

De Grazia, Victoria. *Irresistible Empire: America's Advance through Twentieth-Century Europe*. Cambridge, Mass.: Belknap Press of Harvard University Press, 2005.

Derrida, Jacques. *Of Spirit: Heidegger and the Question*. Chicago: University of Chicago Press, 1989.

Desmond, Jane. "Displaying Death, Animating Life: Changing Fictions of 'Liveness' from Taxidermy to Animatronics." In *Representing Animals*, edited by Nigel Rothfels, 159–178. Bloomington: Indiana University Press, 2002.

Dirks, Nicholas B., Geoff Eley, and Sherry B. Ortner. *Culture/Power/History: A Reader in Contemporary Social Theory*. Princeton Studies in Culture/Power/ History. Princeton, N. J.: Princeton University Press, 1994.

Doak, Kevin Michael. *Dreams of Difference: The Japan Romantic School and the Crisis of Modernity*. Berkeley: University of California Press, 1994.

———. *A History of Nationalism in Modern Japan: Placing the People*. Boston: Brill, 2007.

Donahue, Jesse and Erik Trump. *The Politics of Zoos: Exotic Animals and Their Protectors*. DeKalb: Northern Illinois University Press, 2006.

Dorfman, Ariel and Armand Mattelart. *How to Read Donald Duck: Imperialist Ideology in the Disney Comic*, 2nd enlarged edition. New York: International General, 1984.

Douglas, Mary. "No Free Gifts," In *The Gift: The Form and Reason for Exchange in Archaic Socities*, 2nd edition, ix–xxiii. New York: Routledge, 2005.

Dower, John W. "The Demonic Other." In *War without Mercy: Race and Power in the Pacific War*, 234−261. New York: Pantheon Books, 1986.

———. *Embracing Defeat: Japan in the Wake of World War II*. New York: W. W. Norton & Company, 1999.

———. *War without Mercy: Race and Power in the Pacific War*. New York: Pantheon Books, 1986.

Drayton, Richard Harry. *Nature's Government: Science, Imperial Britain, and the "Improvement" of the World*. New Haven, Conn.: Yale University Press, 2000.

Driscoll, Mark. *Absolute Erotic, Absolute Grotesque: The Living, Dead, and Undead in Japan's Imperialism, 1895−1945*. Durham, N. C.: Duke University Press, 2010.

Durkheim, Émile. *The Elementary Forms of Religious Life*. Translated by E. Fields. New York: Free Press, 1995.

———. *On Suicide*. Translated by Robin Buss. New York: Penguin, 2006.

Durkheim, Émile, Marcel Mauss, and Rodney Needham. *Primitive Classification*. Chicago: University of Chicago Press, 1963.

Duus, Peter. *The Abacus and the Sword: The Japanese Penetration of Korea, 1895−1910*. Berkeley: University of California Press, 1995.

———, ed. *The Japanese Discovery of America: A Brief History with Documents*. The Bedford Series in History and Culture. Boston: Bedford Books, 1997.

Duus, Peter, Ramon Hawley Myers, and Mark R. Peattie. *The Japanese Informal Empire in China, 1895−1937*. Princeton, N. J.: Princeton University Press, 1989.

Duus, Peter, Ramon Hawley Myers, Mark R. Peattie, and Wanyao Zhou. *The Japanese Wartime Empire, 1931−1945*. Princeton, N. J.: Princeton University Press, 1996.

Figal, Gerald. *Civilization and Monsters: Spirits of Modernity in Meiji Japan*. Durham, N. C.: Duke University Press, 1999.

Fisher, James. *Zoos of the World*. London: Aldus, 1966.

Fisher, Philip. *Hard Facts: Setting and Form in the American Novel*. New York: Oxford University Press, 1987.

Foster, Michael Dylan. *Pandemonium and Parade: Japanese Monsters and the Culture of Yokai*. Berkeley: University of California Press, 2008.

Foucault, Michel. *Discipline and Punish: The Birth of the Prison*. Translated by Alan Sheridan. New York: Vintage Books, 1979.

———. *The Foucault Reader*. Edited by Paul Rabinow. New York: Pantheon Books, 1984.

———. *The History of Sexuality, Vol. 1: An Introduction*. New York: Vintage, 1980.

———. *The Order of Things: An Archaeology of the Human Sciences*. Translated by Alan Sheridan. New York: Vintage Books, 1973.

Freud, Sigmund. *Totem and Taboo; Some Points of Agreement between the Mental Lives of Savages and Neurotics*. New York: Norton, 1952.

Fritzsche, Peter. *Reading Berlin 1900*. Cambridge, Mass.: Harvard University Press, 1996.

Fudge, Erica. *Perceiving Animals: Humans and Beasts in Early Modern English Culture*. New York: St. Martin's Press, 2000.

———. *Renaissance Beasts: Of Animals, Humans, and Other Wonderful Creatures*. Urbana: University of Illinois Press, 2004.

Fudge, Erica, Ruth Gilbert, and S. J. Wiseman. *At the Borders of the Human: Beasts, Bodies, and Natural Philosophy in the Early Modern Period*. New York: St. Martin's Press, 1999.

Fujitani, Takashi. *Splendid Monarchy: Power and Pageantry in Modern Japan*. Berkeley: University of California Press, 1996.

———. *Race for Empire: Koreans as Japanese and Japanese as Americans during World War II*. Berkeley: University of California Press, 2011.

Garon, Sheldon M. *Molding Japanese Minds: The State in Everyday Life*. Princeton, N. J.: Princeton University Press, 1997.

———. *The State and Labor in Modern Japan*. Berkeley: University of California Press, 1990.

Giddens, Anthony. *The Consequences of Modernity*. Stanford, Calif.: Stanford University Press, 1990.

Girard, René. *The Scapegoat*. Translated by Yvonne Freccero. London: Athlone, 1986.

———. *Violence and the Sacred*. Translated by Patrick Gregory. Baltimore: Johns Hopkins University Press, 1977.

Girard, René, João Cezar de Castro Rocha, and Pierpaolo Antonello. *Evolution and Conversion: Dialogues on the Origins of Culture*. New York: T&T Clark, 2007.

Gluck, Carol. "The Invention of Edo." In *Mirror of Modernity: Invented Traditions of Modern Japan*, edited by Stephen Vlastos, 262–283. Berkeley: University of California Press, 1998.

———. *Japan's Modern Myths: Ideology in the Late Meiji Period*. Princeton, N. J.: Princeton University Press, 1985.

——— "Meiji for Our Time." In *New Directions in the Study of Meiji Japan*, edited by Helen Hardacre and Adam L. Kern, 11–28. New York: Brill, 1997.

———. "Operations of Memory: 'Comfort Women' and the World." In *Ruptured Histories: War, Memory, and the Post-Cold War in Asia*, edited by Sheila Miyoshi Jager and Rana Mitter, 47–77. Cambridge, Mass.: Harvard University Press, 2007.

———. "The Past in the Present." In *Postwar Japan as History*, edited by Andrew Gordon, 64–96. Berkeley: University of California Press, 1993.

Godart, Clinton. "Darwin in Japan: Evolutionary Theory and Japan's Modernity (1820–1970)." Ph.D. dissertation, University of Chicago, 2009.

Goffman, Erving. *The Presentation of Self in Everyday Life*. Woodstock, N. Y.: Overlook Press, 1973.

Gordon, Andrew. "Consumption, Leisure and the Middle Class in Transwar Japan." *Social Science Japan Journal*, vol. 10, no. 1 (2007): 1–21.

———. *Labor and Imperial Democracy in Prewar Japan*. Berkeley: University of California Press, 1991.

————. *A Modern History of Japan: From Tokugawa Times to the Present.* New York: Oxford University Press, 2003.

————. *Postwar Japan as History.* Berkeley: University of California Press, 1993.

Gould, Stephen Jay. "A Biological Homage to Mickey Mouse." In *The Panda's Thumb: More Reflections in Natural History*, 95–107. New York: Norton, 1980.

————. *The Panda's Thumb: More Reflections in Natural History.* New York: Norton, 1980.

Greene, Ann. "War Horses: Equine Technology in the American Civil War." In *Industrializing Organisms: Introducing Evolutionary History*, edited by Philip Scranton, 143–166. New York: Routledge, 2004.

Guha, Ramachandra. "Radical American Environmentalism and Wilderness Preservation: A Third World Critique." *Environmental Ethics*, vol. 11, no. 1 (Spring 1989): 71–83.

Hall, John W. "Changing Conceptions of the Modernization of Japan." In *Changing Japanese Attitudes toward Modernization*, edited by Marius B. Jansen. Princeton, N. J.: Princeton University Press, 1965.

Hancocks, David. *A Different Nature: The Paradoxical World of Zoos and Their Uncertain Future.* Berkeley: University of California Press, 2001.

Hanes, Jeffrey. "Media Culture in Taishō Osaka." In *Japan's Competing Modernities: Issues in Culture and Democracy*, edited by Sharon A. Minichiello, 267–288. Honolulu: University of Hawaii Press, 1998.

Hanes, Jeffrey E. and Hajime Seki. *The City as Subject: Seki Hajime and the Reinvention of Modern Osaka.* Berkeley: University of California Press, 2002.

Hanson, Elizabeth. *Animal Attractions: Nature on Display in American Zoos.* Princeton, N. J.: Princeton University Press, 2002.

Haraway, Donna. *A Cyborg Manifesto: Science, Technology, and Socialist-Feminism in the Late Twentieth Century.* New York: Routledge, 1992.

————. *Primate Visions: Gender, Race, and Nature in the World of Modern Science.* New York: Routledge, 1989.

————. *Simians, Cyborgs, and Women: The Reinvention of Nature.* New York: Routledge, 1991.

————. "Teddy Bear Patriarchy: Taxidermy in the Garden of Eden, New York City, 1908–1936." In *Culture/Power/History: A Reader in Contemporary Social Theory*, edited by Nicholas Dirks, Geoff Eley, and Sherry Ortner, 49–95. Princeton, N. J.: Princeton University Press, 1994.

Hardacre, Helen. *Shinto and the State, 1868–1988.* Princeton, N. J.: Princeton University Press, 1991.

Harootunian, Harry D. *History's Disquiet Modernity, Cultural Practice, and the Question of Everyday Life.* New York: Columbia University Press, 2000.

————. *Overcome by Modernity: History, Culture, and Community in Interwar Japan.* Princeton, N. J.: Princeton University Press, 2000.

Harris, Daniel. *Cute, Quaint, Hungry, and Romantic: The Aesthetics of Consumerism*. New York: Basic Books, 2000.

Havens, Thomas R. H. *Farm and Nation in Modern Japan: Agrarian Nationalism, 1870–1940*. Princeton, N. J.: Princeton University Press, 1974.

———. *Parkscapes: Green Spaces in Modern Japan*. Honolulu: University of Hawaii Press, 2012.

———. *Valley of Darkness: The Japanese People and World War Two*. New York: Norton, 1978.

Heidegger, Martin. *The Question Concerning Technology, and Other Essays*. New York: Harper & Row, 1977.

Herbert, T. Walter. *Sexual Violence and American Manhood*. Cambridge, Mass.: Harvard University Press, 2002.

Hoage, R. J., William A. Deiss, and National Zoological Park (U.S.). *New Worlds, New Animals: From Menagerie to Zoological Park in the Nineteenth Century*. Baltimore: Johns Hopkins University Press, 1996.

Howell, David Luke. *Capitalism from Within: Economy, Society, and the State in a Japanese Fishery*. Berkeley: University of California Press, 1995.

———. *Geographies of Identity in Nineteenth-Century Japan*. Berkeley: University of California Press, 2005.

Howland, Douglas. "Society Reified: Herbert Spencer and Political Theory in Early Meiji Japan." *Comparative Studies in Society and History*, vol. 42, no. 1 (January 2000): 67–86.

———. *Translating the West: Language and Political Reason in Nineteenth-Century Japan*. Honolulu: University of Hawaii Press, 2001.

Hubert, Henri, Marcel Mauss, and W. D. Halls. *Sacrifice: Its Nature and Function*. London: Cohen and West, 1964.

Hur, Nam-Lin. *Prayer and Play in Late Tokugawa Japan: Asakusa Sensōji and Edo Society*. Cambridge, Mass.: Harvard University Asia Center; Distributed by Harvard University Press, 2000.

Igarashi, Yoshikuni. "The Age of the Body." In *Bodies of Memory: Narratives of War in Postwar Japanese Culture, 1945–1970*, 47–72. Princeton, N. J.: Princeton University Press, 2000.

———. *Bodies of Memory: Narratives of War in Postwar Japanese Culture, 1945–1970*. Princeton, N. J.: Princeton University Press, 2000.

Ingold, Tim. *The Appropriation of Nature: Essays on Human Ecology and Social Relations*. Iowa City: University of Iowa Press, 1987.

———. *Hunters, Pastoralists, and Ranchers: Reindeer Economics and Their Transformations*. New York: Cambridge University Press, 1980.

———. *What Is an Animal?* Boston: Unwin Hyman, 1988.

Ito, Mayumi. *Japanese Wartime Zoo Policy: The Silent Victims of World War II*. New York:

PalgraveMacMillan, 2010.

"IUCN—What Is Diversity in Crisis?" Accessed July 8, 2011, www.iucn.org/what/tpas/biodiversity/about/biodiversity_crisis/.

Jasanoff, Sheila. *The Fifth Branch: Science Advisers as Policymakers*. Cambridge, Mass.: Harvard University Press, 1998.

———. "The Idiom of Co-production." In *States of Knowledge: The Coproduction of Science and Social Order*, edited by Sheila Jasanoff. New York: Routledge, 2004.

Jewett, Andrew. *Science, Democracy, and the American University*. Cambridge: Cambridge University Press, 2012.

Jones, Mark. *Children as Treasures: Childhood and the Middle Class in Early Twentieth Century Japan*. Cambridge, Mass.: Harvard University Asia Center, 2010.

Kalland, Arne. "Culture in Japanese Nature," *Asian Perceptions of Nature: A Critical Approach*, edited by O. Bruun and Arne Kalland. London: Curzon, 1995.

———. "Management by Totemization: Whale Symbolism and the Anti-Whaling Campaign." *Arctic*, vol. 46, no. 2 (1993).

———. *Unveiling the Whale: Discourses on Whales and Whaling*. New York: Berghan Books, 2003.

Kappeler, Susanne. "Speciesism, Racism, Nationalism ... or the Power of Scientific Subjectivity." In *Animals and Women: Feminist Theoretical Explorations*, edited by Carol Adams and Josephine Donovan, 320–352. Durham, N. C.: Duke University Press, 1995.

Karatani, Kojin. *Origins of Modern Japanese Literature*. Durham, N. C.: Duke University Press, 1993.

Karlin, Jason Gregory. "The Empire of Fashion: Taste, Gender, and Nation in Modern Japan." Ph.D. dissertation, University of Illinois at Urbana-Champaign, 2002.

Kawata, Ken. "Don't Hit an Elephant, It's Cruel!" *Alive*, June 1983, pp. 2–6.

———. "History of Traveling Menageries of Japan." *Bandwagon*, November-December 2005, pp. 44–51.

———. "Zoological Gardens of Japan." In *Zoo and Aquarium History: Ancient Animal Collections to Zoological Gardens*, edited by Vernon N. Kisling, Jr., 295–330. New York: CRC Press, 2001.

Kellert, S. "Attitudes, Knowledge and Behaviour toward Wildlife among the Industrial Superpowers: United States, Japan and Germany." *Journal of Social Issues*, vol. 49, no. 1 (1993): 53–69.

———. "The Biological Basis for Human Values of Nature." *The Biophilia Hypothesis*, edited by Stephen R. Kellert and Edward O. Wilson, 42–72. New York: Island Press, 1993.

Kete, Kathleen. *The Beast in the Boudoir: Petkeeping in Nineteenth-Century Paris*. Berkeley: University of California Press, 1994.

Kisling, Vernon N., ed. *Zoo and Aquarium History: Ancient Animal Collections to Zoological Gardens*. Boca Raton, Fla.: CRC Press, 2001.

Knight, C. H. "The Bear as Barometer: The Japanese Response to Human-Bear Conflict." Ph.D. dissertation, University of Canterberry, 2007.

Knight, John. "Feeding Mr. Monkey: Cross-Species Food 'Exchange' in Japanese Monkey Parks." In *Animals in Person: Cultural Perspectives on Human-Animal Intimacy*, edited by John Knight, 231−253. Oxford: Berg, 2005.

———. *Waiting for Wolves in Japan: An Anthropological Study of People-Wildlife Relations*. Oxford: Oxford University Press, 2003.

———, ed. *Wildlife in Asia: Cultural Perspectives*. London: Routledge Curzon, 2004.

Kornicki, Peter. "Public Display and Changing Values: Early Meiji Exhibitions and Their Precursors." *Monumenta Nipponica*, vol. 49 (1994): 167−196.

Koschmann, Victor J. "Modernization and Democratic Values: The 'Japanese Model' in the 1960s." In *Staging Growth: Modernization, Development, and the Global Cold War*, edited by David Engermann, Nils Gilman, Mark Haefele, and Michael E. Latham. Amherst: University of Massachusetts Press, 2003.

Kushner, Barak. *The Thought War: Japanese Imperial Propaganda*. Honolulu: University of Hawaii Press, 2006.

LaFleur, William. *The Karma of Words: Buddhism and the Literary Arts in Medieval Japan*. Berkeley: University of California Press, 1983.

Lamarck, Jean-Baptiste. *Système des animaux sans vertèbres*. Paris: Chez Deterville, 1801.

Lansbury, Coral. *The Old Brown Dog: Women, Workers, and Vivisection in Edwardian England*. Madison: University of Wisconsin Press, 1985.

Laqueur, Thomas W. "Bodies, Details, and the Humanitarian Narrative." In *The New Cultural History*, edited by Lynn Hunt, 176−204. Berkeley: University of California Press, 1989.

Latour, Bruno. *We Have Never Been Modern*. Translated by Catherine Porter. Cambridge, Mass.: Harvard University Press, 1993.

Leach, William. *Land of Desire: Merchants, Power and the Rise of a New American Culture*. New York: Vintage Books, 1994.

Lévi-Strauss, Claude. *Totemism*. Translated by Rodney Needham. Harmondsworth: Penguin, 1969.

Lippit, Akira Mizuta. *Electric Animal: Toward a Rhetoric of Wildlife*. Minneapolis: University of Minnesota Press, 2000.

Litten, Frederick S. "Starving the Elephants: The Slaughter of Animals in Wartime Tokyo's Ueno Zoo." *Asia-Pacific Journal*, vol. 38, no. 3 (2009).

Liu, Jiangu, Marc Linderman, Zhiyun Ouyang, Li An, Jian Yang, and Hemin Zhang. "Ecological Degradation in Protected Areas: The Case of Wolong Nature Reserve for Giant Pandas." *Science*, vol. 292, no. 5514 (April 6, 2001): 98−101.

Liu, Jianguo, Zhiyun Ouyang, William W. Taylor, Richard S. Groop, Yingchung Tan, and Heming Zhang. "A Framework for Evaluating Human Factors on Wildlife Habitat: The Case of Giant Pandas." *Conservation Biology*, vol. 13, no. 6 (December 1999): 1360−1370.

Lockyer, Angus. "Expo Fascism? Ideology, Representation, Economy." In *The Culture of Japanese Fascism*, edited by Alan Tansman. Durham, N. C.: Duke University Press, 2009.

———. "Japan at the Exhibitions, 1867–1970." Ph.D. dissertation, Stanford University, 2000.

Low, Morris. *Japan on Display: Photography and the Emperor*. New York: Routledge, 2006.

Malamud, Randy. *Reading Zoos: Representations of Animals and Captivity*. New York: New York University Press, 1998.

Marcon, Federico. "Inventorying Nature: Tokugawa Yoshimune and the Sponsorhip of *Honzōgaku* in Eighteenth-Century Japan." In *Japan at Nature's Edge: The Environmental Context of a Global Power*, edited by Ian Miller, Julia Adeney Thomas, and Brett Walker. Honolulu: University of Hawaii Press, 2013.

———. *The Knowledge of Nature and the Nature of Knowledge in Early-Modern Japan*. Unpublished book manuscript, 2011.

Marris, Emma. *Rambunctious Garden: Saving Nature in a Post-Wild World*. New York: Bloomsbury, 2011.

Marvin, Bob and Garry Mullan. *Zoo Culture: The Book about Watching People Watch Animals*, 2nd ed. Champaign: University of Illinois Press, 1999.

Marzuluff, John M., Eric Shulenberger, Wilifried Endlicher, Marina Alberti, Gordon Bradley, Lare Ryan, Ute Simon, and Craig Zumbrennen, eds. *Urban Ecology: An International Perspective on Interaction between Humans and Nature*. New York: Springer, 2008.

Mauss, Marcel. *The Gift: The Form and Reason for Exchange in Archaic Societies*. Translated by W. D. Halls. New York: W. W. Norton & Company, 1990.

McClintock, Anne. *Imperial Leather: Race, Gender, and Sexuality in the Colonial Conquest*. New York: Routledge, 1995.

McGirr, Lisa. *Suburban Warriors: The Origins of the New American Right*. Princeton, N. J.: Princeton University Press, 2001.

McNeill, John Robert. *Something New under the Sun: An Environmental History of the Twentieth-Century World*. New York: W. W. Norton & Company, 2000.

Miller, Ian Jared. "Didactic Nature." In *JAPANimals: History and Culture in Japan's Animal Life*, edited by Gregory M. Pflugfelder and Brett L. Walker. Ann Arbor: University of Michigan Center for Japanese Studies, 2005.

Mitchell, Timothy. *Colonising Egypt*. Berkeley: University of California Press, 1988.

———. *Rule of Experts: Egypt, Techno-Politics, Modernity*. Berkeley: University of California Press, 2002.

Mitchell, W. J. T. "Illusion: Looking at Animals Looking." In *Picture Theory: Essays on Verbal and Visual Representation*, 329–344. Chicago: University of Chicago Press, 1994.

———. "Imperial Landscape." In *Landscape and Power*, 5–34. Chicago: University of Chicago Press, 1994.

———. *The Last Dinosaur Book: The Life and Times of a Cultural Icon*. Chicago: University of Chicago Press, 1998.

Mitman, Gregg. *Breathing Space: How Allergies Shape Our Lives and Landscapes*. New Haven, Conn.: Yale University Press, 2007.

———. "Pachyderm Personalities: The Media of Science, Politics, and Conversation." In *Thinking with Animals: New Perspectives on Anthropomorphism*, edited by Lorraine Daston and Gregg Mitman, 175–195. New York: Columbia University Press, 2005.

———. *Reel Nature: America's Romance with Wildlife on Films*. Cambridge, Mass.: Harvard University Press, 1999.

———. *The State of Nature: Ecology, Community, and American Social Thought, 1900–1950*. Chicago: University of Chicago Press, 1992.

———. "When Nature *Is* the Zoo: Vision and Power in the Art and Science of Natural History." *Osiris*, vol. 11 (1996): 117–143.

Mizruchi, Susan L. *The Science of Sacrifice: American Literature and Modern Social Theory*. Princeton, N. J.: Princeton University Press, 1998.

Mizuno, Hiromi. *Science for the Empire: Scientific Nationalism in Modern Japan*. Stanford, Calif.: Stanford University Press, 2010.

Mol, Arthur P. J. *The Ecological Modernization of the Global Economy*. Cambridge, Mass.: MIT Press, 2001.

Mol, Arthur P. J., David A. Sonnenfeld, and Gert Spaargaren, eds. *The Ecological Modernization Reader*. New York: Routledge, 2009.

Morris, Ramona, Desmond Morris, and Jonathan Barzdo. *The Giant Panda*. New York: Penguin Books, 1982.

Morris-Suzuki, Tessa. "Concepts of Nature and Technology in Pre-Industrial Japan." *East Asian History*, vol. 1 (1991): 81–96.

———. *Re-Inventing Japan: Time, Space, Nation*. Armonk, N. Y.: M. E. Sharpe, 1998.

———. *The Technological Transformation of Japan: From the Seventeenth to the Twenty-First Century*. Cambridge: Cambridge University Press, 1994.

Morton, Oliver. *Eating the Sun: How Plants Power the Planet*. New York: Harper Collins, 2009.

Mosse, George L. *Fallen Soldiers: Reshaping the Memory of the World Wars*. New York: Oxford University Press, 1990.

Mullin, Molly H. "Mirrors and Windows: Sociocultural Studies of Human-Animal Relationships." *Annual Review of Anthropology*, vol. 28 (1999): 201–224.

Namaura, Takafusa. "Depression, Recovery, and War." In *Cambridge History of Japan*, vol. 6, edited by Peter Duus, 451–467. New York: Cambridge University Press, 1986.

O'Bryan, Scott. *The Growth Idea: Purpose and Prosperity in Postwar Japan*. Honolulu: University of Hawaii Press, 2009.

Ohnuki-Tierney, Emiko. *Kamikaze, Cherry Blossoms, and Nationalisms: The Militarization of Aesthetics in Japanese History*. Chicago: University of Chicago Press, 2002.

———. *The Monkey as Mirror: Symbolic Transformations in Japanese History and Ritual*. Princeton, N. J.: Princeton University Press, 1987.

Peattie, Mark. *Nan'yō: The Rise and Fall of the Japanese in Micronesia, 1885–1945*. Honolulu: University of Hawaii Press, 1988.

Pflugfelder, Gregory M. *Cartographies of Desire: Male-Male Sexuality in Japanese Discourse, 1600–1950*. Berkeley: University of California Press, 1999.

Pflugfelder, Gregory M. and Brett L. Walker, eds. *JAPANimals: History and Culture in Japan's Animal Life*. Ann Arbor: University of Michigan, 2005.

Poole, Joyce. *Coming of Age with Elephants: A Memoir*. New York: Hyperion, 1996.

Popper, Karl. *The Poverty of Historicism*, 2nd ed. New York: Routledge, 2002.

Prakash, Gyan. *Another Reason: Science and the Imagination of Modern India*. Princeton, N. J.: Princeton University Press, 1999.

———. "Staging Science." In *Another Reason: Science and the Imagination of Modern India*, 17–48. Princeton, N. J.: Princeton University Press, 1999.

Pratt, Mary Louise. *Imperial Eyes: Travel Writing and Transculturation*. New York: Routledge, 1992.

Price, Jennifer. *Flight Maps: Adventures with Nature in Modern America*. New York: Basic Books, 1999.

Pyne, Lydia V. and Stephen J. Pyle. *The Last Lost World: Ice Ages, Human Origins, and the Invention of the Pleistocene*. New York: Viking, 2012.

Regan, Tom. *The Case for Animal Rights*. Berkeley: University of California Press, 1983.

———. *Empty Cages: Facing the Challenge of Animal Rights*. Lanham, Md.: Rowman & Littlefield, 2004.

Richards, Robert J. *Darwin and the Emergence of Evolutionary Theories of Mind and Behavior*. Chicago: University of Chicago Press, 1987.

———. *The Romantic Conception of Life: Science and Philosophy in the Age of Goethe*. Chicago: University of Chicago Press, 2002.

Richards, Thomas. *The Imperial Archive: Knowledge and the Fantasy of Empire*. New York: Verso, 1993.

Ritvo, Harriet. *The Animal Estate: The English and Other Creatures in the Victorian Age*. Cambridge, Mass.: Harvard University Press, 1987.

———. *Noble Cows and Hybrid Zebras: Essays on Animals and History*. Charlottesville: University of Virginia Press, 2012.

———. *The Platypus and the Mermaid, and Other Figments of the Classifying Imagination*. Cambridge, Mass.: Harvard University Press, 1997.

———. "Possessing Mother Nature: Genetic Capital in Eighteenth-Century Britain." In *Noble Cows and Hybrid Zebras: Essays on Animals and History*, 157–176. Charlottesville: University of Virginia Press, 2010.

Robertson, Jennifer. "Empire of Nostalgia: Rethinking 'Internationalization' in Japan Today." *Theory, Culture and Society*, vol. 14, no. 4 (1997): 97–122.

———. "Japan's First Cyborg? Miss Nippon, Eugenics, and Wartime Technologies of Beauty,

Body, and Blood." *Body & Society*, vol. 7, no. 1 (2001): 1.

―――. "Robo Sapiens Japanicus: Humanoid Robots and the Posthuman Family." *Critical Asian Studies*, vol. 39, no. 3 (2007): 369−398.

―――. *Takarazuka: Sexual Politics and Popular Culture in Modern Japan*. Berkeley: University of California Press, 1998.

Rose, Sonya O. "Cultural Analysis and Moral Discourses: Episodes, Continuities, and Transformations." In *Beyond the Cultural Turn: New Directions in the Study of Society and Culture*, edited by Victoria E. Bonnell, Lynn Avery Hunt, and Richard Biernacki, 217−238. Berkeley: University of California Press, 1999.

Rosenzweig, Roy and Elizabeth Blackmar. *The Park and the People: A History of Central Park*. Ithaca, N. Y.: Cornell University Press, 1992.

Ross, Kristin. *Fast Cars, Clean Bodies: Decolonization and the Reordering of French Culture*. Cambridge, Mass.: MIT Press, 1995.

Rothfels, Nigel. *Representing Animals*. Bloomington: Indiana University Press, 2002.

―――. *Savages and Beasts: The Birth of the Modern Zoo*. Baltimore: Johns Hopkins University Press, 2002.

Ruddiman, William F. *Plows, Plagues, and Petroleum: How Humans Took Control of Climate*. Princeton, N. J.: Princeton University Press, 2010.

Russell, Edmund. *Evolutionary History: Uniting History and Biology to Understand Life on Earth*. New York: Cambridge University Press, 2011.

―――. *War and Nature: Fighting Humans and Insects with Chemicals from World War I to Silent Spring*. New York: Cambridge University Press, 2001.

Sachs, Aaron. *Arcadian America: The Death and Life of an Environmental Tradition*. New Haven, Conn.: Yale University Press, 2013.

Salesa, Manuel J., Mauricio Anton, Stephane Peigne, and George Morales. "Evidence of a False Thumb in a Fossil Carnivore Clarifies the Evolution of Pandas." *PNAS*, vol. 103, no. 2 (January 2006): 379−382.

Sand, Jordan. *House and Home in Modern Japan: Architecture, Domestic Space, and Bourgeois Culture, 1880−1930*. Cambridge, Mass.: Harvard University Press, 2005.

―――. "Was Meiji Taste in Interiors 'Orientalist' ?" *positions*, vol. 8, no. 3 (Winter 2000): 637.

Santner, Eric L. *Stranded Objects: Mourning, Memory, and Film in Postwar Germany*. Ithaca, N. Y.: Cornell University Press, 1990.

Sax, Boria. *Animals in the Third Reich: Pets, Scapegoats, and the Holocaust*. New York: Continuum, 2000.

Schaller, George B. "Bamboo Shortage Not Only Cause of Panda Decline." *Nature*, vol. 327 (1987): 562.

―――. *The Giant Pandas of Wolong*. Chicago: University of Chicago Press, 1985.

―――. *The Last Panda*. Chicago: University of Chicago Press, 1993.

Schattschneider, Ellen. "The Bloodstained Doll: Violence and the Gift in Wartime Japan." *The Journal of Japanese Studies*, vol. 31, no. 2 (2005): 329-356.

———— "The Work of Sacrifice in the Age of Mechanical Reproduction: Bride Dolls and the Enigma of Fascist Aesthetics at Yasukuni Shrine." In *The Culture of Japanese Fascism*, edited by Alan Tansman, 296-320. Durham, N. C.: Duke University Press, 2009.

Schiebinger, Londa L. *Plants and Empire: Colonial Bioprospecting in the Atlantic World*. Cambridge, Mass.: Harvard University Press, 2004.

Scholtmeijer, Marian. *Animal Victims in Modern Fiction: From Sanctity to Sacrifice*. Toronto: University of Toronto Press, 1993.

Scott, James C. "Beyond the War of Words: Cautious Resistance and Calculated Conformity." In *Weapons of the Weak: Everyday Forms of Peasant Resistance*, 241-303. New Haven, Conn.: Yale University Press, 1985.

Scranton, Philip and Susan R. Schrepfer. *Industrializing Organisms: Introducing Evolutionary History*. New York: Routledge, 2004.

Screech, Timon. *The Western Scientific Gaze and Popular Imagery in Later Edo Japan: The Lens within the Heart*. New York: Cambridge University Press, 1996.

Selin, Helaine and Arne Kalland. *Nature across Cultures: Views of Nature and the Environment in Non-western Cultures*. Boston: Kluwer Academic Publishers, 2003.

Seraphim, Franziska. *War Memory and Social Politics in Japan, 1945-2005*. Cambridge, Mass.: Harvard University Press, 2006.

Shepard, Paul. *The Others: How Animals Made Us Human*. Washington, D. C.: Island Press, 1996.

Shepherdson, D. J. "Tracing the Path of Environmental Enrichment in Zoos." In *Second Nature—Environmental Enrichment for Captive Animals*, edited by D. J. Shepherdson, J. D. Mellen, and M. Hutchins, 1-12. London: Smithsonian Institution Press, 1998.

Shirane, Haruo. *Japan and the Culture of the Four Seasons: Nature, Literature, and the Arts*. New York: Columbia University Press, 2013.

Shukin, Nicole. *Animal Capital: Rendering Life in Biopolitical Times*. Minneapolis: University of Minneapolis Press, 2009.

Silverberg, Miriam. "Constructing the Japanese Ethnography of Modernity." *Journal of Asian Studies*, vol. 51, no. 1 (February 1992): 30-54.

Singer, Peter. *Animal Liberation*, 2nd ed. New York: Random House, 1990.

————. *Animal Liberation: A New Ethics for Our Treatment of Animals*. New York: Random House, 1975.

Skabelund, Aaron Herald. *Empire of Dogs: Canines, Japan, and the Making of the Modern Imperial World*. Ithaca, N. Y.: Cornell University Press, 2011.

————. "Fascism's Furry Friends: Dogs, National Identity, and Purity of Blood in 1930s Japan." In *The Culture of Japanese Fascism*, edited by Alan Tansman. Durham, N. C.: Duke University Press, 2009.

Sorkin, Michael. "See You in Disneyland." In *Variations on a Theme Park: The New American City and the End of Public Space*. New York: Hill and Wang, 1992.

Soulé, Michael E. and Gary Lease, eds. *Reinventing Nature? Responses to Postmodern Deconstruction*. Washington, D. C.: Island Press, 1995.

Spang, Rebecca L. "'And They Ate the Zoo': Relating Gastronomic Exoticism in the Siege of Paris." *MLN*, vol. 107, no. 4 (September 1992): 752−773.

Sterckx, Roel. *The Animal and the Daemon in Early China*. Albany: State University of New York Press, 2002.

Taira, Koji. "Economic Development, Labor Markets and Industrial Relations, 1905−1955." In *Cambridge History of Japan*, vol. 6, edited by Peter Duus, 606−653. New York: Cambridge University Press, 1986.

Tanaka, Stefan. *Japan's Orient: Rendering Pasts into History*. Berkeley: University of California Press, 1993.

———. *New Times in Modern Japan*. Princeton, N. J.: Princeton University Press, 2004.

Tansman, Alan, ed. *The Culture of Japanese Fascism*. Durham, N. C.: Duke University Press, 2009.

Tapper, Richard L. "Animality, Humanity, Morality, Society." In *What Is an Animal?* edited by Tim Ingold, 47−62. New York: Routledge, 1988.

Thal, Sarah E. *Rearranging the Landscape of the Gods: The Politics of a Pilgrimage Site in Japan, 1573−1912*. Chicago: University of Chicago Press, 2005.

———. "What Is Meiji?" In *New Directions in the Study of Meiji Japan*, edited by Helen Hardacre and Adam L. Kern, 29−32. New York: Brill, 1997.

Thomas, Julia Adeney. "The Exquisite Corpses of Nature and History: The Case of the Korean DMZ." *The Asia-Pacific Journal*, vol. 43 (October 6, 2009).

———. "From Modernity with Freedom to Sustainability with Decency: Politicizing Passivity." In *The Future of Environmental History: Needs and Opportunities*, edited by Kimberly Coulter and Christof Mauch. Munich: University of Munich, March 2011.

———. "Not Yet Far Enough." *American Historical Review*, vol. 117, no. 3 (June 2012).

———. *Reconfiguring Modernity: Concepts of Nature in Japanese Political Ideology*. Berkeley: University of California Press, 2001.

———. "'To Become as One Dead': Nature and the Political Subject in Modern Japan." In *The Moral Authority of Nature*, edited by Lorraine Daston and Fernando Vidal, 308−330. Chicago: University of Chicago Press, 2004.

Thomas, Keith. *Man and the Natural World: Changing Attitudes in England, 1500−1800*. New York: Oxford University Press, 1996.

Tierney, Robert Thomas. *Tropics of Savagery: The Culture of Japanese Empire in Comparative Frame*. Berkeley: University of California Press, 2010.

Toby, Ronald P. "Carnival of the Aliens: Korean Embassies in Edo-period Art and Popular Culture." *Monumenta Nipponica*, vol. 41, no. 4 (Winter 1986): 415−456.

Tseng, Alice Yu-Ting. *The Imperial Museums of Meiji Japan: Architecture and the Art of the Nation*. Seattle: University of Washington Press, 2008.

Tsutsui, William. *Godzilla On My Mind: Fifty Years of the King of Monsters*. New York: Palgrave Macmillan, 2004.

————. "Landscapes in the Dark Valley: Toward an Environmental History of Wartime Japan." *Environmental History*, vol. 8, no. 2 (April 2003): 294–311.

Tuan, Yi-fu. *Dominance and Affection: The Making of Pets*. New Haven, Conn.: Yale University Press, 1984.

Walker, Brett L. "Commercial Growth and Environmental Change in Early Modern Japan: Hachinohe's Wild Boar Famine or 1749." *Journal of Asian Studies*, vol. 60, no. 2 (May 2001): 329–351.

————. *The Conquest of Ainu Lands: Ecology and Culture in Japanese Expansion, 1590–1800*. Berkeley: University of California Press, 2001.

————. "Foreign Contagions: Ainu Medical Culture and Conquest." In *Ainu: Spirit of a Northern People*, edited by William Fitzhugh Dubreuil and Chisato, 102–107. Washington, D. C.: University of Washington Press, 1999.

————. *The Lost Wolves of Japan*. Seattle: University of Washington Press, 2005.

————. *Toxic Archipelago: A History of Industrial Disease in Japan*. Seattle: University of Washington Press, 2010.

Watt, Lori. *When Empire Comes Home: Repatriation and Reintegration in Postwar Japan*. Cambridge, Mass.: Harvard University Press, 2009.

Whyte, Kenneth. *The Uncrowned King: The Sensational Rise of William Randolph Hearst*. Berkeley: Counterpoint, 2009.

Wigen, Ka " ren. "Mapping Early Modernity: Geographical Meditations on a Comparative Concept." *Early Modern Japan Newsletter*, vol. 5, no. 2 (1995): 1–13.

Willis, R. G. *Man and Beast*. London: Hart-Davis, MacGibbon, 1974.

Wilson, Edward O. *Biophilia*. Cambridge, Mass.: Harvard University Press, 1984.

Wolch, Jennifer R. and Jody Emel. *Animal Geographies: Place, Politics, and Identity in the Nature-Culture Borderlands*. New York: Verso, 1998.

Yanni, Carla. *Nature's Museums: Victorian Science and the Architecture of Display*. Baltimore: Johns Hopkins University Press, 1999.

Young, Louise. *Japan's Total Empire: Manchuria and the Culture of Wartime Imperialism*. Berkeley: University of California Press, 1998.

Young, Robert. *Colonial Desire: Hybridity in Theory, Culture, and Race*. New York: Routledge, 1995.

索引

守望思想　　逐光启航

樱与兽：帝国中心的上野动物园

[美] 伊恩·J. 米勒 著

张　涛 译

责任编辑　肖　峰

营销编辑　池　淼　赵宇迪

封面设计　陈威伸　wscgraphic.com

出版：上海光启书局有限公司

地址：上海市闵行区号景路 159 弄 C 座 2 楼 201 室　201101

发行：上海人民出版社发行中心

印刷：江阴市机关印刷服务有限公司

制版：南京展望文化发展有限公司

开本：890mm×1240mm　　1/32

印张：13.75　　字数：298,000　　插页：2

2023 年 8 月第 1 版　　2023 年 8 月第 1 次印刷

定价：108.00 元

ISBN：978-7-5452-1940-1 / Q·2

图书在版编目 (CIP) 数据

樱与兽：帝国中心的上野动物园 / (美) 伊恩·J.
米勒著；张涛译 . —上海：光启书局，2023

书名原文：The Nature of Beasts: Empire and
Exhibition at the Tokyo Imperial Zoo

ISBN 978-7-5452-1940-1

Ⅰ. ①樱… Ⅱ. ①伊… ②张… Ⅲ. ①动物园—历史
—日本 Ⅳ. ① Q95-339

中国国家版本馆 CIP 数据核字（2023）第 065431 号

本书如有印装错误，请致电本社更换 021-53202430